Hintzen/Laufenberg
Matek/Muhs/Wittel

Konstruieren und Gestalten

Hans Hintzen, Hans Laufenberg,
Wilhelm Matek, Dieter Muhs, Herbert Wittel

Konstruieren und Gestalten

3., verbesserte Auflage

Mit 269 Bildern,
71 Tafeln und einem Anhang

V

Friedr. Vieweg & Sohn Braunschweig / Wiesbaden

CIP-Titelaufnahme der Deutschen Bibliothek

Konstruieren und Gestalten/Hans Hintzen ... –
3., verb. Aufl. – Braunschweig; Wiesbaden:
Vieweg, 1989
(Viewegs Fachbücher der Technik)
ISBN-13: 978-3-528-24155-1 e-ISBN-13: 978-3-322-85068-3
DOI: 10.1007/978-3-322-85068-3
NE: Hintzen, Hans [Mitverf.]

1. Auflage 1981 (Hintzen/Laufenberg, Konstruieren und Berechnen)
2., neubearbeitete Auflage 1987
3., verbesserte Auflage 1989

Der Verlag Vieweg ist ein Unternehmen der Verlagsgruppe Bertelsmann International.

Umschlaggestaltung: Hanswerner Klein, Leverkusen
Satz: Vieweg, Braunschweig

Gedruckt auf säurefreiem Papier

ISBN-13: 978-3-528-24155-1

Vorwort

Die Entwicklung neuer Techniken der Lösungsfindung hat das Konstruieren lehr- und lernbar gemacht; das Entwickeln neuer technischer Produkte entzieht sich heutzutage somit nicht mehr allgemeingültigen Analyseverfahren. Das Lehrbuch soll dem Studierenden den Rahmen für die Grundlagen der Entwicklungstechnik abstecken und ihm damit das Einarbeiten erleichtern. Es soll ihm gleichzeitig auch eine Hilfe sein bei der Lösungsfindung konkreter konstruktiver Aufgaben. Gegenüber der 2. Auflage wurden in der nun vorliegenden 3. Auflage bekanntgewordene Druck- und Sachfehler beseitigt.

Die mit einer Vielzahl von Bildern und Tabellen angereicherte Darstellung der Themenbereiche

- Methodisches Konstruieren
- Werkstoffgerechtes Gestalten
- Festigkeitsgerechtes Gestalten
- Fertigungsgerechtes Gestalten von Bauteilen

führt dem Studierenden den entwicklungstechnischen Prozeß vor Augen.

Neben der Konstruktionsmethodik (in Anlehnung an die VDI-Richtlinie 2222) bilden die Gestaltungsrichtlinien den Schwerpunkt des Buches. Die gewählte Gliederung erlaubt auch dem Praktiker das gezielte Nacharbeiten einzelner Abschnitte. Die im direkten Zusammenhang mit dem Text stehende Beispiele sowie Übungsaufgaben zur Selbstkontrolle sind kapitelweise in getrennten Abschnitten zusammengefaßt und erleichtern somit das Selbststudium. Alle im Text erwähnten Tabellen wurde übersichtlich am Ende des Buches angeordnet. Eine umfangreiche Literaturauswahl des jeweiligen Kapitels gibt Hinweise auf eine vertiefende Behandlung der Einzelheiten. Ein ausführliches Sachwortregister hilft beim Auffinden wichtiger Begriffe.

Auf die systematische Darstellung der „handwerklichen" Techniken des Ausarbeitens innerhalb des Themenschwerpunktes „Methodisches Konstruieren", nämlich die Erarbeitung der Fertigungsunterlagen, wie Teil-, Gruppen- und Gesamtzeichnungen, Fertigungs-, Montage-, Prüf- und Transportvorschriften sowie Stücklisten ist hier verzichtet worden, weil sie den Rahmen des Buches sprengen würde. Der Leser auf die einschlägige Normung und Literatur zum technischen Zeichnen, zur Systematik der Fertigungsunterlagen und zur Nummerungstechnik verwiesen.

Abschließend möchten wir den Firmen danken, die u.a. durch Überlassung von Zeichnungen und anderen Unterlagen unsere Arbeit wesentlich unterstützt haben. Ebenso danken wir den Lesern für die vielen konstruktiven Zuschriften und dem Verlag für die gute Beratung und Zusammenarbeit.

Hans Hintzen, Hans Laufenberg
Wilhelm Matek, Dieter Muhs,
Herbert Wittel

Essen, Mönchengladbach
Nürnberg, Braunschweig, Reutlingen
im Herbst 1988

Inhaltsverzeichnis

1 Grundlagen des methodischen Konstruierens

2 Das werkstoffgerechte Gestalten

3 Das festigkeitsgerechte Gestalten

4 Das fertigungsgerechte Gestalten

Anhang

1 Grundlagen des methodischen Konstruierens

1.1 Einführung

1.1.1 Das Problem

Die Wirtschaft steht unter ständigem Rationalisierungszwang. Gründe dafür sind vor allem die steigenden Kosten und der Konkurrenzdruck, aber auch die Tatsache, daß viele Firmen zur Einzel- und Kleinserienfertigung gezwungen sind. Kundenwünsche müssen dabei oft so weitgehend berücksichtigt werden, daß es zu individuellen Anfertigungen kommt mit unverhältnismäßig hohem Entwicklungskostenanteil.
Ständig steigende Anforderungen an die Leistungsfähigkeit und Qualität, vom Markt geforderte kürzere Entwicklungszeiten für neue Erzeugnisse sowie der Zwang zur Kostenverringerung hatten in der Vergangenheit zur Folge, daß die Rationalisierung zum Beispiel im Fertigungsbereich, einen hohen Entwicklungsstand erreicht hat.
Auch die Konstruktionsabteilungen sind seit einiger Zeit Ziel verstärkter Rationalisierungsbemühungen. Die Einführung der Datenverarbeitung im Konstruktionsbereich hat zur Verbesserung und Beschleunigung der Konstruktionsprozesse geführt. In diesem Zusammenhang sei die Beschränkung der Teilevielfalt durch Sach- und Identnummernsysteme und die Bereitstellung von Software für den Entwicklungsbereich erwähnt. Auch der kreative Teil der Konstruktionsarbeit hat wesentliche Wandlungen erfahren. Neue Methoden der Lösungsfindung führen zu optimalen Konstruktionen.
Rationalisierung im Konstruktionsbereich ist vor allem deshalb erforderlich, weil gerade der Einfluß der Konstruktionsarbeit auf die Herstellkosten technischer Produkte besonders groß ist. Repräsentative Untersuchungen in europäischen und amerikanischen Großbetrieben haben das gezeigt (*Bild 1-1*).
Die bisher vielfach praktizierte intuitive Konstruktionsweise ging von der Vorstellung aus, daß die Entwicklung technischer Produkte eine geistig-kreative Tätigkeit sei, die nur von intuitiv begabten Einzelkönnern wahrgenommen werden könne, die gleichzeitig über umfassende Konstruktionserfahrung und künstlerische Phantasie verfügten.

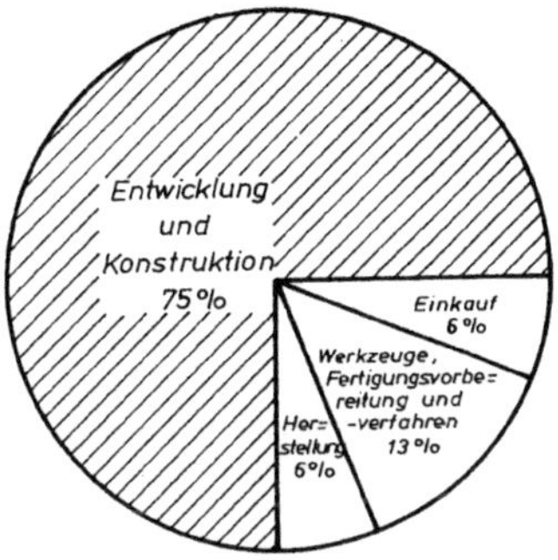

Bild 1-1
Einfluß der Konstruktionsarbeit auf die Herstellkosten

Der Wert des gefundenen Konzeptes wird aber bei dieser Arbeitsweise weitgehend durch den Zufall bestimmt. Nachteilig ist deshalb die intuitive Arbeitsweise vor allem bei terminierter Entwicklungsarbeit. Auf das Betriebsergebnis, also den Produktumsatz und den Produktgewinn, hat aber, wie *Bild 1-2* zeigt, der Zeitpunkt der Einführung eines neuen Produktes auf dem Markt einen wesentlichen Einfluß.

Als besonders problematisch ist auch die Tatsache anzusehen, daß das intuitive Arbeiten weder erlernbar noch zielgerichtet lehrbar ist. Die konventionelle Konstruktionslehre beschränkte sich deshalb weitgehend auf eine Beschreibung bewährter Maschinen, Apparate und Geräte und ihrer Bauelemente und erforderte wegen des rapide zunehmenden Wissensvolumens zunehmende Ausbildungs- und Einarbeitungszeiten.

Für die Rationalisierung im Konstruktionsbereich ergeben sich eine Reihe von Ansatzpunkten (*Bild 1-3*). So spielt der gezielte Einsatz der Mitarbeiter entsprechend ihrer Ausbildung und Erfahrung eine wichtige Rolle. Der Konstrukteur muß ein sicheres

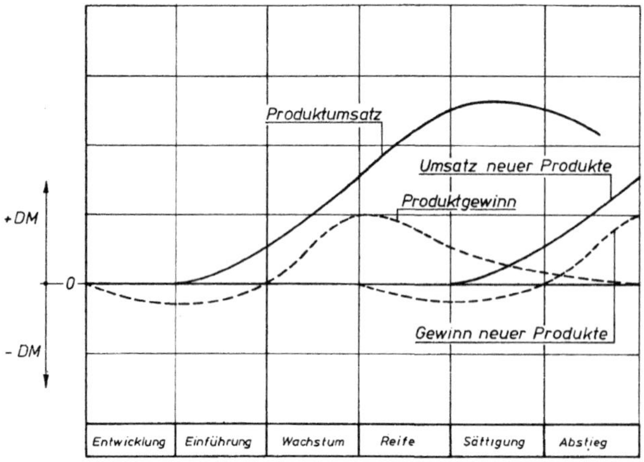

Bild 1-2
Umsatz und Gewinn eines Produktes von seiner Entwicklung bis zur Marksättigung

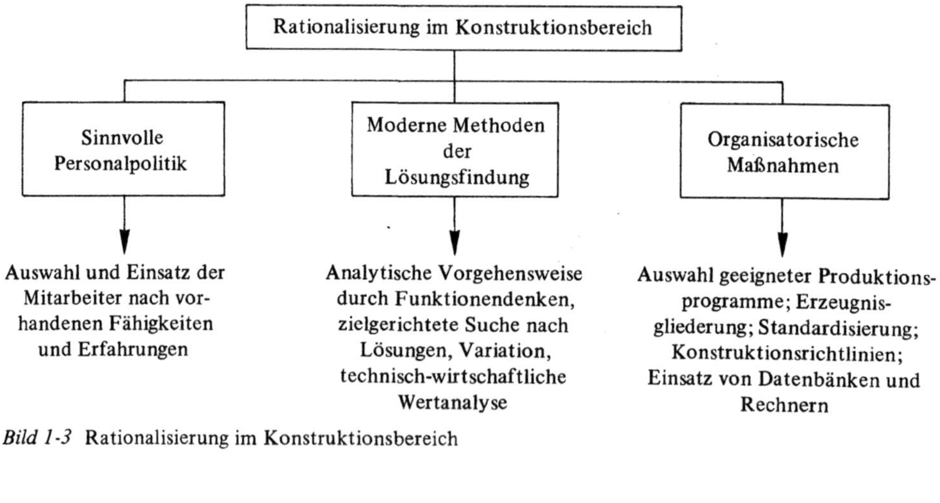

Bild 1-3 Rationalisierung im Konstruktionsbereich

Fundament an Grundlagenwissen u.a. aus der Mathematik, Physik, Chemie, Werkstoffkunde, Fertigungstechnik, Arbeitsvorbereitung und Datenverarbeitung vorweisen können. Entschlußkraft und Entscheidungsfreudigkeit sowie Bereitschaft zur Teamarbeit sind unerläßliche Voraussetzungen. Ganz wesentlich ist die Bereitstellung ausreichender Mittel für die Organisation und die Einrichtung der Konstruktionsabteilung. Rationalisierungsmöglichkeiten sind auch gegeben durch eine Beschränkung der Teilevielfalt, durch Bereitstellung von Konstruktionsrichtlinien, Datenbanken und ähnlichen Maßnahmen.

Besondere Aufmerksamkeit verdienen aber die **Methoden der Lösungsfindung** bei der Konstruktion, weil diese vom Konstrukteur unmittelbar angewendet werden können. Untersuchungen haben gezeigt, daß folgende Arten von Konstruktionsarbeit prinzipiell unterschieden werden müssen:

- **Neukonstruktionen**
  Aufgabe ist hier die Entwicklung eines neuen Funktionsprinzips für das in Auftrag gegebene technische Produkt. Etwa 25 % aller im Maschinenbau eingehender Aufträge erfordern Neukonstruktionen.
- **Anpassungskonstruktionen**
  Aufgabe ist hierbei die Anpassung eines bekannten technischen Produktes bei gleichbleibendem Funktionsprinzip an veränderte Randbedingungen. Vielfach ist hierbei eine Neukonstruktion einzelner Baugruppen erforderlich. Etwa 55 % aller im Maschinenbau auftretenden Aufgaben sind Anpassungskonstruktionen.
- **Variantenkonstruktionen**
  Aufgabe ist hier das Variieren einzelner Funktionsgrößen des technischen Produktes, wie zum Beispiel seine Größe, Leistung oder Anordnung. Das Funktionsprinzip bleibt hierbei erhalten. Im Maschinenbau treten etwa 20 % Variantenkonstruktionen auf.

Vor allem der große Anteil der Neu- und Anpassungskonstruktionen erfordert ein zielgerichtetes und methodisches Vorgehen beim Konstruieren.

Methodisches Konstruieren ist ein Optimierungsprozeß, der von einer möglichst rationalen Analyse der mit der Konstruktionsaufgabe gegebenen Randbedingungen ausgeht und in mehreren, jeweils überprüfbaren Arbeitsschritten nach bestimmten Arbeitsregeln zu werkstoff-, festigkeits-, fertigungs- und funktionsgerechten Konstruktionsunterlagen führt.

Zweck des methodischen Konstruierens ist die

- Rationalisierung im Konstruktionsbereich
- Schaffung einer Konstruktionslehre für die rationelle Ausbildung des Nachwuchses
- Errichtung einer Basis für die bessere Überschaubarkeit der ständig in weitere Spezialdisziplinen zerfallende Maschinentechnik
- Entwicklung von allgemeingültigen Konstruktionsregeln, die unabhängig vom individuell verschiedenen Entwicklungsauftrag zum optimalen Lösungskonzept führen
- Bereitstellung von Prinzipien zur technischen und wirtschaftlichen Bewertung, die eine objektive Auswahl der besten Lösung aus mehreren Lösungsvarianten ermöglichen
- Schaffung der Voraussetzung für die Nutzung von Rechnern und Datenbänken

Mit den Hilfsmitteln des methodischen Konstruierens kann vor allem der Anfänger systematischer und zielgerichteter sein Lösungskonzept entwickeln. Weiterhin wird durch die Zerlegung des komplexen Konstruktionsprozesses in Einzelschritte eine stärkere Arbeitsteilung als in der Vergangenheit möglich.

Methodische Vorgehensweise schließt intuitives und kreatives Denken nicht aus. Im Gegenteil: Konstruktive Phantasie und Intuition sind erforderlich, damit der nach logischen und methodischen Grundsätzen arbeitende Konstrukteur nicht „systemblind" wird.

1.1.2 Das Funktionendenken

Menschen sind im bildhaften Denken verhaftet. Auf ein Stichwort hin entstehen vor dem geistigen Auge Bilder, die aus gespeicherten Erfahrungen des angesprochenen Bereiches resultieren.

Das Stichwort „Nabe – Welle – Verbindung" wird beispielsweise bei einem Techniker je nach seiner Berufserfahrung und Produktkenntnis unterschiedliche Assoziationen verursachen: Der eine wird eine Keilverbindung, der andere eine Paßfederverbindung, ein Dritter eine Stiftverbindung und ein Vierter einen Preßsitz vor seinem geistigen Auge sehen.

Dieses bildhafte Denken hindert den Konstrukteur vielfach daran, die beste Lösung für ein bestehendes Problem zu finden. Als Folge erkennt man häufig an fertigen Produkten die „Handschrift" des Konstrukteurs oder die Urheberschaft einer bestimmten Firma, ohne daß diese charakteristische Ausführung vom Kunden gewünscht wurde und ohne daß sich hierfür sachliche Gründe finden ließen. Die Konstruktion spiegelt lediglich das durch spezielle Erfahrung und Konvention eingeschränkte Vorstellungsvermögen ihres Konstrukteurs wider.

Für die Optimierung einer Konstruktion und für eine Lösungsfindung unabhängig von alteingefahrenen Vorbildern ist eine systematische Arbeitsweise erforderlich.

Für ein solches Vorgehen ist es zweckmäßig, am Anfang der Entwicklungsarbeit den konkreten Auftrag in eine abstrakte Formulierung zu übersetzen und damit den Funktionszusammenhang des geplanten technischen Produktes zu verdeutlichen.

Das Funktionendenken beim Konstruieren hat folgende Vorteile:

- Unrationelle Konstruktionsprinzipien, die durch Änderung und Anpassung vielfach unbewußt übernommen werden, können vermieden werden.
- Es klärt sich der Blick für das Wesentliche. Unbedeutende und zufällige Aspekte des Problems werden vernachlässigt; Umwege werden dadurch vermieden.
- Die Gesamtfunktion der zu entwerfenden Baugruppe wird durchsichtig. Durch schematisches Formulieren der Einzelfunktionen der Baugruppe lassen sich diese sinnvoll gegeneinander abgrenzen. Das erleichtert die systematische Suche nach Lösungen für einzelne Funktionselemente und erlaubt ihre rationale Verknüpfung zu der Gesamtfunktion der Baugruppe.

Der Zweck einer Maschine, eines Gerätes oder eines Apparates ist die Umwandlung der Eingabegrößen – der sogenannte input – in die Ausgabegrößen – der sogenannte output. Die Tätigkeiten, die die Baugruppe zur Umwandlung des input in den output zu erfüllen hat, stellen ihre Gesamtfunktion dar.

Die Gesamtfunktion einer Baugruppe sollte aus den vorgenannten Gründen möglichst abstrakt formuliert werden. Sie wird als sogenannte *black box* (schwarze Kiste) dargestellt. Die Gesamtfunktion ergibt sich aus den im Entwicklungsauftrag genannten Anforderungen und Wünschen an die Konstruktion. Sie stellt die Eigenschaftsänderungen dar, die der input bei der Umwandlung in den output erfahren soll.

Bild 1-4 stellt die black box einer Maschine dar.

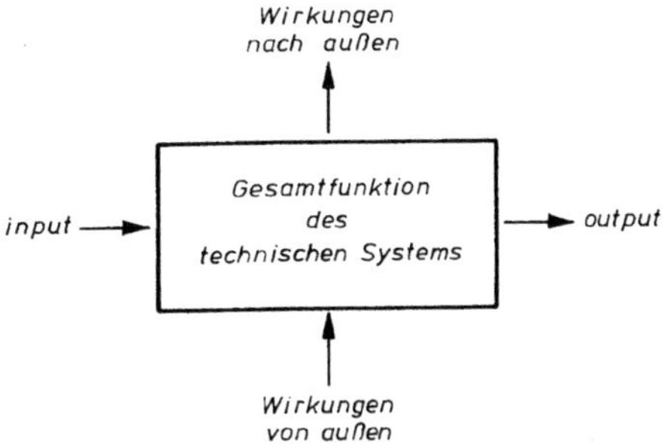

Bild 1-4
Prinzipielle black box eines zu entwickelnden technischen Produktes

Der Abstraktionsgrad, den man sinnvollerweise für die Formulierung einer Funktion wählt, ist abhängig vom Grad der Allgemeinheit, den ein Entwicklungsauftrag hat. Bei detaillierten Anforderungen an die Konstruktion sind die Rahmenbedingungen schon so weitgehend spezifiziert, daß die Gesamtfunktion nur einen geringen Abstraktionsgrad haben kann. Dadurch wird die Zahl der Konzeptvarianten natürlich stark eingeschränkt. Vielfach wird der Konstrukteur aber auch durch unnötige Anforderungen an das geplante technische Produkt unnötig stark in seiner Variationsbreite eingeengt, s. Beispiel 1.1.
Eine zu starke Abstraktion der Gesamtfunktion würde die Entwicklungsarbeit zu unnötigen Umwegen verleiten. So ist beispielsweise die Formulierung „Stoff transportieren" für die Gesamtfunktion eines Lastkraftwagens zu abstrakt, denn diese Funktion schließt auch den Stofftransport über Wasser, Schiene und Luft, mittels Transportband oder Pipeline mit ein.

Der Konstrukteur sollte also sorgfältig überprüfen, welchen Abstraktionsgrad er für die Formulierung der Gesamtfunktion wählt. Eine zu abstrakte Formulierung kann zu Verzettelungen führen. Andererseits engt eine zu konkrete Formulierung die konstruktiven Variationsmöglichkeiten zu stark ein, verhindert das Auffinden neuer Lösungen und behindert dadurch den technischen Fortschritt.

Eine systematische Analyse aller technischer Produkte zeigt, daß grundsätzlich nur *drei wesentlich voneinander verschiedene Umsatzgrößen* existieren, nämlich *Stoff, Energie* und *Signal*.
Stoffe unterscheiden sich nach dem Aggregatzustand, Energien nach der Energieart und Signale nach ihrer Form. Sinnvoll sind in diesem Zusammenhang folgende Definitionen:
- Technische Produkte mit vorwiegendem Stoffumsatz sind Apparate.
- Technische Produkte mit vorwiegendem Energieumsatz sind Maschinen.
- Technische Produkte mit vorwiegendem Signalumsatz sind Geräte.

Bild 1-5 zeigt technische Systeme und ihre Hauptumsatzgrößen.

Jede der drei Umsatzgrößen – Stoff, Energie oder Signal – kann den Hauptumsatz eines technischen Systems darstellen. Ebenso kann aber auch prinzipiell jede dieser Umsatzgrößen in einem Nebenfluß, der zur Aufrechterhaltung des Hauptumsatzes erforderlich ist, liegen, s. *Beispiel 1.2*.

Eine wichtige Erkenntnis für das methodische Konstruieren war die Feststellung der Tatsache, daß trotz aller Komplexität technischer Systeme und der riesigen Vielzahl der von ihnen zu verrichtenden Tätigkeiten, sich alle Vorgänge in technischen Produkten auf eine relativ geringe Anzahl von Elementarfunktionen zurückführen lassen.

Technisches System		Umsatz	
		Stoff:	
Apparat	Mischer Rührwerk Kontaktofen	fester Stoff flüssiger Stoff gasförmiger Stoff	→ fester Stoff → flüssiger Stoff → gasförmiger Stoff
		Energie:	
Maschine	Getriebe Wasserturbine Elektromotor	mechanische Energie hydraulische Energie elektrische Energie	→ mechanische Energie → mechanische Energie → mechanische Energie
		Signal:	
Gerät	Meßuhr Zähler	analoge Signale digitale Signale	

Bild 1-5 Beispiele für Hauptumsatzgrößen von Maschinen, Apparaten und Geräten

Die Umsatzgrößen Stoff, Energie und Signal werden nämlich in technischen Systemen nur den in *Anhang A1-1* angegebenen Grundoperationen und deren inverse Grundoperationen unterzogen.

Für die Realisierung der einzelnen Elementarfunktionen bietet sich allerdings meist eine Vielzahl verschiedenartiger, miteinander konkurrierender Wirkprinzipien an, s. *Anhang A1-2* und *A1-3*.

Die Vorteile einer solchen abstrakten Denkweise sind vor allem bei Neukonstruktionen gegeben, wenn das gesamte Feld aller für eine Lösung in Frage kommenden physikalischen Effekte überprüft werden soll.

Dem Konstrukteur stehen für die Auffindung geeigneter Lösungsprinzipien mittlerweile verschiedene Lösungskataloge zur Verfügung. So hat *Koller* Kataloge mit physikalischen Effekten zum Erfüllen der Elementarfunktionen „Energie wandeln", „Signalart wandeln" und „Physikalische Größen vergrößern oder verkleinern" veröffentlicht. *Ewald* gibt Lösungssammlungen für „Schalten von Antrieben", „Krafterzeuger", „Mechanische Wegumformer mit großer Übersetzung", „Spielbeseitigung bei Schraubpaarungen", „Spielbeseitigung bei Stirnradgetrieben", „Verbindungen", „Federn", „Lager und Führungen" und für „Kupplungen" an. Die *VDI-Richtlinie 2222 Blatt 2* gibt Anleitung für die Erstellung und Anwendung von Konstruktionskatalogen.

Voraussetzung für die Anwendung von Konstruktionskatalogen ist aber die Zerlegung der Gesamtfunktion des geplanten technischen Produktes in alle Teilfunktionen, die zur Erfüllung der Gesamtfunktion erforderlich sind. Je niedriger die Komplexität einer Funktion ist, umso leichter können nämlich konkurrierende Lösungsprinzipien gefunden werden.

Die in *Bild 1-6* prinzipiell angegebene Auflösung der Gesamtfunktion in Teilfunktionen entspricht auch der Tatsache, daß jedes technische Produkt für seinen input-output-Umsatz mehrere Teilvorgänge zu verrichten hat. Die Teilfunktionen werden mit dem erforderlichen Abstraktionsgrad formuliert und in der Reihenfolge ihres Funktionsablaufes für den Hauptumsatz dargestellt.

Zu beachten ist dabei, daß zur Aufrechterhaltung des Hauptumsatzes meist zusätzliche Nebenumsätze, wie zum Beispiel für das Messen, Steuern oder Regeln der einzelnen Prozesse, erforderlich sind. Diese müssen mit den Teilfunktionen des Hauptumsatzes sinnvoll zur Funktionsstruktur des zu konzipierenden technischen Produktes verknüpft werden.

Das *Bild 1-7* zeigt den prinzipiellen Aufbau einer solchen Funktionsstruktur. Zur Vorgehensweise bei der Entwicklung von Funktionsstrukturen s. *Abschnitt 1.2.2.*

Wichtige *Vorteile, die sich aus der Erarbeitung von Funktionsstrukturen ergeben*, sind

- die leichtere Überschaubarkeit der Konstruktionsaufgabe durch die Aufgliederung der komplexen Gesamtfunktion in Teilfunktionen mit niedrigerer Komplexität
- die Abgrenzbarkeit einzelner Teilsysteme des geplanten technischen Produktes, die von verschiedenen Entwicklungsgruppen getrennt bearbeitet werden können
- die Anwendbarkeit von Lösungskatalogen zur Auffindung optimaler konstruktiver Lösungen bei Neukonstruktionen
- die Analysierbarkeit der Strukturen bekannter Baugruppen und ihrer konstruktiven Elemente bei Anpassungskonstruktionen
- die Möglichkeit zur Entwicklung von Baukastensystemen

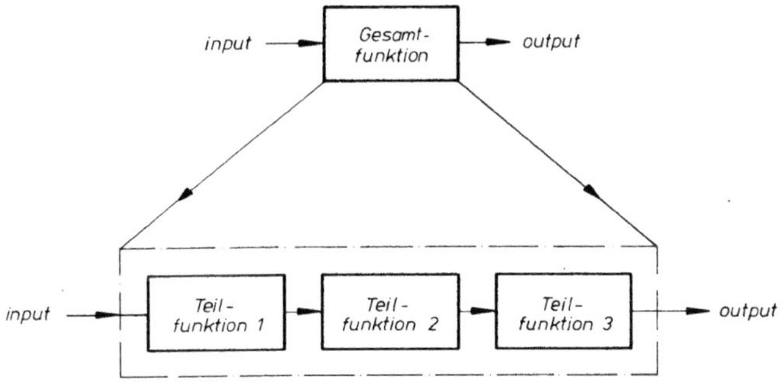

Bild 1-6 Auflösung der Gesamtfunktion in Teilfunktionen für den Hauptumsatz eines technischen Produktes

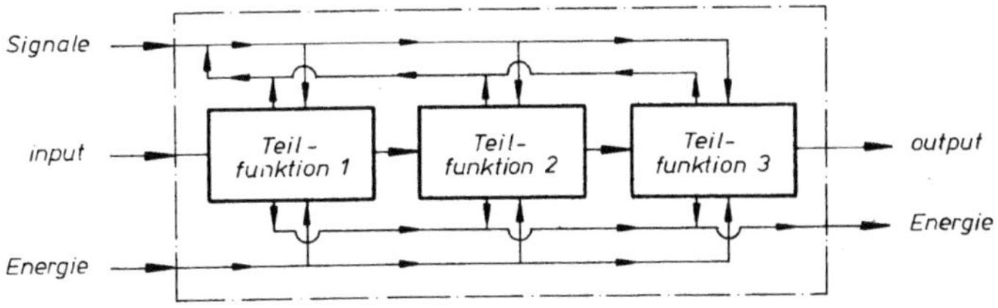

Bild 1-7 Prinzipielle Funktionsstruktur eines technischen Produktes als Blockschaltbild

1.2 Die Arbeitsschritte des methodischen Konstruierens

1.2.1 Der Vorgehensplan

Die Entwicklung neuer technischer Produkte kann wegen der Vielseitigkeit der konstruktiven Arbeiten nicht schablonisiert werden. Der Konstrukteur muß – je nach Auftragsbedingungen – mit der Geschäftsleitung, dem Verkauf, dem Einkauf, der Kalkulation, der Arbeitsvorbereitung, der Terminplanung, mit der Fertigung, der Montageabteilung und dem Normenbüro eng zusammenarbeiten, um alle Informationen für eine zweckmäßige Gestaltung des geplanten technischen Produktes zu erhalten. Guter Informationsfluß und laufender Erfahrungsaustausch sind wichtig und müssen durch entsprechende Organisationsformen gefördert werden (*Bild 1-8*).

Unabhängig von der speziellen, je nach Produktionsbereich und „Firmenpolitik" verschiedenartigen Organisationsform des Konstruktionsbereiches kann die angestrebte Optimierung von Konstruktionslösungen mit Sicherheit nur durch planvolles Vorgehen erreicht werden.

In Anlehnung an die *VDI-Richtlinie 2222 Blatt 1* zeigt der in *Anhang A1-4* dargestellte Vorgehensplan die zeitliche Folge der einzelnen Arbeitsschritte des methodischen Konstruierens.

Hauptphasen des methodischen Konstruierens sind danach

– das Analysieren
– das Konzipieren
– das Entwerfen
– das Ausarbeiten

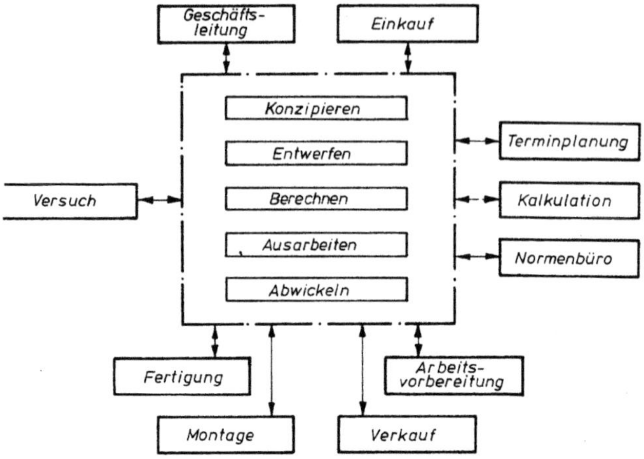

Bild 1-8
Wichtige Fachgruppen des Konstruktionsbereiches und ihre Kontaktpartner

Die Weitergabe der Konstruktionsunterlagen in die nächste Hauptphase erfordert ihre sorgfältige vergleichende Überprüfung mit den in der *Anforderungsliste* genannten Randbedingungen für das zu entwickelnde technische Produkt. Andernfalls können unnötige Umwege und sogar fehlgeleitete Investitionen für Modelle, Versuche und Prototypen die Folge sein.

Die Konstruktionsarbeit beginnt mit der **Analyse der Konstruktionsaufgabe** und einer möglichst vollständigen Beschaffung aller Informationen über die Anforderungen und wünschenswerten Eigenschaften, die an das technische Produkt gestellt werden. Das Ergebnis der Informationsarbeit wird in der Anforderungsliste zusammengefaßt. Sie bildet die Grundlage für die Entwicklung der Funktionsstrukturen, die die logischen Zusammenhänge aller Funktionen darstellen, welche das geplante technische Produkt zur Überführung des input in den output erfüllen muß.

Ziel der **Konzipierungsphase** ist die Erarbeitung des in Prinzipskizzen festgelegten Konzeptes, das die optimale Lösung der Konstruktionsaufgabe darstellt. Gravierende Mängel des gewählten Konzeptes können in den folgenden Phasen „Entwickeln“ und „Ausarbeiten“ kaum noch ausgemerzt werden. Deshalb muß der für die Entwicklung verantwortliche Konstrukteur mit Hilfe der einschlägigen Informationsquellen das Feld der potentiellen Lösungen für die Teilfunktionen möglichst erschöpfend absuchen. Durch Kombination geeigneter Lösungsprinzipien für die Teilfunktionen und die Variation der Lösungselemente wird das Gesamtkonzept entwickelt. Im Falle der Entwicklung mehrerer alternativer Konzeptvarianten werden durch technische Wertanalyse und eine grobe wirtschaftliche Bewertung auf dieser Arbeitsstufe die schwächeren Lösungen ausgeschieden.

In der **Entwurfsphase** wird durch überschlägige Berechnungen und durch Beseitigung von Schwachstellen ein maßtstäblicher Gesamtentwurf erarbeitet, der Grundlage für eine detaillierte Wertanalyse unter der fachlichen Beratung der in *Bild 1-8* genannten Kontaktstellen der Konstruktionsabteilung ist. Bei Vorlage aller alternativer Entwürfe führt eine solche genaue technische und wirtschaftliche Bewertung zur optimalen Lösung.

In der **Ausarbeitungsphase** schließlich werden alle Vorschriften für die Fertigung, die Montage, den Transport und den Betrieb des technischen Produktes festgelegt. Sie erfordert eine besonders intensive und ständige Zusammenarbeit mit dem Fertigungs- und Montagebereich und dem Einkauf, damit Fehler bei der Festlegung der erforderlichen Fertigungsverfahren, der gewählten Werkstoffe und der einzukaufenden Norm- und Zulieferteile und der Erarbeitung der Montage- und Transportvorschriften vermieden werden.

Die in *Anhang A1-4* aufgeführten Arbeitsschritte folgen je nach Besonderheiten des jeweils gegebenen Entwicklungsauftrages nicht immer in der genannten zeitlichen Reihenfolge aufeinander. Vor allem bei Neukonstruktionen ist eine solche oder ähnliche Reihenfolge der Arbeitsschritte aber sicher empfehlenswert. Bei Anpassungs- und Variantenkonstruktionen kann auf die Aufstellung der Funktionsstruktur wegen der Beibehaltung des Funktionsprinzips bewährter technischer Produkte verzichtet werden. Die Hauptphase Konzipieren kann bei Anpassungen und Variantenkonstruktionen vielfach übersprungen werden, gewiß bei solchen Aufträgen, bei denen keine völlige Neukonstruktion einzelner Baugruppen erforderlich ist.

Impuls für eine Konstruktionsaufgabe kann ein Kundenauftrag mit mehr oder minder fest vorgegebenen Anforderungen an das in Auftrag gegebene technische Produkt oder aber eine firmeninterne Produktplanung mit dem Ziel der Erschließung von Marktlücken sein.

Das Planen neuer Produkte ist nicht Aufgabe der Konstruktionsabteilung; es fällt in das Ressort der Geschäftsleitung. Bei der Planung völlig neuer Produkte empfiehlt sich die Bildung eines Planungsteams, das sich aus Fachleuten der Konstruktion, der Fertigung, der Kalkulation, des Verkaufes und der Geschäftsleitung zusammensetzt.

Entscheidungskriterien für die Auswahl neuer zu planender technischer Produkte sind

- Trendstudien bei Produktplanungen auf lange Sicht
- Suche nach Marktlücken
- Marktanalysen zur Ermittlung der technischen Anforderungen, des möglichen Verkaufspreises, des Marktanteils, des Entwicklungs- und Investitionsaufwandes

- Berücksichtigung von Neuentwicklungen, Erfindungen und Ideen
- Vorrecherchierung der Patent-, Gebrauchsmuster- und Lizenzlage
- Durchführung einer Rentabilitätsschätzung.

Die Produktplanung führt zum *Entwicklungsauftrag an die Konstruktionsabteilung*. Dieser sollte folgende Mindestangaben beinhalten:

- Art und Beschreibung des zu konstruierenden technischen Produktes
- technische Anforderungen an das technische Produkt
- zulässige Herstell- und Betriebskosten
- voraussichtliche Stückzahl
- zulässige Entwicklungs- und Investitionskosten
- Zeitplanung
- Ergebnis der Vorrecherche zur Patent-, Gebrauchsmuster- und Lizenzlage.

1.2.2 Das Analysieren der Aufgabe

In der **Hauptphase Analysieren** geht es um

- die Klärung aller Zusammenhänge, die mit der Aufgabenstellung verknüpft sind
- die Klärung des Funktionszusammenhanges durch die Erstellung der Funktionsstruktur

Das Sammeln von Informationen

Ausgangspunkt für das Konstruieren ist

- der Kundenauftrag oder
- der von der Geschäftsleitung oder der Planungsgruppe erarbeitete Entwicklungsauftrag.

Vielfach hat der Kunde seinen Auftrag nicht ausreichend präzise formuliert, oder es liegen seitens der Planungsgruppe nur unvollständige Informationen über das zu entwickelnde Produkt vor. Unvollständige oder ungenaue Angaben stören aber die Konstruktionsarbeit, weil der Konstrukteur für die Beschaffung zusätzlicher Informationen seine Arbeit unterbrechen oder in späteren Konstruktionsphasen sogar Zeichnungen oder andere schon erstellte Fertigungsunterlagen korrigieren muß.

Alle Randbedingungen für die Aufgabenstellung sind deshalb vor Beginn der eigentlichen Entwicklungsarbeit eindeutig abzuklären und systematisch zu ordnen. Dazu ist eine enge Zusammenarbeit mit der auftragerteilenden Stelle erforderlich. Vielfach ist dabei zu klären, ob im Entwicklungsauftrag zu konkrete Angaben gemacht oder sogar Lösungen vorfixiert sind, die das Auffinden optimaler Lösungen behindern. Andererseits können oft im Auftrag nicht ausgesprochene Wünsche und Erwartungen enthalten sein. Ebenso ist die Festlegung bestimmter Eigenschaften, die das technische Produkt nicht haben soll, erforderlich.

Beim Vorliegen eines konkreten Kundenauftrages ist die Verwendung eines Kundenfragebogens zu empfehlen. Dieser hat sich vor allem bei Anpassungs- und Variantenkonstruktionen bewährt. *Anhang A1-5* zeigt einen Fragebogen der *Zahnradfabrik Friedrichshafen AG zum ZF-Selbstsperrdifferential Lok-O-Matic*.

Anregungen zum Sammeln von Informationen für die Erstellung der Checkliste sind dem *Anhang A1-6* zu entnehmen; *A1-7* zeigt den Entwurf eines möglichen Formblattes.

Zur weiteren Gewinnung von Informationen empfiehlt sich die Überprüfung folgender Quellen:

Stand der Technik
- Fachliteratur
- Konkurrenzprogramme und -prospekte
- Patentliteratur
- Konstruktionskataloge

Firmeninterne Informationen
- Firmenunterlagen mit Trendstudien
- Kundenreklamationen und -wünsche
- Montage- und Prüfberichte
- Fachwissen der zuständigen Abteilungen

Feste Daten
- firmeninterne Vorschriften
- nationale Standards, wie DIN, VDE, VDEh, AD-Merkblätter, AWF-Merkblätter
- internationale Standards, wie ISO-Empfehlungen, Euro-Normen
- Richtlinien einschlägiger Ausschüsse

Das Erarbeiten der Anforderungsliste

Nach der Zusammentragung aller Informationen sind die gesammelten Daten zu ordnen. Eine klare Gliederung der Anforderungen ist die Voraussetzung für das Finden einer optimalen Lösung. Hierzu dient das Aufstellen einer **Anforderungsliste**, in der alle Anforderungen an das zu entwickelnde technische Produkt aufgeführt werden. Zweckmäßig ist dabei die Angabe des jeweils angestrebten *Anforderungsgrades,* weil dann beim späteren Konzipieren die Auswahl und die Wertanalyse des optimalen Konzeptes erleichtert wird:
- *Forderungen* müssen beim ausgewählten Konzept unter allen Umständen erfüllt sein (Leistungsdaten, Anforderungen an die Unfallsicherheit, Meerwasserbeständigkeit, ...)
- *Wünsche* sollten möglicherweise berücksichtigt werden (Formschönheit, Bauvolumen, ...)
- *Empfehlungen* sind wohl zu berücksichtigen, können aber unter gewissen Umständen (höhere Kosten, ...) gegenüber Anforderungen mit höherem Anforderungsgrad zurücktreten (verpackungsgerechte Konstruktion, ...)

Wenn möglich, sollten die Anforderungen durch Zahlenangaben gestützt werden. Andernfalls ist eine präzise verbale Formulierung erforderlich, s. *Beispiel 1.3.*

Je detaillierter die Informationen über das geplante Produkt sind, umso mehr ist der Variationsspielraum des Konstrukteurs eingeengt.

Die Anforderungsliste hat die gesamte Entwicklungsarbeit zu begleiten und ist – wie eine Stückliste oder Zeichnung – auf dem neuesten Stand zu halten. Zusätzliche Informationen, die sich in späteren Konstruktionsphasen ergeben, und erforderliche Änderungen sind zu vermerken, zweckmäßig unter Angabe des jeweils dafür Verantwortlichen.

Das Entwickeln von Funktionsstrukturen

Für das Auffinden der optimalen Lösung vor allem bei Neukonstruktionen ohne bewährte Vorbilder ist es zweckmäßig, für das zu entwickelnde technische Produkt eine Funktionsstruktur als Grundlage für die eigentliche Konzeptarbeit zu erarbeiten; vgl. dazu auch *Abschnitt 1.1.2.*

Aber auch bei Anpassungskonstruktionen kann die Analyse der für das Vorbild erstellten Funktionsstruktur zu einem Austausch ungünstiger Funktionselemente oder zur Variation

von Teilfunktionen und damit zu einer technisch und/oder wirtschaftlich günstigeren Gesamtlösung führen.
Ausgehend von der Anforderungsliste sind zunächst die Forderungen, Wünsche und Empfehlungen zu analysieren und nach den in *Abschnitt 1.1.2* genannten Regeln zu der Gesamtfunktion des geplanten technischen Produktes zu abstrahieren. Diese ist dann als black box darzustellen. Die abstrakte Formulierung der Gesamtfunktion läßt meist eine Vielzahl von Lösungsmöglichkeiten zu. Das hat den Vorteil, daß der Konstrukteur sich vorurteilsfrei auf die Suche nach alternativen Lösungen für die Funktionen des geplanten Produktes begeben und die dabei gefundenen Lösungen auf ihre optimale Eignung hin überprüfen kann.
Die in der black box dargestellte Gesamtfunktion ist aber als Grundlage für die eigentliche Konstruktionsarbeit zu allgemein. Technische Systeme lassen sich in den meisten Fällen in Teilsysteme und diese wieder in einzelne Funktionselemente zerlegen. Die Gesamtfunktion wird deshalb ebenfalls in ihre Teilfunktionen zerlegt und diese zur Funktionsstruktur miteinander verknüpft; vgl. dazu die *Bilder 1-6* und *1-7*.

Definition:
Die Funktionsstruktur eines technischen Produktes ist die Verknüpfung ihrer Teilfunktionen für den Hauptumsatz und die Nebenumsätze, die zur Erfüllung der Gesamtfunktion erforderlich sind, und ihre Darstellung als Blockschaltbild.

Arbeitsschritte für die Erarbeitung der Funktionsstruktur sind
1. Formulierung der Gesamtfunktion nach den Anforderungen der Anforderungsliste
2. Darstellung der Gesamtfunktion als black box mit input- und output-Größen
3. Auflösung der Gesamtfunktion in Teilfunktionen des Hauptumsatzes und Verknüpfung dieser miteinander in der Reihenfolge ihres Funktionsablaufes
4. Variation der Funktionsstruktur durch Veränderung der Schaltung ihrer Teilfunktionen für den Hauptumsatz
5. Hinzufügen und Verknüpfen der Teilfunktionen für die Nebenumsätze, die zur Aufrechterhaltung des Hauptumsatzes erforderlich sind (Energie, Steuer- und Regelsignale, Hilfsstoffe o.a.).

Grundsätzlich ist die *Variation der Funktionsstruktur nach folgenden Prinzipien* möglich:
– Zerlegung oder Vereinigung einzelner Teilfunktionen
– Änderung der Reihenfolge von Teilfunktionen im Haupt- und Nebenfluß
– Änderung der Schaltungsart (Reihenschaltung, Parallelschaltung, gemischte Schaltung)
s. hierzu *Beispiel 1.4*.

Das Variieren von Teilfunktionen kann je nach Komplexität der Funktionsstruktur zu einer größeren Zahl von Modifikationen führen, ohne daß in diesem Stadium der Entwicklungsarbeit eine exakte technische oder wirtschaftliche Bewertung durchgeführt werden kann. Darunter könnte die Übersichtlichkeit der Konstruktionsarbeit leiden. Aber auch schon in dieser Phase seiner Arbeit kann der Konstrukteur unrationelle Varianten ohne Anwendung quantitativer Bewertungsverfahren eliminieren und zwar umso sicherer, je fundierter seine Kenntnisse in grundlegenden Fachbereichen und je umfangreicher seine konstruktiven Erfahrungen und seine intuitiven Fähigkeiten sind.

Bei der Auflösung komplexer Funktionen in Teilfunktionen geringerer Komplexität können die in *Anhang 1-1* angegebenen allgemeinen Funktionen gute Hilfe leisten. Vor allem die Grundoperationen Leiten, Speichern, Wandeln und Verknüpfen haben für den Energie-, Stoff- und Signalumsatz besondere Bedeutung, s. *Anhang A1-8*.

Bei der Zerlegung der Gesamtfunktion in Teilfunktionen ist aber auch zu beachten, daß eine zu starke Differenzierung der Funktionsstruktur zu Unübersichtlichkeit und Umwegen führen kann. Die Erstellung der Funktionsstruktur dient keinem Selbstzweck; sie hat dem Konstrukteur bei der Suche nach optimalen Lösungen zu helfen. In vielen Fällen kann deshalb eine Zusammenlegung von Teilfunktionen sinnvoll sein.

Eine Vielzahl von Konstruktionselementen und Funktionenträgern ist in der Lage, gleichzeitig mehrere Teilfunktionen zu erfüllen. Beispiele dafür sind

- trichterförmiges Rohr: *Leiten, Sammeln* und *Führen* eines Mediums, *Vergrößern* seiner Geschwindigkeit
- Schweißverbindung: *Fügen* von zwei Bauelementen, *Leiten* von Kräften
- Bewegungsschraube: *Wandeln* von Dreh- in Längsbewegung, *Leiten* von Kräften
- Kegeltrieb: *Vergrößern* und *Richtungsändern* eines Drehmomentes, *Koppeln* von Kraft- und Arbeitsmaschine
- Pumpe: *Koppeln* von Saug- und Druckseite, *Wandeln* des Druckes

Zu Beginn der Konstruktionsphase „Konzipieren" liegen dem Konstrukteur also im allgemeinen mehrere Variationen der Funktionsstruktur vor, für deren Teilfunktionen er Lösungen suchen muß. Alle diese Varianten müssen die Auflagen der Anforderungsliste erfüllen. Alle Varianten lassen aber auch andere Lösungen der Konstruktionsaufgabe erwarten. Selbst geringe Variationen der Funktionsstruktur können zu bedeutungsvollen konstruktiven Alternativen führen.

1.2.3 Das Konzipieren

Methoden der Lösungsfindung

In manchen Betrieben ist die Einführung des methodischen Konstruierens nicht ohne weiteres möglich. Widerstände gegen das systematische Konstruieren entstehen vor allem, wenn die Mitarbeiter der Konstruktionsabteilung nicht in ausreichendem Maße entsprechend ausgebildet sind oder wenn der Betrieb nicht in der Lage ist, die notwendigen sachlichen Voraussetzungen zum Beispiel durch Bereitstellung von Lösungskatalogen zu schaffen. In solchen Fällen können für die Lösungsfindung Methoden angewendet werden, die zwar betont intuitiv arbeiten, gegenüber der ebenfalls intuitiv orientierten konventionellen Arbeitsweise aber gewichtige Vorteile bieten (vgl. dazu die nachfolgend geschilderten Methoden (1) ... (3)).

Eine wesentliche Voraussetzung für die Verbesserung der Effektivität in der Phase der Lösungsfindung besteht darin, die kreativen Fähigkeiten möglichst aller geeigneter Mitarbeiter für das Projekt nutzbar zu machen. Viele Ideen gehen dem Betrieb dadurch verloren, daß bei zahlreichen im Konstruktionsbereich tätigen Mitarbeitern Hemmungen dagegen bestehen, in spontaner Weise Vorschläge zur Problemlösung zu äußern. Hierbei spielt die Furcht vor Kritik eine große Rolle. Man scheut sich, ungewöhnlich und unkonventionell klingende Vorschläge zu machen.

Eine ebenfalls wichtige Voraussetzung für das erfolgreiche Arbeiten in der Konzipierphase besteht in einer funktionengerichteten Betrachtungsweise des Problems (vgl. dazu die *Abschnitte 1.1.2* und *1.2.2*). Das schrittweise Vorgehen beim Suchen nach Lösungen ist eine notwendige Voraussetzung für einen optimalen Ablauf des Konzipierens. Bedeutsame *Voraussetzungen für den optimalen Ablauf der Konzipierungsphase* sind also

- Nutzung der kreativen Fähigkeiten aller Mitarbeiter

- Abbau von Hemmungen gegen spontane und unkonventionelle Vorschläge zur Problemlösung
- Funktionengerichtete Betrachtungsweise des Konstruktionsproblems
- Methodisches Vorgehen bei der Lösungsfindung.

(1) Das Brainstorming

Brainstorming heißt Gedankenblitz, Gedankensturm oder Ideenflut. Die Methode des Brainstorming wurde 1957 von *A. F. Osborn* vorgeschlagen. Der Grundgedanke besteht darin, daß eine Gruppe aufgeschlossener Fachleute aus möglichst verschiedenen Erfahrungsbereichen vorurteilslos Ideen produziert und sich von den geäußerten Gedanken zu weiteren Vorschlägen anregen läßt. Erreicht werden soll damit, daß unbefangen Einfälle und Assossiationen, die bisher noch nicht in dem vorliegenden Zusammenhang gesehen worden sind, zur Lösungsfindung mit herangezogen werden.

Voraussetzungen für die Anwendung des Brainstormings:

- Es wird eine Gruppe mit einem Koordinator gebildet, der allerdings keine Führungsaufgaben besitzen soll. Die Gruppe soll mindestens aus fünf, und höchstens aus fünfzehn Personen bestehen. Man ist der Ansicht, daß kleinere Gruppen nicht effektiv genug sind, da der gesamte Erfahrungsschatz zu klein ist. Bei mehr als fünfzehn Personen dagegen ist die aktive Mitwirkung des einzelnen nicht mehr garantiert; Passivität und Absonderungen können auftreten.
- Die Gruppe muß nicht ausschließlich aus Konstrukteuren bestehen, sondern es sollen möglichst viele Fach- und Tätigkeitsbereiche vertreten sein. Die Hinzuziehung von Nichttechnikern, z.B. aus Einkauf und Verkauf, führt im allgemeinen zu einer Bereicherung des Ideenspektrums.
- Die Gruppe soll vor allem nicht hierarchisch zusammengesetzt sein, sondern möglichst aus gleichgestellten Personen bestehen, damit Hemmungen bei der Gedankenäußerung wegfallen.
- Die Sitzung soll nicht länger als eine halbe Stunde dauern. Wesentlich längere Zeiten bringen erfahrungsgemäß nichts Neues und führen zu unnötigen Wiederholungen. Ist das Problem für eine Sitzung zu komplex, so empfiehlt sich die Ansetzung von weiteren Sitzungen, u.U. auch mit anderer personeller Besetzung. Es können auch Suchbereiche und für jeden Suchbereich eine andere Brainstorming-Gruppe zusammengestellt werden.

Alle Mitglieder der Brainstorming-Gruppe sollen ihre Gedanken spontan äußern; unter keinen Umständen darf innerhalb der Sitzung Kritik an einzelnen Ideen zugelassen werden. Hier liegt eine wichtige Aufgabe des Koordinators. Er hat die Aufgabe, die Sitzung zu organisieren. Zu Beginn der Sitzung muß er das Problem schildern und während der Sitzung für das Einhalten der Spielregeln sorgen.

Die Lösungsfindung durch Brainstorming

Einführung:	Einführung in die Regeln des Brainstorming Einführung in das Funktionendenken Aufgabenstellung
Aufgabengliederung:	Ermittlung der Produktfunktionen Aufstellung der Suchbereiche Gruppeneinteilung

Ideenfindung:	Ideensuche Verlesung und Korrektur des Protokolls
Bewertung:	Vorbewertung Informationsaustausch der Gruppen Schlußbewertung

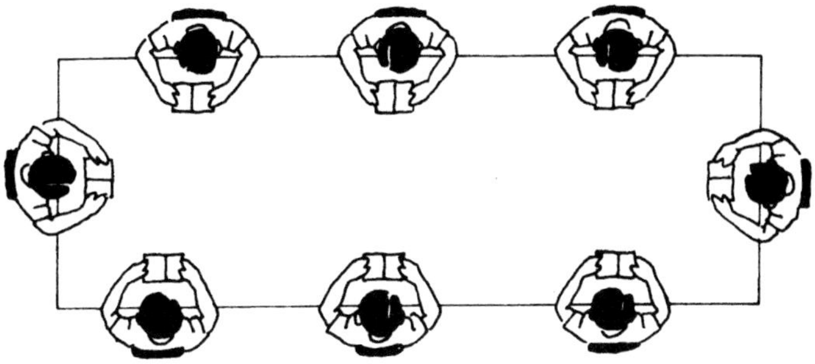

Bild 1-9
Lösungsfindung durch Brainstorming

Regeln des Brainstorming

1. *Funktionsgerichtete Betrachtungsweise*
   Funktionendenken bedeutet Abkehr von bildhafter Denkungsweise. Sie dient der Problemabstrahierung und begünstigt das Finden vieler Lösungen.
2. *Quantität geht vor Qualität*
   Je mehr Vorschläge, desto besser. Auch unsinnig scheinende Vorschläge müssen aufgenommen werden.
3. *Kein Konkurrenzdenken*
   Nicht die Einzelleistung in den Vordergrund stellen, sondern das Team.
4. *Keine Kritik*
   Vorschläge von anderen sind nicht zu kritisieren, zu bewerten oder zu korrigieren.

Einflußgrößen für das Ergebnis

1. *Sitzungsort*
   Der Sitzungsort soll ein heller, ruhiger, freundlicher, ausreichend großer Raum mit Bewegungsfreiheit ohne Lärmbelästigung sein.
2. *Teilnehmerstruktur*
   Es sollen Teilnehmer aus den Bereichen Konstruktion, Arbeitsvorbereitung, Einkauf, Verkauf vertreten sein.
3. *Zeitplan*
   Es ist ein Zeitplan anzufertigen, der unbedingt eingehalten werden muß.

Wichtig für den Erfolg einer Brainstorming-Sitzung ist eine aufgelockerte Atmosphäre. Hemmungen können abgebaut werden, indem der Koordinator am Anfang selbst einige ungewöhnlich oder absurd erscheinende Ideen vorbringt. Einen gewissen Einfluß auf das Ergebnis hat auch ein freundlicher Tagungsort.

Nach der Einführung kommt die Phase der Ideensuche. Die technische Realisierungsmöglichkeit der Vorschläge soll dabei zunächst nicht beachtet werden. Die vorgebrachten Ideen werden von den Teilnehmern aufgegriffen, abgewandelt und weiterentwickelt. Dabei können auch mehrere Ideen miteinander kombiniert werden. Ideen und Vorschläge werden aufgeschrieben oder mittels Tonband festgehalten.

Nicht alle auf diese Weise entwickelten Ideen sind brauchbar. Deshalb müssen die Ergebnisse der Sitzung geordnet und beurteilt werden. Hiermit werden die zuständigen Fachleute beauftragt. Sie ordnen das Protokoll und untersuchen die Ideen auf Brauchbarkeit und auf die mögliche technische Verifizierbarkeit. Danach werden von der Konstruktionsabteilung aus den brauchbaren Ideen mögliche Lösungskonzepte entwickelt, s. *Beispiel 1.5*.

Das auf diese Weise gewonnene Ergebnis sollte mit der Brainstorming-Gruppe erneut diskutiert werden, damit Mißverständnisse oder einseitige Auslegungen der Fachleute ausgeschlossen werden.

Brainstorming-Sitzungen versprechen ein gutes Ergebnis, wenn

– noch kein realisierbares Lösungskonzept vorliegt
– der physikalische Wirkzusammenhang nicht bekannt ist
– man mit bekannten Konzepten nicht weitergekommen ist
– man von eingefahrenen, nicht mehr ausbaufähigen Lösungen wegstrebt

Ein weiterer wesentlicher Vorteil des Brainstormings besteht darin, daß neben der reinen Ideensuche alle Beteiligten neue Informationen erhalten, die für ihre berufliche Tätigkeit von Bedeutung sind. Auf diese Weise werden die Teilnehmer der Brainstorming-Sitzung besser informiert als ihre Kollegen.

Entstehen aus den Ergebnissen einer Brainstorming-Sitzung Schutzrechte, so können sich allerdings Schwierigkeiten ergeben. Deshalb ist ein wichtiger Grundsatz des Brainstorming die Anonymität der Vorschläge. Andererseits wird durch das *„Gesetz über Arbeitnehmererfindungen"* zwingend vorgeschrieben, daß der Arbeitnehmer als Erfinder für seine erfinderische Leistung angemessen gelohnt werden muß. Außerdem hat er danach das Recht auf Erfinderbenennung.

(2) Die Methode 635

Die Methode 635 wurde 1969 von *B. Rohrbach* aus den Brainstorming-Regeln entwickelt. Bei dieser Methode wird wie beim Brainstorming im Team gearbeitet. Diese Methode bietet jedoch die Möglichkeit, jederzeit die Leistung des einzelnen Gruppenmitgliedes bei der Lösungsfindung zu beurteilen und zu rekonstruieren.

Die Ideensuche erfolgt ähnlich wie beim Brainstorming durch eine möglichst heterogen zusammengesetzte Gruppe. Die Gruppe soll vorzugsweise aus 6 Personen bestehen. Nach der Klärung der Aufgabenstellung und einer Einführung in die Technik der Lösungsfindung werden die Teilnehmer aufgefordert, jeweils 3 Lösungsansätze darzustellen. Diese Darstellungen können skizzenartig oder verbal oder als Kombination aus beiden erfolgen.

Nach etwa 5 Minuten gibt jedes Gruppenmitglied seine Lösungsvorschläge an seinen Nachbarn weiter, der dann in den folgenden 5 Minuten Ergänzungen und Weiterentwicklungen der angebotenen Lösungen seines Nachbarn vornimmt oder auch weitere Lösungsvarianten darstellt. Dieser Ablauf wird so lange wiederholt, bis alle ursprünglichen Lösungen je fünfmal überarbeitet worden sind.

Methode 635 heißt also

– *sechs Gruppenmitglieder* entwerfen
– *je drei Lösungen*
– *in fünf Minuten.*

Für brauchbare Erfolge bei der Anwendung dieser Methode ist ein kooperatives Verhalten der Gruppenmitglieder von besonderer Bedeutung. Die angebotenen Lösungen dürfen nicht vonvornherein verworfen werden; jede Lösung soll möglichst im Sinne des Lösungsgedankens weiterentwickelt bzw. ergänzt werden. Völlig sinnlos ist es natürlich, mehrmals die eigenen Lösungen vorzuschlagen. Auch hierbei gilt der Grundsatz, daß Kritik an den Lösungen anderer Gruppenmitglieder möglichst unterbleiben soll. Nur Ideen, die mit Sicherheit unbrauchbar sind, sollen verworfen werden.

Vorteile des Verfahrens sind:

- Es wird systematischer gearbeitet als in einer Diskussion.
- Jede Lösung wird weiterentwickelt und ergänzt.
- Der Entwicklungsgang kann auch nachträglich verfolgt und der Urheber des Lösungsprinzips ermittelt werden.
- Es entstehen somit keine rechtlichen Probleme in Bezug auf das Gesetz über Arbeitnehmererfindungen.
- Bei Konstruktionsaufgaben im schulischen Bereich ist eine Leistungsbewertung möglich.

Nachteile des Verfahrens sind:

- Geringere Kreativität durch Isolierung der Gruppenmitglieder
- Spontane Ideen werden nicht so leicht zu Papier gebracht, da der Urheber festgestellt werden kann und Kritik befürchtet wird.
- Fünf Minuten sind in der Regel zu kurz, um drei Lösungsvorschläge so zu Papier zu bringen, daß der Nachbar diese verstehen kann.

Siehe hierzu *Beispiel 1.6*.

(3) Synektik

Die Synektik ist ein dem Brainstorming verwandtes Verfahren; hier wird also auch betont intuitiv gearbeitet. Der Unterschied zum Brainstorming besteht darin, daß man sich bei der Ideensuche durch Analogien aus dem nicht- oder halbtechnischen Bereich anregen oder leiten läßt.

Diese Methode wurde 1961 durch *W. J. J. Gordon* entwickelt. Ihr Grundgedanke besteht darin, daß man das technische Problem zunächst verfremdet, indem man Analogien und Vergleiche zu anderen Lebensbereichen herstellt. Die dadurch gewonnene verfremdete Betrachtungsweise führt zu neuartigen Gedanken für die Lösungsfindung.

Bei der Anwendung der Methode soll nach folgenden Schritten vorgegangen werden:

- Analyse des Problems
- Anstellen von Vergleichen zu Problemen aus anderen Lebensbereichen
- Analyse der Problemlösung im anderen Lebensbereich
- Entwicklung einer Idee aus der Lösungsanalyse
- Weiterentwicklung der Idee zur Problemlösung

In einigen Bereichen der Technik ist die Anwendung der Synektik sehr erfolgversprechend. So ist vor allem in den letzten Jahren auf dem Bausektor mit dieser Methode erfolgreich gearbeitet worden (Dach des Olympiastadions in München). Im Maschinenbau führt diese Methode allerdings nur partiell zu Erfolgen. So erscheint sie zum Beispiel vielversprechend bei der Entwicklung von Industrierobotern und Manipulatoren und auch im Flugzeugbau.

(4) Die morphologische Methode

Die Gesamtfunktion einer Maschine, eines Gerätes oder Apparates muß in der Regel in Teilfunktionen aufgeteilt werden, die dann wieder zur Funktionsstruktur des geplanten technischen Produktes zusammengefügt werden (siehe dazu die *Abschnitte 1.1.2* und *1.2.2*). Unterteilungskriterien für die Erstellung der Teilfunktionen ergeben sich zum Beispiel aus den zu entwickelnden Baugruppen der Anlage. Jede Baugruppe läßt sich anschließend weiter unterteilen in weitere einzelne Funktionselemente. Auch diese lassen sich häufig in weitere Teilfunktionen aufgliedern, die miteinander verknüpft wieder die Funktionsstruktur des einzelnen Funktionselementes ergeben, s. *Beispiel 1.7.*
Die Verknüpfung von Teilfunktionen bzw. Funktionen zu Funktionsstrukturen wird durch Funktionenschemata erleichtert. Die verwendeten Schemata sind in der Regel zweidimensional und bestehen aus Zeilen und Spalten.
Die morphologische Methode wurde 1966 von *F. Zwicky* erstmalig vorgeschlagen. Dieses Verfahren eignet sich vor allem bei Neu- und Anpassungskonstruktionen. Allerdings sollte diese Methode nur bei relativ umfangreichen Konstruktionsaufgaben angewendet werden.

Bild 1-10 zeigt das Ordnungsschema für einen morphologischen Kasten. Zunächst werden sämtliche Teilfunktionen der Funktionsstruktur des geplanten technischen Produktes (s. *Abschnitt 1.2.2*) entnommen und in der Reihenfolge ihres Funktionsablaufes in die erste Spalte des morphologischen Kastens eingetragen. In die zu jeder Teilfunktion zugehörige Zeile werden sämtliche Funktionsträger oder Lösungsprinzipien eingetragen, die in der Lage sind, die jeweilige Teilfunktion zu erfüllen. Bei einer vollständigen Matrix sind bei n Teilfunktionen und m Funktionsträger $Z = m^n$ Lösungen möglich. Im konkreten Entwicklungsfall ist allerdings die Matrix des morphologischen Kastens unvollständig.

Werden sämtliche mögliche Verknüpfungen von Teilfunktionen und Teilfunktionsträgern vorgenommen, so ergibt sich eine vielfach unübersehbar große Zahl von Lösungen für die Erfüllung der Gesamtfunktion. Darin sind jedoch auch Lösungen enthalten, die vonvornherein als ungeeignet erkannt werden können, da gewisse Lösungsprinzipien miteinander unverträglich sind oder ihre Verwirklichung aus wirtschaftlichen Gründen als aussichtslos erscheint. Der erfahrene Fachmann wird also zunächst die ihm ungünstig erscheinenden Lösungsansätze aus dem Schema eliminieren und anschließend die erfolgversprechenden Funktionsfolgen durch entsprechende Linienzüge kenntlich machen.

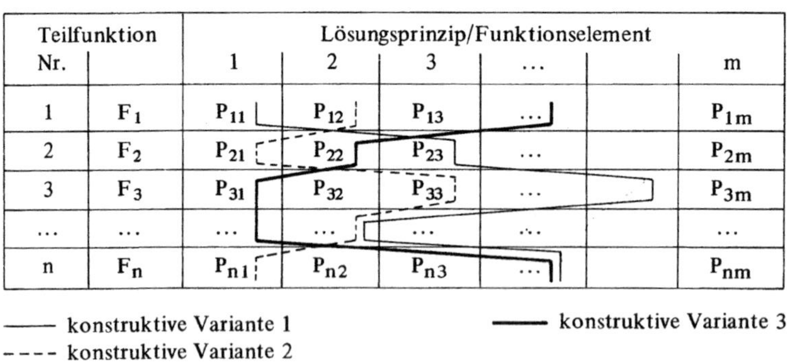

Bild 1-10 Ordnungsschema eines morphologischen Kastens

Für die Auswahl der Lösungskombinationen sollten folgende Regeln beachtet werden:
- Teilfunktionen und Teilfunktionsträger nur dann verknüpfen, wenn sie miteinander verträglich, also wirklich kombinierbar sind.
- Die theoretisch mögliche Gesamtzahl der Lösungsfolgen muß auf eine geringe Zahl realisierbarer Konzepte beschränkt werden.
- Die Auswahl der Lösungsfolgen ist durch einen Fachmann oder eine Fachgruppe vorzunehmen.
- Alle ausgewählten Lösungsfolgen müssen die Forderungen der Anforderungsliste erfüllen.
- Lösungsfolgen, die unzulässigen Aufwand erwarten lassen, sind zu streichen.

Ein wesentlicher Vorteil der morphologischen Methode besteht darin, daß sie zum systematischen Arbeiten zwingt. Das Ausfüllen des morphologischen Kastens kann durch eine Gruppe erfolgen, die ähnlich strukturiert ist wie ein Brainstorming-Team. Diese Methode bietet aber auch dem einzelnen Konstrukteur die Möglichkeit, seine Gedankengänge mit verhältnismäßig geringem Aufwand zu objektivieren.

Das Suchen nach Teilfunktionsträgern oder Lösungsprinzipien kann nach verschiedenen Methoden erfolgen. So eignen sich dafür kreativ-intuitive Methoden, wie Brainstorming, die Methode 635 oder Synektik, als auch diskursive Methoden, wie zum Beispiel die systematische Untersuchung der anstehenden physikalischen Problematik. Hervorragend geeignet sind auch einschlägige Kataloge, in denen alle bekannten und bewährten Lösungen für bestimmte konstruktive Aufgaben oder für einzelne Teilfunktionen gesammelt sind. Bei häufiger Anwendung der morphologischen Methode empfiehlt sich die Erstellung solcher betriebsspezifischer Lösungskataloge (vgl. auch den folgenden Abschnitt (5)).

(5) Die Verwendung von Katalogen

Gewinnt man durch systematisches Vorgehen in der Lösungsfindungsphase die Gesamtmenge aller möglichen Lösungen für das zu bearbeitende Problem, so ist damit bei Neuentwicklungen die Möglichkeit gegeben, durch Schutzrechtanmeldungen einen monopolartigen Schutz des konstruierten technischen Produktes zu erwerben. Diese Möglichkeit ist außerordentlich reizvoll, da Konkurrenten daran gehindert werden können, an der im eigenen Betrieb geleisteten Entwicklungsarbeit zu partizipieren.

Es war also von Anfang an ein erklärtes Ziel aller systematischen Lösungsfindungsmethoden, möglichst alle möglichen Lösungen zu erfassen. Alle Maschinen, Geräte und Apparate dienen entweder der Energie-, Signal- oder Stoffumformung und ihre Funktion läßt sich letztlich auf physikalische Effekte zurückführen. Deshalb wurden inzwischen mehrfach Versuche unternommen, Kataloge mit möglichst vollständigen physikalischen Wirprinzipien zu erstellen. *Koller* hat solche Prinzipienkataloge für das Wandeln der Energiebzw. Signalart und für das Vergrößern bzw. Verkleinern physikalischer Größen angegeben. Bei *Ewald* findet man eine nach physikalischen Prinzipien geordnete Lösungssammlung für Krafterzeuger (vgl. dazu auch *Anhang A1-2* und *A1-3*).

Da die Aufstellung solcher Kataloge zeitaufwendig und daher teuer ist, erscheint es angemessen, sie nur dort zu verwenden, wo eine überschaubare Anzahl von Lösungen vorhanden ist. Erfolgversprechend ist die Aufstellung von Katalogen für Maschinenelemente, Normteile, Werkstoffe und bestimmte Gebiete der Maschinentechnik, wie dem Vorrichtungsbau, für Stufengetriebe, in der Hydraulik und Pneumatik und dergleichen. Vollständige Kataloge sind

- sehr umfangreich und deshalb schwierig überschaubar.
- schwierig zu erstellen, da die Zusammenarbeit mehrerer Fachwissenschaftler erforderlich ist.
- schwer auszuwerten, da für die Handhabung umfangreiches Grundlagenwissen erforderlich ist.

Kataloge für das Entwerfen fassen zusammen:
- Werkstoffeigenschaften
- Schlußarten von Verbindungen
- Schaltungsarten bei Kupplungen
- Merkmale konkreter Maschinenelemente, wie z.B. Art der Spielbeseitigung bei Schraubpaarungen oder bei Stirnradgetrieben
- Prinzipien der Kraftübertragung bei Lagern und Führungen.

Spezielle Eigenschaften von konstruktiven Lösungen, wie z.B. Abmessungen, Geräuschentwicklung, eignen sich nicht als Ordnungsgesichtspunkt, weil sie für den Konstrukteur nur im konkreten Entwicklungsfall von Bedeutung sind.
Im Hauptteil des Kataloges können Gleichungen, Lösungsprinzipien in Form von Skizzen, Konstruktionszeichnungen, Werkstoffbezeichnungen oder dergleichen aufgeführt sein.
Besondere Bedeutung für die Auswahl von Lösungen kommt dem Zugriffsteil des Kataloges zu. Hier sind Auswahlmerkmale, wie zum Beispiel charakteristische Abmessungen, Zahl der Elemente, Grad ihrer Wirkung, kinematische Bedingungen, Verstärkungseffekt u.a., aufzuführen, also Kriterien, die durch eindeutige Definitionen und Symbolik auch datentechnisch nutzbar gemacht werden können (*Anhang A1-9*).
Ewald nennt folgende Anforderungen an einen Lösungskatalog:
Allgemeine Anforderungen:
- Unabhängigkeit von einer bestimmten Lösungsmethode
- Allgemeingültigkeit
- Eignung für schnelles „Überfliegen"
- Eignung für herkömmliche Organisation des Konstruktionsbetriebes als auch für Datenverarbeitungsanlagen

Anforderungen an den Inhalt:
- Vollständiges Abdecken des Lösungsfeldes
- Umfangreiche Informationen über die Eigenschaften der Lösungen

Neben physikalischen Lösungssammlungen sind mittlerweile auch schon solche mit technischen Prinzipien zur Realisierung bestimmter physikalischer Effekte und ebenfalls Kataloge mit Funktionsträgern zur Lösung bestimmter Teilfunktionen entstanden. Die *VDI-Richtlinie 2222 Blatt 2* nennt die zur Zeit verfügbaren Lösungs-, Objekt- und Operationskataloge, die in den Konstruktionsphasen Konzipieren, Entwerfen und Ausarbeiten angewendet werden können. Die Richtlinie gibt gleichzeitig Anleitung für die Erstellung und Anwendung von Konstruktionskatalogen.
Für die Erstellung von tabellarischen Lösungssammlungen empfiehlt sich folgende Vorgehensweise:
1. Sammeln der Lösungen aus dem eigenen Erfahrungsbereich
2. Sortieren und Ordnen der gefundenen Lösungen
3. Erweitern des Lösungsfeldes durch Suchen in Lehrbüchern, Zeitschriften, Prospekten, VDI-Richtlinien und Patenten

4. Systematisches Variieren der gefundenen Lösungsprinzipien
5. Erstellen einer vollständigen Tabelle nach ordnenden Gesichtspunkten
6. Aussondern aller nicht brauchbaren Lösungen

Bei der Entwicklung von Katalogen sind das Ordnen und Gliedern der Matrix von besonderer Bedeutung. *Ordnende Gesichtspunkte* für die Katalogerstellung können beispielsweise sein:
- Elementarfunktionen (vgl. *Anhang A1-1*); sie gestatten einen produktunabhängigen Zugriff.
- Art und Merkmale von mechanischer, optischer, akustischer, elektrischer, elektromagnetischer, kalorischer, atomarer oder chemischer Energie; Art und Merkmale von Stoff und Signal
- Form, Größe, Zahl, Art und Lage von Wirkflächen und Wirkbewegungen
- physikalische Effekte
- Angaben von zusätzlichen Informationsquellen, wie zum Beispiel Literatur
- Verwendung von Symbolen
- Angabe von Lösungen in abstrakter Form; keine fertigen Konstruktionen
- Angabe von elementaren Lösungen; keine Kombinationen elementarer Lösungen

Anforderungen an den Aufbau:
- Systematische Ordnung der Lösungen
- Erleichterung des Zugriffs durch Angabe der Lösungseigenschaften
- Gleichberechtigte Angabe der Auswahlkriterien
- Einfache Handhabung
- Ansprechende Gestaltung der Form
- Möglichkeit der Erweiterung

Trotz der großen Zahl von Beispielen und Anregungen, die dem Konstrukteur für die Erstellung von Lösungskatalogen mittlerweile gegeben sind, wird wohl auch in Zukunft der zeitliche und sachliche Aufwand für die Erstellung vollständiger Kataloge vielfach nicht getrieben werden können. Hier helfen dem Konstrukteur am Arbeitsplatz tabellarische Aufstellungen weiter, die er ohne erhebliche Anstrengungen selbst zusammenstellen kann. Die *Bilder 1-11* und *1-12* sollen dazu Anregung geben. Im *Bild 1-11* ist eine Auflistung gängiger Zylinder für den Bereich der Hydraulik und Pneumatik vorgenommen worden, während im *Bild 1-12* eine Übersicht von Schubkolbentrieben und ihrer wichtigsten Eigenschaften – bezogen auf das Bauprogramm einer Werkzeugmaschinenfirma – dargestellt ist. Im Gegensatz zu *Bild 1-11* enthält *Bild 1-12* so weitgehende Informationen, daß in der Entwurfsphase unmittelbar mit der Bemessung begonnen werden kann. Beide Bilder stellen nur Teile des Gesamtkataloges dar.

Das Bewerten von Lösungen

Eine Konstruktionsaufgabe soll in technischer Hinsicht möglichst optimal gelöst werden. Gleichzeitig müssen aber auch die Herstellkosten in wirtschaftlich vertretbaren Grenzen gehalten werden.

Bei Anpassungs- und Variantenkonstruktionen sollen Schwachstellen ausgemerzt und gleichzeitig die Herstellkosten gesenkt werden.

Wege für die technische Optimierung von Neuentwicklungen nach methodischen Grundsätzen werden in den *Abschnitten 1.2.1 bis 1.2.3* aufgewiesen. Nachfolgend sollen dem

Nr.	Symbol DIN 24 300	Eigenschaften	Nr.	Symbol DIN 24 300	Eigenschaften
1	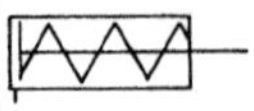	Einfach wirkender Zylinder Rückstellung durch eingebaute Feder	5	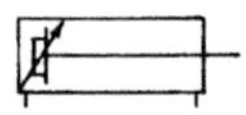	Doppelt wirkender Zylinder mit einstellbarer Dämpfung auf einer Kolbenseite
2	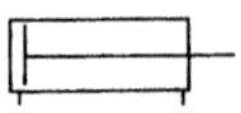	Doppelt wirkender Zylinder mit einseitiger Kolbenstange	6	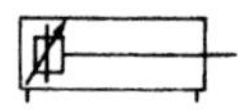	Doppelt wirkender Zylinder mit einstellbarer Dämpfung auf beiden Kolbenseiten
3	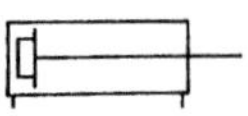	Doppelt wirkender Zylinder mit nicht verstellbarer Dämpfung auf einer Kolbenseite	7	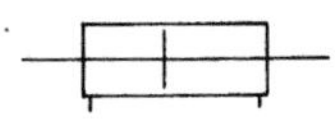	Doppelt wirkender Zylinder mit durchgehender Kolbenstange
4	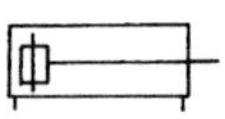	Doppelt wirkender Zylinder mit nicht verstellbarer Dämpfung auf beiden Kolbenseiten	8	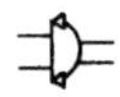	Druckluftmotor Schwenkmotor (Drehzylinder) mit begrenztem Schwenkbereich

Bild 1-11 Auflistung von Zylindern für die Hydraulik und Pneumatik (Auszug)

Nr.	Ausführung	Platzbedarf	Dichtungsstellen	Vor- und Rücklaufgeschwindigkeit	Ausführungsbeispiele
1	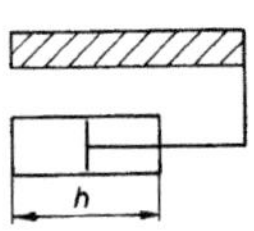	2 · h	eine	verschieden	Hauptantrieb bei Stoßmaschinen; Vorschubantrieb bei Kreissägen; Klemmungen usw.
2	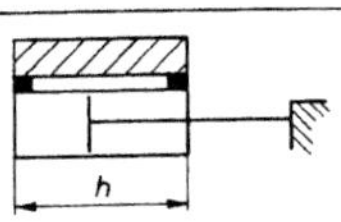	2 · h	eine	verschieden	Werkzeugschlittenantrieb bei Nachformeinrichtungen
3	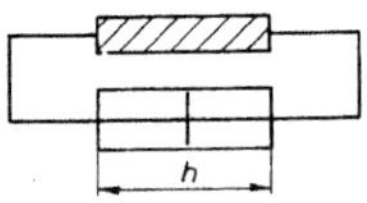	3 · h	zwei	gleich	Tischantrieb bei Flachschleifmaschinen
4	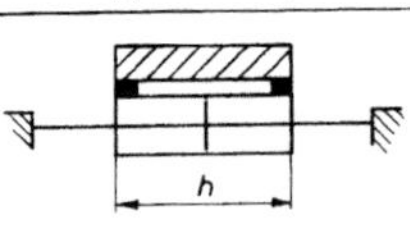	2 · h	zwei	gleich	Tischantrieb bei Rundschleifmaschinen

Bild 1-12 Auflistung von Schubkolbengetrieben (Auszug)

Konstrukteur Methoden für die technische und wirtschaftliche Bewertung seiner Konzeptvarianten an die Hand gegeben werden.

(1) Die technische Bewertung

Das technische Bewerten geht aus von den Konzeptvarianten, die am Ende der Konzipierungsphase mit Hilfe des morphologischen Kastens gefunden worden sind. Zu überprüfen und zu bewerten sind die in der Anforderungsliste genannten Forderungen, Wünsche und Erwartungen oder sonstigen technischen Eigenschaften. Es soll der Grad festgestellt werden, in dem sich die dort geforderten Eigenschaften des konzipierten technischen Produktes dem Ideal nähert.

Vielfach ist dabei eine strenge Trennung der technischen von den wirtschaftlichen Eigenschaften nicht möglich. So ist zum Beispiel ein hoher Wirkungsgrad vielfach nur über höhere Herstellkosten erreichbar; er führt aber gleichzeitig auch zu geringeren Betriebskosten. Ein kleineres Bauvolumen einer Maschine ist im allgemeinen nur erreichbar durch kleinere Maschinenelemente, die aber gleichzeitig höhere Werkstoffkosten erfordern; gleichzeitig ergeben sich allerdings geringere Kosten für die Aufnahme der Maschine (Gehäuse, Verpackung).

Ist zu Beginn der Konzipierphase keine Anforderungsliste erstellt worden, dann müssen die mit dem Entwurf verknüpften Ziele in Form einer Liste mit den geforderten technischen Eigenschaften zusammengestellt werden. Anregungen zur Erstellung einer solchen Liste gibt *Anhang A1-6*.

Eine detaillierte Übersicht technischer Eigenschaften, die sich für eine solche methodische Überprüfung eignet, gibt die *VDI-Richtlinie 2225 Blatt 1*.

Für technische Bewertungen in einem frühen Stadium der Entwicklungsarbeit genügt es meist, sich auf wenige Eigenschaften zu beschränken. Erst bei späteren Bewertungen sollte man ihre Zahl erhöhen. Alle Kriterien sollen dabei positiv formuliert werden, also „Geräuscharmut“ statt „Lautstärke“ oder „Korrosionsbeständigkeit“ statt „Korrosionsneigung“.

4-Punkte-Schema		10-Punkte-Schema	
Bedeutung	Punktzahl	Bedeutung	Punktzahl
sehr gute Lösung (Ideal)	4	Ideallösung	10
		hervorragende Lösung	9
		sehr gute Lösung	8
gute Lösung	3	gute Lösung	7
		gute Lösung mit geringen Mängeln	6
ausreichende Lösung	2	befriedigende Lösung	5
		ausreichende Lösung	4
gerade noch tragbare Lösung	1	noch tragbare Lösung	3
		mangelhafte Lösung	2
unbefriedigende Lösung	0	ungenügende Lösung	1
		unbrauchbare Lösung	0

Bild 1-13 Punktschemata für die Bewertung technischer oder wirtschaftlicher Eigenschaften technischer Produkte

Vorteilhaft kann es sein, wenn einzelne Baugruppen oder sogar einzelne Bauelemente zunächst gesondert bewertet werden. Dabei können leicht Schwachstellen einer Baugruppe im Stadium des Entwurfes erkannt und eliminiert werden, so daß aufwendige Zeit für die Änderung von ausgearbeiteten Zeichnungen oder anderer Fertigungsanweisungen im späteren Entwicklungsstadium erspart wird.

Selbstverständlich muß der Bewertung einzelner Baugruppen immer eine zusammenfassende Gesamtbewertung des Konzeptes folgen.

Bewährt hat sich die Anwendung einer Punktbewertung nach den im *Bild 1-13* angegebenen Schemata. Bei frühzeitigen Bewertungen hat sich im allgemeinen das Vier-Punkte-Schema, bei Bewertungen im späteren Entwicklungsstadium auch das Zehn-Punkte-Schema als geeignet erwiesen.

Als Maß für den technischen Reifegrad einer Konstruktion kann die absolute Punktzahl gelten, die sich durch Addition der vergebenen Einzelpunkte ergibt. Vorteilhafter ist aber mit Rücksicht auf eine zusammenfassende technische und wirtschaftliche Bewertung die Einführung des Begriffes der **technischen Wertigkeit**

$$x = \frac{p_1 + p_2 + p_3 + \dots + p_n}{n \cdot p_{\max}} = \frac{\frac{p_1 + p_2 + p_3 + \dots + p_n}{n}}{p_{\max}} = \frac{\bar{p}}{p_{\max}} \qquad (1.1)$$

x	technische Wertigkeit eines technischen Produktes
$p_1, p_2, \dots, p_n$	Punktzahl für technische Eigenschaften
$p_{\max} = 4$	ideale Punktzahl
$\bar{p}$	arithmetischer Mittelwert der Punkte für technische Eigenschaften
n	Anzahl der bewerteten technischen Eigenschaften

Die technische Wertigkeit eines Lösungskonzeptes ist also der Quotient aus der Summe der Werte der technischen Eigenschaften und der Summe der Werte der Ideallösungen. Die Werte der Eigenschaften werden mittels einer geeigneten Punktskala festgelegt.

Erfahrungsgemäß ist eine technische Wertigkeit von $x > 0{,}8$ als sehr gut, von $0{,}7 < x < 0{,}8$ als gut und eine solche von $x < 0{,}6$ als nicht befriedigend anzusehen, s. *Beispiel 1.8*.

Die technische Bewertung nach dem geschilderten Verfahren kann auch bei der Bewertung von Werkstoffen, Verfahren und Bauwerken angewendet werden.

(2) Die wirtschaftliche Bewertung

Primäre Zielsetzung eines Wirtschaftsunternehmens ist gewöhnlich die Gewinnoptimierung. Die technische Auslegung einer Maschine, eines Gerätes oder Apparates sollte deshalb möglichst niedrige Herstellkosten erfordern. Neben der technischen Bewertung sollte deshalb ebenfalls eine wirtschaftliche Bewertung durchgeführt werden.

Wirtschaftliche Grundbegriffe

Die *Herstellkosten H* ergeben sich als Summe der *Materialkosten M* und der *Fertigungskosten F*:

$$H = M + F,$$

wobei mit den *Lohnkosten* L und den *Fertigungs-Gemeinkosten* G auch $F = L + G$ und damit

$$\boxed{H = M + L + G} \qquad (1.2)$$

H Herstellkosten eines technischen Produktes in DM
M Materialkosten in DM
L Lohnkosten in DM
G Fertigungs-Gemeinkosten in DM

In der Einzel- und Serienfertigung wird vielfach nach der Zuschlagkalkulation vorgegangen.
Anhang A1-10 zeigt ein für die Zuschlagkalkulation gültiges Kostenschema.

Materialkosten
Aus den Konstruktionszeichnungen können die Nettovolumina der Bauteile V_n berechnet oder aus den maßstäblichen Entwürfen geschätzt werden und – unter Berücksichtigung eines Zuschlagfaktors f_z – die Bruttovolumina

$$V_b = f_z \cdot V_n$$

ermittelt werden. Die Zuschlagfaktoren f_z ergeben sich für die Rohlinge der Bauteile (Guß- und Schmiedestücke, Halbzeuge, Fein-, Mittel- und Grobbleche) als Erfahrungswerte. Mit den Werkstoffkosten pro Volumeneinheit von Rohstoffen und Halbzeugen k_v ergeben sich dann die *Brutto-Werkstoffkosten*

$$\boxed{W_b = V_b \cdot k_v = f_z \cdot k_v \cdot V_n} \qquad (1.3)$$

W_b Brutto-Werkstoffkosten in DM
V_b Bruttovolumen in cm^3
V_n Nettovolumen in cm^3
f_z Zuschlagfaktor für Verschnitt
k_v spezifische Werkstoffkosten in DM/cm^3

Es ist sinnvoll, die für den jeweils verwendeten Werkstoff gültigen *spezifischen Werkstoffkosten* k_v in DM/cm^3 wegen möglicher Preisänderungen auf einen Vergleichswerkstoff zu beziehen. Die *VDI-Richtlinie 2225 Blatt 2* hat als solchen den warmgewalzten Rundstahl U St 37-2 DIN 17 100 mittleren Durchmessers mit k_{vo} gewählt.
Damit werden die Brutto-Werkstoffkosten

$$\boxed{W_b = k_v \cdot V_b = k_{vo} \cdot k_v^* \cdot V_b = k_{vo} \cdot k_v^* \cdot f_z \cdot V_n} \qquad (1.4)$$

W_b, k_v, V_b, V_n, f_z wie Gl. (1.3)
k_{vo} Werkstoffkosten des Rundstahls USt 37-2 mit Φ 35 bis Φ 100 in DM/cm^3 als Bezugswerkstoff, k_{vo} ist den aktuellen Preislisten der Werkstoffhändler zu entnehmen.
k_v^* relative Werkstoffkosten des verwendeten Werkstoffes nach *Anhang A2-1* bis *A2-13*

Hierbei geben die *relativen Werkstoffkosten*

$$\boxed{k_v^* = \frac{k_v}{k_{vo}}} \tag{1.5}$$

k_v^*, k_v, k_{vo} wie Gl. (1.4)

an, wieviel mal so hoch die Kosten des verwendeten Werkstoffes pro Volumeneinheit wie die des Rundstahls USt 37-2 mit mittlerem Durchmesser sind. Für diesen ist also $k_v^* = 1$.

Für die wichtigsten Konstruktionswerkstoffe und Profile der Maschinentechnik sind k_v^*-Werte im *Anhang A2-1* bis *A2-13* angegeben.

Die *Kosten für die Fertigzeuge Z* können Preislisten und Angeboten entnommen werden. Unter Berücksichtigung der *Gemeinkosten* für Werkstoffe G_w und für Fertigzeuge G_z ergeben sich dann die *Materialkosten*

$$M = (W_b + G_w) + (Z + G_z) = W_b \cdot \left(1 + \frac{G_w}{W_b}\right) + Z \cdot \left(1 + \frac{G_z}{Z}\right)$$

oder

$$\boxed{M = (1 + g_w) \cdot W_b + (1 + g_z) \cdot Z} \tag{1.6}$$

M Materialkosten in DM
g_w Zuschlagfaktor für Werkstoff-Gemeinkosten
g_z Zuschlagfaktor für Fertigzeug-Gemeinkosten
W_b Brutto-Werkstoffkosten in DM
Z Fertigzeugkosten in DM

Hierbei sind g_w und g_z die mittleren Zuschlagfaktoren für Halbzeuge und Rohstoffe bzw. für Fertigzeuge, z.B. $g_w \approx 0{,}3$ bzw. $g_z \approx 0{,}1$.

Für den Konstrukteur ist die Aufteilung von W_b und Z in die Kosten der Einzelteile zweckmäßiger, so daß er die Materialkosten dann ermitteln kann nach

$$\boxed{M = (1 + g_w) \cdot (k_{v1} \cdot V_{b1} + k_{v2} \cdot V_{b2} + \ldots) + (1 + g_z) \cdot (Z_1 + Z_2 + \ldots)} \tag{1.7}$$

M Materialkosten in DM
g_w, g_z wie Gl. (1.6)
$k_{v1}, k_{v2}, \ldots, k_{vn}$ spezifische Werkstoffkosten der einzelnen Bauteile einer Baugruppe in DM/cm^3
$V_{b1}, V_{b2}, \ldots, V_{bn}$ Bruttovolumina der einzelnen Bauteile in cm^3
$Z_1, Z_2, \ldots, Z_n$ Kosten der einzelnen Fertigzeuge in DM

s. *Beispiel 1.9*.

Fertigungskosten

Bei *Einzel- und Serienfertigung* wird vielfach die *Zuschlagkalkulation* angewendet, nach der die Gemeinkosten G den Lohnkosten L zugeschlagen werden. *Die Fertigungskosten* ergeben sich dann aus

$$\boxed{F = (L_t + G_t) + (L_m + G_m)} \qquad (1.8)$$

F Fertigungskosten in DM
L_t Fertigungslohn für die Einzelteile in DM
L_m Fertigungslohn für die Montage in DM
G_t Fertigungsgemeinkosten für die Einzelteile in DM
G_m Fertigungsgemeinkosten für die Montage in DM

Mit dem Zuschlagfaktor für die Fertigungsgemeinkosten für die Einzelteile $g_t = G_t/L_t$ und dem Zuschlagfaktor für die Fertigungsgemeinkosten für die Montage $g_m = G_m/L_m$ ergeben sich dann die Fertigungskosten

$$\boxed{F = L_t \cdot (1 + g_t) + L_m \cdot (1 + g_m)} \qquad (1.9)$$

F, L_t, L_m wie Gl. (1.8)
g_t Zuschlagfaktor für die Fertigungsgemeinkosten der Einzelteile
g_m Zuschlagfaktor für die Montagegemeinkosten

Bei *Massenfertigung* kann die Zuschlagskalkulation nicht angewendet werden. Hier hat sich die *Platzkalkulation* als sinnvoll erwiesen, nach der für jede Maschine und für jeden Arbeitsplatz die individuellen Platzkosten pro Zeiteinheit aus Verzinsung und Amortisation, Raumkosten, Energiekosten, Kosten für Werkzeuge, Lohn- und Sozialkosten ermittelt werden. Die Fertigungskosten des einzelnen Bauteils ergeben sich dann aus

$$\boxed{F_x = \frac{\text{Platzkosten}}{\text{Zeiteinheit}} \cdot \frac{\text{Platzbelegungszeit}}{\text{Stück}}} \qquad (1.10)$$

F_x Fertigungskosten des einzelnen Bauteils in DM bei Massenfertigung

und die gesamten Fertigungskosten des technischen Produktes aus

$$\boxed{F = \sum_{x=1}^{n} F_x} \qquad (1.11)$$

F gesamte Fertigungskosten des technischen Produktes in DM bei Massenfertigung
F_x Fertigungskosten des einzelnen Bauteils in DM nach Gl. (1.10)
n Anzahl der Bauteile des technischen Produktes

Herstellkosten

Die Herstellkosten H = Materialkosten M + Fertigungskosten F sind bedeutsam für die wirtschaftliche Bewertung des technischen Produktes. Im Entwurfsstadium fehlen dem Konstrukteur aber vielfach Möglichkeiten zu ihrer Ermittlung. Zwar können die Materialkosten M unter Verwendung der Entwurfszeichnungen und der relativen Werkstoffkosten

k_v^* ermittelt werden (*Anhang A2-1* bis *A2-13*). Vor allem aber bei Neukonstruktionen sind keine Unterlagen zur Ermittlung der Fertigungskosten F vorhanden.
Für viele Bereiche des Maschinen- und des Elektromaschinenbaus, der Feinwerk-, Regelungs- und Meßtechnik aber sind Richtwerte von prozentualen Materialkostenanteilen

$$M' = \frac{M}{H} \cdot 100\,\% \qquad (1.12)$$

M'	prozentuale Materialkostenanteile nach *Anhang A2-15*
M	Materialkosten in DM nach Gl. (1.7) bzw. Gl. (1.13)
H	Herstellkosten eines technischen Produktes in DM

bekannt (*Anhang A2-15*). Mit diesen lassen sich nach Ermittlung der *Materialkosten*

$$M = (1 + g_w) \cdot \sum_{x=1}^{n} (k_{vx} \cdot V_{bx}) + (1 + g_z) \cdot \sum_{y=1}^{m} Z_y \qquad (1.13)$$

M	Materialkosten in DM
g_w, g_z	wie Gl. (1.6)
$k_{v1}, k_{v2}, \ldots, k_{vn}$	spezifische Werkstoffkosten der einzelnen Bauteile einer Baugruppe in DM/cm^3
$V_{b1}, V_{b2}, \ldots, V_{bn}$	Bruttovolumina der einzelnen Bauteile in cm^3
$Z_1, Z_2, \ldots, Z_n$	Kosten der einzelnen Fertigzeuge in DM (s. auch Gl. (1.7))

die *Herstellkosten*

$$H = \frac{M}{M'} \cdot 100\,\% \text{ in DM} \qquad (1.14)$$

M'	prozentuale Materialkostenanteile nach *Anhang A2-15*
M	Materialkosten in DM nach Gl. (1.7) bzw. Gl. (1.13)
H	Herstellkosten eines technischen Produktes in DM

überschlägig bestimmen. Sind die prozentualen Materialkostenanteile M' für eine bestimmte Erzeugnisgruppe nicht bekannt, so müssen diese mit Hilfe der Kalkulationsabteilung geschätzt werden.

Wirtschaftliche Wertigkeit

Für die Ermittlung des wirtschaftlichen Wertes eines technischen Produktes müssen die nach obigem Verfahren ermittelten Herstellkosten H mit einem „idealen" Bezugswert verglichen werden. Zu diesem Zweck werden durch eine Marktanalyse die zur Zeit gültigen Marktpreise P gleichwertiger oder ähnlicher konkurrierender Produkte ermittelt; P_{min} ist der niedrigste dieser Marktpreise.

Die *zulässigen Selbstkosten* zur Herstellung, für die Entwicklung, die Verwaltung und den Vertrieb des Produktes betragen dann

$$\boxed{S_{zul} = P_{min} - \Delta K} \tag{1.15}$$

S_{zul} zulässige Selbstkosten für Herstellung, Entwicklung, Verwaltung und Vertrieb in DM
P_{min} niedrigster Marktpreis konkurrierender oder ähnlicher technischer Produkte in DM
ΔK kalkulatorischer Gewinn in DM

Die Selbstkosten sind die Summe der Herstellkosten H, der Gemeinkosten für die Entwicklung G_e, für die Verwaltung G_{vw} und den Vertrieb G_{vt}:

$$\boxed{S = H + G_e + G_{vw} + G_{vt} = \alpha \cdot H} \tag{1.16}$$

S Selbstkosten in DM
H Herstellkosten in DM
G_e Entwicklungsgemeinkosten in DM
G_{vw} Verwaltungsgemeinkosten in DM
G_{vt} Vertriebsgemeinkosten in DM
α Zuschlagfaktor für Entwicklung, Verwaltung und Vertrieb

Mit dem von der Buchhaltung zu erfragenden Zuschlagfaktor für die Entwicklung, die Verwaltung und den Vertrieb α sind dann die *zulässigen Herstellkosten*

$$\boxed{H_{zul} = \frac{S_{zul}}{\alpha} = \frac{P_{min} - \Delta K}{\alpha}} \tag{1.17}$$

H_{zul} zulässige Herstellkosten in DM
$S_{zul}, P_{min}, \Delta K$ wie Gl. (1.15)
α wie Gl. (1.16)

Im allgemeinen nennt schon die Planungsgruppe im Entwicklungsauftrag der Konstruktionsabteilung die zulässigen Herstellkosten H_{zul}, so daß diese als nicht variierbare Forderung Teil der Anforderungsliste ist.
Die wirtschaftliche Wertigkeit y kann nun analog zur technischen Wertigkeit x als Verhältnis der zulässigen Herstellkosten H_{zul} zu den nach Gl. (1.14) bestimmten realen Herstellkosten H definiert werden. Wegen der während der Entwicklungs- und Vertriebszeit zu erwartenden allgemeinen Kostensteigerungen empfiehlt es sich, die Herstellkosten mit einem Steigerungsfaktor, z.B. 1,4, zu versehen.
Dann ist die **wirtschaftliche Wertigkeit**

$$\boxed{y = \frac{H_{zul}}{1{,}4 \cdot H} = \frac{H_i}{H}} \tag{1.18}$$

y wirtschaftliche Wertigkeit eines technischen Produktes
H_{zul} zulässige Herstellkosten in DM nach Gl. (1.17)
H Herstellkosten in DM nach Gl. (1.14)
H_i ideale Herstellkosten in DM

Bei Vergleich der wirtschaftlichen Wertigkeiten mehrerer Entwicklungsvarianten nach dem dargestellten Verfahren muß natürlich gewährleistet sein, daß diese etwa gleiche Kostenstrukturen, also ein etwa gleiches Verhältnis von Materialkosten M, Lohnkosten L und Gemeinkosten G, aufweisen. Das ist erfahrungsgemäß immer dann der Fall, wenn die Betriebsstruktur und die Art der Fertigung nicht entscheidende Unterschiede aufweisen.

Die Vorgehensweise bei der wirtschaftlichen Bewertung einer Lösung ist im *Beispiel 1.9* dargesellt.

(3) Die Stärke eines technischen Produktes

Für die ganzheitliche technisch-wirtschaftliche Bewertung von Konstruktionsentwürfen beziehungsweise für den bewertenden Vergleich mehrerer Entwicklungsvarianten ist der Begriff der „Stärke" geeignet.

Die Stärke einer bestimmten Konstruktion wird zweckmäßigerweise als Wertepaar (x/y) im Stärkediagramm nach *Bild 1-14* dargestellt, bei dem die wirtschaftliche Wertigkeit y auf der Ordinate und die technische Wertigkeit x auf der Abszisse aufgetragen sind.

Die Ideallösung ist durch das Wertepaar $s_i = (1/1)$ bestimmt. Die ideale Entwicklungslinie verläuft durch den Koordinatenursprung und diesen Idealpunkt, denn jeder Punkt dieser Geraden bezeichnet Lösungen ausgewogener technischer und wirtschaftlicher Wertigkeit. Mit zunehmender Reife einer Lösung verschiebt sich die Stärke in Richtung auf Punkt s_i, s. auch *Beispiel 1.10*.

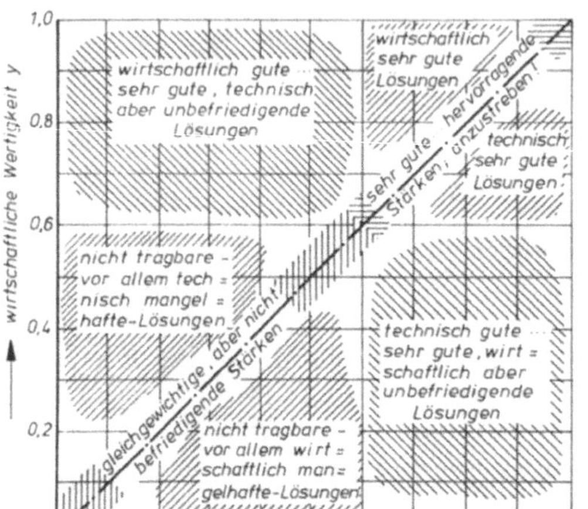

Bild 1-14
Stärkediagramm

1.2.4 Das Entwerfen und Ausarbeiten

Das Entwerfen und Ausarbeiten der Fertigungsunterlagen basiert auf der in der Konzipierphase erstellten schematischen Gesamtdarstellung der Maschine, des Gerätes oder Apparates.

Das *Ziel der Entwurfs- und Ausarbeitungsphase ist die Erstellung von fertigungs- und montagegerechten Zeichnungen, Plänen und Anweisungen*. Die Vorgehensweise richtet sich dabei nach der individuell verschiedenen Organisation der Konstruktionsabteilung und den betriebsspezifischen Fertigungs- und Montagemöglichkeiten.

Etwa 75 % aller Konstruktionen sind Anpassungs- oder Variantenkonstruktionen (vgl. *Abschnitt 1.1.1*). Entweder handelt es sich um die Anpassung eines bekannten technischen Produktes – bei gleichbleibendem Funktionsprinzip – an veränderte Bedingungen, oder es werden lediglich Varianten einzelner Funktionsgrößen eines vorhandenen technischen Produktes entworfen. In beiden Fällen sollen also bewährte Bestandteile der Gesamtkonstruktion erhalten bleiben.

Hierfür gibt es gewichtige Gründe:

- Vermeidung unnötiger Entwicklungskosten durch Beibehaltung einer betriebsüblichen und von der Kundschaft wertgeschätzten Gesamtkonstruktion
- Der Produktumsatz befindet sich noch in der Wachstumsphase (*Bild 1-2*)

In solchen Fällen muß sorgfältig überlegt werden, wie der Entwicklungsaufwand gering gehalten werden kann. Eine Minimierung der Produktkosten wird bei jeder Konstruktion angestrebt, unabhängig davon, ob es sich um eine Neu-, Anpassungs- oder Variantenkonstruktion handelt.

Trotz aller organisatorischer Verschiedenheit der Konstruktionsabteilungen (*Bild 1-15*) und der Fertigungs- und Montagebetriebe sind *beim Entwerfen und Ausarbeiten der Fertigungsunterlagen immer folgende Gesichtspunkte zu beachten* (*Bild 1-16*):

- die Verminderung der Teilevielfalt
- die Bemessung und Gestaltung der Bauteile
- die Werkstoffwahl
- die Fertigung
- die Kosten
- die Ergonomie
- das Betriebsverhalten
- die Vorschriften

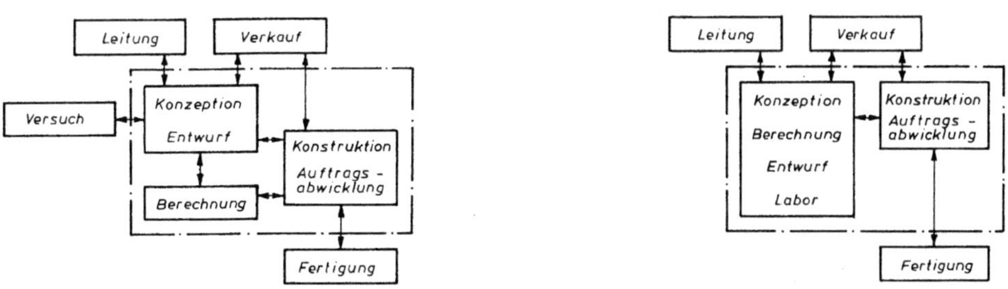

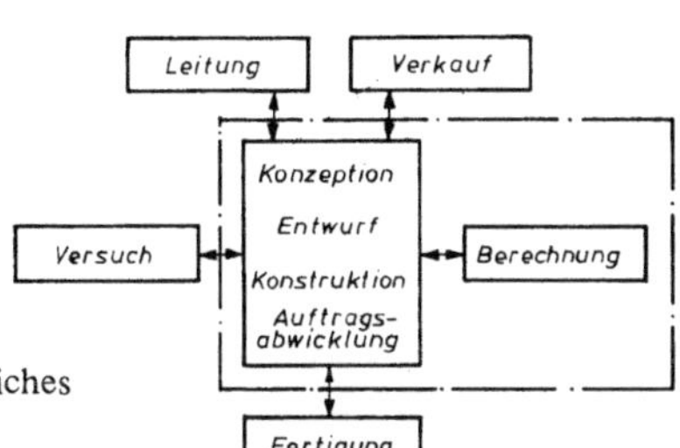

Bild 1-15
Organisationsformen des Konstruktionsbereiches

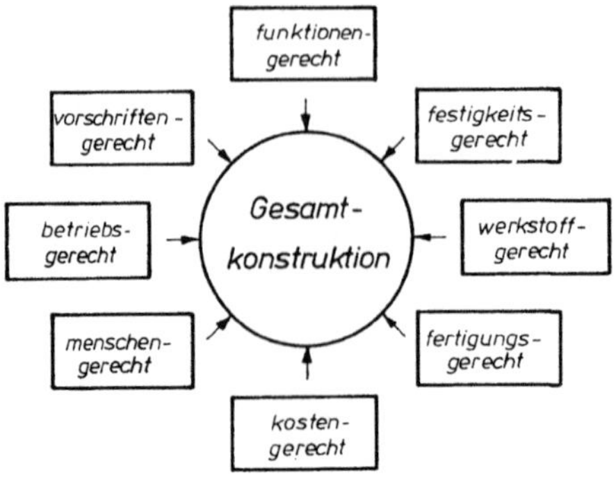

Bild 1-16
Grundlegende Anforderungen an eine Konstruktion

Die Verwendung bewährter Bauelemente oder Baugruppen

Vor Beginn der Gestaltungsphase ist zu untersuchen, ob die Funktionen des neuen technischen Produktes nicht bereits durch eine vorhandene Konstruktion erfüllt werden. Bei einer konsequent betriebenen Baugruppenkonstruktion ist es zum Beispiel möglich, einzelne Baugruppen bei verschiedenen Konstruktionen zu verwenden. Der Entwicklungsaufwand reduziert sich unter dieser Voraussetzung auf die Anpassungen, die für die Berücksichtigung der Anschlußmaße erforderlich werden.
Können keine kompletten Baugruppen verwendet werden, so ist es jedoch nahezu immer möglich, Einzelteile aus der vorhandenen Teilefamilie für das zu entwickelnde technische Produkt zu verwenden. Für das Auffinden geeigneter Einzelteile oder Baugruppen ist die *Benutzung eines Sachnummernsystems* hilfreich.
Die Sachnummer besteht aus einer *Identnummer*, mit der jedes Bauteil eindeutig und unverwechselbar bezeichnet und später identifiziert werden kann. Die *Klassifizierungsnummer* ist eine aussagefähige Nummer zum Einteilen von Bauteilen nach bestimmten Gesichtspunkten. Sie eignet sich sowohl für die Klassifizierung von Einzelteilen, wie auch für Baugruppen, Maschinen, Geräte oder Apparate. Die Kennzeichnung der Einzelteile erfolgt nach Größen- und Formmerkmalen. Mit Hilfe von Datenverarbeitungsanlagen ist es dann möglich, vor einer Neukonstruktion geeignete Baugruppen oder Einzelteile nach Merkmalen der Sachnummer auszuwählen (*Bild 1-17*).

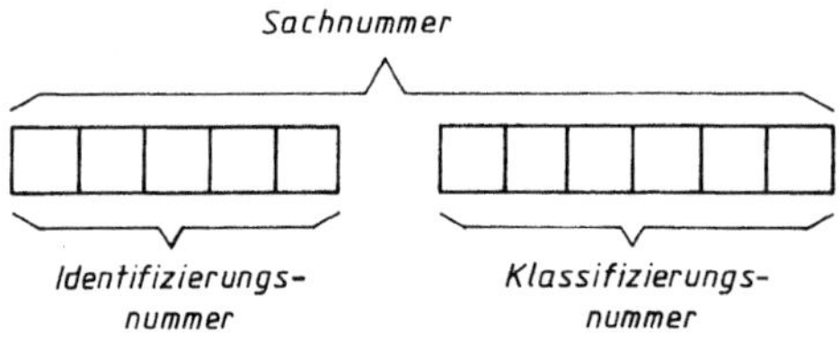

Bild 1-17
Benummerung von Bauteilen

Das Bemessen und Gestalten der Bauteile

Schon beim Konzipieren werden durch die Wahl der Funktionsträger die wesentlichen Abmessungen der einzelnen Bauelemente festgelegt. Untergeordnete Maße bleiben in dieser Phase der Konstruktionsarbeit zunächst offen und werden erst bei der Detaillierung der Bauteile festgelegt. Wesentliche Maße müssen rechnerisch oder eventuell später an Prototypen experimentell überprüft werden.

Die Werkstoffwahl

In den meisten Fällen kann man sich bei der Werkstoffwahl auf bereits vorliegende Erfahrungen stützen und übliche Werkstoffe in üblichen Qualitäten verwenden. Normen und Informationsschriften der Hersteller geben entsprechende Anleitung.
Erst wenn neue Gesichtspunkte auftreten – neue Forschungsergebnisse, neue Werkstoffe, veränderte Anforderungen, verschobene Preisrelationen – muß die Werkstoffwahl einer erneuten Überprüfung unterzogen werden. Diese kann dann nach den im *Bild 1-18* genannten Aspekten durchgeführt werden.

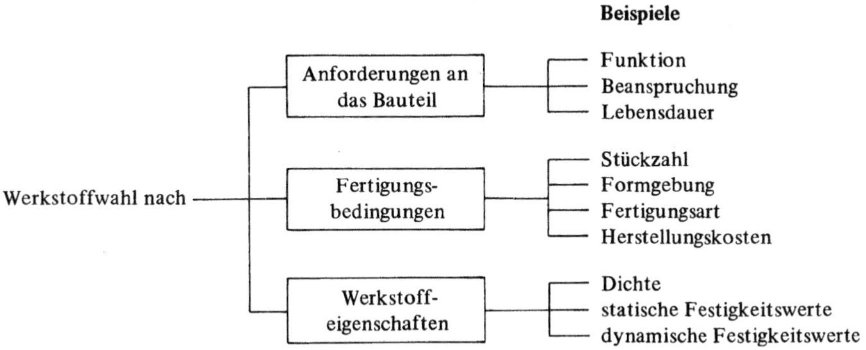

Bild 1-18 Wichtige Gesichtspunkte für das werkstoffgerechte Konstruieren

Die Fertigung

Die Festlegung der Gesamtkonstruktion unter fertigungstechnischen Gesichtspunkten erfordert vom Konstrukteur ein hohes Maß an Erfahrung. Er fällt nämlich bei der Festlegung der Gesamtkonstruktion wichtige Entscheidungen über die anzuwendenden Fertigungsverfahren und damit auch über die Höhe der Fertigungskosten (vgl. *Bild 1-1*).
Der Konstrukteur sollte deshalb bei der Entscheidung über die Gesamtkonstruktion und bei der Detaillierung der Bauteile zusammen mit seinen Fachkollegen aus dem Fertigungsbereich den gesamten Fertigungsablauf „durchchecken" und den vorliegenden Entwurf auf seine Fertigungsgerechtigkeit überprüfen.
Wichtige Gesichtspunkte für das fertigungsgerechte Konstruieren sind im *Bild 1-19* aufgeführt.
Anleitungen für das fertiungsgerechte Gestalten sind in *Kapitel 4* zu finden.

Die Kosten

Gewinnoptimierung – erstes Ziel eines jeden Wirtschaftsunternehmens – ist nur dann erreichbar, wenn eine Konstruktion neben technischer Reife auch kostengünstige Gestaltung zeigt.
Eine exakte wirtschaftliche Bewertung durch den Kalkulator kann erst nach Fertigstellung der Konstruktionsunterlagen erfolgen. Für die Entwurfphase muß der Konstrukteur selbst aber über ausreichende Kenntnisse der Kosten und Kostenstruktur verfügen, um von vornherein gravierende Fehlentscheidungen zu vermeiden.
Meist genügen ihm dazu Fertigzeug-Preislisten und Relativkosten-Tabellen (*Anhang A2-1* bis *A2-13*), wie sie im Schrifttum für den Werkstoff- und Fertigungsbereich angegeben

	Beispiele
Stückzahl	Einzelfertigung, Klein-, Mittel- oder Großserienfertigung Werkzeug- und Modellkosten Schweiß-, Guß- oder Schmiedekonstruktion Halbautomatische oder automatische Fertigung
Fertigungstechnische Eigenschaften der Bauteile	Anzahl der zu bearbeitenden Flächen Flächenform Spanngerechte Formgebung Oberflächengüte Toleranzen Kontrollgerechte Gestaltung
Verwendung gleicher Bauteile	Verwendung von Wiederholteilen für mehrere Aufträge Verwendung von Normteilen Verwendung preiswerter handelsüblicher Teile
Kostengünstige Fertigungsverfahren	Mögliche Eigenfertigung Erforderliche Fremdfertigung
Montage	Einfache Montierbarkeit der Bauelemente Toleranzgerechte Auslegung Möglichkeit der Baugruppenmontage Einsatz von Montagegeräten und -automaten

Bild 1-19 Wichtige Gesichtspunkte für das fertigungsgerechte Konstruieren

sind, um die Material- und Fertigungskosten überschlägig ermitteln und abwägen zu können.
Die Art der Konstruktion bestimmt aber auch die Kosten für Werkzeuge und Modelle. Ihre Höhe wird meist von der Stückzahl bestimmt; auf diese hat der Konstrukteur keinen Einfluß. Wesentlichen Einfluß auf die Kostenoptimierung kann er aber durch eine werkzeug- und modellgerechte Gestaltung der Bauteile nehmen.
Eine Methode für die überschlägige Ermittlung der Herstellkosten und für die wirtschaftliche Bewertung des Entwurfs ist in *Abschnitt 1.2.3* angegeben.

Die Ergonomie

Jedes technische Produkt muß in zweierlei Hinsicht an den Menschen angepaßt werden, nämlich durch Eigenschaften, die eine menschenfreundliche Bedienung, Überwachung und Wartung gestatten = *anthropotechnische Eigenschaften*, und durch Eigenschaften, die auf das Schönheitsempfinden des Menschen einwirken = *ästhetische Eigenschaften*.

(1) Anthropotechnische Maßnahmen

Die für die Bedienung am Eingang und Ausgang der Maschine erforderlichen Schaltorgane und Bedienungselemente müssen den spezifischen Körperfunktionen des Menschen angepaßt werden, um günstige physische und psychische Arbeitsbedingungen zu schaffen (*Bild 1-20*).
Zum Schutz des Bedienungspersonals sind – abgesehen von besonderen Vorschriften der Normen, der Überwachungsvereine, der Berufsgenossenschaften – Schutzmaßnahmen gegen das Berühren bewegter und heißer Maschinenteile, gegen abfliegende Teile, gegen

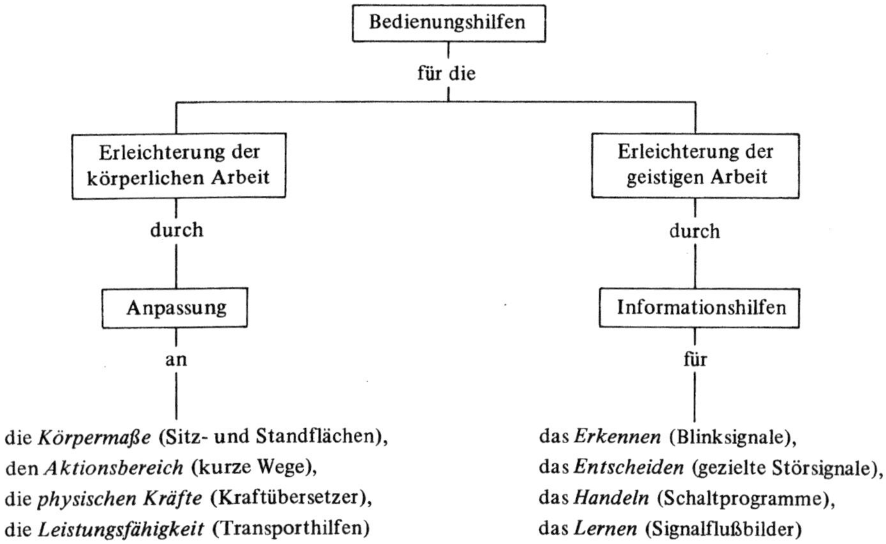

Bild 1-20 Maßnahmen für das bedienungsgerechte Konstruieren

heraustropfende Flüssigkeit und ausströmende Gase, gegen Schall- und Wärmebelästigung, gegen Strahlung von Röntgen- und Mikrowellen u.a. zu treffen.
Schon bei der Entwicklung des technischen Produktes muß der Konstrukteur im voraus abschätzen können, welche gravierende Folgen Bedienungsfehler für die Funktion der Maschine und die Gesundheit des Menschen haben können, und er muß entsprechende konstruktive Maßnahmen zu ihrer Verhütung vorsehen (*Anhang A1-11*).

(2) *Ästhetische Maßnahmen*

Häßlichkeit ist nicht, wie man das früher angenommen hat, eine der Technik imanente Eigenschaft, sondern ein Ausdruck der Unvollkommenheit und der mangelnden Reife des technischen Produktes. Ästhetische Mängel einer Konstruktion sind im allgemeinen Konstruktionsfehler, die in der Entwicklungsphase als solche nicht erkannt worden sind. Je funktionsgerechter einem Konstrukteur eine Maschine gelingt, umso eher wird diese auch ästhetischen Ansprüchen genügen können.
Werden bei technischen Gebrauchsgütern, wie zum Beispiel bei Haushaltmaschinen, die ästhetischen Gesichtspunkte zum produktbestimmenden Schwerpunkt, so empfiehlt sich beim Entwickeln die Mitarbeit eines Designers.
Bei Investitionsprodukten geringerer Stückzahl haben aber die Funktionstüchtigkeit, die Gebrauchseigenschaften, die Fertigung und der Verkauf sicher Vorrang gegenüber der Ästhetik. Hier kann der Konstrukteur auf die Assistenz besonderer Gestaltungsfachleute verzichten. Er sollte aber im Interesse guter visueller Qualität die im *Anhang A1-12* genannten Gesichtspunkte beachten.

Das Betriebsverhalten

Jede von einer Maschine umgesetzte Größe, sei es Stoff, Energie oder Signal, ist Schwankungen ihrer Istwerte unterworfen.

Schon bei der Festlegung der Lösungsprinzipien für die Teilfunktionen und bei ihrer konstruktiven Realisierung durch Funktionsträger hat der Konstrukteur darauf zu achten, daß diese Istwerte nur im Rahmen erlaubter Toleranzen von den in der Anforderungsliste genannten Sollwerten abweichen können.

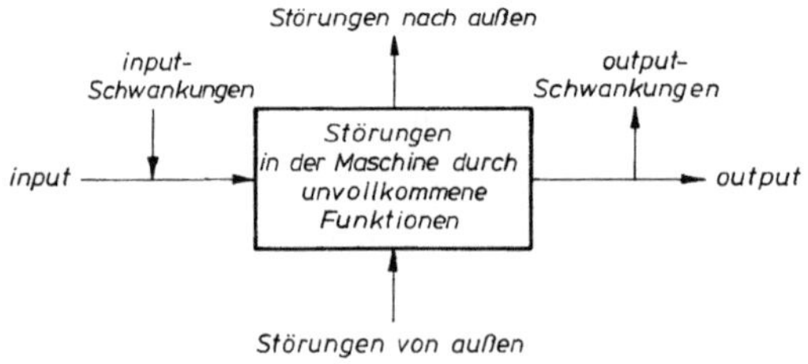

Bild 1-21
Black box mit Störgrößen-Gruppen

Störgrößen, die den zuverlässigen Betrieb der Konstruktion beeinträchtigen können, sind
- Schwankungen der input-Eigenschaften
- Störungen, die von außen auf die Maschine einwirken können
- Störungen, die von der Maschine ausgehend nach außen wirken
- Störungen innerhalb der Maschine durch unvollkommene Funktionen
- Schwankungen der output-Eigenschaften

Ziel des Konstrukteurs muß es sein, schon im Konzipier- und Entwurfsstadium konstruktive Maßnahmen zu treffen, damit die output-Schwankungen in zulässigen Grenzen gehalten werden. Dazu empfiehlt es sich – ausgehend von den input-Schwankungen – die Störgrößen der einzelnen Funktionsträger zu erfassen, indem man diese Schritt für Schritt in der aus der Funktionsstruktur hervorgehenden Reihenfolge der Teilfunktionen untersucht.

Die Vorschriften

Bei der konstruktiven Realisierung seiner Vorstellungen hat der Konstrukteur eine Vielzahl spezieller Vorschriften zu beachten, die seinen Variationsspielraum einengen (*Anhang A1-14*).
Insbesondere das Patentrecht und das Gesetz über Arbeitnehmererfindungen sind dabei Spezialgebiete der Ingenieurwissenschaften, über die viele Konstrukteure nicht ausreichend informiert sind. In den meisten Betrieben wird das Patentwesen von Patentbearbeitern in Zusammenarbeit mit Patentanwälten verwaltet. Die Konstrukteure werden häufig nur beiläufig über Ergebnisse dieser Arbeit unterrichtet. Der Konstrukteur ist aber verpflichtet, sich über den Stand der Technik zu unterrichten und Schutzrechte der Konkurrenz zu beachten.
Die meisten im Entwicklungsbereich Tätigen machen im Rahmen ihrer beruflichen Arbeit Erfindungen. Daraus ergeben sich eine Reihe von Rechten und Pflichten, die gesetzlich festgelegt sind. Die einschlägigen Gesetze und Vorschriften sind umfangreich. In schwierigen Fällen sind zur Beurteilung der Rechtslage deshalb Bundespatentgerichtsentscheidungen und einschlägige Kommentare heranzuziehen.

1.3 Beispiele

Beispiel 1.1: Abstraktion der Gesamtfunktion

Getriebe für ein Kraftfahrzeug

Ausgangssituation: Die Planungsgruppe hat für die Wandlung von Drehzahl und Drehmoment eines Pkw-Motors den Entwicklungsauftrag „Konstruktion eines Zahnradgetriebes" erteilt.

Nach den Regeln des methodischen Konstruierens ist diese Formulierung zu eng gefaßt. Die technische und wirtschaftliche Überprüfung anderer Lösungsvarianten als die des Zahnradtriebes wird dadurch von vornherein ausgeschlossen. Der Variationsspielraum wird unnötig eingeengt. Der Konstrukteur wird gezwungen, auf bekannte Konstruktionen zurückzugreifen; der technische Fortschritt wird gehemmt.

Zweckmäßig erscheint dagegen die Formulierung der Gesamtfunktion des Getriebes „Drehmoment- und Drehzahl-Wandlung". Diese kann nämlich nach verschiedenen physikalischen Wirkprinzipien und deren technische Lösungsvarianten erreicht werden, die einzeln auf Verifizierbarkeit überprüft werden können.

Die Zahl der Lösungsmöglichkeiten für die Gesamtfunktion „Drehmoment- und Drehzahl-Wandlung" ist groß: konventionelle Zahnradübersetzung mit Vorgelege, durch Planetengetriebe, Reibräder und Riementriebe verschiedener Art, hydrodynamische Föttinger-Wandlung, hydrostatische Wandlung oder Kombination mehrerer dieser Wirkprinzipien.

Bild 1-22 zeigt die black box eines Getriebes.

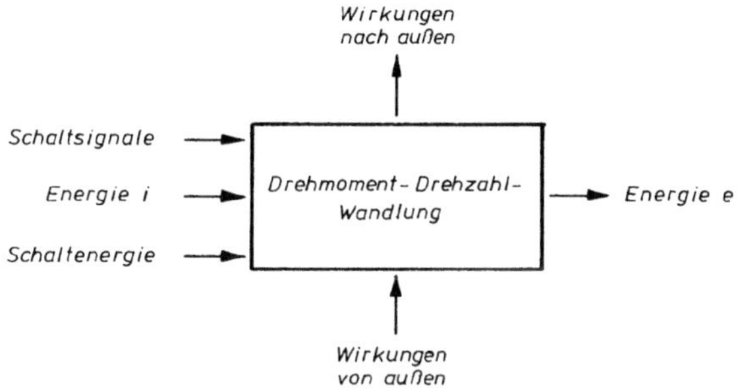

Bild 1-22 Black box eines Getriebes

Beispiel 1.2: Umsatzgrößen

a) Black box einer Pumpe

Hauptumsatz: Stoff (Wasser, Schmiermittel, Kühlmittel)

Nebenumsatz: Signale zur Prozeßregelung, Energie zur Druckerhöhung

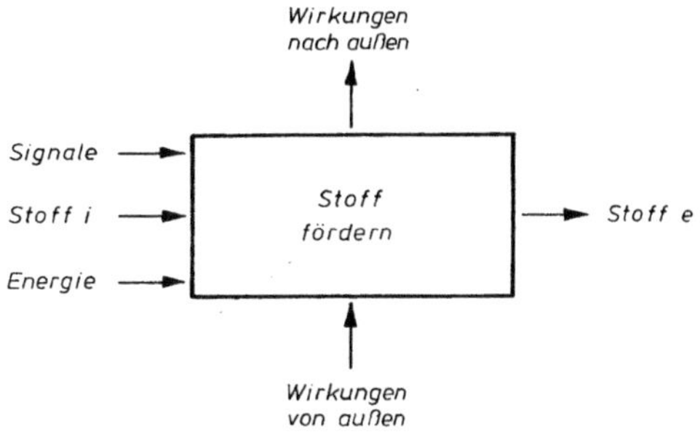

Bild 1-23 Black box einer Pumpe

b) Black box eines Transformators
Hauptumsatz: Elektrische Energie, die vom input-Zustand $W_i = U_i \cdot I_i \cdot t$ in den output-Zustand $W_e = U_e \cdot I_e \cdot t$ überführt wird.

Nebenumsatz: Signale zum Ein- und Ausschalten, Signale zur Prozeßregelung

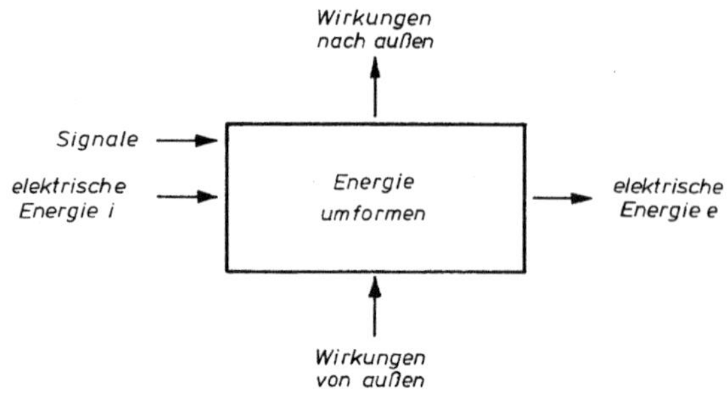

Bild 1-24 Black box eines Transformators

c) Black box einer Telefonanlage
Hauptumsatz: Akustische Signale, die durch Umwandlung in elektrische Signale transportfähig gemacht werden.
Nebenumsatz: Signale als Bereitschafts- und Nichtbereitschaftsnachricht, Energie als Trägerenergie für die Signalübermittelung

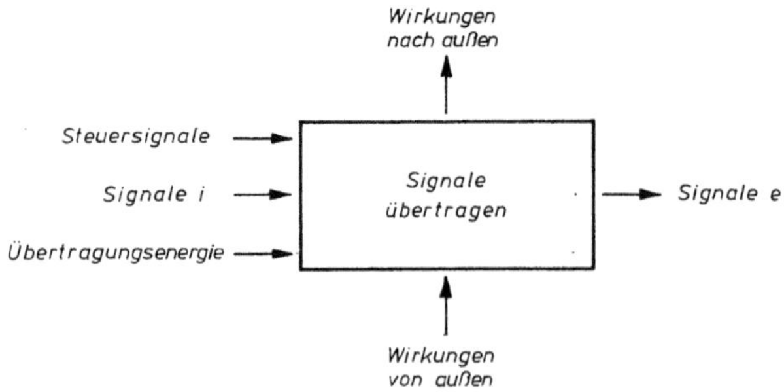

Bild 1-25 Black box einer Telefonanlage

Beispiel 1.3: Erstellen der Anforderungsliste

Universal-Flanschmotorgetriebe

Gemäß dem Kundenauftrag ist für die Drehzahlwandlung eines Elektromotors mit der Nennleistung von 7,5 kW bei einer Nenndrehzahl von 1440 min^{-1} ein Wandler zu entwickeln, an den der kleinere Elektromotor angeflanscht werden kann.

Die festliegenden Flanschmaße des Motors müssen berücksichtigt werden. Die Abtriebwelle soll in 3 Schaltstufen Drehzahlen von 250 min^{-1}, 360 min^{-1} und 520 min^{-1} haben.

Eine entsprechende Rückfrage beim Kunden ergibt folgende zusätzliche Informationen:

Wellenstumpf des E-Motors: $\phi\ 38_{k6}$ mit einer Länge von 45 mm. Die Abtriebleistung darf 6,8 kW nicht unterschreiten. An- und Abtriebwelle müssen fluchten und gleichen Drehsinn haben. Die Höhe der Wellenmitten über dem Getriebefuß darf 420 mm nicht über- und 375 mm nicht unterschreiten. Die Baugruppe ist auf unbegrenzte Lebensdauer nach Möglichkeit auszulegen. Der Anlauf muß unter Last erfolgen können; mit mäßigen Stößen ist zu rechnen. Geräuscharmmut ist unbedingt erforderlich. Gewünscht wird einfache Montage der Baugruppe und Formschönheit. Wünschenswert ist der Betrieb auch bei arktischen Bedingungen.

Mindestabnahme: 750 Stück/Jahr

Liefertermin für die ersten 50 Stück; Mitte November 19 ..

Laut Anweisung der Geschäftsleitung sind bestehende Fertigungs- und Montageeinrichtungen weitgehend zu verwenden. Die Herstellkosten dürfen höchstens xxx DM/Stück betragen. Die Entwicklung soll am 7.5.19 . . abgeschlossen sein.

Lösung:

Anforderungsliste eines Universal-Flanschmotorgetriebes

ZANAG DOLHEIM	**Anforderungsliste** Universal-Flanschmotorgetriebe				Auftrag-Nr.: AN 0.20.2-54/76 Blatt: 1 Seite: 1
Datum	**Anforderungen**	Forde- rung	Wunsch	Empfeh- lung	**Verantwortlich:**
30.1. 19...	Flanschmotor-Getriebe:				
	Leistungen: indiziert 7,5 kW				
	effektiv $\geqq$ 6,8 kW	F			
	Drehzahlen: indiziert 1440 min^{-1}				
	effektiv 1. Stufe 250 min^{-1}	F			
	2. Stufe 360 min^{-1}	F			
	3. Stufe 520 min^{-1}	F			
	E-Motor muß anflanschbar sein.	F			
3.2. 19...	Kuppelmaße des E-Motors:				
	Wellendurchmesser 38_{k6} mm				
	Zapfenlänge 45 mm				
	Fluchtende An- und Abtriebwelle.	F			
	Höhe der Wellenmitten über Getriebefuß:				
	375 mm < H < 420 mm	F			
	Gleiche Drehrichtung von An- und Abtrieb.	F			
	Anlauf der Baugruppe auch unter Last.	F			
	Auslegung auf unbegrenzte Lebensdauer.		W		
	Mit mäßigen Stößen ist zu rechnen.				
	Einfache Montage von Gehäuse und Kupplungen.		W		
	Geräuscharmer Lauf erforderlich.	F			
	Formschönheit			E	
	Betrieb bis − 30 °C wünschenswert.		W		
	Stückzahl: $\geqq$ 750 Stück/Jahr				
	1. Liefertermin für 50 Stück: 15.11.19...				
5.2. 19...	Bestehende Fertigungs- und Montageeinrichtungen verwenden.				
	Maximale Herstellkosten: X DM/Stück	F			Dr. Pfeifer
	Abschlußtermin für Entwicklung: 7.5.19...				Dr. Pfeifer
8.2. 19...	Schaltvorrichtung soll von Hand betätigt werden.	F			
	Möglichkeit für spätere automatische Schaltung überprüfen (Kosten?)			E	
	Schaltung kann im Leerlauf erfolgen.				

Die nach den Informationen des Kundenauftrages erstellte Anforderungsliste läßt erkennen, daß schon in der Informationsphase gewisse Lösungselemente impliziert, andere dagegen ausgeschlossen werden. So läßt der geforderte Wirkungsgrad von $\eta > 0{,}9$ ein hydrodynamisches Getriebe nicht zu. Im Falle der Entwicklung eines Zahnradgetriebes müssen wegen der geforderten Geräuscharmut schrägverzahnte Räder verwendet werden. Die relativ hohe Stückzahl von 750 Stück pro Jahr empfiehlt die Verwendung gegossener Getriebegehäuse, wegen der geforderten Geräuscharmut aus Gußeisen mit Lamellengraphit.

Beispiel 1.4: Erstellen der Funktionsstruktur

Funktionsstruktur eines Drehautomaten für Motorkolben

Auf einem Drehautomaten sollen Kolbenrohlinge für Dieselmotoren mit Direkteinspritzung fertiggedreht werden. Die Drehmaschine soll nur die Ringnuten und den Kolbenboden fertigdrehen und anfasen. Zusätzliche spanabhebende Fertigungsschritte sollen auf anderen Maschinen verricht werden.

Lösung:

1. *Black box*

Gesamtfunktion „Kolben drehen"

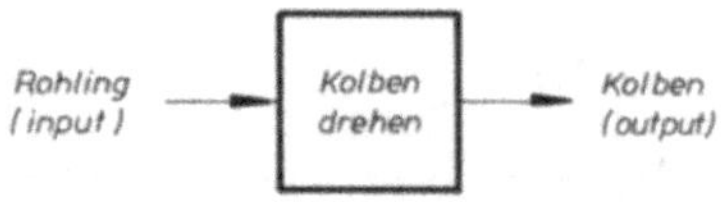

Bild 1-26 Black box eines Drehautomaten für Motorkolben

2. *Teilfunktionen für den Hauptumsatz*

Folgende Tätigkeiten sind von dem zu konzipierenden Automaten am Rohling zu verrichten:

- Kompressionsringnute, Kolbenboden und Ringnuten im zulässigen Toleranzbereich auf Nennmaß drehen
- Kolbenboden, Kolbenschaft und Ringnuten fasen
- Fixieren des Kolbens vor Beginn der Bearbeitung
- Ausspannen des Kolbens nach Beendigung der Bearbeitung

Zur Verdeutlichung sind die einzelnen Fertigungsschritte in *Bild 1-27* dargestellt. Die zugehörigen Teilfunktionen für den Hauptumsatz zeigt *Bild 1-28*.

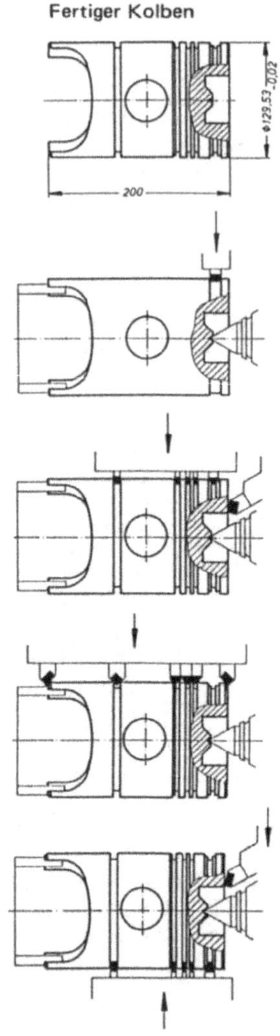

Arbeitsschritt 1:
Kolben einspannen

Arbeitsschritt 2:
Kompressionsringnute vordrehen

Arbeitsschritt 3:
Kolbenboden und Ringnuten vordrehen

Arbeitsschritt 4:
Kolbenboden, Kolbenbund und Ringnuten fasen

Arbeitsschritt 5:
Kolbenboden und Ringnuter fertigdrehen

Bild 1-27
Fertigungsschritte für das Drehen von Motorkolben

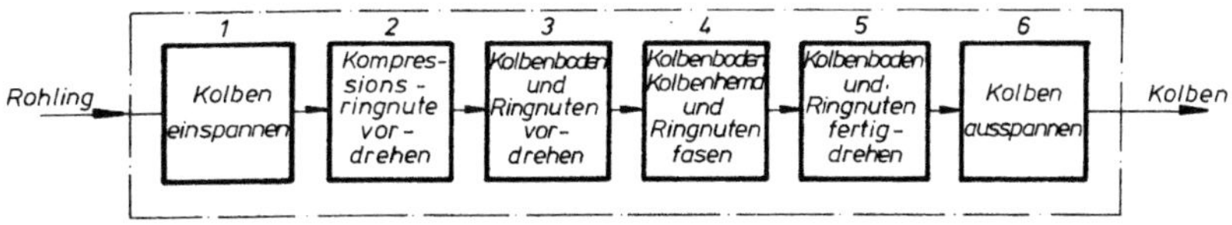

Bild 1-28 Teilfunktionen für den Hauptumsatz des Drehautomaten für Motorkolben

3. *Variation der Funktionsstruktur*

Die Gesamtfunktion „Kolben drehen" wird auch dann erfüllt, wenn beispielsweise die Teilfunktionen 2 „Kompressionsringnute vordrehen" und 3 „Kolbenboden und Ringnuten vordrehen" miteinander vertauscht werden. Auch könnte es sich für die Gesamtlösung als zweckmäßig herausstellen, wenn die Teilfunktion 3 in die Einzelfunktionen 3.1 „Kolbenboden vordrehen" und 3.2 „Ringnuten vordrehen" unterteilt werden. Weiterhin sollte überprüft werden, ob sich die Teilfunktion 2 und die Einzelfunktion 3.2 nicht parallelschalten lassen. Andere Variationen der Funktionsstruktur könnten ebenfalls zu günstigen Gesamtlösungen führen und sollten ebenfalls überprüft werden.

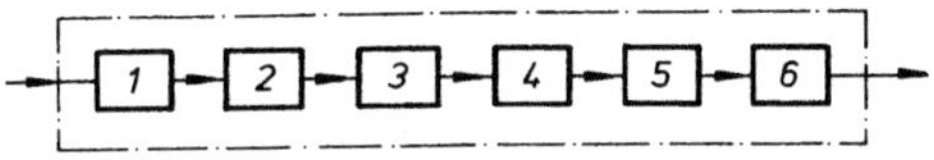

Bild 1-29 Teilfunktionen für den Hauptumsatz des Drehautomaten nach Bild 1-28 in Reihenschaltung

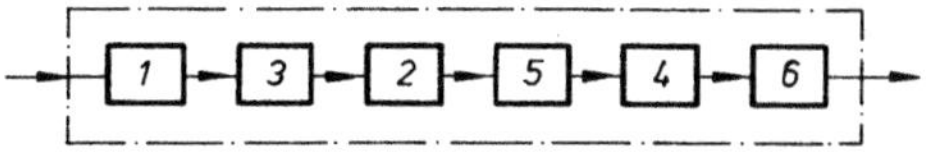

Bild 1-30 Teilfunktionen nach Bild 1-28 in variierter Reihenschaltung

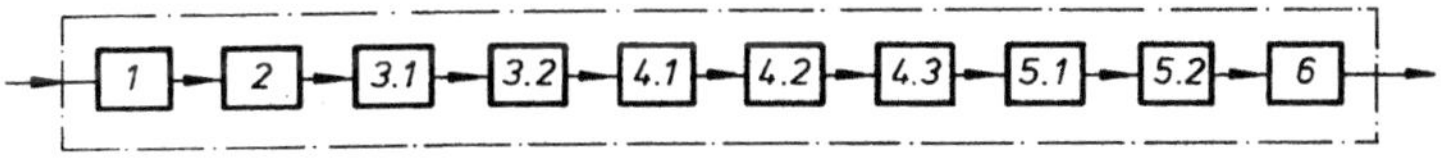

Bild 1-31 Zerlegung von Teilfunktionen des Drehautomaten nach Bild 1-28

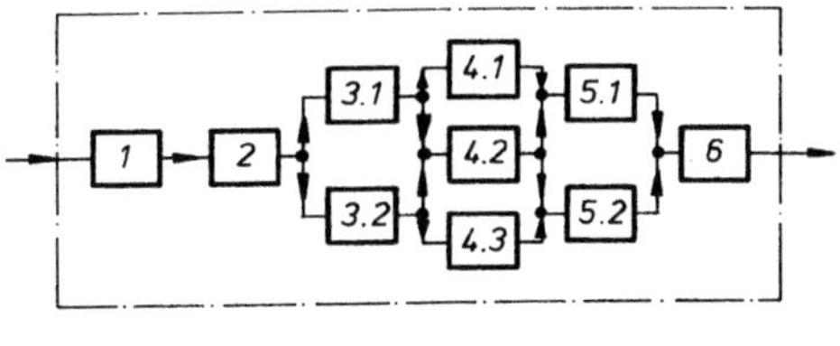

Bild 1-32

Zusammenfassung von Teilfunktionen des Drehautomaten nach Bild 1-28 durch Parallelschaltung

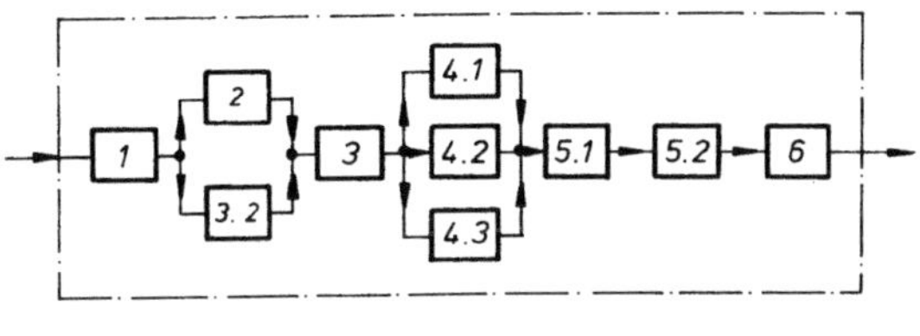

Bild 1-33

Gemischte Schaltung der Teilfunktionen für den Hauptumsatz des Drehautomaten nach Bild 1-28

4. *Ergänzung der Teilfunktionen für Nebenumsätze*
Die Teilfunktionen des Hauptumsatzes Kolbenrohling → Kolben können nur durch einen zusätzlichen Energie- und Signalumsatz erfüllt werden. So muß zum Beispiel für das Positionieren und Fixieren des Kolbenrohlings Energie aufgewendet werden, ebenso für das Ausspannen des fertigen Kolbens. Die einzelnen Schritte der spanabhebenden Bearbeitung erfordern eine Drehbewegung des Kolbenrohlings gegen die Schnittkraft der Werkzeuge. Die Zu- und Rückstellbewegungen der Werkzeuge bedürfen ebenfalls des Energieumsatzes. Außerdem muß für die Wärme- und Spanabfuhr Energie aufgewendet werden.
Alle Teilfunktionen der Drehautomaten müssen durch Messen und Prüfen überwacht und durch Steuern und Regeln aufeinander abgestimmt sein. So darf zum Beispiel die Kühlmittelzufuhr erst dann beginnen, wenn die Teilfunktion „Kolben einspannen" vollständig erfüllt ist.
Bild 1-34 stellt eine aus mehreren Varianten ausgewählte Funktionsstruktur des Drehautomaten als Blockschaltbild dar.

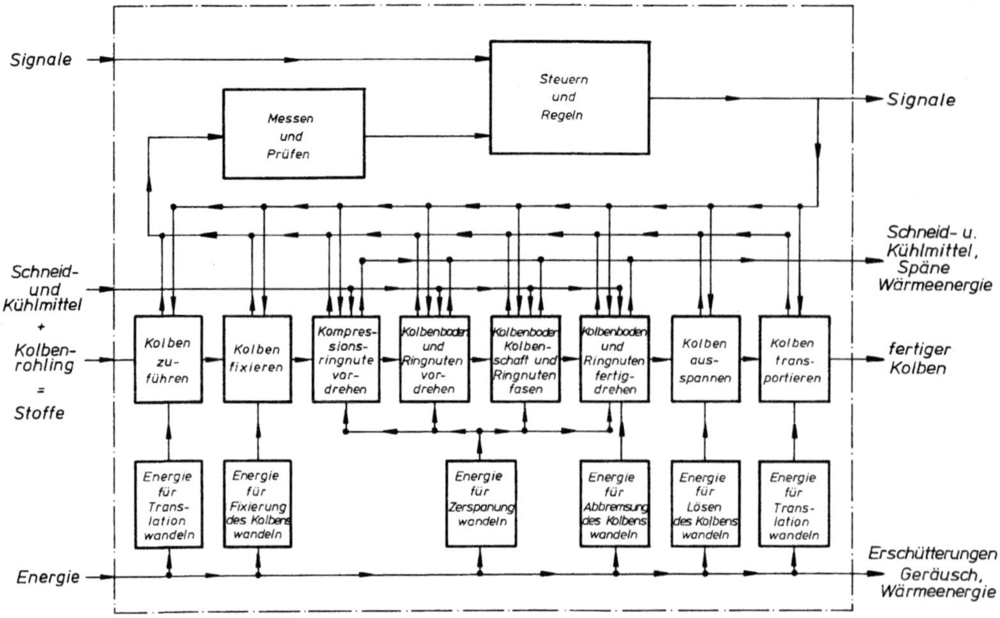

Bild 1-34 Funktionsstruktur des Drehautomaten für Motorkolben als Blockschaltbild mit Haupt- und Nebenumsätzen

Beispiel 1.5: Lösungsfindung A

Werkstückmanipulator für eine Längstaktverbundmaschine

Für eine Längstaktverbundmaschine ist der Werkstückmanipulator zur Werkstückhandhabung zu entwerfen.

Mit Hilfe des Manipulators wird das Werkstück (*Bild 1-35*) von Maschine I zu Maschine II transportiert (*Bild 1-36*). Nach der Fertigbearbeitung auf der Maschine II erfolgt die Ablage der Werkstücke auf der Palette. Die Werkstücke sollen dort gestapelt werden, so daß sich die Ablagehöhe für den Manipulator nach jedem Werkstückwechsel verändert.

Werkstückgewicht	G = 200 kg
Werkstückdurchmesser	d = 400 mm
Höhe des Werkstückes	h = 250 mm
maximale Stapelhöhe	H = 810 mm

Die Höhe der Palettenauflagefläche muß 200 mm über Flur betragen. Die Beschickung der Maschine II und das Stapeln der Werkstücke sollen automatisch erfolgen. Der in *Bild 1-37* dargestellte Arbeitsplan der Maschine I und der in *Bild 1-38* dargestellte Arbeitsplan der Maschine II sind so zu modifizieren, daß die Bearbeitungszeit auf der Maschine II wenige Minuten kürzer (mindestens 3 Minuten) als auf der Maschine I ist.

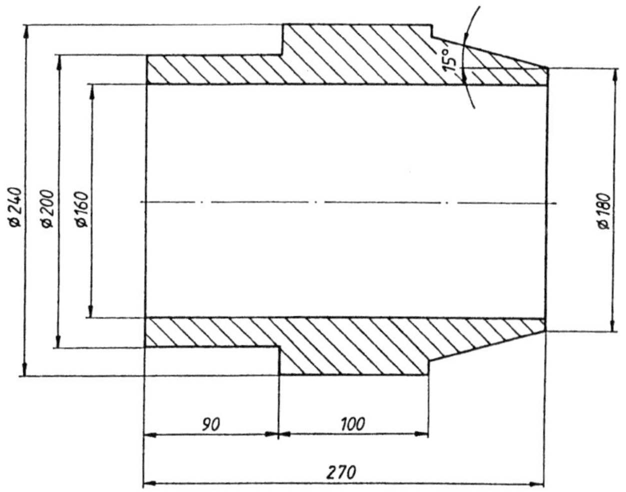

Bild 1-35 Hülse; für diese ist ein Werkstückmanipulator zu entwerfen

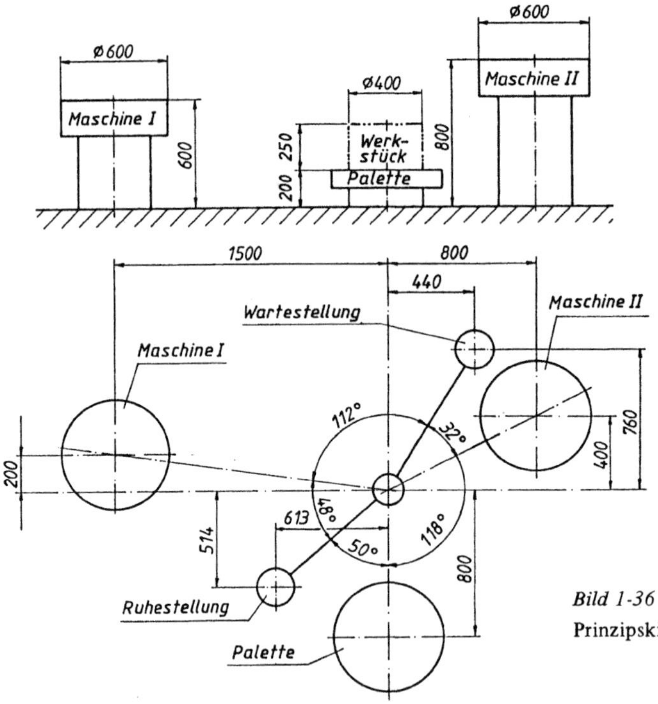

Bild 1-36
Prinzipskizze des Manipulators

Abtlg. Dreherei | Masch. 1 | Nr. | Gewicht 105 kg | Losgröße

Arbeitsgang 2 | Arbeitsaufgabe 1. Seite drehen

Vorrichtung

Anl.-Zustand 1. Seite geplant u. DMA überdreht zum spannen

Lfd. Nr.	Reihenfolge d. Bearbeitung	Abmessung d. Fläche	v m/min	n 1/min	s mm/Um.	Arb.-weg Vor- und Überlauf	i	Haupt-Tätigkeit t_{tb}	Haupt-Tätigkeit t_{tu}	Neben-Tätigkeit t_{tb}	Neben-Tätigkeit t_{tu}
1	Teil spannen auf u. ab									1.50	
2	DMI vorbohren	0/50	29	180	0,45	285+5	1		3,58	0,30	
3	DMI aufbohren *	50/159	70	140	0,12	270+5	1		16,37	0,30	
4	DMA vordrehen	240/201				90+3	1			0,45	
5	DMI fertigbohren	159/160	92	180	0,25	270+5	1		6,12	0,30	
6	DMA fertigdrehen	201/200	115	180	0,25	90+3	1	0,10		0,45	
7	planen	201/160	142	225	0,25	21+3	1		0,43	0,30	
8	DMA fertigdrehen	245/240	140	180	0,25	100+5	1		2,34	0,45	
9	Kanten brechen			180				0,10		0,30	
10											
11											
12											
13											

Bemerkungen: Bohrstange mit Messer verwenden	Summe	0,20 | 28,85 | 4,35
	Summe	t_{tb}=4,55 | t_{tu}=28,85
	Grundzeit	33,4 min
	Erholungszeit %	
	Verteilzeit %	
	Einzelzeit	

Bild 1-37 Arbeitsplan der Maschine I (vgl. Bild 1-36)

Abtlg.	Masch.	Nr.	Gewicht	Losgröße	
Dreherei	2		52.08 kg		

Arbeitsgang 3	Arbeitsaufgabe 2. Seite planen und Konus drehen
Vorrichtung	
	Anl.-Zustand 1. Seite nach Plan

Lfd. Nr.	Reihenfolge d. Bearbeitung	Abmessung d. Fläche	v m/min	n 1/min	s mm/Um.	Arb.-weg Vor- und Überlauf	i	Haupt-Tätigkeit t_{tb}	Haupt-Tätigkeit t_{tu}	Neben-Tätigkeit t_{tb}	Neben-Tätigkeit t_{tu}
1	Teil spannen auf u. ab									3.00	
2	DMA drehen	245/224	110	140	0.12	80+5	1		2.43	0.45	
3	planen	160/224	126	180	0.20	32+3	1		0.97	0.30	
4	Konus vordrehen	181/224	126	180	0.2	80+5	1	0.10	1.90	0.30	
5	Konus fertigdrehen	180/223	126	180	0.2	80+5	1	0.10	1.90	0.30	
6	Kanten brechen			180	v.H.			0.10		0.50	
7											
8											
9											
10											
11											
12											
13											

Bemerkungen	Summe	0.30	7.20	4.85	
	Summe	t_{tb} = 5.15		t_{tu} = 7.20	
	Grundzeit	12.35 min.			
	Erholungszeit %				
	Verteilzeit %				
	Einzelzeit				

Bild 1-38 Arbeitsplan der Maschine II (vgl. Bild 1-36)

Lösung:

Die Gesamtaufgabe wurde unterteilt, indem für die Lösungsfindungsphase mehrere Suchbereiche vorgesehen wurden. Der nachfolgend dargestellte *Suchbereich „Aufnehmen und Schwenken des Werkstückes“* schien für die Brainstorming-Methode besonders günstig geeignet zu sein.

Die Brainstorming-Gruppe bestand aus 10 Mitgliedern, dem Konstrukteur der Anlage als Koordinator, zwei Detailkonstrukteuren, zwei Mitarbeitern der Arbeitsvorbereitung, einem Betriebsassistenten, zwei Mitarbeitern der Methodenabteilung, einem Verkaufsingenieur und einem Mitarbeiter aus dem technischen Einkauf.

Die heterogene Zusammensetzung der Gruppe bewährte sich außerordentlich gut; es wurde eine Fülle von Ideen produziert, die vor allem auch eine Reihe branchenunüblicher Merkmale enthalten. Die Vorschläge der Teilnehmer wurden handschriftlich protokolliert und durch Skizzen ergänzt.

Da nach der vorgesehenen Zeit von 30 Minuten weitere Vorschläge möglich erschienen, wurde eine zweite Sitzung anberaumt, die noch einmal 20 Minuten dauerte. Die Lösungen wurden in der Konstruktionsabteilung skizziert und beschrieben und damit für eine spätere Aufarbeitung und Bewertung vorbereitet. Sie sind in den *Bildern 1-39 ... 1-53* dargestellt. Eine knappe Konstruktionsbeschreibung der gefundenen Lösungen ist den jeweiligen Bildunterschriften zu entnehmen.

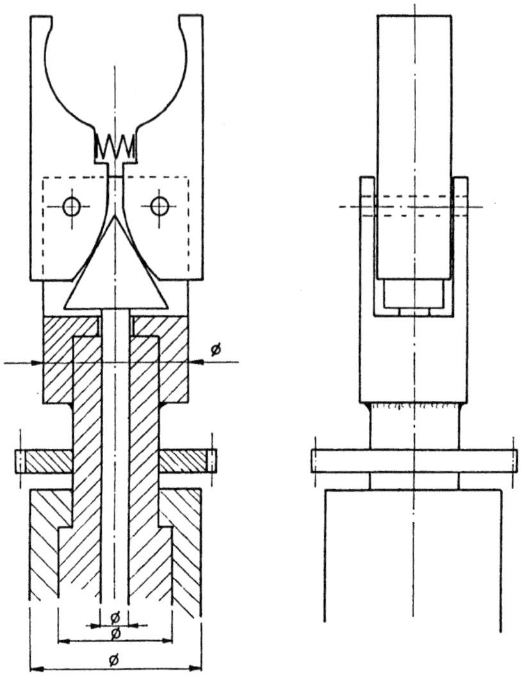

Bild 1-39

Die Greiferzange wird durch Druckfeder geöffnet und kann dann das Werkstück aufnehmen. Anschließend wird sie durch Verstellen des Kegels geschlossen und hält dann das Werkstück. Die Zange kann über das Zahnrad geschwenkt werden.

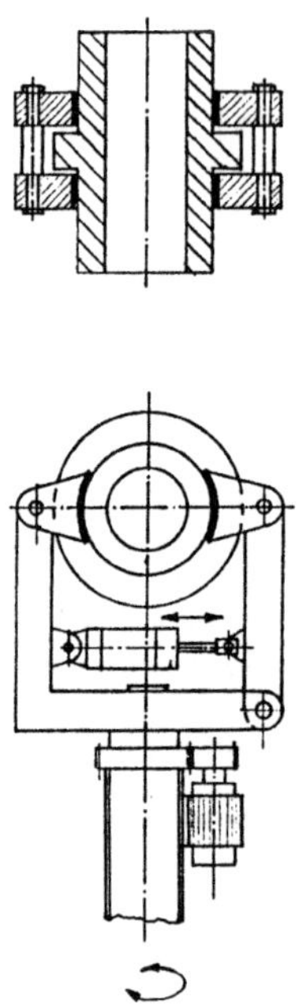

Bild 1-40

Die Greiferzange hat vier pendelnd aufgehängte Segmente. Die Zange kann hydraulisch oder pneumatisch geöffnet und geschlossen werden. Bei der Konstruktion der Greifer ist der Konus am Werkstück (Bild 1-35) zu berücksichtigen. Greifer und Werkstück können über einen Elektromotor und einen Stirnradtrieb geschwenkt werden.

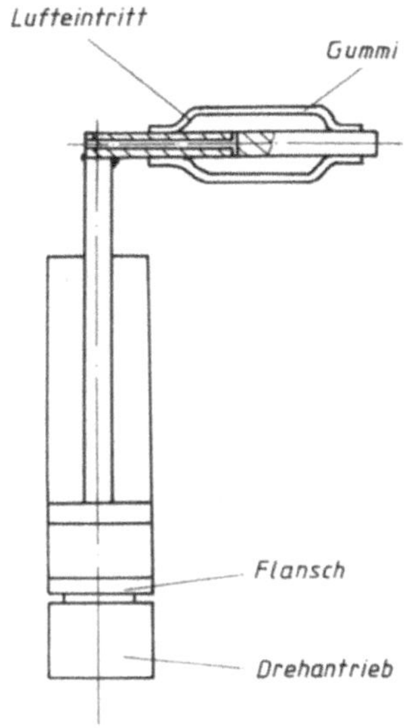

Bild 1-41

Das Werkstück soll mit einem Klemmschlauch in der Bohrung aufgenommen werden. Der Schlauch wird pneumatisch aufgebläht und hält dann kraftschlüssig das Werkstück. Werkstück und Aufnahme sollen über einen angeflanschten Drehantrieb geschwenkt werden. Die Lösung ist in dieser Form nicht brauchbar, da das geschwenkte Werkstück nicht auf der Maschine abgesetzt werden kann.

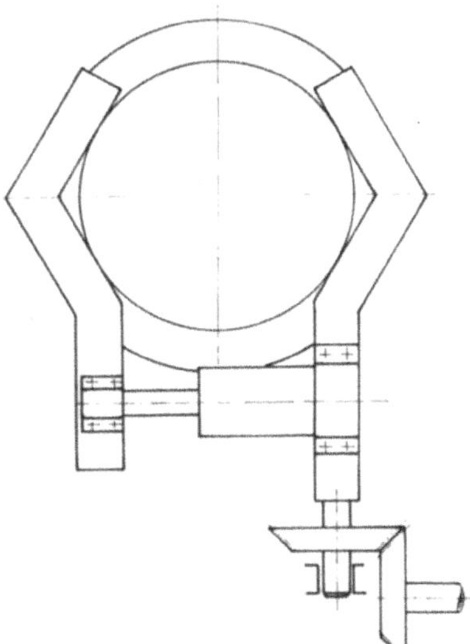

Bild 1-42 Die Aufnahme des Werkstückes erfolgt mit Hilfe hydraulisch oder pneumatisch betätigter Spannbacken. Das Schwenken ist mit dem dargestellten Kegelradantrieb möglich.

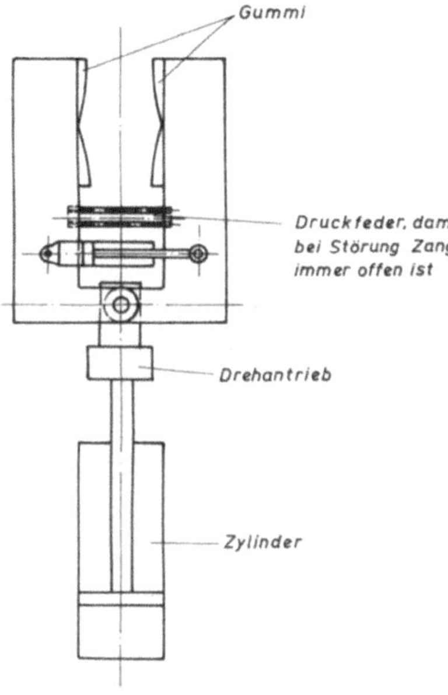

Bild 1-43 Die Zange hat elastische Beläge. Eine Beschädigung der Werkstückoberfläche ist dadurch nicht möglich. Die Zange soll hydraulisch oder pneumatisch geöffnet bzw. geschlossen werden. Die Druckfeder ist überflüssig. Die Schwenkung erfolgt mit dem skizzierten Drehantrieb.

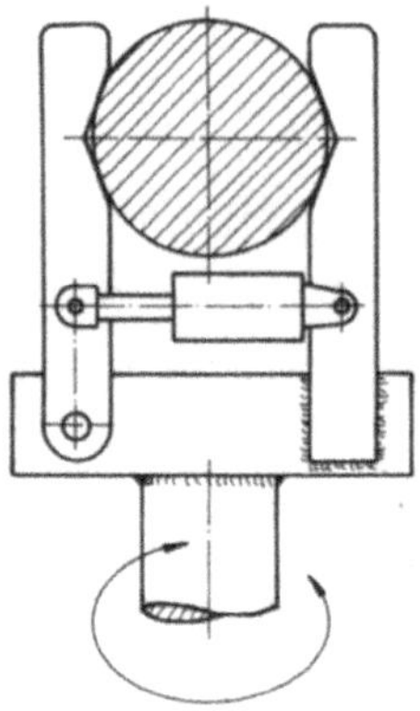

Bild 1-44 Die Zange hat eine bewegliche Backe und wird hydraulisch bzw. pneumatisch geöffnet und geschlossen. Der Schwenkantrieb ist nicht dargestellt.

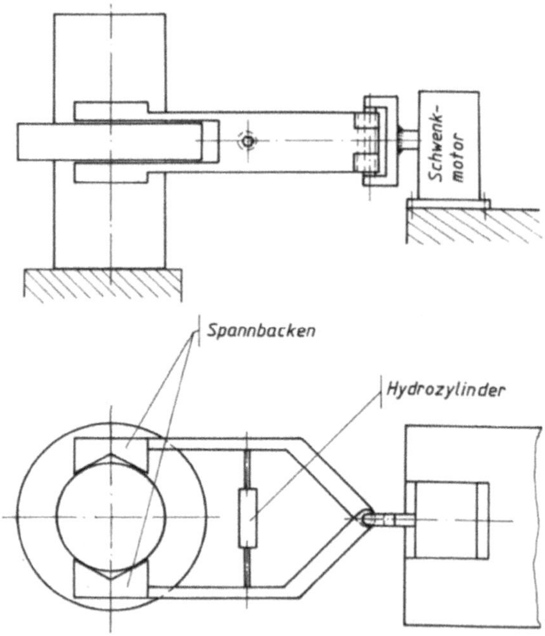

Bild 1-45 Der skizzierte Greifer hat vier Spannbacken, die hydraulisch geöffnet und geschlossen werden. Die Schwenkung erfolgt mittels Schwenkmotor.

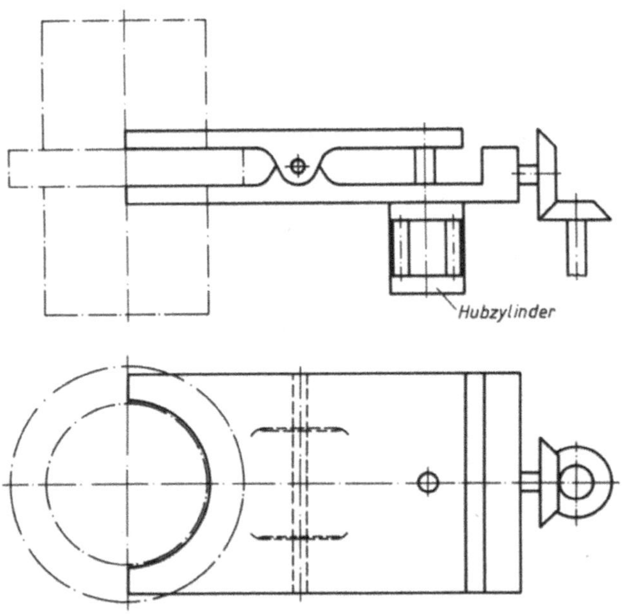

Bild 1-46

Das Werkstück wird am Flansch durch den Greifer gespannt. Die Einrichtung wird mittels Kegelrädern geschwenkt.

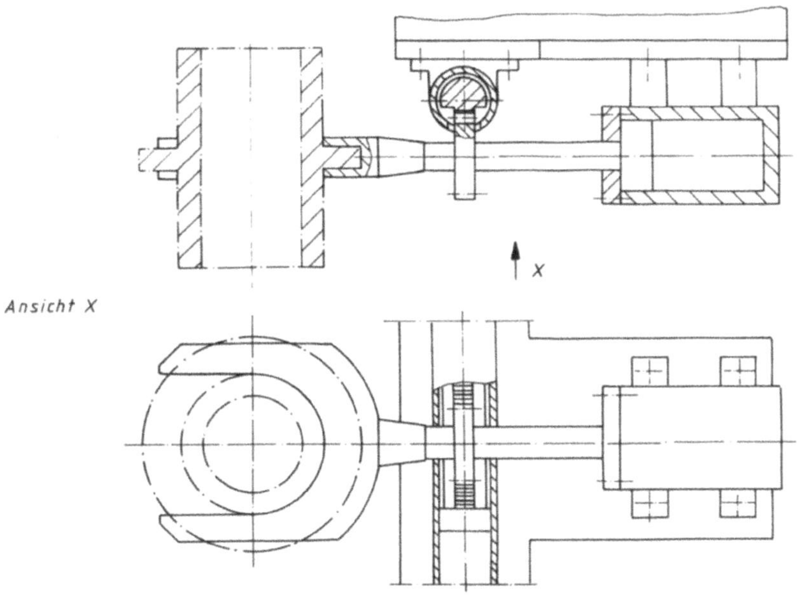

Bild 1-47 Das Werkstück wird durch hydraulisches oder pneumatisches Verschieben des Greifers am Flansch aufgenommen. Die Schwenkung erfolgt mit einem Schubkolbenmotor mit verzahnter Kolbenstange, der ein Zahnrad antreibt.

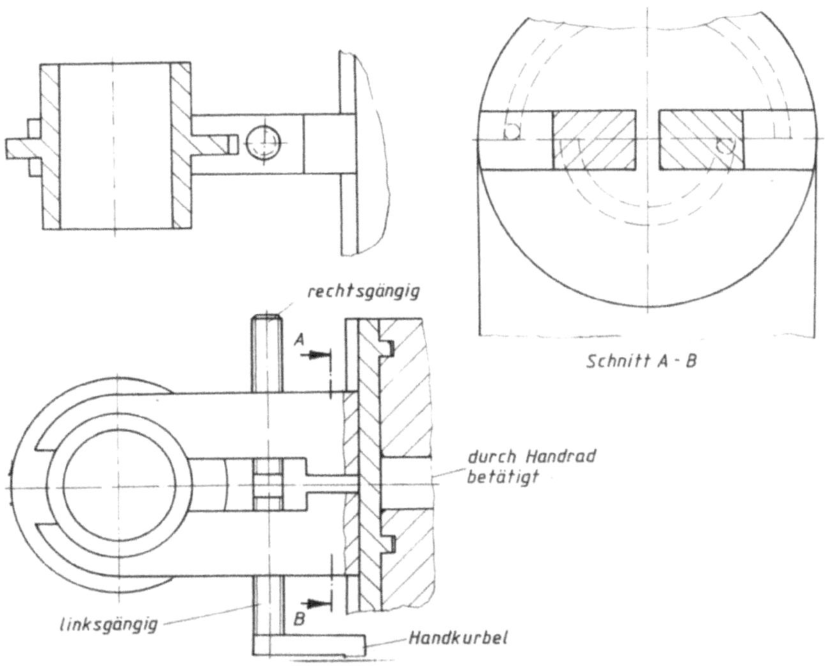

Bild 1-48 Die Backen des Greifers sind in einer Geradführung geführt und werden mit einer Spindel mit Rechts- und Linksgewinde geöffnet bzw. geschlossen. Die Handbetätigung für die Gewindespindel und den Schwenkantrieb ist bei einem automatischen Ablauf des Fertigungsvorganges ungeeignet.

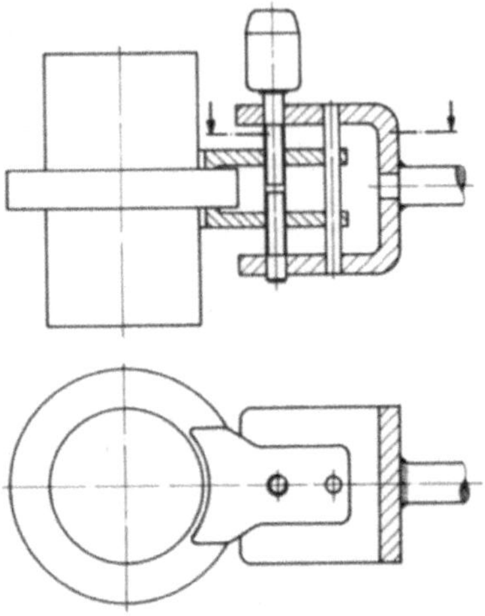

Bild 1-49 Es wird am Flansch gespannt. Die Klemmbacken des Greifers werden mit einem Elektromotor über eine Spindel mit Rechts- und Linksgewinde geschlossen. Zange, Werkstück und Antrieb zum Schließen und Öffnen der Backen werden gemeinsam geschwenkt. Der Schwenkantrieb ist nicht dargestellt.

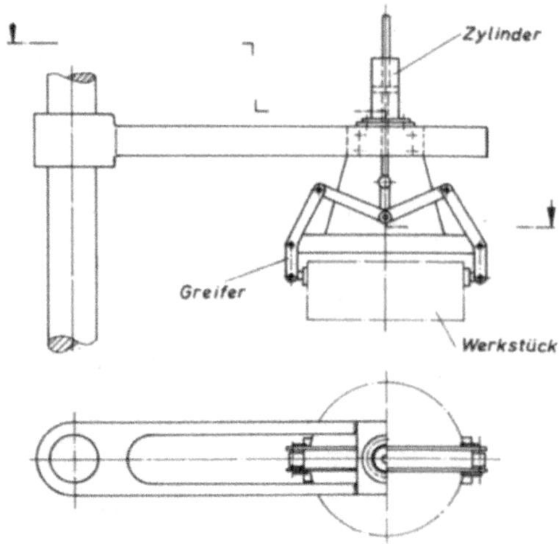

Bild 1-50 Das Werkstück wird mit einem Greifer gespannt, der hydraulisch oder pneumatisch geöffnet und geschlossen wird. Der Schwenkantrieb ist nicht dargestellt.

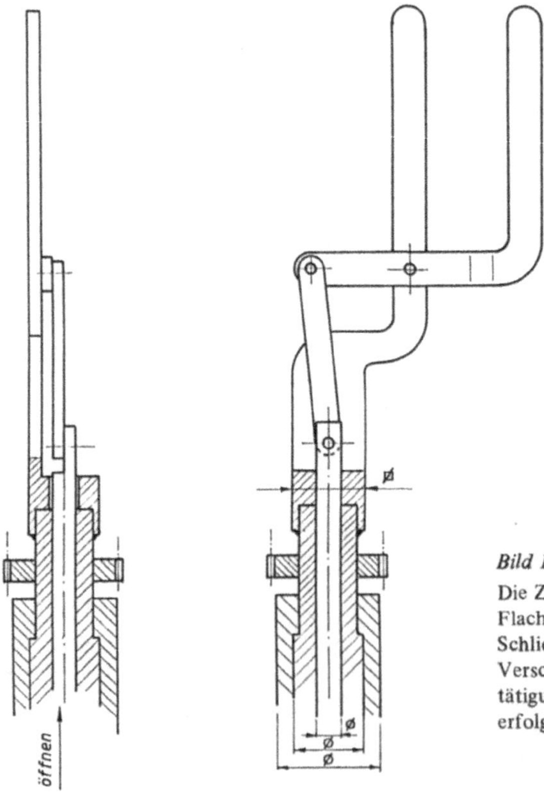

Bild 1-51

Die Zange ist besonders einfach aus Flachstahl gestaltet. Das Öffnen und Schließen ihrer Schenkel geschieht durch Verschieben einer Stange und die Betätigung einer Backe. Das Schwenken erfolgt über das skizzierte Zahnrad.

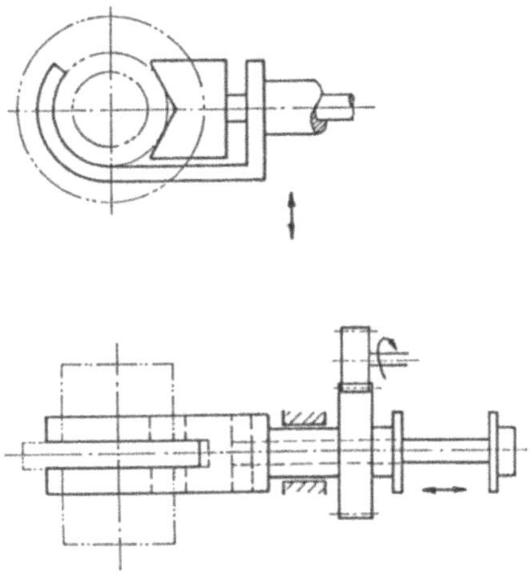

Bild 1-52

Die Spannzange wird durch Verschieben der prismatischen Backe geöffnet und geschlossen. Der Schwenkantrieb erfolgt über Stirnradtrieb.

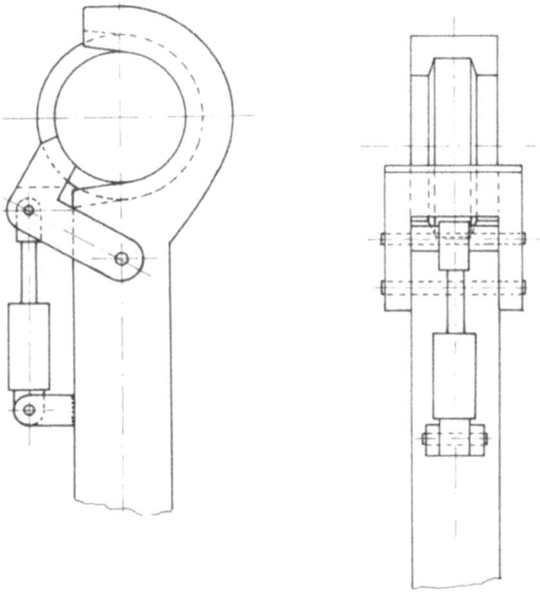

Bild 1-53

Es wird eine Backe der Spannzange hydraulisch oder pneumatisch geöffnet bzw. geschlossen. Der Schwenkantrieb ist nicht dargestellt.

Beispiel 1.6: Lösungsfindung B

Bock mit axial verstellbarer Seilscheibe

Der in *Bild 1-54* dargestellte Bock ist als Schweißkonstruktion zu entwerfen. Im Bock ist die Seilscheibe für eine Gewichtsausgleichvorrichtung zu lagern. Die Seilscheibe muß um 300 mm in Achsrichtung des Bockes verstellt werden können.

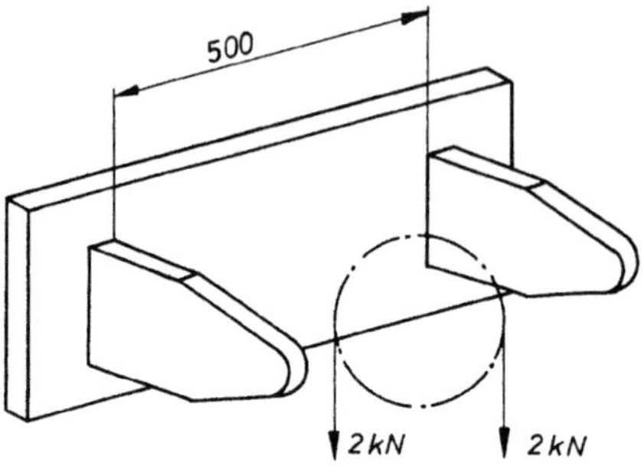

Bild 1-54
Bock mit axial verstellbarer Seilscheibe

Die Zusammenstellungszeichnung des Bockes mit Seilscheibe und Antrieb für die Verstellung der Scheibe ist in allen erforderlichen Ansichten und mit allen erforderlichen Angaben anzufertigen. Alle notwendigen Festigkeitsberechnungen sind durchzuführen.
Fehlende Maße sind im gegebenen Rahmen zu wählen.

Lösung:

Für das Finden der Konzeptvarianten wurde die Methode 635 angewendet. Dazu wurden mehrere Gruppen zu je 6 Teilnehmern gebildet. Jedes Gruppenmitglied erhielt 6 Bögen Transparentpapier, die mit dem Namen zu versehen und fortlaufend zu numerieren waren. Auf Blatt 1 sollte jeder Teilnehmer zu den Suchbereichen

- Gestaltung des Bockes
- Lagerung der Seilscheibe bzw. der Achse
- Verschiebung der Seilscheibe

je einen Lösungsvorschlag erarbeiten (Skizze und Kurzbeschreibung).
Nach etwa 10 Minuten gab jeder Teilnehmer dieses Blatt seinem Nachbarn. In den folgenden 10 Minuten ergänzte jeder Teilnehmer die erhaltenen Lösungsvorschläge auf seinem 2. Blatt. Dabei wurden die Blätter zum Teil übereinandergelegt, um unnötige Zeichenarbeit zu vermeiden.
Beide Blätter wurden anschließend an den Nachbarn weitergereicht und von ihm auf Blatt 3 – möglichst durch Übereinanderlegen der Blätter – ergänzt und verbessert.
Nach Abschluß der Phase der Lösungsfindung erhielt jeder Teilnehmer der Sitzung 6 Blätter, auf denen er seinen ursprünglichen Vorschlag fünfmal überarbeitet vorfand.
Die Ergebnisse der Gruppe für den Suchbereich „Verschiebeeinrichtung für die Seilscheibe" sind in *Bild 1-55* dargestellt.

Nr.	Bauweise	Verschiebe-antrieb	Verschiebe-kräfte	Achse	Klemmung	Kosten	Fernbe-dienung
1	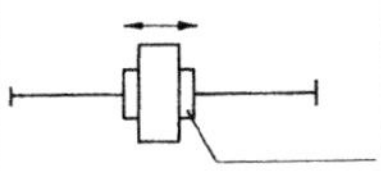	Die Seil-scheibe wird durch Axial-kräfte ver-schoben	gering (rollende Reibung)	ruhend	nicht vorge-sehen	gering	nicht möglich
2	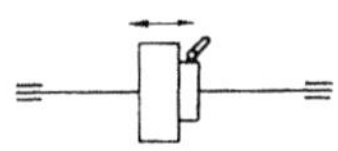	von Hand	Handkraft 100 ... ... 200 N (Gleit-reibung)	drehend	vorhanden (Klemm-schraube)	gering	nicht möglich
3		Verände-rung der Auskrag-länge von Hand	wie Nr. 2	drehend und längsbe-weglich	möglich wie Nr. 2	gering	möglich
4	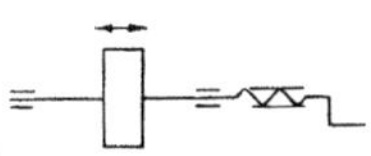	durch Ge-winde-spindel	abhängig von der Ge-windestei-gung (relativ gering)	längsbe-weglich	evtl. Selbsthem-mung des Gewindes	höher als Nr. 1 ... 3	möglich
5	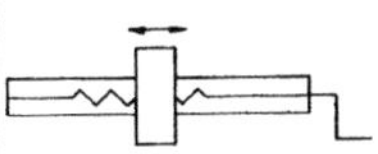	durch Ge-windespindel in der Hohl-welle	abhängig von der Ge-windestei-gung (relativ gering)	ruhend	evtl. Selbsthem-mung des Gewindes	teurer als 1 ... 4	möglich
6	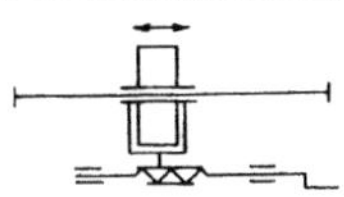	durch Ge-windespindel und Gabel	wie Nr. 5	ruhend	wie 5	teurer als 5	möglich
7	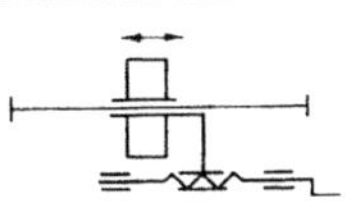	durch Ge-windespindel und Stange	wie Nr. 5	ruhend	wie 5 und 6	gleich 6	möglich
8	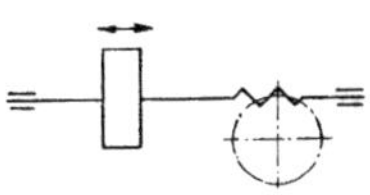	über Ritzel und als Zahnstange ausgebildete Achse	abhängig vom Ritzel-antrieb, größer als 5 ... 7	ruhend	durch Blockieren des Ritzels	gleich 6	möglich

Bild 1-55 Ordnungsschema mit Lösungen für die Verschiebeeinrichtung des in Bild 1-54 dargestellten Bockes

Beispiel 1.7: Lösungsfindung C

Vorschubgetriebe einer Waagerecht-Kreissäge

Verstellhub $h = 600$ mm
Schnitthub $h_s = 530$ mm

Da an dieser Stelle nur die Lösungsfindung mit Hilfe des morphologischen Kastens gezeigt werden soll, erscheinen die Angaben der Aufgabenstellung ausreichend.
Die gefundenen Teilfunktionsträger zu den Teilfunktionen Bewegungsumformung, Erzeugung des Drehmomentes stufenlos und Erzeugung des Drehmomentes stufenförmig können *Bild 1-56* entnommen werden. Die brauchbaren Lösungskombinationen sind in *Bild 1-57* zusammengestellt.

	Teilfunktion	Teilfunktionsträger 1	2	3	4	5
1	Erzeugen der Bewegungsenergie	Drehstrommotor (M 3~)	Verbrennungsmotor	Hydromotor Radialkolbenmotor Axialkolbenmotor		
2	Wandeln von Drehmoment, Drehzahl	Schaltwechselgetriebe - gestuft -	PIV-Getriebe - stufenlos -	polumschaltbarer Drestrommotor - gestuft - mit getrennten Wicklungen, mit Dahlander-Schaltung	thyristorgesteuerter Reihenschlußmotor - stufenlos -	
3	Wandeln der Bewegungsart Rotation → Translation	Spindel mit Spindelmutter	Ritzel mit Zahnstange	Kurbeltrieb	Kettentrieb	Rotationskolbenpumpe mit Zylinder

Bild 1-56 Lösungsfindung nach der morphologischen Methode; Beispiel Waagerecht-Kreissäge

Als Teilfunktionsträger scheiden aus:

1.2 Verbrennungsmotor:
hohe Energiekosten, stampfender Betrieb, Geräusch- u. Wärmeentwicklung, geringer Wirkungsgrad

3.3 Kurbeltrieb:
ungleichförmige Verstell- u. Schnitthubbewegung

3.4 Kettentrieb:
unkontrollierbare Kettenlängung

Brauchbar erscheinen die angegebenen Lösungen; sie sollen deshalb näher überprüft werden.

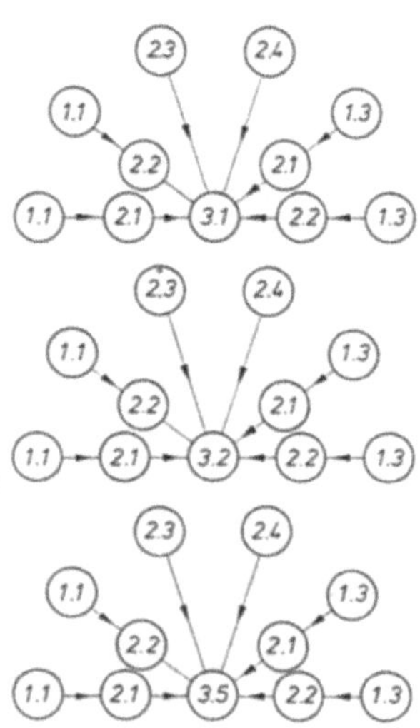

Bild 1-57
Vorbewertung;
Beispiel Waagerecht-Kreissäge

Beispiel 1.8: Technische Bewertung

Flachriemenvorgelege

Gemäß dem Entwicklungsauftrag ist ein Flachriemenvorgelege mit zwei Riemenscheiben von $\diameter$ 280 bzw. $\diameter$ 140 zu entwerfen. Es soll eine Leistung von $P \leqslant 18$ kW bei 15 s^{-1} Drehzahl übertragen werden können. Der Entwicklungsauftrag nennt eine Stückzahl von 100 Stück/Monat.

Lösung:

In der Konzipierungsphase sind die im *Bild 1-58* dargestellten technischen Lösungsprinzipien entwickelt worden. (Die dargestellten Konzeptvarianten stellen allerdings nur eine Auswahl der prinzipiell möglichen Lösungen dar.)

Ein mit dem Konstrukteur, einem Fertigungs- und einem Werkstoffachmann besetztes Bewertungsteam eliminiert wegen gravierender Mängel (veraltetes, nicht entwicklungsfähiges Konzept, schwierige Gießbarkeit, ungünstige Montierbarkeit o.a. Gründe) ohne genauere Wertanalyse mehrere Varianten. Die verbleibenden Lösungsprinzipien werden einer technischen Bewertung unterzogen. Hierbei gilt die Regel, daß man sich in der Konzipierungsphase auf die Bewertung weniger wichtiger technischer Eigenschaften und Wünsche beschränken sollte, weil dadurch der Bewertungsaufwand in Grenzen bleibt, andererseits aber auch schon ein grobes Bewertungsraster technische Mängel aufdeckt und außerdem Anregungen zur Verbesserung geben kann. Erst in späteren Phasen der Entwicklung bei kleinerer Zahl von Varianten sollte das technische Bewertungsschema verfeinert werden.

Bild 1-59 faßt das Ergebnis der technischen Bewertung der aus *Bild 1-58* verbliebenen Konzeptvarianten zusammen.

Danach hat das Lösungskonzept 3.6 mit $\Sigma p = 22$ Punkte die höchste Punktzahl erhalten. Seine technische Wertigkeit beträgt mit $\bar{p} = \Sigma p/n = 22/7 = 3{,}145$

$$x = \frac{\bar{p}}{p_{\max}} = \frac{3{,}145}{4} = \underline{\underline{0{,}79}}$$

Bild 1-59 läßt auch die Schwachstellen dieser Lösung erkennen, nämlich die hohe Lagerbeanspruchung und die geringe Steifigkeit der Konstruktion. Diese lassen sich durch das Heranrücken der Stufenscheibe an den Ständer und durch eine Verlängerung des Lagergehäuses in die große Riemenscheibe hinein beseitigen (*Bild 1-60*), wodurch eine Erhöhung der technischen Wertigkeit auf $x = 0{,}86$ erreicht wird.

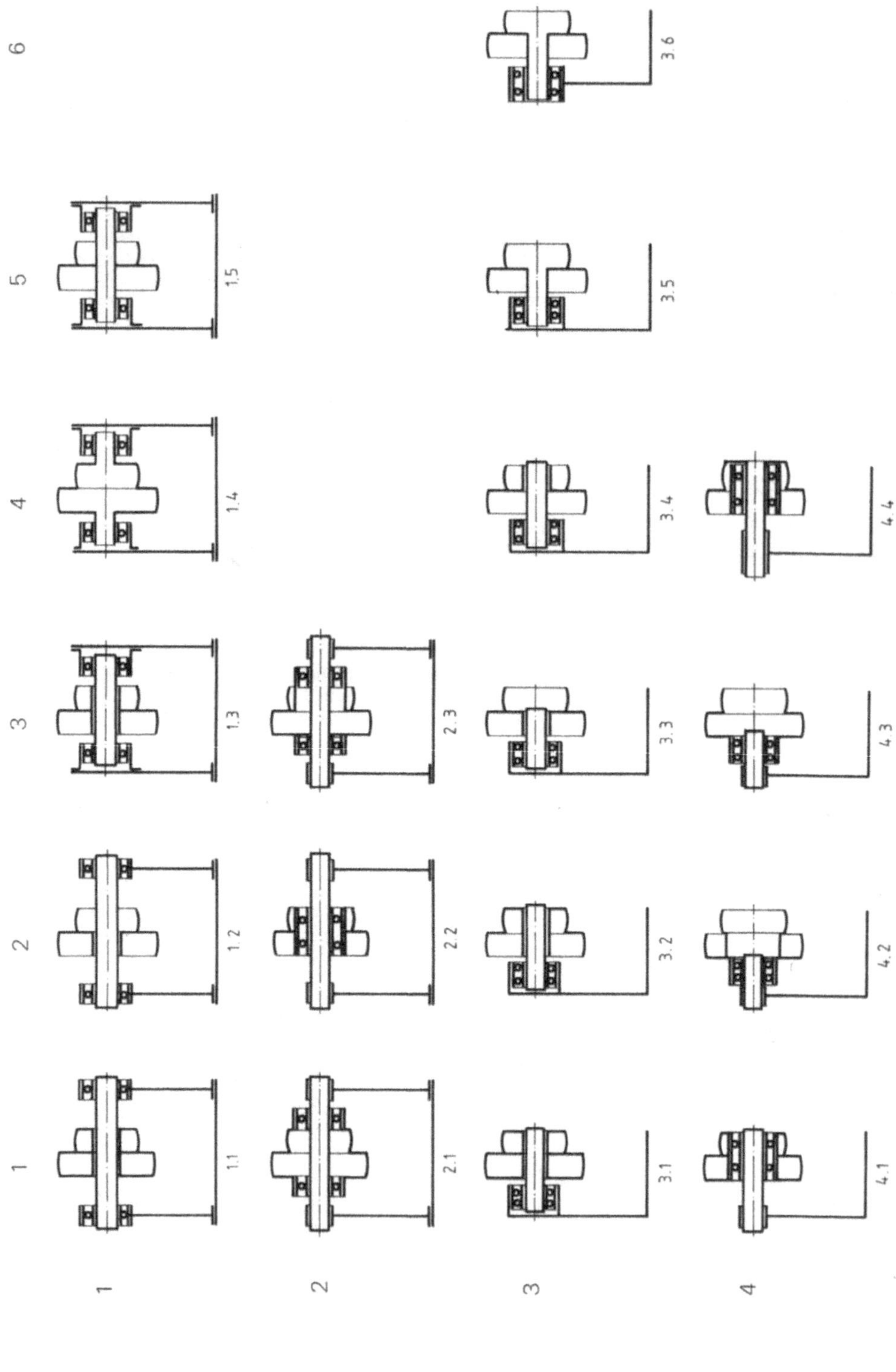

Bild 1-58 Lösungsprinzipien für die Entwicklung eines Flachriemen-Vorgeleges

Lfd. Nr.	Technische Eigenschaften, Wünsche	Bewertungspunkte für Konzeptvariante						Ideal-Lösung
		1.3	1.4	1.5	2.1	3.6	4.3	
	Mechanische Eigenschaften							
1	Lagerbeanspruchung	4	4	4	4	2	3	4
2	Gewicht	2	3	3	2	4	4	4
3	Steifigkeit	3	3	3	3	2	2	4
	Herstelleigenschaften							
4	Gießbarkeit	3	1	3	2	3	2	4
5	spanabhebende Bearbeitbarkeit	2	2	2	1	3	3	4
6	Einfachheit der Montage	2	2	2	2	4	3	4
	Gebrauchseigenschaften							
7	Auswechselbarkeit der Riemen	1	1	1	1	4	4	4
	Gesamtpunktzahl Σp	17	16	18	15	22	21	28
	Technische Wertigkeit $x = \frac{\Sigma p}{n \cdot p_{max}}$	0,61	0,57	0,64	0,54	0,79	0,75	1,0

Bild 1-59 Technische Bewertung von Konzeptvarianten eines Flachriemen-Vorgeleges (vgl. Bild 1-58)

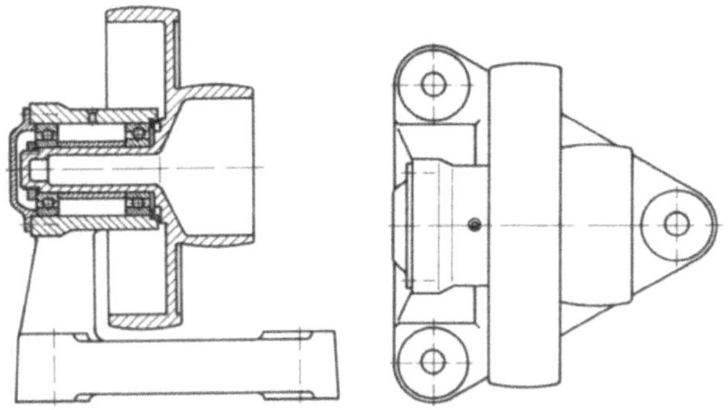

Bild 1-60
Verbessertes Konzept eines Flachriemen-Vorgeleges (Variante 3.6 des Bildes 1-58)

Beispiel 1.9: Wirtschaftliche Bewertung

Flachriemenvorgelege

Von dem in *Bild 1-60* dargestellten Konzept eines Flachriementriebes ist ein maßstäblicher Entwurf angefertigt worden (*Bild 1-61*). Dieser Entwurf ist wirtschaftlich zu bewerten!

Lösung:

Bei einem Preis des Bezugswerkstoffes USt 37-2 von 0,92 DM/kg ergibt sich sein auf die Volumeneinheit bezogener Preis von

$$k_{vo} = 0{,}92 \frac{\text{DM}}{\text{kg}} \cdot 7{,}85 \frac{\text{kg}}{\text{dm}^3} \cdot 10^{-3} \frac{\text{dm}^3}{\text{cm}^3} = 7{,}22 \cdot 10^{-3} \frac{\text{DM}}{\text{cm}^3}$$

und damit für die jeweiligen Bauteile die spezifischen Werkstoffkosten

$$k_v = k_{vo} \cdot k_v^* = 7{,}22 \cdot 10^{-3} \cdot k_v^* \text{ in } \frac{\text{DM}}{\text{cm}^3}$$

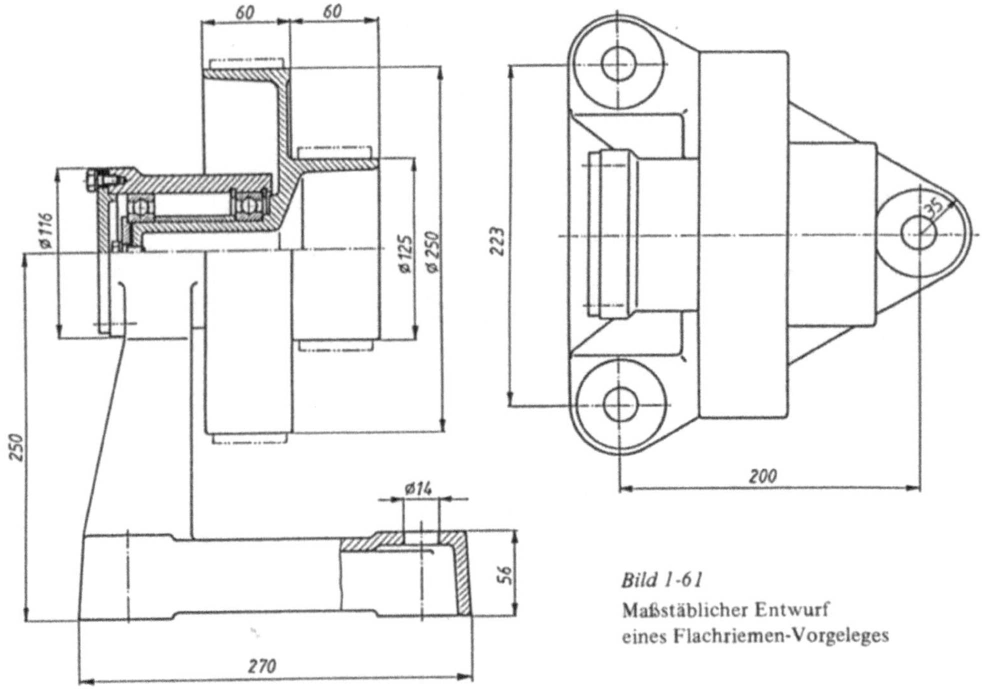

Bild 1-61
Maßstäblicher Entwurf
eines Flachriemen-Vorgeleges

Lfd. Nr.	Stck zahl	Teil Bezeichnung	Werkstoff	V_n in cm^3	V_b in cm^3	k_v in $DM/cm^3 \cdot 10^{-2}$	g_w, g_z	M in DM
1	1	Gestell	GGL-25	1170	1280	2,15	0,2	33,–
2	1	Riemen-scheibe	GGG-40	1300	1430	3,2	0,2	54,90
3	2	Deckel (Spritzguß)	Polystyrol	100	100	0,8	0,1	–,88
4	1	Distanz-buchse	St 35	70	76	2,3	0,1	1,92
5		Kleinteile: 10 Schrauben 1 Siche-rungsring		50 % Einkaufsrabatt			0,1	5,20
6		Zulieferun-gen: 2 Rillenkugel-lager 6208 DIN 625		50 % Einkaufsrabatt			0,1	17,30
Materialkosten M								113,20

Bild 1-62 Ermittlung der Materialkosten des Flachriemen-Vorgeleges nach Bild 1-61

Zur Erfassung der Werkstoff-Gemeinkosten wird für die Gußteile der Faktor $g_W = 0{,}2$ und für die Halbzeuge $g_W = 0{,}1$ angesetzt. Für die Fertigzeuge wird ein Gemeinkostenfaktor von $g_Z = 0{,}1$ in Rechnung gestellt.

Bild 1-62 gibt die Materialkosten der Einzelteile und die gesamten Materialkosten des Vorgeleges an. In den Kosten für die Rillenkugellager ist ein Einkaufsrabatt von 50 % berücksichtigt; gleiches gilt für die Kleinteile.

Für das in *Bild 1-61* dargestellte Vorgelege weist die Anforderungsliste z.B. zulässige Herstellkosten von $H_{zul} = 230,-$ DM aus. Die wirtschaftliche Wertigkeit des Vorgeleges ist zu ermitteln!

Lösung:

Das *Bild 1-62* nennt Materialkosten $M = 113{,}20$ DM. Mit diesen ergeben sich unter Berücksichtigung des prozentualen Materialkostenanteils, der mit Hilfe von *Anhang A2-15* mit $M' = 52\,\%$ geschätzt wird, die Herstellkosten

$$H = \frac{M}{M'} \cdot 100\,\% = \frac{113{,}20 \text{ DM}}{52\,\%} \cdot 100\,\% = 217{,}70 \text{ DM}$$

Mit den zulässigen Herstellkosten $H_{zul} = 230,-$ DM ist dann die wirtschaftliche Wertigkeit

$$y = \frac{H_{zul}}{1{,}4 \cdot H} = \frac{230,- \text{ DM}}{1{,}4 \cdot 217{,}70 \text{ DM}} = 0{,}75$$

In Anlehnung an die Qualitätsstufungen für die technische Wertigkeit x (s. *Beispiel 1.8*) ist diese wirtschaftliche Wertigkeit des Vorgelege-Entwurfs als gut anzusehen.

Beispiel 1.10: Stärkediagramm

Bild 1-63 zeigt die Stärke $s_1 (y_1/x_1)$ eines technischen Produktes, das technisch und wirtschaftlich zu veraltern drohte. Das neu entwickelte Konzept hat die Stärke $s_2 (x_2/y_2)$. Die Stärken s_1 und s_2 sind zu vergleichen!

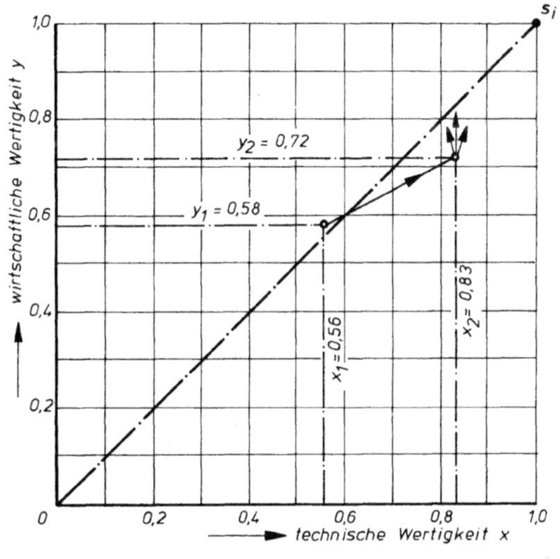

Bild 1-63

Entwicklungslinie eines verbesserten technischen Produktes im Stärkediagramm

Lösung:

Die ursprüngliche Ausführung hat mit $x_1 = 0{,}56$ und $y_1 = 0{,}58$ eine weder technisch noch wirtschaftlich befriedigende Stärke. Die Stärke s_2 des neuen Konzeptes ist mit $x_2 = 0{,}83$ und $y_2 = 0{,}72$ als wesentlich günstiger anzusehen. Allerdings zeigt sich auch, daß mit der Verbesserung des technischen Wertes offensichtlich nicht in gleichem Maße die Herstellkosten gesenkt werden konnten.

Es sollte deshalb überprüft werden, ob durch eine Umgestaltung der Konstruktion, durch die Einführung rationellerer Fertigungsverfahren oder die vermehrte Verwendung von Zulieferteilen die Stärke mehr der idealen Entwicklungslinie angenähert werden kann.

1.4 Aufgaben

1.4.1 Einführung in das methodische Konstruieren

1. a) Nennen Sie wichtige Gründe für die Notwendigkeit zur Rationalisierung im Konstruktionsbereich!
   b) Welche wesentlichen Ansatzpunkte für eine solche Rationalisierung können Sie nennen? Beschreiben Sie diese ausführlich!
2. a) Was versteht man unter der intuitiven Arbeitsweise beim Konstruieren?
   b) Nennen und erläutern Sie die wesentlichen Nachteile einer auf Intuition begründeten Arbeitsweise im Konstruktionsbereich!
3. a) Was versteht man unter einer Konstruktionsmethode?
   b) Nennen und erläutern Sie die wesentlichen Vorteile des methodischen Konstruierens!
4. a) Was versteht man unter der Gesamtfunktion eines technischen Produktes?
   b) Wie wird die Gesamtfunktion eines technischen Produktes zweckmäßig dargestellt?
5. Welche Vorteile hat das funktionale Denken für die Entwicklung technischer Produkte?
6. Stellen Sie die black boxes folgender technischer Produkte dar: Handbohrmaschine, Generator, Verbrennungsmotor, Fernsehgerät, Kühlschrank, Schreibmaschine, Amperemeter! Achten Sie dabei darauf, daß die Gesamtfunktion einen ausreichenden Abstraktionsgrad aufweist!
7. a) Nennen und erläutern Sie die Hauptumsatzgrößen der in Aufgabe 6. genannten technischen Produkte!
   b) Welche Nebenumsatzgrößen sind bei den in Aufgabe 6. genannten technischen Produkte zum Erfüllen der Gesamtfunktion erforderlich?
8. Nennen Sie die Funktionen, die von den nachfolgend genannten Bauelementen oder -gruppen erfüllt werden: Achse, Welle, Paßfeder, Zahnradpaar, Backenbremse, Freilauf, Kondensator, Ventil, Kupplung, Gleitlager, Dichtung!

1.4.2 Das Analysieren der Aufgabe

1. Nennen und erläutern Sie die einzelnen Arbeitsschritte des methodischen Konstruierens!
2. Erklären Sie die besondere Bedeutung der Phase „Analysieren" innerhalb des Konstruktionsprozesses!
3. Nennen Sie die Gesichtspunkte, die für die Auswahl neu zu planender technischer Produkte bedeutsam sind!
4. Nennen Sie die Mindestangaben, die ein Entwicklungsauftrag enthalten sollte!
5. Mit welchen anderen Fachbereichen hat die Konstruktionsabteilung zusammenzuarbeiten?
6. Nennen Sie Quellen der Informationsbeschaffung für den Konstrukteur bei der Lösungssuche!
7. Was versteht man unter einer Anforderungsliste?
8. Beschreiben Sie die üblichen Arbeitsverfahren, nach denen der Konstrukteur die Anforderungsliste erstellt!
9. Erstellen Sie eine möglichst vollständige Anforderungsliste für eine Ständerbohrmaschine!
   Hinweis: Ermitteln Sie die Forderungen, Wünsche und Erwartungen durch Analyse einer vorgegebenen Bohrmaschine!
10. Erstellen Sie eine möglichst vollständige Anforderungsliste für den Prototyp eines Lkw-Motors!
    Hinweis: Ermitteln Sie die Anforderungen an den Motor durch Analyse eines vorgegebenen Motors! Betriebs- und Reparaturanleitungen können ebenfalls gute Anregungen für das Sammeln von Informationen geben.
11. Nennen Sie Gründe für das Zerlegen der Gesamtfunktion eines geplanten technischen Produktes in ihre Teilfunktionen!
12. Nennen und erläutern Sie die Arbeitsschritte bei der Erarbeitung der Funktionsstruktur!
13. Was versteht man unter der Funktionsstruktur eines technischen Produktes?
14. Was versteht man unter der Variation einer Funktionsstruktur? Welche Variationsverfahren können grundsätzlich angewendet werden?
15. Das *Bild 1-64* zeigt vier Fertigungsschritte für die Herstellung von Zündkerzen für Ottomotoren. Entwickeln Sie die Funktionsstruktur des für die Herstellung erforderlichen Automaten!
16. Die in Aufgabe 15. entwickelte Funktionsstruktur des Drehautomaten für Zündkerzen ist möglichst vielfältig zu variieren!

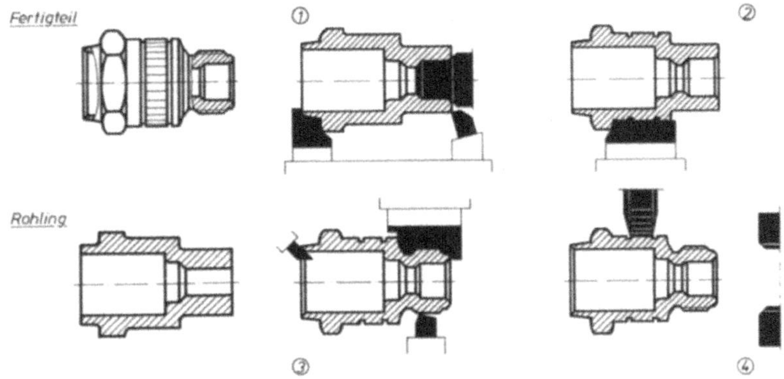

Bild 1-64 Fertigungsschritte für die Herstellung von Zündkerzen

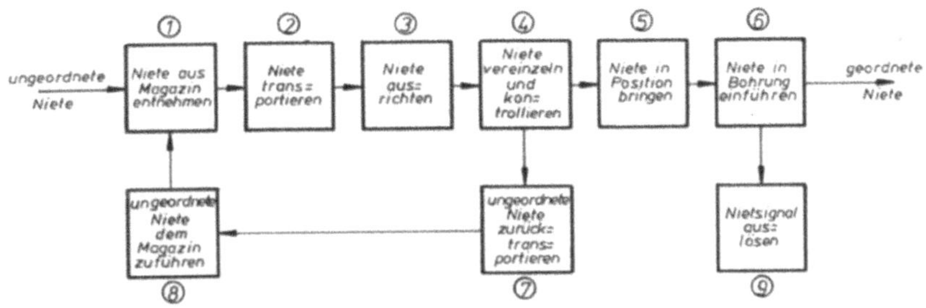

Bild 1-65 Funktionsstruktur einer Nietmaschine für Kupplungsbeläge

17. Erarbeiten Sie für die Ständerbohrmaschine der Aufgabe 9. eine Funktionsstruktur!
18. Für den Lkw-Motor der Aufgabe 10. ist eine Funktionsstruktur zu entwicklen!
19. Für die automatisch arbeitende Nietmaschine, die die Kupplungsbeläge an die Mitnehmerscheibe einer Kfz-Kupplung anbringt, ist eine Vorrichtung zu entwickeln, die dem Montageautomaten die Niete geordnet bereitstellt! Die Analyse der Gesamtfunktion der Vorrichtung ergab zunächst die Funktionsstruktur nach *Bild 1-65*. Diese vorgegebene Funktionsstruktur ist unter Beachtung des Grundsatzes, daß die Gesamtfunktion nicht verändert werden darf, möglichst vielfältig zu variieren!

1.4.3 Das Konzipieren

1. *Bild 1-66* zeigt eine Wellenlagerung, die durch mehrmalige Überarbeitung verbessert worden ist. Vergleichen Sie die Entwürfe und erläutern Sie die jeweiligen Verbesserungen!

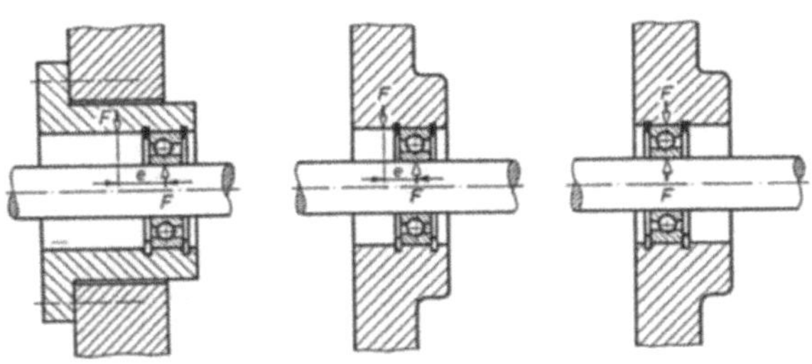

Bild 1-66

Variationen der Wälzlagerung einer Welle

2. Die in den *Bildern 1-67 ... 1-69* dargestellten Achsantriebe von Kraftfahrzeugen lassen bestimmte übereinstimmende optimale Gestaltungsprinzipien für Achsantriebe bei Frontmotor und Hinterachsantrieb erkennen. Ermitteln Sie durch Vergleich der Bilder diese Prinzipien!

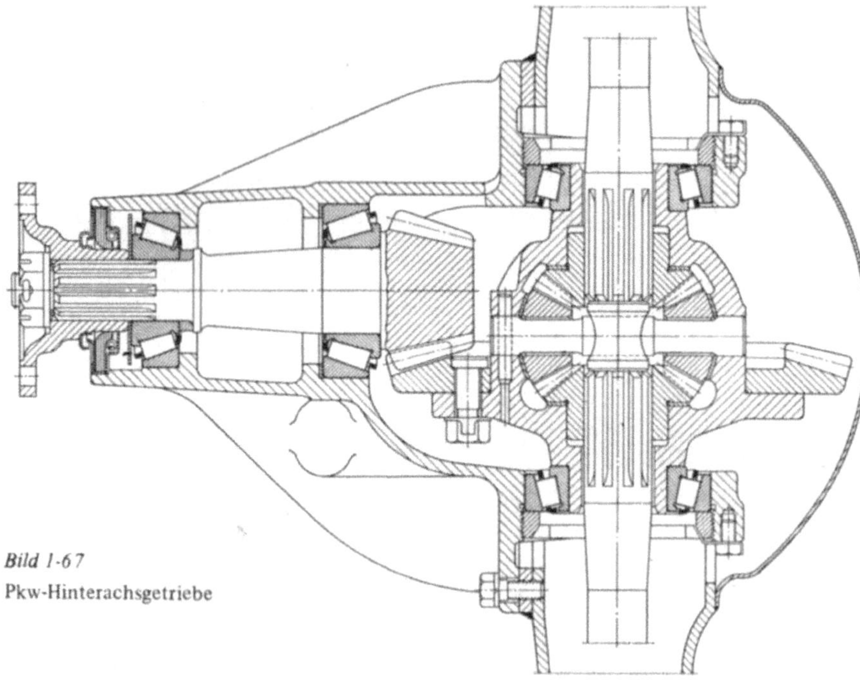

Bild 1-67
Pkw-Hinterachsgetriebe

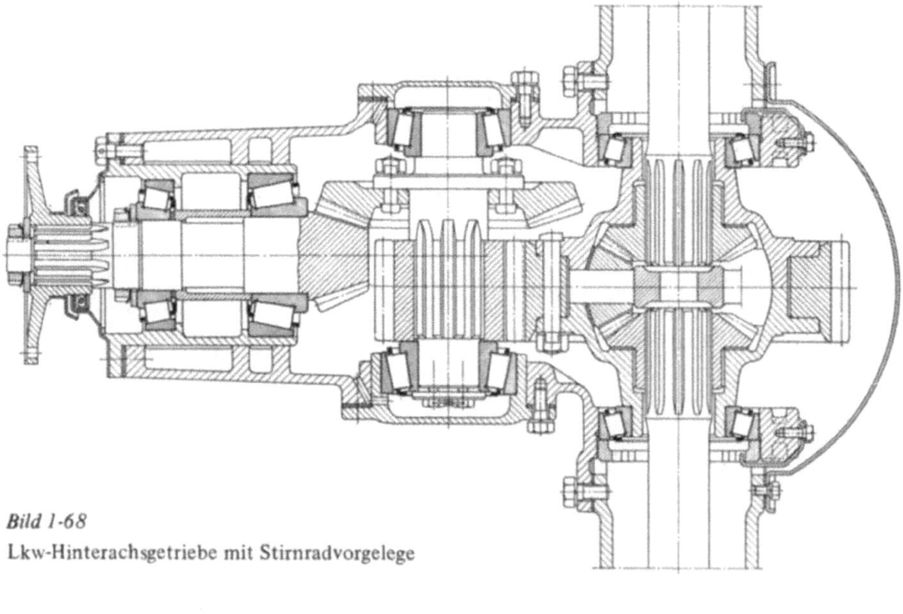

Bild 1-68
Lkw-Hinterachsgetriebe mit Stirnradvorgelege

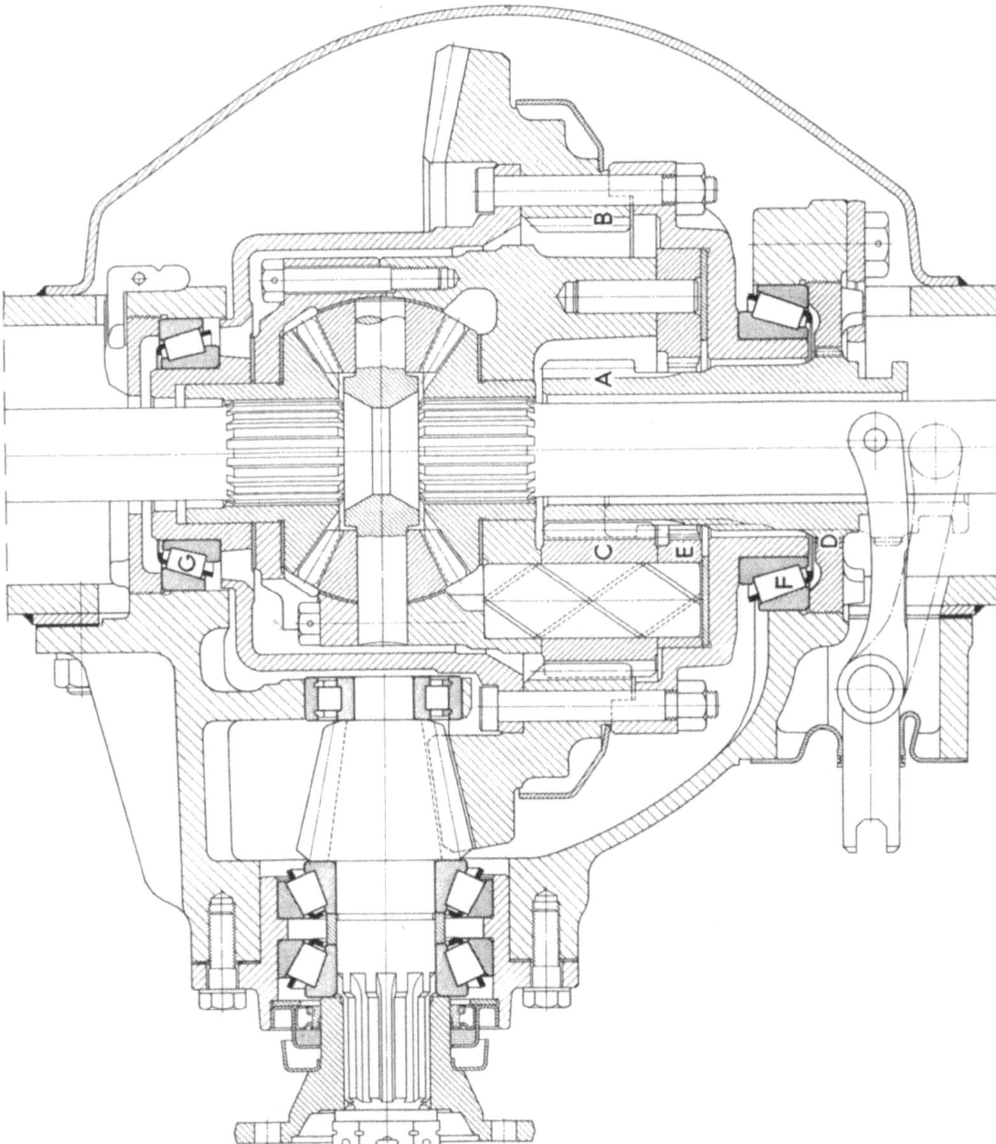

Bild 1-69 Lkw-Hinterachsgetriebe mit zusätzlichem Planetengetriebe. Durch Schaltung der Zahnkupplung D kann das Sonnenrad A fest mit dem Achsgehäuse gekuppelt werden.

3. Geben Sie für den Achsantrieb eines Kraftfahrzeuges möglichst viele alternative Lösungsvarianten an für folgende Teilfunktionen: 1. Lagerung der Antriebswelle, 2. Lagerung der Seitenwellen, 3. Umlenkung des Kraftflusses, 4. Drehzahlausgleich bei Kurvenfahrt!
4. Für welche Fälle der Konstruktionsarbeit empfehlen Sie die Methode des Brainstorming?
5. Nennen und erläutern Sie die bei der Methode des Brainstorming anzuwendenden Arbeitsschritte!
6. Suchen Sie mindestens zwei Beispiele für die Verwendung biologischer Bauformen als Vorbild für technische Konstruktionen und erläutern Sie die Beziehungen zwischen Vorbild und technischem Produkt!
7. Vergleichen Sie die Methode des Brainstorming mit der Methode 635!
8. Ein Automat soll aus warmgewalztem Rundstahl Kolbenbolzen für Verbrennungsmotoren herstellen. Nach der Anforderungsliste sind die in *Bild 1-70* dargestellten Teilfunktionen von dem Automaten zu erfüllen.

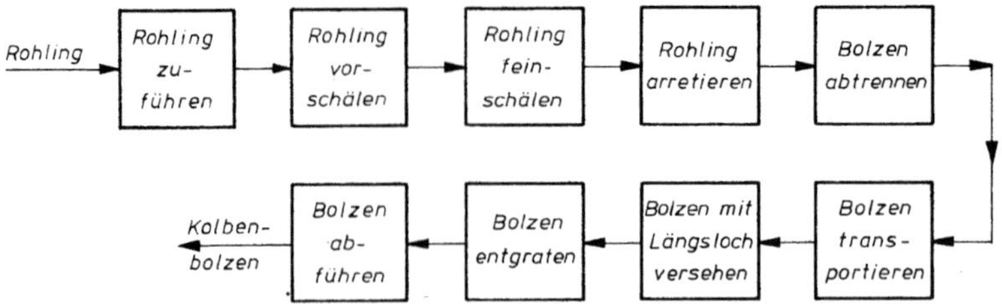

Bild 1-70 Teilfunktionen des Hauptumsatzes eines Automaten zur Fertigung von Kolbenbolzen

a) Beschreiben oder skizzieren Sie möglichst viele Varianten für die Lösung der einzelnen Teilfunktionen!
b) Ordnen Sie diese in Form eines morphologischen Kastens!
c) Ermitteln Sie die Zahl der theoretisch möglichen Lösungskombinationen!
d) Nennen Sie drei Prinzipkombinationen, die Sie für eine technisch-wirtschaftliche Wertanalyse aus dem morphologischen Kasten auswählen würden!

9. Für die Konstruktion einer Wanduhr sind für folgende Funktionselemente Lösungsprinzipien aufzufinden: 1. Energiequelle, 2. Energiespeicher, 3. Antrieb, 4. Regler, 5. Getriebe, 6. Anzeigevorrichtung.
   a) Beschreiben oder skizzieren Sie möglichst viele Lösungsprinzipien für die einzelnen Teilfunktionen!
   b) Ordnen Sie alle Angaben zu einem morphologischen Kasten!
   c) Ermitteln Sie die Anzahl der theoretisch möglichen Variantenkombinationen!
   d) Geben Sie mittels Zuordnungspfeile die nach Ihrer Meinung verifizierbaren Variantenkombinationen an!
10. Bei einem Fahrzeug ist die Teilfunktion „Stoßenergie elastisch auffangen" zu erfüllen.
    a) Welche physikalischen Effekte kommen nach Ihrer Meinung für die Erfüllung dieser Teilfunktionen in Frage?
    b) Welche Konstruktionselemente können die von Ihnen genannten physikalischen Effete realisieren?
11. Zur Realisierung der in Aufgabe 10. genannten Teilfunktion sind die in *Bild 1-71* genannten Konstruktionselemente ausgewählt worden. Variieren Sie die Gestalt der Federn unter den in der Tafel genannten Gesichtspunkten!

Kon-struktions-element	Variationsparameter Form	Größe	Zahl	Art	Lage
Schrauben-feder					
Blatt-feder					
Teller-feder					

Bild 1-71 Parameter für die Variation von Funktionselementen

12. Erläutern Sie den Einfluß, den die Konstruktionsarbeit auf die Höhe der Herstellkosten eines Produktes hat!
13. Auf welche Weise kann der Konstrukteur die Materialkosten eines Entwurfes ermitteln?
14. Beschreiben Sie das Verfahren, nach dem der Konstrukteur schon im Entwurfsstadium überschlägig die Herstellkosten eines konzipierten technischen Produktes ermitteln kann!
15. Beschreiben Sie ein Verfahren zur Ermittlung der wirtschaftlichen Wertigkeit eines technischen Produktes!
16. Erläutern Sie den Begriff der technischen Wertigkeit!
17. Nennen Sie mindestens fünf für die technische Bewertung von Konstruktionsentwürfen wichtige Beurteilungskriterien!
18. Was versteht man unter der Stärke eines technischen Produktes?
19. *Bild 1-72* zeigt die Entwicklungslinie eines technischen Produktes vom Erstentwurf zur Produktionsreife im Stärkediagramm. Beurteilen Sie die jeweiligen Produktstärken, die während der Entwicklungszeit erreicht worden sind!

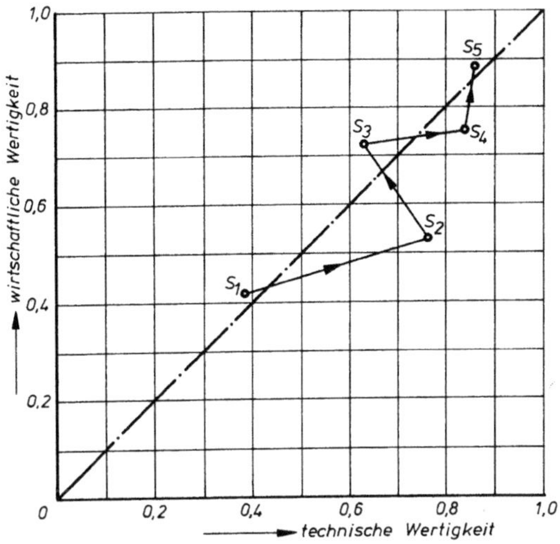

Bild 1-72
Stärkediagramm mit Entwicklungslinie eines technischen Produktes

20. *Bild 1-73* zeigt die Stärken mehrerer Lösungsvarianten eines technischen Produktes und die Stärke eines Konkurrenzproduktes. Vergleichen Sie die Lösungsvarianten untereinander und mit dem Konkurrenzprodukt!

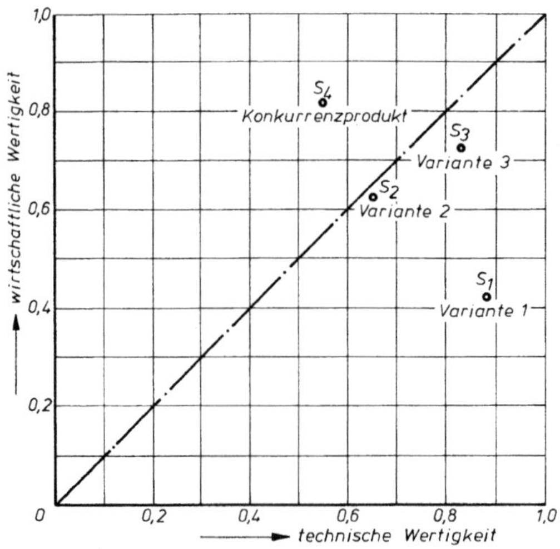

Bild 1-73
Stärkediagramm mit den Stärken der drei Varianten eines neu entwickelten Produktes und eines Konkurrenzproduktes

1.4.4 Das Entwerfen und Ausarbeiten

1. Merkmale ausgereifter Konstruktionen sind:
   Funktionsgerechtigkeit, Beanspruchungsgerechtigkeit, Werkstoffgerechtigkeit, Fertigungsgerechtigkeit, Bedienungsgerechtigkeit, Betriebssicherheit, Kostengerechtigkeit. Erläutern Sie diese Begriffe!
2. Der Funktionsablauf eines technischen Produktes kann durch Störgrößen negativ beeinflußt werden.
   a) Nennen Sie die Störgrößengruppen, die prinzipiell zu output-Schwankungen führen können!
   b) Nennen und kommentieren Sie mindestens 3 Störgrößen für jede dieser Störgrößengruppen an folgenden Beispielen: Ottomotor, Schaltwechselgetriebe eines Kraftfahrzeuges, Ständerbohrmaschine, Fernsehgerät!
3. Welches grundsätzliche Verfahren sollte der Konstrukteur bei der Beseitigung oder Verringerung von output-Schwankungen anwenden?
4. Erklären Sie die Beziehungen, die zwischen folgenden Gestaltungsgesichtspunkten bestehen:
   a) Bemessung der Bauteile und Werkstoffwahl
   b) Werkstoffwahl und Fertigung
   c) Stückzahl und Fertigung
   d) Werkstoffwahl und Wirtschaftlichkeit!
5. Nennen Sie die wichtigsten Kriterien, nach denen der Konstrukteur die Werkstoffwahl vornehmen sollte!
6. Erläutern Sie die im *Bild 1-19* genannten fertigungstechnischen Eigenschaften von Maschinenbauteilen an Hand von Beispielen, nämlich die Anzahl der zu bearbeitenden Flächen und die Flächenform, die spanngerechte Formgebung, die Oberflächengüte und Toleranzen, die kontrollgerechte Gestaltung! Beachten Sie für die Lösung der Aufgabe Kapitel 4!

1.5 Schrifttum

1.5.1 Zum Konzipieren und Entwerfen

VDI-Richtlinien

1. VDI 2210 Entwurf – Datenverarbeitung in der Konstruktion; Analyse des Konstruktionspro- im Hinblick auf den EDV-Einsatz
2. VDI 2211 Blatt 1 ... 3 Entwurf – Datenverarbeitung in der Konstruktion; Methoden und Hilfsmittel
3. VDI 2212 Entwurf – Datenverarbeitung in der Konstruktion; Systematisches Suchen und Optimieren konstruktiver Lösungen
4. VDI 2213 Entwurf – Datenverarbeitung in der Konstruktion; Integrierte Herstellung von Fertigungsunlagen
5. VDI 2214 Entwurf – Datenverarbeitung in der Konstruktion; Programmerstellung
6. VDI 2215 Entwurf – Datenverarbeitung in der Konstruktion; Organisatorische Voraussetzungen und allgemeine Hilfsmittel
7. VDI 2216 Entwurf – Datenverarbeitung in der Konstruktion; Vorgehen bei der Einführung der EDV im Konstruktionsbereich
8. VDI 2222 Blatt 1 – Konstruktionsmethodik; Konzipieren technischer Produkte
9. VDI 2222 Blatt 2 Entwurf – Konstruktionsmethodik; Erstellung und Anwendung von Konstruktionskatalogen

9a. VDI 2224 – Formgebung technischer Erzeugnisse; Empfehlungen für den Konstrukteur

10. VDI 2225 Blatt 1 – Konstruktionsmethodik; Technisch-wirtschaftliches Konstruieren – Anleitung und Beispiele
11. VDI 2225 Blatt 2 – Konstruktionsmethodik; Technisch-wirtschaftliches Konstruieren – Tabellenwerk
12. VDI 2801 – Wertanalyse; Begriffsbestimmungen und Beschreibung der Methode
13. VDI 2802 – Wertanalyse; Vergleichsrechnungen

Literatur

14. *Bahrmann*, Einführung in das methodische Konstruieren, Vieweg, Braunschweig 1977
15. *Claussen*, Konstruieren mit Rechnern, Springer, Berlin/Heidelberg/New York 1971
16. *Ewald*, Lösungssammlungen für das methodische Konstruieren, VDI-Verlag, Düsseldorf 1975
17. *Hansen*, Konstruktionssystematik, VEB Verlag Technik, Berlin 1965
18. *Hansen*, Konstruktionswissenschaft, Hanser, München 1974
19. *Hubka*, Theorie des Konstruktionsprozesses, Springer, Berlin/Heidelberg/New York 1976
20. *Kesselring*, Technische Kompositionslehre, Springer, Berlin/Göttingen/Heidelberg 1954
21. *Koller*, Konstruktionslehre für den Maschinenbau, Springer, Berlin/Heidelberg/New York 1985
22. *Leyer*, Maschinenkonstruktionslehre, Hefte 1 ... 7, Birkhäuser (technica-Reihe), 1963 ... 1978
23. *Niemann*, Maschinenelemente, Band I, Springer, Berlin/Heidelberg/New York 1981
24. *Pahl/Beitz*, Konstruktionslehre, Springer, Berlin/Heidelberg/New York 1976
25. *Rodenacker*, Methodisches Konstruieren, Springer, Berlin/Heidelberg/New York 1984
26. *Rodenacker/Claussen*, Regeln des methodischen Konstruierens, Teil I und II, Krausskopf, Mainz 1973/74
27. *Schlottmann*, Konstruktionslehre, VEB Verlag Technik, Berlin 1977
28. *Steinwachs*, Praktische Konstruktionsmethode – kurz und bündig, Vogel, Würzburg 1976
29. *Wünsch*, Wirtschaftliches Gestalten technischer Systeme und deren Elemente, VEB Fachbuchverlag, Leipzig 1971
30. *Conrad/Schiemann/Vömel*, Erfolg durch methodisches Konstruieren, Lexika-Verlag, Grafenau 1977

31. *Roth/Franke/Simonek*, Aufbau und Verwendung von Katalogen für das methodische Konstruieren; Konstruktion 24/1972, Heft 11
32. *Rauschenbach*, Kostenoptimierung konstruktiver Lösungen, VDI-Verlag, Düsseldorf 1978

1.5.2 Zum Ausarbeiten

DIN-Taschenbücher

1. TAB 2 – Zeichnungsnormen
2. TAB 8 – Schweißtechnik 1; Normen über Begriffe, Schweißzusätze, Fertigung und Sicherung der Güte
3. TAB 9 – Normen für Gußrohrleitungen
4. TAB 10 – Mechanische Verbindungselemente; Maßnormen für Schrauben und Zubehör
5. TAB 14 – Spannzeugnormen
6. TAB 15 – Normen für Stahlrohrleitungen
7. TAB 24 – Wälzlager-Normen
8. TAB 28 – Stahl und Eisen; Maßnormen
9. TAB 29 – Federnormen
10. TAB 43 – Mechanische Verbindungselemente; Bolzen, Stifte, Niete, Keile, Stellringe, Sicherungsringe
11. TAB 44 – Normen über Hebezeuge
12. TAB 45 – Gewindenormen
13. TAB 46 – Normen für die Stanztechnik
14. TAB 51 – Kunststoffnormen; Halbzeuge und Fertigerzeugnisse
15. TAB 55 – Mechanische Verbindungselemente; Grundnormen, Gütenormen und Technische Lieferbedingungen für Schrauben, Muttern und Zubehör
16. TAB 59 – Normen über Drahtseile
17. TAB 64 – Normen über Fördermittel
18. TAB 67 – Normen über Stanzteile
19. *Klein*, Einführung in die DIN-Normen, B. G. Teubner, Stuttgart und Beuth Verlag, Berlin/Köln 1985

VDI-Handbücher

20. Handbuch Betriebstechnik, Teil 1 ... 4
21. Handbuch Feinwerktechnik
22. Handbuch Getriebetechnik I; Ungleichförmig übersetzende Getriebe
23. Handbuch Konstruktion
24. Handbuch Kunststofftechnik
25. Handbuch Materialfluß und Fördertechnik
26. Handbuch Regelungstechnik

Literatur

27. *Reimpell/Pautsch/Stangenberg*, Die normgerechte technische Zeichnung für Konstruktion und Fertigung, Band 1 und 2, VDI-Verlag, Düsseldorf 1967
28. *Pahl/Beitz*, Konstruktionslehre, Springer, Berlin/Heidelberg/New York 1977
29. *Niemann*, Maschinenelemente, Band 1 und 2, Springer, Berlin/Heidelberg/New York 1981
30. *Böge*, Arbeitshilfen und Formeln für das technische Studium – Konstruktion, Vieweg, Braunschweig 1982
31. *Roloff/Matek*, Maschinenelemente, Vieweg, Braunschweig 1987
32. *Decker*, Maschinenelemente – Gestaltung und Berechnung, Hanser, München/Wien 1985
33. *Köhler/Rögnitz*, Maschinenteile, Band 1 und 2, B. G. Teubner, Stuttgart 1986
34. *Rögnitz/Köhler*, Fertigungsgerechtes Gestalten, B. G. Teubner, Stuttgart 1967

2 Das werkstoffgerechte Gestalten

Die Auswahl der Werkstoffe geschieht im allgemeinen schon in einem relativ frühen Stadium der Konstruktionsarbeit. Schon in der Planungsphase werden die Weichen für die Werkstoffwahl gestellt, indem nämlich durch die Festlegung der Stückzahl des geplanten Produktes die Vorentscheidung für Einzel-, Serien- oder Massenfertigung erfolgt und damit bestimmte Werkstoffeigenschaften, wie Schweißbarkeit, Gießbarkeit oder spanabhebende Bearbeitbarkeit zum entscheidenden Auswahlkriterium werden.
Oberster Grundsatz für die Werkstoffwahl ist
das **ökonomische Prinzip**:

Ausreichende Funktionstüchtigkeit bei minimalen Kosten.

Wichtige Entscheidungskriterien für die Werkstoffwahl sind
- die Festigkeitseigenschaften
- die Werkstoffkosten
- die Fertigungseigenschaften
- die Lebensdauer
- das Gewicht

2.1 Die Festigkeitseigenschaften der Werkstoffe

Ausgehend von den zu erwartenden Beanspruchungen Zug/Druck, Biegung, Abscherung oder Torsion, die statisch oder dynamisch, einzeln oder sich überlagernd auftreten können, ist durch die Werkstoffwahl zu gewährleisten, daß keine unzulässig großen Verformungen, kein vorzeitiger Bruch und kein zu großer Materialabtrag, z.B. durch Korrosion, Erosion oder Kavitation, auftritt. Neben einer günstigen Gestaltung sind also bestimmte, der jeweiligen Beanspruchung entsprechende Werkstoffeigenschaften, wie Elastizitäts- oder Gleitmodul, statische Festigkeit, Fließgrenze, Dauer- und Zeitfestigkeit, Zeitstandfestigkeit, Oberflächenhärte und Verschleißfestigkeit, zunächst vom Konstrukteur zu überprüfen.
Durch optimale Formgebung sind die Belastungen in hochbeanspruchten Querschnitten zu minimieren, um durch günstigen Spannungsfluß die zur Fertigung erforderliche Werkstoffmasse möglichst klein zu halten. Kennwerte für eine festigkeitsgerechte Auswahl handelsüblicher Werkstoffe sind in dem *Anhang A2-1 ... A2-13* angegeben.

2.2 Die Werkstoffkosten und die Wirtschaftlichkeit

Die unmittelbaren Werkstoffkosten werden in erster Linie von der Qualität des Werkstoffes, der für die Fertigung des Bauteils verwendeten Werkstoffmasse und von der Ausnutzung des Rohmaterials bestimmt.
Die Qualität des Werkstoffes findet unmittelbar in seinem Preis Berücksichtigung, den der Konstrukteur am zweckmäßigsten durch die *spezifischen Werkstoffkosten* k_V (s. in *Ab-*

schnitt 1.2.3 „Bewerten von Lösungen") erfaßt. Durch den Begriff der *relativen Werkstoffkosten* k_v^* (s. *Abschnitt 1.2.3*) ergeben sich Vergleichsgrößen, die auch über längere Zeiträume – selbst bei Preissteigerungen oder -senkungen – ihre Relationen zueinander kaum verändern.

Mit den *spezifischen Werkstoffkosten* k_{vo} eines Basismaterials (im *Anhang A2-1 ... A2-13* ist das der warmgewalzte Rundstahl USt 37-2 mittlerer Abmessungen mit 35 ... 100 mm Durchmesser, Maßnorm DIN 1013, bei einer Bezugsmenge von 1000 kg) kann der Konstrukteur in der Entwicklungsphase die angenäherten *Brutto-Werkstoffkosten* ermitteln aus $W_b = V_b \cdot k_v^* \cdot k_{vo}$ (s. *Beispiel 2.1*). Es ist zu beachten, daß die Werkstoffkosten nicht ausschließlich von den relativen Werkstoffkosten bestimmt werden. Höhere Festigkeit eines Werkstoffes gestattet nämlich die Verwendung geringerer tragender Querschnitte und damit einer geringeren Werkstoffmasse.

Werkstoffkosten und Werkstoffmasse sind einander proportional

Hilfreich für den Konstrukteur ist deshalb die Bereitstellung von Kenngrößen, in denen Festigkeits- und Kostengrößen miteinander verknüpft sind, s. hierzu das *Beispiel 2.2* „Werkstoffkenngröße für Kostenvergleich". Im *Anhang A2-14* ist eine Anleitung für eine kostengünstige Auswahl üblicher Werkstoffe unter Berücksichtigung ihrer Festigkeit gegeben. Die Vergleichsgrößen sind für stabförmige Bauteile mit kreisförmigem Querschnitt ermittelt worden.

Grundsätzlich sollten vom Konstrukteur handelsübliche Werkstoffe bevorzugt werden, weil sonst vielfach lange Lieferfristen nicht zu vermeiden sind. Auch sollte beachtet werden, daß die Bearbeitungskosten bei umfangreicher Zerspanung mit zunehmender Härte ansteigen, wobei allerdings gleichzeitig Oberflächenqualität und Verschleißfestigkeit günstig zunehmen. Bezüglich der Herstellkosten während der Entwicklungsphase sei auf *Abschnitt 1.2.3* unter „Das Bewerten von Lösungen" verwiesen. Danach lassen sich die Herstellkosten H überschlägig auch dann ermitteln, wenn während des Entwicklungsstadiums für die Ermittlung der Fertigungskosten noch keine Unterlagen vorhanden sind. Vorbedingung dafür ist die Kenntnis des prozentualen Materialkostenanteils M', der für viele Erzeugnisgruppen bekannt ist, s. *Anhang A2-15*. Mit den Materialkosten M in DM und dem prozentualen Materialkostenanteil M' in DM ergeben sich die Herstellkosten in DM aus $H = (M/M') \cdot 100\,\%$.

Senkungen der Werkstoffkosten lassen sich vielfach auch durch eine bessere Ausnutzung des Rohmaterials erreichen. Bei massiven Bauteilen kann durch spanlose Umformung der Rohlinge vielfach der Werkstoffverschnitt klein gehalten werden; bei Blechteilen kann der Verschnitt oft durch geschickte Anordnung und/oder Umkonstruktion der Bauteile gesenkt werden, s. *Beispiel 2.3*.

Eine bessere Werkstoffnutzung bei Blechteilen läßt sich durch geschicktes Ausnutzen des Verschnittes für die Herstellung kleinerer Blechteile erzielen, s. *Bild 2-1*. Weiterhin können die Werkstoffkosten auch gesenkt werden durch

– Verwendung plattierter Bleche oder Rohre im Apparate- und Anlagenbau
– Einbau plattierter Gleitlager (Mehrstofflager) im Maschinen- und Kraftfahrzeugbau
– Nutzung plattierter Schneidwerkzeuge anstelle von Massivwerkzeugen im Werkzeugbau und durch sämtliche Maßnahmen, bei denen das entsprechende Wirkmetall auf einen kostengünstigen Träger aufgebracht werden kann.

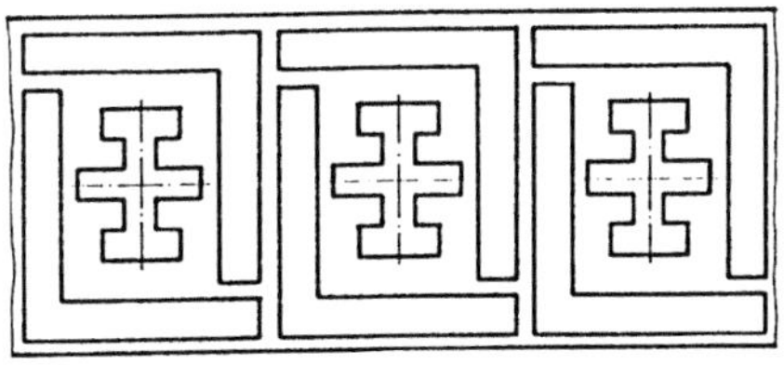

Bild 2-1
Verschnittverringerung bei Blechteilen durch Nutzung des Verschnittes für kleinere Blechteile

2.3 Die Werkstoffwahl und die Fertigung

Die Festigkeit des Werkstoffes ist ein wichtiges Auswahlkriterium. Ähnlich bedeutsam ist aber auch folgender Grundsatz:

Die technologischen Eigenschaften des Werkstoffes müssen den anzuwendenden Fertigungsverfahren entsprechen.

Einige wichtige technologische Eigenschaften mit Rücksicht auf oft angewendete Fertigungsverfahren sind in *A2-16* angegeben.

Bei der Werkstoffwahl hat der Konstrukteur auch zu beachten, daß die geplante Stückzahl einen entscheidenden Einfluß auf die Art des anzuwendenden Fertigungsverfahrens hat. Die Wahl eines bestimmten Fertigungsverfahrens schließt bestimmte Werkstoffgruppen aus; andere geraten aber in das Blickfeld des Konstrukteurs, s. *Beispiel 2.4.*

Bild 2-2 gibt die grundsätzliche Abhängigkeit der Fertigungskosten vom Fertigungsverfahren und von der zu fertigenden Stückzahl an. Bei Verfahren 1 sind die der Stück-

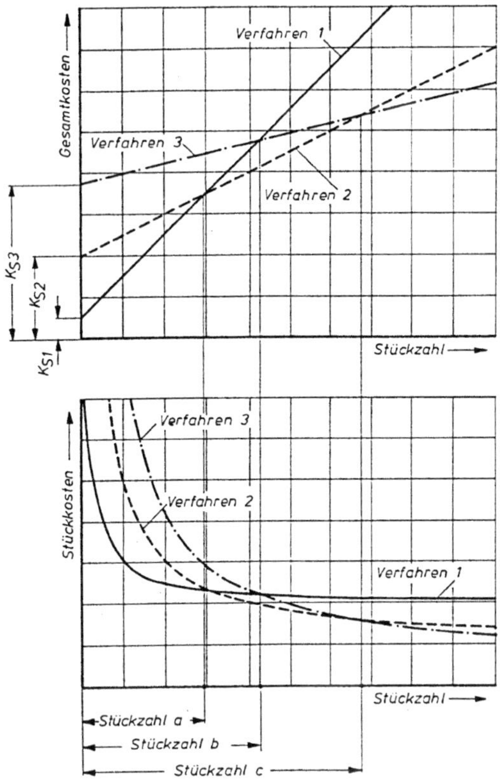

Bild 2-2
Abhängigkeit der Fertigungskosten von der Stückzahl

Verfahren 1:
niedrige Serienkosten für Werkzeuge, Spannzeuge, Meßzeuge und Sondermaschinen bei hohen, der Stückzahl proportionalen Kosten

Verfahren 2:
Höhere Serienkosten bei gleichzeitig niedrigeren Proportionalkosten

Verfahren 3:
Höchste Serienkosten bei gleichzeitig geringsten Proportionalkosten

zahl proportionalen Kosten besonders hoch bei gleichzeitig niedrigen Serienkosten, die durch das Rüsten und Herstellen der Sonderwerkzeuge, Spannzeuge, Meßzeuge und Sondermaschinen bestimmt werden. Bei Verfahren 3 sind die Serienkosten besonders hoch, während die proportionalen Stückkosten gleichzeitig niedrig sind. Nach *Bild 2-2* ist Verfahren 1 bis Stückzahl *a* vorzuziehen, während Verfahren 3 mit hohen Serienkosten nur bei Stückzahlen wirtschaftlich ist, die größer sind als Stückzahl *c*. Verfahren 2 mit optimalen Stückzahlen zwischen *a* und *c* zeigt eine Kostenstruktur, die für Serienfertigung typisch ist, zwischen *a* und *b* bei relativ kleiner, zwischen *b* und *c* bei großer Serie.

2.4 Die Werkstoffwahl und die Lebensdauer

Maschinen, Apparate und Geräte werden nicht für die Ewigkeit gebaut. Sie haben nur während einer gewissen kalkulierbaren Lebensdauer ihre Funktion zu erfüllen. Diese Tatsache sollte bei der Werkstoffwahl auch berücksichtigt werden.

Metallabtrag durch Korrosion, Reibverschleiß, Erosion, Kavitation, Verzunderung oder andere werkstoffabtragenden Wirkungen müssen schon in der Entwicklungsphase zur Bauteildicke addiert werden, damit das Bauteil auch am Lebensabend noch sicher seine Funktion erfüllen kann.

Werkstoffseitige Maßnahmen gegen Metallabtrag sind

- Rostbeständigkeit gegen aggressive Medien im chemischen Apparatebau
- günstige Stellung in der elektrochemischen Spannungsreihe
- Beständigkeit gegen interkristalline Korrosion bei Legierungen
- Witterungsbeständigkeit bei Außenverkleidungen
- Meerwasserbeständigkeit im Schiffbau
- Kunststoffbeschichtung bei Blechen und Rohren
- gutes Einlauf- und Notlaufverhalten und geringer Reibverschleiß bei Lagerwerkstoffen und Werkstoffen für Zylinderlaufbüchsen
- keine Pitting- und Gallingneigung bei Zahnradwerkstoffen
- gute Hitze- und Zunderbeständigkeit bei Stählen für den Ofen- und Werkzeugbau für Warmarbeit und für Ventile
- Beständigkeit gegen Flüssigkeiten und Gase bei Dichtungen

Übliche Betriebs-Lebensdauerwerte wichtiger technischer Produkte sind in *Anhang A2-17* angegeben.

Dynamisch belastete Bauteile des Maschinenbaus werden im allgemeinen auf Dauerfestigkeit mittels des maßgebenden Festigkeit-Kennwertes σ_D ausgelegt. In bestimmten Be-

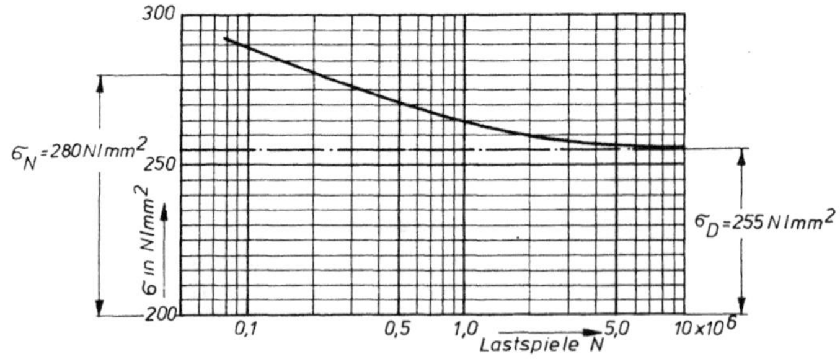

Bild 2-3
Prinzipielles Wöhlerdiagramm mit Dauerfestigkeit σ_D und Zeitfestigkeit σ_N

reichen der Technik, wie zum Beispiel bei Haushaltmaschinen, im Kraftfahrzeugbau oder bei militärischem Gerät, haben die Bauteile aber nur eine begrenzte Lastspielzahl zu überleben. Ihre Auslegung kann deshalb auf Zeitfestigkeit mit dem maßgebenden Zeitfestigkeit-Kennwert des Werkstoffes σ_N erfolgen, s. *Bild 2-3*. Weil $\sigma_N > \sigma_D$, kann Werkstoff in solchen Fällen eingespart und somit kostengünstiger und/oder leichter gebaut werden.

2.5 Die Werkstoffwahl und der Leichtbau

Grundsätzlich sollte der Konstrukteur immer um Leichtbauweise, also um ein möglichst geringes Eigengewicht der Bauteile bemüht sein, solange dadurch nicht die Funktionseigenschaften herabgesetzt werden.
Kostensteigerungen, die sich eventuell durch Leichtbau ergeben, können dann gerechtfertigt sein, wenn ihnen ausreichende technische Vorteile gegenüberstehen.

Funktionale Vorteile durch Leichtbauweise sind zum Beispiel
- leichtere Bauweise angrenzender Bauteile oder Baugruppen bei Ständern von Werkzeugmaschinen
- größere Antriebsleistung von Krafterzeugern durch Drehzahlsteigerung ($P \sim n$)
- geringere erforderliche Antriebsleistung bei Arbeitsmaschinen durch Verkleinerung ihrer trägen Massen
- größere Nutzlast bei gleichem zulässigen Gesamtgewicht bei Fahrzeugen, Fördermitteln, Baggern, Seilbahnkabinen
- Verringerung der Betriebskosten, z.B. Kraftstoffkosten bei Fahrzeugen
- Bedienungserleichterung, z.B. bei Haushaltgeräten

Eine *Gewichtsverringerung von Bauteilen oder -gruppen* läßt sich grundsätzlich auf folgenden Wegen erreichen:

1. Schaffung günstiger Rahmenbedingungen
   - günstige Verteilung äußerer Belastungen ohne Kerbwirkung
   - Verringerung von Stoßwirkungen durch weicheren Antrieb oder Einbau elastischer Zwischenglieder
   - Begrenzung der äußeren Belastungen durch Überlastungsschutz
   - verbesserte Kühlung bei thermisch belasteten Konstruktionen
   - Verringerung von Kerbwirkung durch günstigen Spannungsfluß
2. Zweckmäßige Profil- und Formenwahl
3. Zweckmäßige Werkstoffwahl

Kennzeichnend für den Leichtbau durch zweckmäßige Werkstoffwahl sind die Kenngrößen für die Masse, nämlich die Dichte ρ, und – je nach Art der äußeren Belastung – die Festigkeit des Werkstoffes, z.B. die zulässige Spannung σ_{zul} oder die zulässige Formänderung f_{zul}.

Für objektive Vergleiche ist die Einführung einer Kenngröße sinnvoll, die sowohl die Dichte des Werkstoffes als auch den maßgebenden Festigkeits-Kennwert zusammenfassend berücksichtigt, s. hierzu das *Beispiel 2.5* „Kenngröße für den Werkstoff-Leichtbau bei Knickung". Ähnliche Kenngrößen für den Werkstoff-Leichtbau lassen sich auch für andere Belastungsarten und Querschnittsformen bilden, s. *Beispiel 2.6* „Gewichtsvergleich eines Freiträgers als Schweiß- und Gußkonstruktion". Das Gewicht von Konstruktionselementen läßt sich also von solchen Kennwerten senken, die die Dichte und die für die jeweilige Belastung gültigen Festigkeits-Kennwerte der Werkstoffe zusammenfassen.

Vergleichsrechnungen, wie in den *Beispielen 2.5* und *2.6* dargestellt, können auch für andere Belastungsarten und auch für Steifigkeitsvergleiche angestellt werden. Sie führen zu dem vielfach gültigen Schluß, daß im Leichtbau Schweißkonstruktionen den entsprechenden Gußkonstruktionen vorzuziehen sind. Die rasante Entwicklung der Schweißtechnik in der Vergangenheit, die in vielen Bereichen des Maschinenbaus der Gießtechnik zur ernsthaften Konkurrenz geworden ist, findet im Leichtbau ihre wesentlichen Impulse.

Allerdings läßt sich umgekehrt auch eine Vielzahl von Beispielen finden, bei denen die dem Gießen eigentümlichen Gestaltungsmöglichkeiten neben Kostenvorteilen auch erhebliche Gewichtsvorteile gegenüber alternativen Schweiß- oder Schmiedekonstruktionen erbringen, s. hierzu *Beispiel 2.7* „Schneckengetriebegehäuse für Hängekran in Schweiß- und Gußkonstruktion". Gewichtsvorteile von Gußkonstruktionen könen sich auch gegenüber entsprechenden Schmiede- oder Montagekonstruktionen ergeben, wie im *Beispiel 2.8* „Revolvereinheit für Kunststoff-Spritzgießmaschine in Guß- und Schmiede-Montagekonstruktion" dargestellt.

Die Beispiele zeigen, daß für die Gießtechnik mittlerweile leichte und hochfeste Werkstoffe entwickelt worden sind, die die prinzipiellen Gewichtsvorteile anderer Gußkonstruktionen ausgleichen können. Als Eisen-Werkstoffe sind hier vor allem hochfester Temperguß GT nach DIN 1692 und Gußeisen mit Kugelgraphit GGG nach DIN 1693 mit Zugfestigkeiten bis 800 N/mm² zu nennen. NE-Gußwerkstoffe für den Leichtbau sind vor allem Al-Legierungen nach DIN 1725 T2 mit Zugfestigkeiten bis zu 330 N/mm².

2.6 Beispiele

Beispiel 2.1: Ermittlung der Brutto-Werkstoffkosten

Für den Arm einer Mischmaschine aus GGG-60 DIN 1623 wird mit Hilfe der Entwurfszeichnung ein Nettovolumen $V_n = 10{,}56\ dm^3$ errechnet. Wie hoch kann der Konstrukteur ungefähr die Brutto-Werkstoffkosten ansetzen, wenn er mit einem Verschnitt von ca. 12 % rechnen muß?

Lösung:

Die Brutto-Werkstoffkosten errechnen sich aus

$$W_b = 1{,}12 \cdot V_n \cdot k_v^* \cdot k_{vo}$$

Zur Ermittlung von k_v^* wird *Anhang A2-8* benutzt. Die Dichte von GGG beträgt $\rho = 7{,}2\ kg/dm^3$, so daß das Nettogewicht $G_n = 76$ kg und das Bruttogewicht $G_b = 1{,}12 \cdot G_n = 85{,}16$ kg betragen. Mit der Umrechnungszahl 1,5 für GGG gegenüber GG und dem Schwierigkeitsgrad „Hohlguß mit einfachen Rippen und Aussparungen" ist

$$k_v^* = 1{,}5 \cdot 2{,}7 = 4{,}05$$

Mit $k_{vo} = 7{,}22 \cdot 10^{-3}\ DM/cm^3$ sind dann die Brutto-Werkstoffkosten

$$W_b = 1{,}12 \cdot 10\,560\ cm^3 \cdot 4{,}05 \cdot 7{,}22 \cdot 10^{-3}\ DM/cm^3$$

$$\underline{\underline{W_b = 346\ DM}}$$

Beispiel 2.2: Werkstoffkenngröße für Kostenvergleich

Für die Herstellung dynamisch schwellend beanspruchter runder Achsen ist zu überprüfen, ob der allgemeine Baustahl St 50-2 DIN 17 100, der vergütbare Automatenstahl 35 S 20 V 80 DIN 1651 oder der Vergütungsstahl 42CrMo4 V DIN 17 200 kostengünstiger eingesetzt werden kann!

Lösung:
Die maßgebende Beanspruchungsgleichung für Rundachsen mit dem axialen Widerstandsmoment $W_a \approx 0{,}1 \cdot d^3$, die durch das Biegemoment M belastet werden, lautet $\sigma_{b\,vorh} = M/W_a \leqslant \sigma_{b\,Sch}$, wobei $\sigma_{b\,Sch}$ die Biegeschwellfestigkeit des Werkstoffes ist. Der mindestens erforderliche Durchmesser muß dann sein

$$d = \sqrt[3]{\frac{M}{0{,}1 \cdot \sigma_{b\,Sch}}}$$

Die für die Bestimmung der Werkstoffkosten eines Bauteils mit dem Volumen $V_b = d^2 \cdot \pi/4 \cdot L$ gültige Kostengleichung lautet

$$W_b = V_b \cdot k_v^* \cdot k_{vo}$$

Durch Verknüpfung der Beanspruchungs- mit der Kostengleichung ergibt sich die Beziehung

$$\boxed{W_b = C \cdot \frac{k_v^*}{\sigma_{b\,Sch}^{2/3}}} \qquad \text{Gl. (2.1)}$$

W_b Brutto-Werkstoffkosten in DM

C Konstante in DM $\cdot$ $(\mathrm{N/mm^2})^{2/3}$ zur Erfassung von vorgegebenen Randbedingungen, nämlich des Biegemomentes M in Nmm für die äußere Belastung, der Länge L in mm für die Bauteillänge und der spezifischen Werkstoffkosten des Bezugswerkstoffes USt 37-2 k_{vo} in $\mathrm{DM/cm^3}$

k_v^* relative Werkstoffkosten nach *Anhang A2-1 ... A2-13*

$\sigma_{b\,Sch}$ Biegeschwellfestigkeit in $\mathrm{N/mm^2}$

Die Konstante

$$C = \frac{\pi}{4} \cdot \left(\frac{M}{0{,}1}\right)^{2/3} \cdot L \cdot k_{vo}$$

erfaßt die nichtvariablen Größen.
Ein wichtiges Entscheidungskriterium für die Werkstoffwahl ist der Kennwert $k_v^*/\sigma_{b\,Sch}^{2/3}$, der für die Werkstoffkosten unter Berücksichtigung der Werkstoffestigkeit bedeutsam ist. Deutlich läßt das die unten dargestellte Aufstellung erkennen. Danach ist die Verwendung des allgemeinen Baustahls St 50-2 für Rundachsen mittleren Durchmessers kostengünstiger als der Einsatz des Automaten- oder des Vergütungsstahles, obwohl die letzteren wesentlich höhere Dauerfestigkeit aufweisen und deshalb geringere Werkstoffmasse für die Fertigung erfordern würden.

Werkstoffkenngröße $k_v^*/\sigma_{b\,Sch}^{2/3}$ für Kostenvergleich
Beispiel: auf Biegung belastete Achsen

Werkstoff	Biegeschwellfestigkeit $\sigma_{b\,Sch}$ in $\frac{\mathrm{N}}{\mathrm{mm^2}}$	Relative Werkstoffkosten k_v^*	$\frac{k_v^*}{\sigma_{b\,Sch}^{2/3}}$ in $\left(\frac{\mathrm{mm^2}}{\mathrm{N}}\right)^{2/3}$
St 50-2	410	1,1	$1{,}99 \cdot 10^{-2}$
35S20V80	640	1,5	$2{,}02 \cdot 10^{-2}$
42CrMo4V	900	2,7	$2{,}9 \cdot 10^{-2}$

Beispiel 2.3: Verschnittverringerung von Blechteilen

Für das in *Bild 2-4* dargestellte Blechteil ist eine möglichst rationelle Werkstoffausnutzung anzustreben. Dabei muß von der Lieferform der Bleche 1000 × 2000 ausgegangen werden.

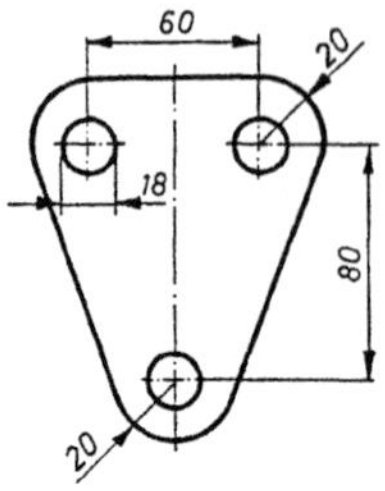

Bild 2-4
Verschnittverringerung bei Blechteilen durch zweckmäßige Anordnung der Platinen

Lösung:
Bei einer Anordnung der Platinen nach *Bild 2-5* ist der Werkstoff nur zu 60 % ausgenutzt. Eine engere Schachtelung der Platinen ist bei der gewählten Blechstreifenbreite nicht möglich.

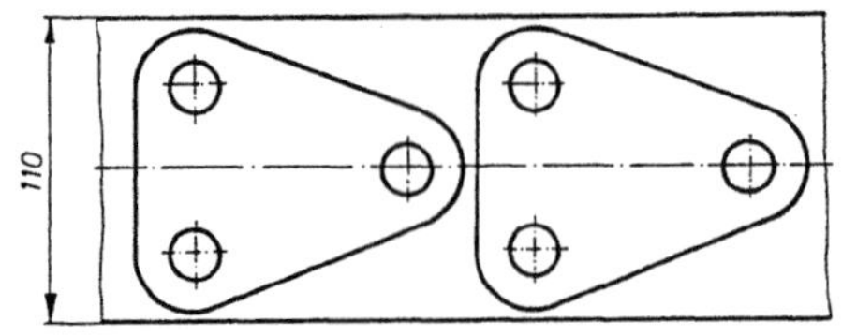

Bild 2-5
Verschnittverringerung bei Blechteilen durch zweckmäßige Anordnung der Platinen

Die Verwendung breiterer Streifen und eine günstigere Anordnung der Platinen nach ***Bild 2-6*** erbringt eine Ausnutzung des Bleches von 74 % und damit eine Werkstoffersparnis von 25 % gegenüber der Erstausführung.
Eine entsprechende Rücksprache mit dem Kunden führt zu dem Ergebnis, daß bei dem Blechteil nur die Bohrungsmaße streng funktionsgebunden sind. Durch eine sinnvolle Gestaltvariation gemäß ***Bild 2-7*** wird eine zusätzliche Werkstoffersparnis von 7 % gegenüber der Zweitausführung erreicht.

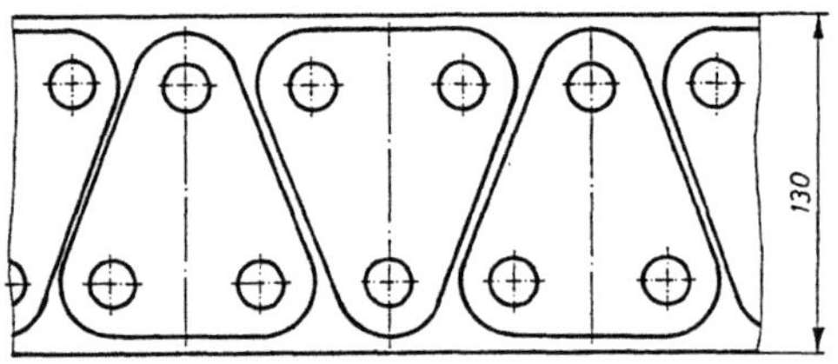

Bild 2-6
Verschnittverringerung bei Blechteilen durch zweckmäßige Anordnung der Platinen

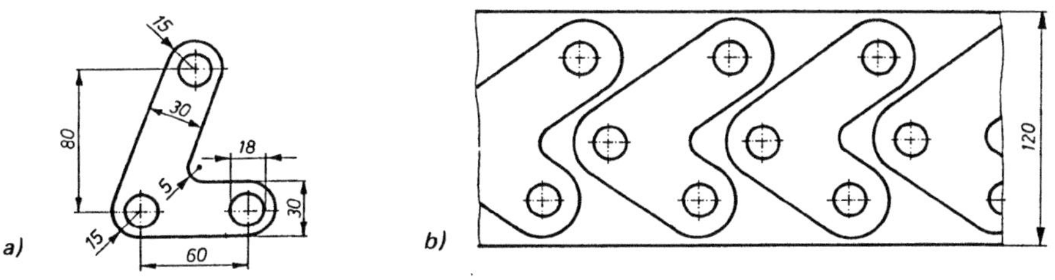

Bild 2-7 Verschnittverringerung bei Blechteilen durch Gestaltvariation
a) Platine nach Bild 2-4 mit variierter Form
b) Bessere Stoffausnutzung

Beispiel 2.4: Stückzahl → Fertigungsverfahren → gewählter Werkstoff

Die *Bilder 2-8 ... 2-10* zeigen Hebel, die der gleichen Funktion dienen, die aber in verschiedener Stückzahl zu fertigen sind.

Bild 2-8: Einzelfertigung
Fertigungsverfahren: Schweißen
Werkstoff: St 52-3 DIN 17 100 mit guter Schweißbarkeit und relativ hoher Festigkeit

Bild 2-9: Serienfertigung
Fertigungsverfahren: Stanzen und Vereinigen mit Buchsen durch Bördeln
Werkstoff: St 50-2 DIN 1623 für die Bleche, St 50-2 DIN 17 100 für die Buchsen

Bild 2-10: Massenfertigung
Fertigungsverfahren: Gießen
Werkstoff: GGG-50 DIN 1693 mit guter Gießbarkeit und relativ hoher Festigkeit

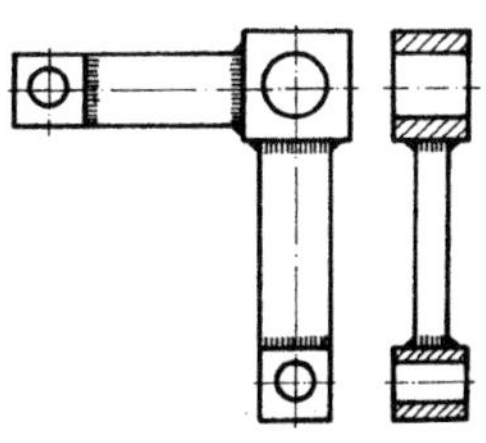

Bild 2-8 Einzelfertigung

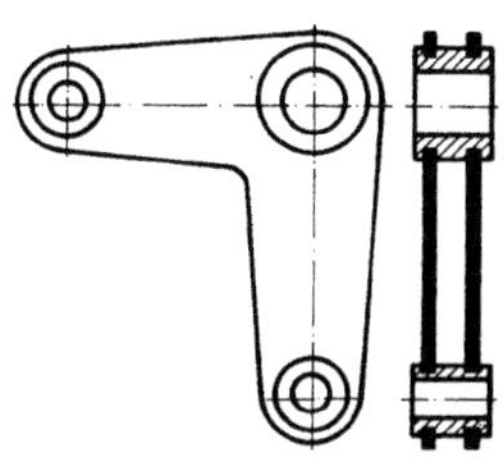

Bild 2-9 Serienfertigung

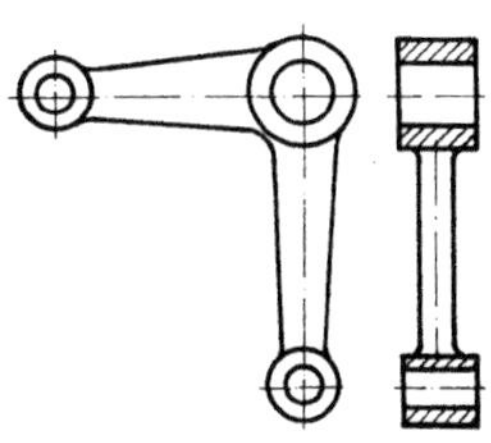

Bild 2-10 Massenfertigung

Gestaltung von Hebeln gleicher Funktion aber unterschiedlicher Fertigungsstückzahl

Beispiel 2.5: Kenngröße für den Werkstoff-Leichtbau bei Knickung

Für runde Stützstäbe, die auf Knickung beansprucht werden, soll überprüft werden, ob der allgemeine Baustahl St 37-2, die Al-Legierung AlMgSi 1 oder die Titan-Legierung TiAl6 V4 F89 gewichtsgünstiger eingesetzt werden kann.

Lösung:
Für die verwendete Werkstoffmasse gilt die Beziehung

$$m = \rho \cdot A \cdot L$$

mit der Werkstoffdichte ρ, dem tragenden Querschnitt A und der Länge L des Stabes. Die für den Eulerfall 2 gültige Beanspruchungsgleichung lautet

$$F_K = \frac{E \cdot I \cdot \pi^2}{L^2}$$

mit dem Elastizitätsmodul E als maßgebendem Werkstoff-Kennwert und dem axialen Flächenträgheitsmoment $I = \pi \cdot d^4/64 = A^2/(4\pi)$. Durch Verknüpfung beider Gleichungen folgt

$$\boxed{m = C \cdot \frac{\rho}{E^{1/2}}} \qquad \text{Gl. (2.2)}$$

m Bauteilmasse in kg

C Konstante in $\sqrt{\mathrm{N}} \cdot \mathrm{mm}^2$ zur Erfassung der vorgegebenen Randbedingungen, nämlich der Knickkraft F_k in N und der Länge des Stabes L in mm

ρ Dichte des Werkstoffes in g/cm³

E Elastizitätsmodul in N/mm²

Die Konstante $C = 2 \cdot L^2 \cdot (F_k/\pi)^{1/2} \cdot 10^{-6}$ faßt die unveränderlichen Randbedingungen, nämlich die äußere Belastungskraft F_k und die konstruktionsbedingte Stablänge L, zusammen.
Ein wichtiger Kennwert für die Werkstoffwahl im Leichtbau bei Knickbeanspruchung ist die aus obiger Gleichung folgende Größe $\rho/E^{1/2}$.
Die unten aufgeführte Zusammenstellung zeigt, daß die Al-Legierung für runde Knickstäbe günstiger ist als die Ti-Legierung oder gar als der allgemeine Baustahl, obwohl die letztgenannten Werkstoffe größere Elastizitätsmoduln aufweisen.
Zur Kostenabschätzung sind die dafür bedeutsamen Kenngrößen $k_v^*/E^{1/2}$ ebenfalls in der Aufstellung angegeben.

Vergleichskennwerte für die Werkstoffwahl bei Knickbeanspruchung; Kennwert $\rho/E^{1/2}$ für den Leichtbau; Kennwert $k_v^*/E^{1/2}$ für die Kostenüberprüfung

Werkstoff	Dichte ρ in $\frac{\mathrm{g}}{\mathrm{cm}^3}$	E-Modul in $\frac{\mathrm{N}}{\mathrm{mm}^2}$	Relative Werkstoffkosten k_v^*	Kenngröße $\frac{\rho}{E^{1/2}}$ in $10^{-2} \frac{\mathrm{g}}{\sqrt{\mathrm{N}} \cdot \mathrm{mm}^2}$	Kenngröße $\frac{k_v^*}{E^{1/2}}$ in $10^{-2} \frac{\mathrm{mm}}{\sqrt{\mathrm{N}}}$
St 37-2	7,85	$2{,}15 \cdot 10^5$	1,0	1,7	0,22
TiAl6V4F89	4,43	$1{,}16 \cdot 10^5$	39,6	1,3	11,62
AlMgSi1F32	2,70	$0{,}70 \cdot 10^5$	3,2	1,0	1,21

Beispiel 2.6: Gewichtsvergleich eines Freiträgers als Schweiß- und Gußkonstruktion

Der für Schweißkonstruktionen geeignete St 37-3 DIN 17 100 und das für Gußkonstruktionen verwendbare vergleichbare Gußeisen mit Lamellengraphit GG-35 DIN 1691 sollen bei statischer Biegebelastung eines Freiträgers nach *Bild 2-11* vergleichend überprüft werden!

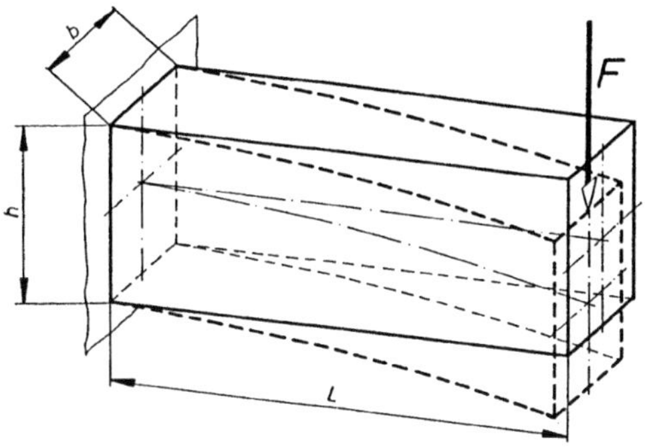

Bild 2-11
Auf Biegung belasteter Freiträger

Lösung:
Die Verknüpfung der für die verwendete Werkstoffmasse gültigen Gleichung

$$m = \rho \cdot L \cdot b \cdot h$$

und der Beanspruchungsgleichung für einen auf Biegung belasteten Freiträger mit Einzellast

$$\sigma_b = \frac{M}{W_a} = \frac{6 \cdot F \cdot L}{b \cdot h^2}$$

ergibt die Beziehung

$$\boxed{m = 6 \cdot F \cdot \frac{\rho}{\sigma_{b\,zul}} \cdot \frac{L^2}{h} \cdot 10^{-6}} \qquad \text{Gl. (2.3)}$$

m	Masse des Freiträgers in kg
F	Kraft in N
ρ	Dichte des Werkstoffes in g/cm^3
$\sigma_{b\,zul}$	zulässige Biegespannung des Werkstoffes in N/mm^2
L	Auskraglänge des Freiträgers in mm
h	Höhe des Freiträgers in mm

Mit der zulässigen Biegespannung $\sigma_{b\,zul} = 100$ N/mm^2 für GG-35 und $\sigma_{b\,zul} = 280$ N/mm^2 für St 37-3 ergibt sich bei gleicher Trägerhöhe das Verhältnis

$$\frac{m_{St}}{m_{GG}} = \frac{\rho_{St} \cdot \sigma_{b\,zul\,GG}}{\rho_{GG} \cdot \sigma_{b\,zul\,St}} = \frac{7{,}85 \cdot 100}{7{,}25 \cdot 280} = 0{,}39 : 1$$

Das entspricht einer Gewichtsersparnis von 61 % für die Stahlkonstruktion.
Bei gleicher Trägerbreite für beide Konstruktionen ergibt sich eine rechnerische Gewichtsersparnis von 35 % für den Stahlträger.

Beispiel 2.7: Schneckengetriebegehäuse für Hängekran in Schweiß- und Gußausführung

Fertigungsverfahren	Schweißen	Kokillengießen
Werkstoff	St 37-3	GK-AlSi 6 Cu 4
Gewicht	100 %	31,7 %
Vorrichtungs- bzw. Kokillenkosten	30 %	100 %
Fertigungs- und Bearbeitungskosten	100 %	25,6 %
Herstellkosten	100 %	57,4 %

Weitere Vorteile der Gußkonstruktion sind die größere Steifigkeit und Formtreue; ebenfalls ist bei der Gußkonstruktion kein Oberflächenschutz erforderlich.

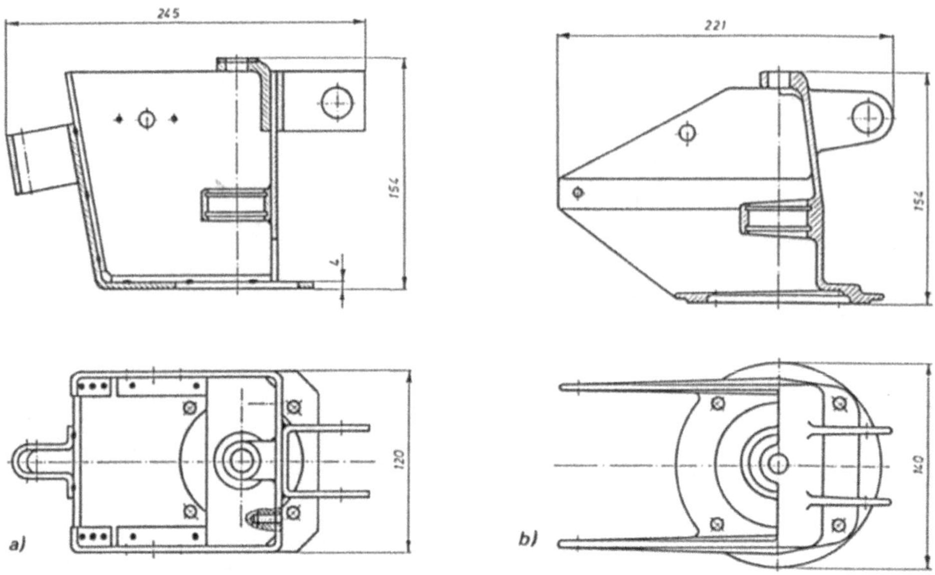

Bild 2-12 Gehäuse für Schneckengetriebe
a) Schweißkonstruktion
b) Gußkonstruktion

Beispiel 2.8: Revolvereinheit für Kunststoff-Spritzgießmaschine in Guß- und Schmiede-Montagekonstruktion

Fertigungsverfahren	Montage-Konstruktion	Guß-Konstruktion
Werkstoff	Ck 35, C 22, C 35	GGG-50
Gewicht	595 kg ≙ 100 %	350 kg ≙ 55 %
Herstellkosten	100 %	75 %

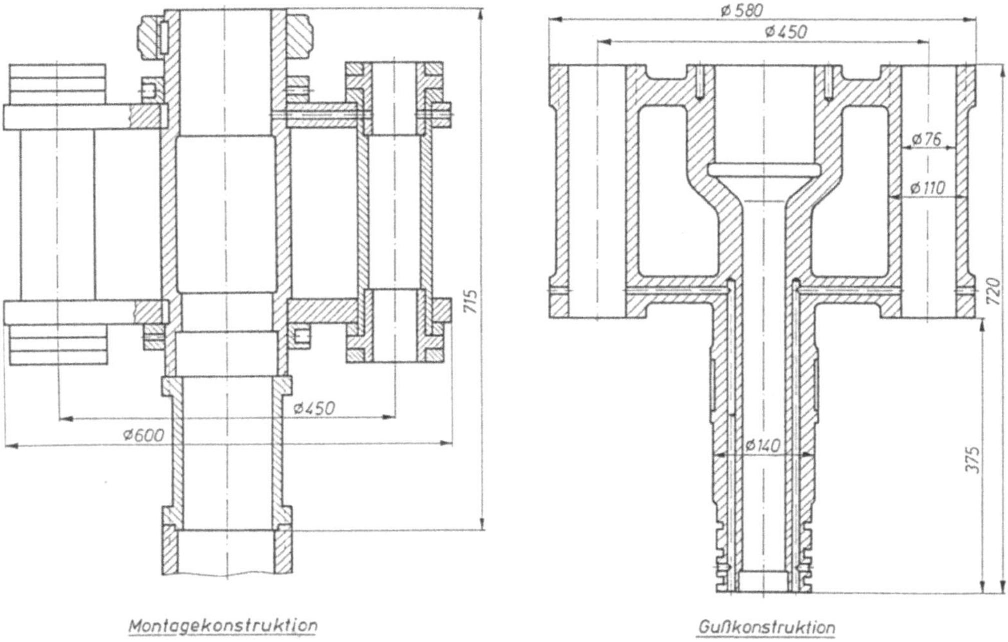

Bild 2-13 Revolvereinheit für eine Kunststoff-Spritzmaschine

2.7 Aufgaben

1. Nennen und kommentieren Sie die wichtigsten Werkstoffgruppen und ihre Haupteigenschaften, die im
   - Maschinenbau
   - Kessel- und Druckbehälterbau
   - Stahl und Kranbau

   eingesetzt werden!
2. Nennen und erläutern Sie mindestens 3 Entscheidungskriterien für die Werkstoffwahl unter dem Gesichtspunkt des werkstoffgerechten Konstruierens!
3. Für die Herstellung von Zugstangen werden vom Hersteller folgende Stähle in die nähere Auswahl gezogen: allgemeiner Baustahl St 44-2, vergütbarer Automatenstahl 22S20V70 und der Vergütungsstahl C35V60.
   Welchen Stahl sollte der Hersteller auswählen? Begründen Sie ausführlich Ihre Meinung!
4. Im Kurbelwellenbau werden neben gesenkgeschmiedeten Kurbelwellen aus Vergütungsstählen vielfach gegossene Wellen aus Gußeisen mit Kugelgraphit hergestellt. *Anhang A2-14* zeigt aber für GGG wesentlich ungünstigere Wirtschaftlichkeits-Kenngrößen.
   Wie läßt sich diese Diskrepanz erklären?
5. Bei der Herstellung von Pleuelstangen für Pkw-Motoren werden neben geschmiedeten Pleueln aus niedriglegierten Vergütungsstählen heute auch gegossene Pleuel aus schwarzem Temperguß GTS-70 verwendet.
   Wägen Sie die technischen und wirtschaftlichen Vor- und Nachteile beider Werkstoffe für den genannten Einsatz gegeneinander ab!

6. Das in *Bild 2-14* dargestellte Blechteil ist in großer Stückzahl mit den gegebenen Maßen aus Feinblech der Lagergröße 1250 × 2500 zu fertigen.
   Ermitteln Sie für die in *Bild 2-15* gegebene Anordnung der auszutanzenden Teile die Stoffausnutzung der Platinen in %.

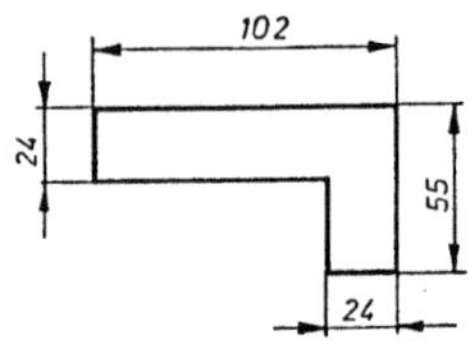

Bild 2-14 Stoffausnutzung bei Blechplatinen

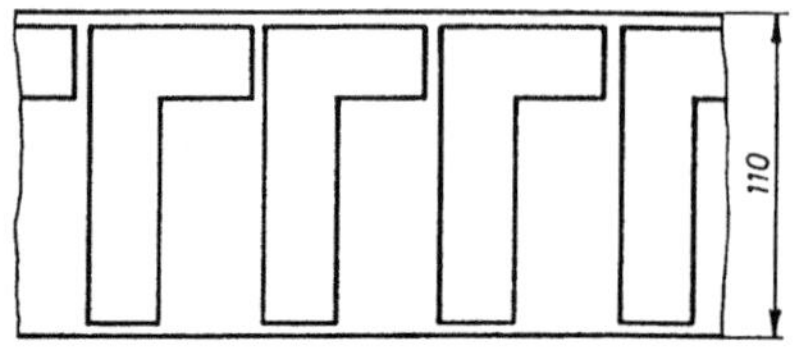

Bild 2-15 Stoffausnutzung bei Blechplatinen

7. Durch Variation der Anordnung ist eine optimale Stoffausnutzung des Rohmaterials von Aufgabe 6. zu erreichen!
8. Nennen Sie aus Ihrem Erfahrungsbereich mindestens 3 Beispiele von Bauteilen oder Baugruppen, bei denen sich durch Leichtbauweise gleichzeitig auch funktionale Vorteile ergeben. Kommentieren Sie diese Vorteile!
9. Die im *Beispiel 2.5* genannten Werkstoffe St 37-2, TiAl6V4F89 und AlMgSi1F32 sind auf ihre Verwendbarkeit für den Leichtbau als Rundstäbe bei Biegebelastung zu überprüfen und zu vergleichen!
10. Überprüfen und vergleichen Sie ebenfalls die Wirtschaftlichkeit der in Aufgabe 9. genannten Werkstoffe bei den dort genannten Bedingungen!
11. Von Maschinenkonstruktionen wird im allgemeinen eine möglichst große Steifigkeit, also möglichst geringe elastische Formänderung unter Betriebslast, gefordert.
    Überprüfen Sie unter diesem Gesichtspunkt die Eignung der Werkstoffe St 52-3 (für Schweißkonstruktionen) und GGG-50 (für Gußkonstruktionen) bei Biegebelastung! Wählen Sie als Randbedingungen die im *Bild 2-11 (Beispiel 2.6)* angegebenen Verhältnisse. Die Trägerhöhe *h* soll nicht variierbar sein!
12. Rohrprofile werden im Leichtbau den Vollprofilen vorgezogen. Begründen Sie ausführlich diese Konstruktionsregel!
13. Beurteilen Sie die Eignung der in *Bild 2-16* dargestellten Profile für Biege- und Torsionsbeanspruchung!

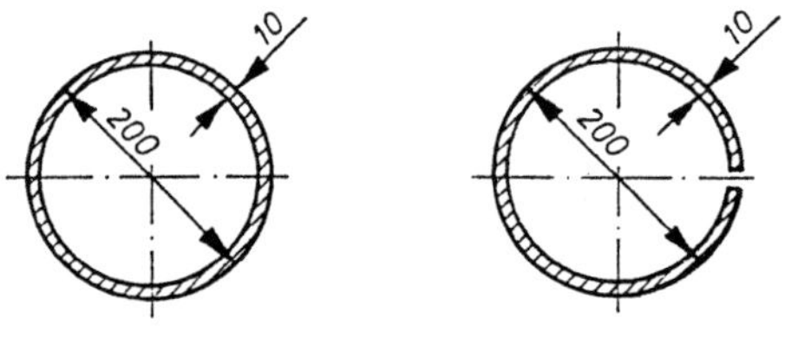

Bild 2-16
Geschlossenes und offenes Rohrprofil bei Biege- und Torsionsbeanspruchung

14. Beurteilen Sie die Verwendbarkeit folgender Profile für die Leichtbauweise durch Vergleich ihrer Gewichte pro lfd. Meter und ihre Verwendbarkeit bei Biegung und Torsion: Ø 100 DIN 1013, IB 100 DIN 1025 T2, U100 DIN 1026, Rohr 101,6 × 6,3 DIN 2448!

3 Das festigkeitsgerechte Gestalten

Bei der Erarbeitung maßstäblicher Entwürfe stellt sich dem Konstrukteur vielfach die Aufgabe, für eine optimale Leitung von Kräften, Drehmomenten und/oder Biegemomenten durch die vorgesehenen Funktionsträger sorgen zu müssen. Zur Veranschaulichung der Funktion „Leiten von Kräften und Momenten" wird gern der Begriff *„Kraftfluß"* verwendet. *Bild 3-1* zeigt am Beispiel eines Kraftfahrzeuges (Baugruppe Kurbeltrieb/Kupplung/Getriebe), daß oft eine große Zahl von Funktionselementen an diesem Kraftfluß beteiligt sind.

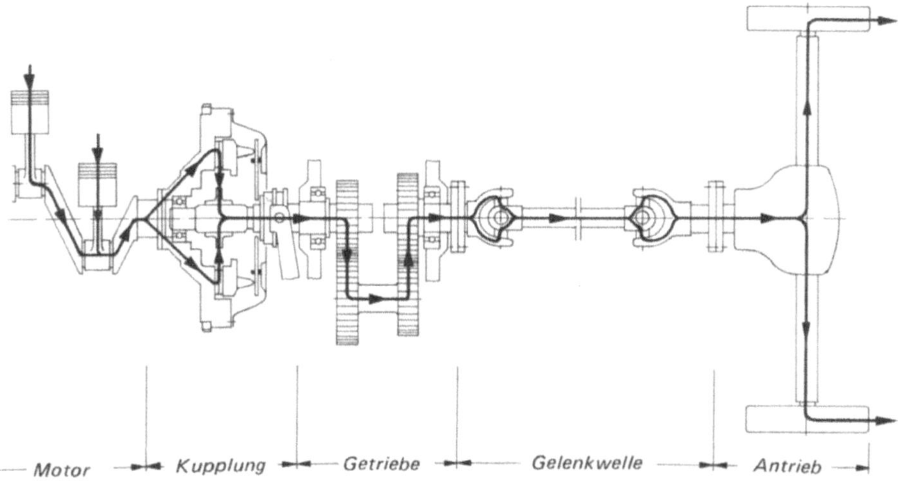

Bild 3-1 Kraftfluß im Antrieb eines Kraftfahrzeuges; ***Motor***: Kolben → Kolbenbolzen → Pleuelstange → Kurbelwelle → Schwungscheibe; ***Kupplung***: Schwungscheibe → Mitnehmerscheibe → Kupplungswelle; *Getriebe*: Antriebswelle → Antriebsrad → Vorgelegerad 1 → Vorgelegewelle → Vorgelegerad 2 → Hauptwellenrad → Schaltmuffe → Hauptwelle; *Gelenkwelle*: Hauptwelle → Kreugelenk 1 → Gelenkwellenrohr → Schiebestück → Kreuzgelenk 2 → Kupplungsflansch; *Achsantrieb*: Flansch → Kegelradwelle → Kegelrad → Tellerrad → Ausgleichgehäuse → Trabantenräder → Seitenwellenräder → Seitenwellen → Antriebsräder

Die funktional verschiedenartigen Formen der Bauteile sorgen an gewissen Stellen für ein Sammeln, an anderen Stellen für ein Streuen des Kraftflusses. Vor allem die Bauteilbereiche, an denen der Kraftfluß eine Konzentration erfährt, müssen vom Konstrukteur ausreichend bemessen und sorgfältig gestaltet werden.

Bei seiner Wanderung durch die Funktionsträger kann der Kraftfluß mehrfach seine Erscheinungsform ändern. Macht er sich an einer Stelle als Druckspannung bemerkbar, so tritt er in anderen Bereichen als Zug , Biege- oder Torsionsspannung allein oder als sich überlagernde Spannungen oder an Bauteilufern als Flächenpressung auf (*Bild 3-2*).

Vor allem bei dynamisch hoch beanspruchten Konstruktionen ist eine günstige Kraftflußleitung von großer Bedeutung. Aber auch bei geringer belasteten Bauteilen können durch geschickte Formgebung geringere tragende Querschnitte gewählt und dadurch Materialkosten gesenkt werden.

Beim Entwurf, aber auch bei der späteren Überarbeitung zur Beseitigung von Schwachstellen, sollte sich deshalb der Konstrukteur von folgenden Prinzipien des festigkeitsgerechten Gestaltens leiten lassen:

1. Das Prinzip der direkten Kraftleitung

Kräfte und Momente sind auf möglichst kurzem Wege durch eine möglichst geringe Zahl von Bauteilen zu leiten.

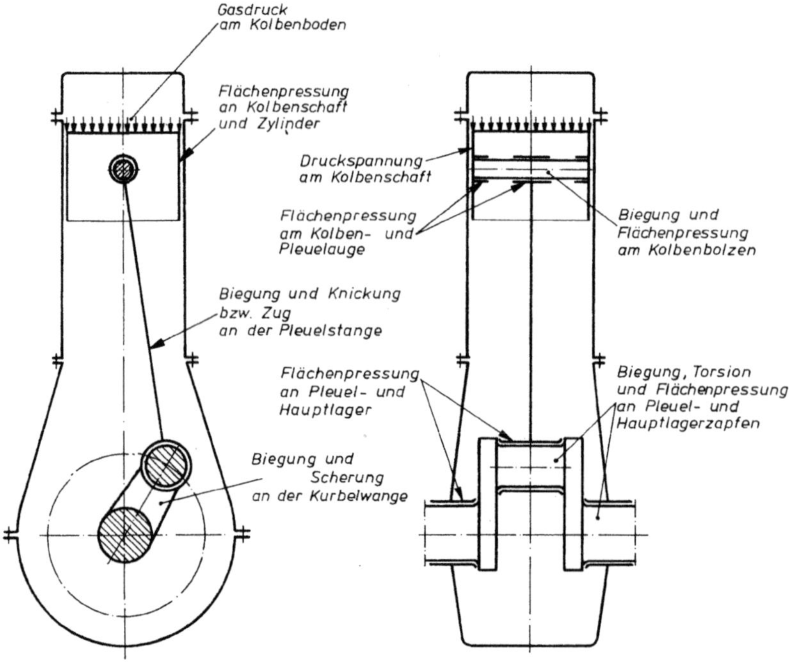

Bild 3-2 Verschiedene Erscheinungsformen des Kraftflusses im Kurbeltrieb eines Verbrennungsmotors

2. Das Prinzip der konstanten Gestaltfestigkeit

Der Kraftfluß sollte auf seinem Wege in allen Bauteilbereichen möglichst die gleiche „Dichte" haben.

3. Das Prinzip der minimalen Kerbwirkung

Form- und Größenänderungen von Bauteilquerschnitten lassen sich vielfach aus funktionalen Gründen nicht vermeiden. Zwangsläufig ruft das Kerbwirkung mit Spannungskonzentrationen hervor. Diese Kerbwirkung sollte durch kraftflußgerechte Gestaltung der Bauteile minimiert werden.

Streng genommen ist die Kerbwirkung ein Problem der Gestaltfestigkeit (Prinzip 2). Wegen der überragenden Bedeutung für das festigkeitsgerechte Gestalten soll dieses Prinzip hier aber gesondert behandelt werden.

4. Das Prinzip der ausreichenden Steifigkeit

Vielfach ist die Ursache für das Versagen einer Maschine nicht eine zu geringe Gestaltfestigkeit sondern eine durch betriebliche Belastungen verursachte übergroße Formänderung einzelner Bauteile. Durch zweckmäßige Verteilung des verwendeten Werkstoffes sollte auch bei Leichtbauweise ausreichende Bauteilsteifigkeit erzielt werden.

5. Das Prinzip der abgestimmten Verformung

An den Kontaktstellen angrenzender Bauteile kann es wegen unterschiedlicher Steifigkeit der Kontaktpartner zu verschieden großen elastischen Verformungen kommen. Funktionsstörungen sind oft die Folge. Als Beispiel sei hier nur die bei Gleitlagern auftretende Kantenpressung genannt. Eine sachgerechte Abstimmung der Verformungen der beteiligten Bauteile vermeidet Betriebsstörungen.

6. Das Prinzip des Kraftausgleichs

Unsymmetrische Anordnung von Bauteilen oder Bauteilelementen können innere Kräfte hervorrufen, die nicht der Funktionserfüllung dienen. Allgemein bekannt ist das Beispiel des Getriebebaus, bei dem durch Schrägverzahnung am Stirnradtrieb unerwünschte Axialkräfte auftreten. Solche Wirkungen sollten möglicherweise durch symmetrische Gestaltung vermieden oder durch Anbringung von Ausgleichselementen in ihren Wirkungen aufgehoben werden.

3.1 Das Prinzip der direkten Krafteinleitung

Für elastische Verformungen unter Zug/Druck-Belastung gilt das Hookesche Gesetz $\sigma = E \cdot \epsilon$, wobei $\epsilon = \Delta L/L_0$ die Dehnung/Stauchung und $\sigma = F/A_0$ die Spannung ist. Aus der daraus abgeleiteten Beziehung

$$\boxed{\Delta L = \frac{1}{E} \cdot \frac{L_0}{A_0} \cdot F} \tag{3.1}$$

ΔL Verlängerung bzw. Stauchung in mm
E Elastizitätsmodul in N/mm^2
L_0 Bauteillänge im unbelasteten Zustand in mm
A_0 Bauteilquerschnitt in mm^2
F Zug- bzw. Druckkraft in N

ergeben sich für die Kleinhaltung von Bauteilverformungen u.a. die nachfolgenden Forderungen:

1. *Der Elastizitätsmodul des verwendeten Werkstoffes sollte möglichst groß sein.* Dieser Forderung steht die vermehrte Verwendung hochfester Feinkorn- und Vergütungsstähle im Leichtbau entgegen, die zwar höhere Belastungen zulassen, wegen eines praktisch unveränderten Elastizitätsmoduls E aber größere elastische Formänderungen der Bauteile hervorrufen. Ähnliche Probleme zeigen sich beim Einsatz von Leichtmetallen wegen ihrer im Vergleich zu Stählen sehr viel kleineren E-Moduln. Ein Ausgleich ist nur über eine steifere Bauteilausbildung zu erreichen.

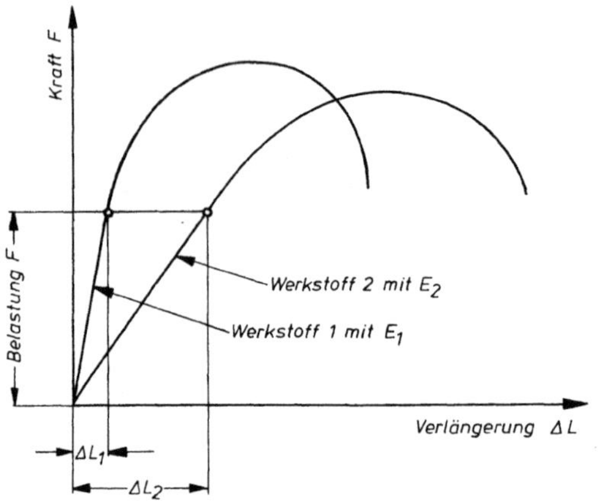

Bild 3-3
Kraft-Verlängerung-Diagramm metallischer Werkstoffe; Der E-Modul E_2 von Werkstoff 2, z.B. einer Al-Legierung, ist kleiner als der E-Modul E_1 des Werkstoffes 1, z.B. von Stahl. Bei gleicher Belastung F zeigen Leichtmetalle größere elastische Verformung.

2. *Der die „Schlankheit" eines Bauteils kennzeichnende Quotient L_0/A_0 sollte möglichst klein gehalten werden.* Je gedrungener eine Bauteil- oder Maschinenform ist, umso geringer sind die durch Zug/Druck hervorgerufenen Formänderungen.
   Zu große Verformungen können in dynamisch beanspruchten Bauteilen Schwingungserscheinungen verursachen, die zu unerwünschter Geräuschbildung beitragen oder zu Funktionsstörungen infolge Resonanz führen können.
   Bild 3-4 zeigt Ventilsteuerungen von Verbrennungsmotoren, deren Steuerwege mit zunehmender Motordrehzahl verkürzt werden mußten, um kritische Resonanzerscheinungen zu vermeiden.
   Weicht ein Bauteil von der kürzeren Verbindung seiner Kraftein- und -ausleitung ab, so hat das immer zusätzliche Biegespannungen zur Folge. *Bild 3-5* stellt drei Arten der Kraftübertragung dar, wobei die Spannungen an den gezeichneten Stellen gleich groß sind. Vor allem das unsymmetrische Bauteil erfordert wegen der zusätzlichen Biegespannungen einen unverhältnismäßig großen Werkstoffaufwand. Aus dieser Tatsache lassen sich folgende zusätzliche Forderungen ableiten:
3. *Biegebeanspruchungen sollten zugunsten von Zug/Druck vermieden werden.*
4. Kann aus funktionalen Gründen Biegebelastung nicht ausgeschlossen werden, dann sollte diese entweder über *symmetrisch angeordnete Bauteile* übertragen (*Bild 3-5b*) oder die *Wirkradien der Belastung sollten möglichst klein* gehalten werden. *Anhang A3-1* zeigt entsprechende Gestaltungsbeispiele.

Da in der Phase *„Konzipieren"* zunächst die Verwirklichung bestimmter physikalischer Effekte zur Erfüllung der besonderen Funktionen der Maschine im Vordergrund der Konstruktionsarbeit steht, empfiehlt sich vor der entgültigen Formgebung in der Phase „Entwerfen" eine gründliche Überprüfung des Kraftflusses. Dabei geht man von den Krafteinleitungsstellen aus und verfolgt den Kraftfluß Schritt für Schritt bis hin zu den Fundamenten oder bei geschlossenen Systemen wieder zurück zu den Stellen der Krafteinleitung.

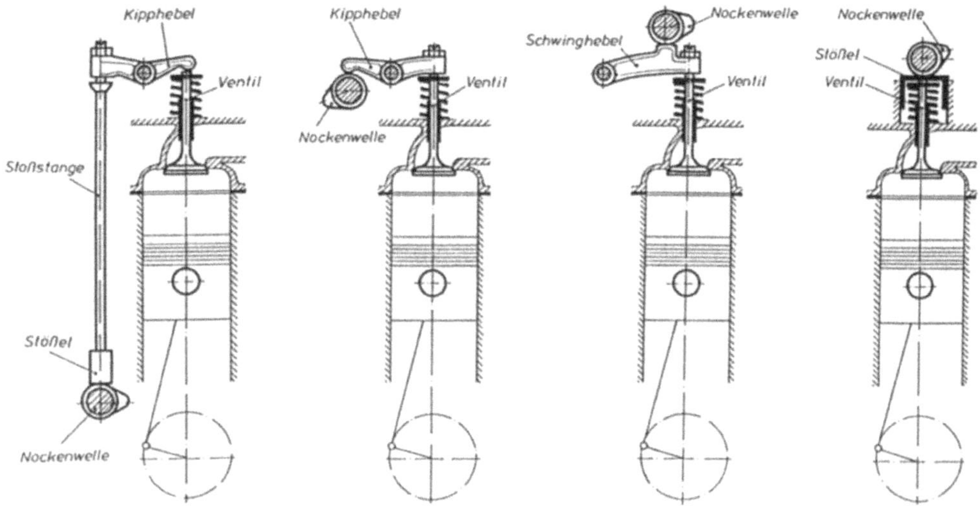

Bild 3-4 Ventilsteuerungen von Verbrennungsmotoren. Zur Verhinderung unzulässig großer elastischer Verformungen wird bei schnelldrehenden Motoren der Kraftfluß der Steuerung möglichst kurz gehalten.

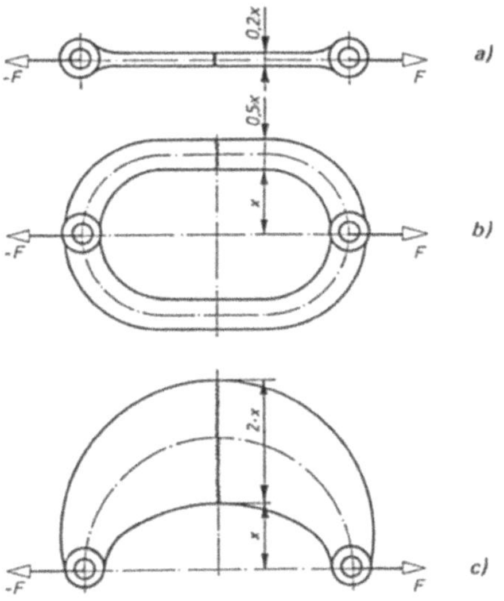

Bild 3-5

Gleichartige äußere Belastungen an Bauteilen verschiedener Form; a) Zugstab mit Zugspannung σ_z und der erforderlichen Dicke $d_{1\,erf} = 0{,}2 \cdot x$; b) Ringelement mit resultierender Zug- und Biegespannung $\sigma_z + \sigma_b$ mit $d_{2\,erf} = 0{,}5 \cdot x = 2{,}5 \cdot d_{1\,erf}$; c) Sichelträger mit resultierender Zug- und Biegespannung $\sigma_z + \sigma_d$ mit $d_{3\,erf} = 2 \cdot x = 10 \cdot d_{1\,erf}$.

3.2 Das Prinzip der konstanten Gestaltfestigkeit

Der für die Fertigung eines Bauteils zu betreibende Werkstoffaufwand wird minimal, wenn *in allen tragenden Querschnitten die durch die äußere Belastung hervorgerufene vorhandene Spannung* σ_{vorh} *gleich ist der zulässigen Spannung* σ_{zul}. Die Kraftflußlinien zeigen dann in allen Bauteilquerschnitten gleiche Dichte, und der Werkstoff wird optimal ausgenutzt, s. *Beispiel 3.1* „Träger gleicher Biegespannung".

Ähnliche Beziehungen für eine optimale Formgebung und für minimalen Werkstoffaufwand wie im *Beispiel 3.1* dargestellt lassen sich auch für andere Probleme der Bauteilbeanspruchung aus der Festigkeitslehre ableiten, seien es die einfachen Belastungsarten Zug/Druck und Torsion oder Belastungen bei sich überlagernden Spannungen.

3.3 Das Prinzip der minimalen Kerbwirkung

Kerbwirkung wird durch jede Abweichung von der Stangenform hervorgerufen, weil Änderungen der Querschnittform und -größe zu einer Kraftflußkonzentration führen. Die Kerbwirkung ist umso stärker, je größer die Änderung der Spannungsliniendichte und je schärfer die Umlenkung der Spannungslinien von Querschnitt zu Querschnitt sind (*Bild 3-6*).

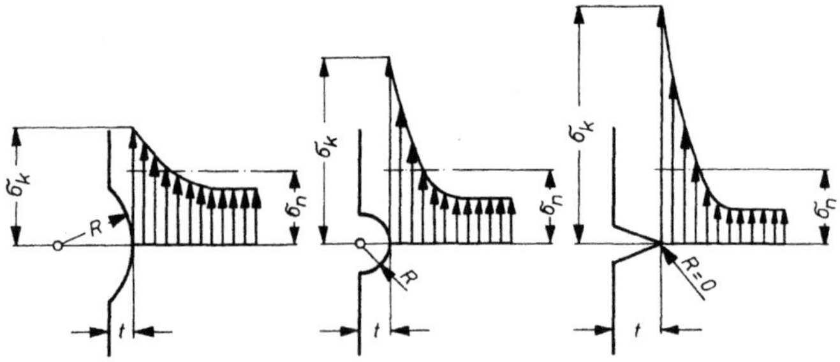

Bild 3-6 Spannungsverteilung durch Kerbwirkung; von links nach rechts zunehmende Kerbspannung durch schärfere Kerben

Die schärfste Einschnürung und Umlenkung erfährt der Kraftfluß deshalb an Kerbstellen mit großer Querschnittsänderung und kleinsten Rundungsradien (*Bild 3-7*). Die an Kerbstellen auftretenden Spannungsspitzen betragen oft das Mehrfache der an ungekerbten Stellen vorhandenen Werte. Nur relativ zähe Werkstoffe sind in der Lage, bei Überschreitung der Streckgrenze durch örtliches Fließen Spannungsspitzen im Kerbgrund abzubauen. Vor allem die für dynamisch hochbeanspruchte Bauteile verwendeten legierten Vergütungsstähle mit hoher Festigkeit zeigen aber gegen 1 gehende Streckgrenzenverhältnisse $R_{p0,2}/R_m$ mit nur noch geringem plastischen Formänderungsvermögen und damit gleichzeitig großer Kerbempfindlichkeit.

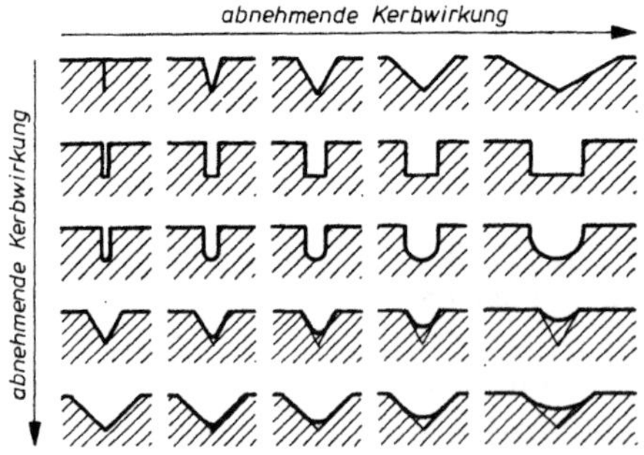

Bild 3-7

Häufig auftretende Kerbformen – geordnet nach der Größe ihrer Kerbwirkung

Zu beachten ist auch die Tatsache, daß Bauteilkerben je nach Art des Kraftflusses verschiedene Spannungsverteilung im Querschnitt und damit auch unterschiedliche Wirkungen hervorrufen. *Bild 3-8* zeigt, daß ein mittig aufgebrachtes Loch bei Biegebelastung durch Entlastung der Randfasern eine günstigere Spannungsverteilung hervorrufen kann als sie bei ungelochtem Stab vorhanden wäre. Bei Schubbelastung führt ein mittig angebrachtes Loch dagegen zu einer ungünstigen weiteren Spannungssteigerung, weil auch ohne Loch die Schubspannungen in der Schwerachse des Querschnittes ihr Maximum hätten.

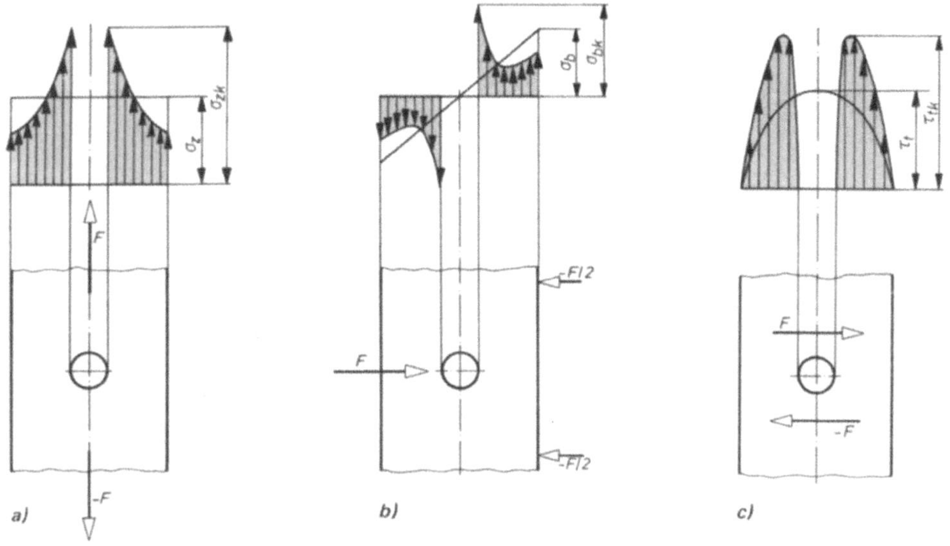

Bild 3-8 Stangenförmiges Bauteil; a) mit Zugkraft; die mittige Bohrung verursacht hier eine erhebliche Kerbwirkung; b) mit Biegebelastung; die mittige Bohrung verursacht nur eine unbedeutende Erhöhung der maximalen Biegespannung; c) mit Querkraft; die mittige Bohrung führt zu einer erheblichen Vergrößerung der Schubspannung.

Vor allem an Wellenabsätzen sind aus funktionalen Gründen Querschnittsänderungen mit Kraftflußstörungen nicht zu vermeiden. Durch geschickte Anordnung von Entlastungskerben kann eine allmähliche Änderung der Kraftflußdichte mit weicherer Umlenkung der Spannungslinien erreicht werden. *Anhang A3-2* gibt entsprechende Gestaltungshinweise.

Spannungsspitzen mit Kerbwirkung lassen sich auch abbauen durch Erzeugung örtlich begrenzter plastischer Verformung mit Druckeigenspannungen. *Bild 3-9* zeigt die Wirkungen des Kaltprägens an geschnittenem Gewinde; *Bild 3-10* zeigt ähnliche Wirkungen an einer Querbohrung.

Bei Schweißnähten treten oft besonders scharfe Kerbwirkungen auf, weil an den Übergängen von den Nähten zum Bauteilwerkstoff Gefügeänderungen mit großem Streckgrenzenverhältnis und Kraftflußumlenkungen mit inneren Kerben hervorgerufen werden. Vor allem die Nahtwurzel ist wegen schlechterer Bindung gegen Zug- und Biegezugbelastung besonders empfindlich und deshalb vielfach Einleitungsstelle für Dauerbrüche.

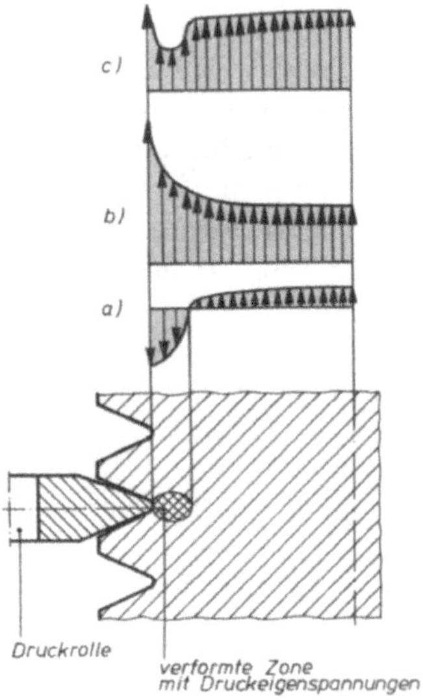

Bild 3-9 Minderung von Kerbspannungen und damit Erhöhung der Gestaltfestigkeit durch Erzeugung von Druckeigenspannungen, hier durch Kaltrollen von Gewinde; a) Druckeigenspannungen; b) Spannungsverteilung durch Belastung; c) resultierende Spannungsverteilung

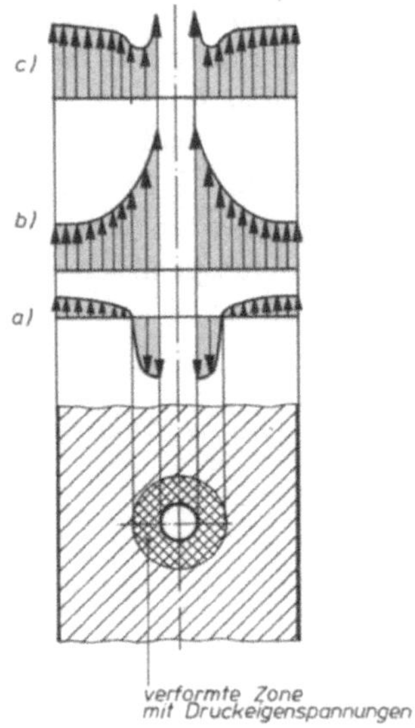

Bild 3-10 Erzeugung von Druckeigenspannungen bei Bohrungen durch Aufweitung mittels Schlagdorn; a) Druckeigenspannungen; b) Spannungsverteilung durch Belastung; c) resultierende Spannungsverteilung

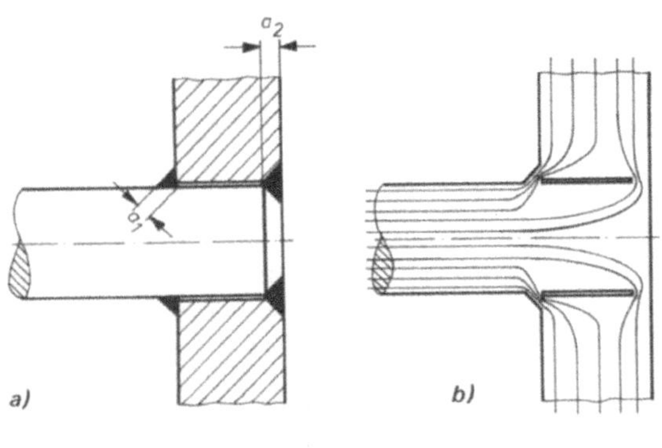

Bild 3-11

Kerbwirkung bei Schweißverbindungen durch nicht verschweißte Bauteilufer

Bild 3-12 vermittelt einen Eindruck von den Spannungsverläufen in Schweißnähten verschiedener Art und in ihren Anschlußquerschnitten. Dabei wird deutlich, daß vor allem bei scharfer Kraftflußumlenkung und bei inneren Schnittkerben durch nichtverschweißte Bauteilufer extreme Spannungsspitzen vor allem in der Nahtwurzel hervorgerufen werden. Die gefährdeten Nahtwurzeln können durch Vermeidung solcher innerer Schnitte oder durch Anbringung von Entlastungskerben gegen Dauerbruch geschützt werden (*Bilder 3-13* und *3-14*).

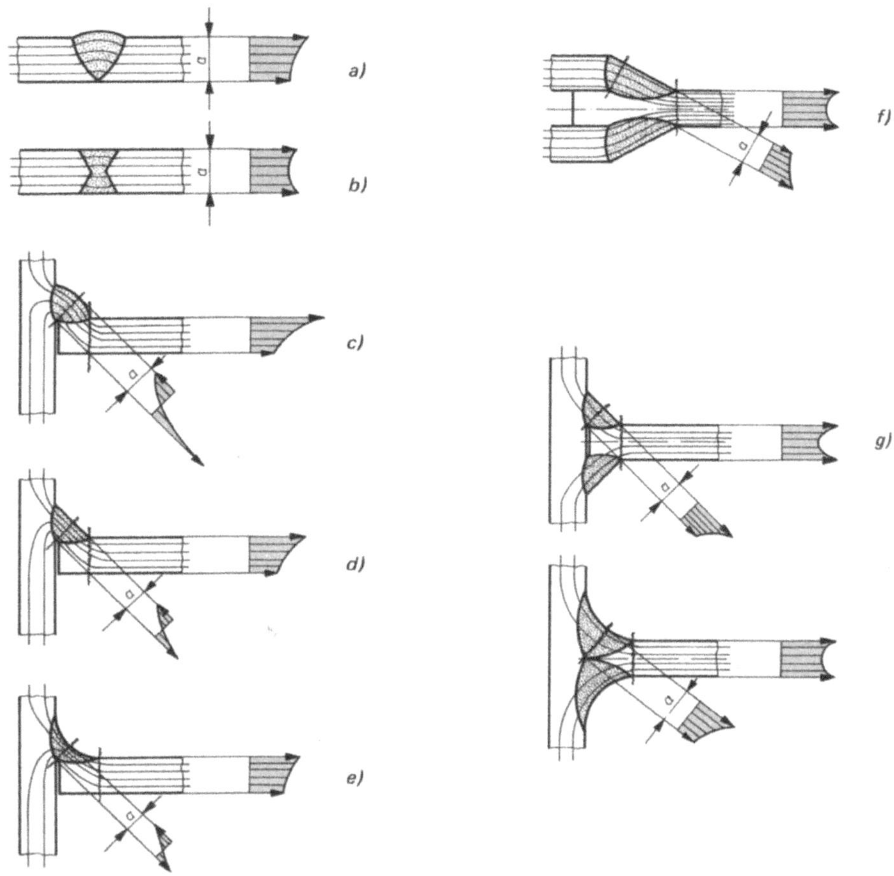

Bild 3-12 Kraftfluß in Schweißverbindungen und Spannungen in Schweißnähten und Anschlußquerschnitten; a) V-Naht; b) X-Naht; c) Wölbkehlnaht; d) Flachkehlnaht; e) Hohlkehlnaht; f) Doppelflachkehlnaht mit breiter Linse; g) Doppelflachkehlnaht; h) K-Naht mit Hohlkehlnaht

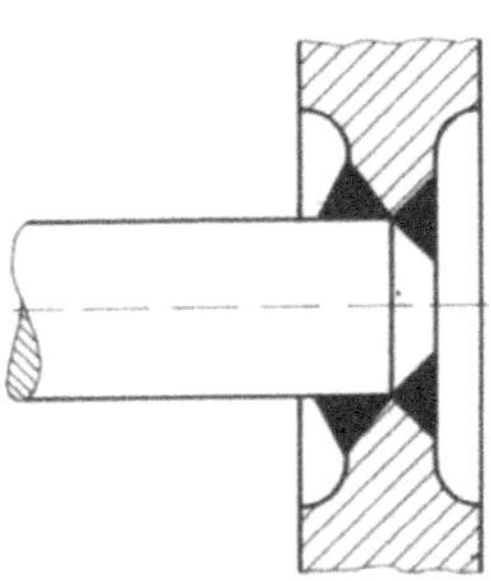

Bild 3-13 Vermeidung von nicht verschweißten Bauteilufern bei Nabe-Welle-Verbindung

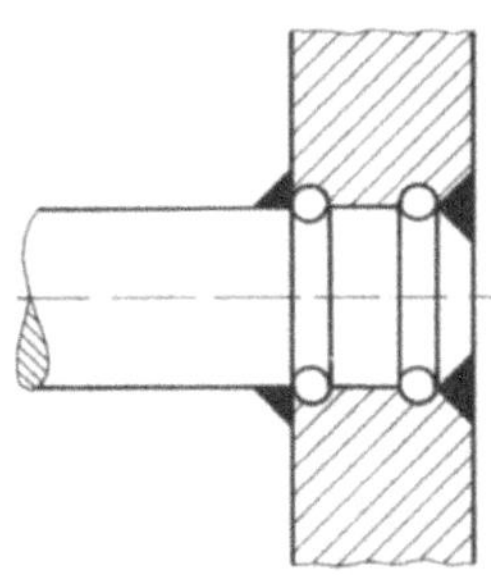

Bild 3-14 Entlastungskerben an nicht verschweißten Bauteilufern mit Kerbspannungsverminderung bei Nabe-Welle-Verbindung

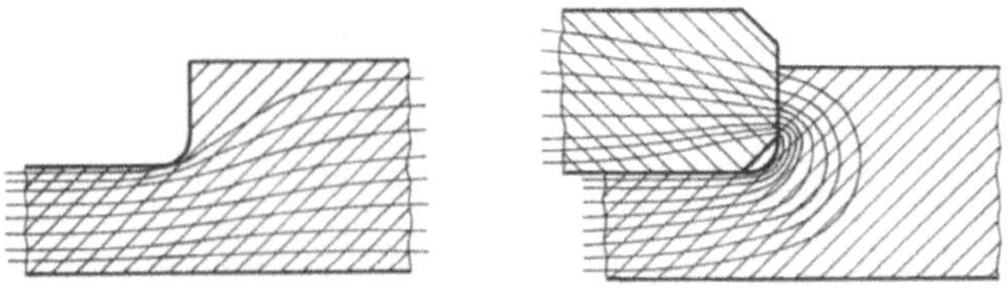

Bild 3-15
Unterschiedlich große Kerbwirkung an Bauteilen gleicher Form, aber verschiedener Kraftflußführung

Für die Größe der Kerbwirkung ist aber nicht nur der Kraftfluß innerhalb des einzelnen Bauteils bedeutsam, sondern auch die Art des Kraftflußüberganges von einem Bauteil zum angrenzenden. *Bild 3-15* zeigt, daß zwei gleiche Querschnittsabstufungen an einem Bauteil durch unterschiedliche Kraftflußführung vollständig verschiedene Kerbeffekte und damit auch verschieden große Kerbwirkungszahlen hervorrufen können.
Will der Konstrukteur nicht durch meist kostspielige Dauerbrüche überrascht werden, so sollte er alle gestalterischen Maßnahmen zur Minimierung der Kerbwirkung ergreifen.

3.4 Das Prinzip der ausreichenden Steifigkeit

Bauteile in werkstoffsparender Leichtbauweise, wie sie aus Gründen der Kostenersparnis, der Gewichtsverminderung und der Kleinhaltung von Massenkräften bei dynamisch beanspruchten Bauteilen heute vom Konstrukteur bevorzugt werden, können durchaus ausreichende Zeitstandfestigkeit oder Dauerschwingfestigkeit zeigen. Trotzdem ist vielfach ein Versagen auf Grund unzulässig großer Formänderungen festzustellen. Die Bauteilsteifigkeit ist nicht ausreichend gewesen.
Auf den Einfluß des Elastizitätsmoduls E auf die Bauteilsteifigkeit ist schon in *Abschnitt 3.1* hingewiesen worden. Gute Steifigkeit bei hoher Festigkeit erreicht man durch Konzentration des Werkstoffes in hochbeanspruchten Bauteilbereichen und eine werkstoffsparende Anordnung in Zonen geringer Belastung.
Dieser Grundsatz führt zur Entwicklung von Profilen und Bauformen, bei denen durch günstige Verteilung des Werkstoffes möglichst große Flächenträgheitsmomente erhalten werden. Für zug-/druckbeanspruchte Systeme sollte somit die „Schlankheit“ L_0/A_0 möglichst klein gehalten werden, s. Gl. (3.1), die Form des Querschnitts A_0 selbst hat auf die Größe der Formänderung keinen Einfluß; bei Biegung sollte zur Kleinhaltung der Durchbiegung f das Verhältnis des axialen Flächenträgheitsmomentes zum tragenden Querschnitt I_a/A_0 möglichst groß gewählt werden und bei Torsion ist das Verhältnis I_p/A_0^2 möglichst groß zu wählen, wenn ein bestimmter Verdrehwinkel nicht überschritten werden darf.
Bild 3-16 zeigt Profile mit gleichen axialen Trägheitsmomenten, aber unterschiedlichen Querschnitten. Die für Biegung bedeutsamen Quotienten I_a/A_0 verhalten sich wie 1 : 1,39 : 2,13 : 3,13 : 4,55, die für Torsion bedeutsamen Quotienten I_p/A_0^2 wie 1 : 1,93 : 4,53 : 9,77 : 20,66. Die größere Biege- und vor allem Torsionssteifigkeit mit abnehmender Wanddicke zeigt, daß vor allem Rohrkonstruktionen bei Leichtbauweise für hohe Steifigkeit der Konstruktion sorgen.
Die im Stahlbau verwendeten Halbzeuge, wie z.B. U-Stahl nach *DIN 1026*, L-Stahl nach *DIN 1029*, I-Träger nach *DIN 1025*, sind typische Profile mit großer Biegesteifigkeit.

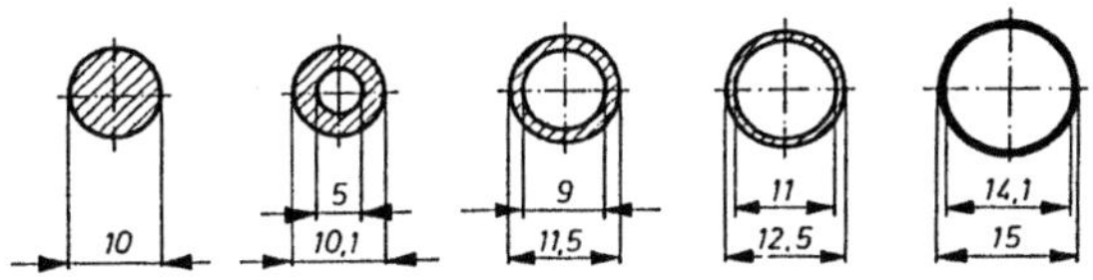

Bild 3-16 Profile verschiedener Querschnitte, aber gleicher axialer Flächenträgheitsmomente. Die Quotienten I_a/S_0 bzw. I_p/S_0 nehmen von links nach rechts stark zu und damit auch die Eignung für Leichtbauweise bei biege- und torsionsbelasteten Bauteilen.

Vielfach werden aber vom Konstrukteur die Regeln für die Gestaltung bei Biegebeanspruchung ohne kritische Prüfung auf die Torsion übertragen. Zwar sollte bei Torsion der Werkstoff zur Erreichung eines möglichst großen Verhältnisses I_p/A_0^2 möglichst weit außerhalb der Schwerachse angeordnet sein – ähnlich wie bei Biegebelastung – jedoch kommt es hier in gleicher Weise auf einen geschlossenen Zusammenhang der Querschnittteile an.

Geschlossene Profile sind solche, bei denen der Werkstoff im tragenden Querschnitt in ununterbrochenem Zusammenhang steht. Bei *offenen Profilen* ist dieser Zusammenhang durch Schlitzung unterbrochen.

Offene Profile haben ähnliches Gewicht und ähnliche axiale Trägheitsmomente wie geschlossene Profile gleicher Abmessungen. Ihr Trägheitsmoment gegen Biegung unterscheidet sich deshalb kaum von demjenigen der zugeordneten geschlossenen Profile. Jedoch haben offene Profile extrem kleinere Trägheitsmomente gegen Torsionsbeanspruchung. *Anhang A3-3a* zeigt dafür treffende Beispiele.

Bei Torsionsbelastung offener Profile ist also mit wesentlich größeren Verformungen und auch Spannungen zu rechnen als bei geschlossenen Profilen sonst gleicher Abmessungen. Diese Tatsache wird auch besonders deutlich bei den in *Anhang A3-3b* dargestellten Profilen. Von links nach rechts zeigen diese Querschnitte eine deutliche Tendenz zur Leichtbauweise, wie die angegebenen Verhältnisse A_x/A_1 erkennen lassen. Bei Biegebelastung sind ohne Zweifel die rechtsstehenden Profile zu bevorzugen, denn alle dargestellten Querschnitte haben einen annähernd gleichen Biegewiderstand. Die angegebenen Verhältnisse W_{px}/W_{p1} deuten aber wesentlich ungünstigeres Verhalten der offenen Profile gegenüber den geschlossenen bei Torsionsbelastung an.

Aus solchen und ähnlichen Überlegungen lassen sich folgende Regeln für eine ausreichende Bauteilsteifigkeit auch bei Leichtbauweise ableiten:

- Bei Biege-, Torsions- und Knickbelastung Verlegung des Werkstoffes in hochbeanspruchte Randzonen, hohle Profile nach *Bild 3-17* bevorzugen.
- Massive Bauweise vermeiden, sonst hohe Werkstoffkosten; dünnwandige und aufgelöste Bauweise bevorzugen.

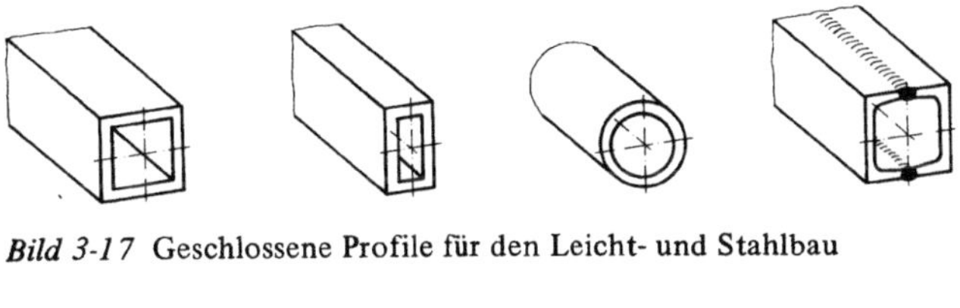

Bild 3-17 Geschlossene Profile für den Leicht- und Stahlbau

- Schalenbauweise mit Profilen in Schalenform nach *Bild 3-18* bevorzugen; dadurch sowohl Biege- als auch Torsionssteifigkeit. Offene Profile führen bei Torsionsbelastung in den meisten Fällen zu unzulässig großer Formänderung.
- Versteifung ebener Wände durch Bildung geschlossener Hohlprofile (*Bild 3-19*).
- Zellenbauweise durch Bildung unterteilter und geschlossener Hohlräume (*Bilder 3-20* und *3-21*).
- Unstetigen Übergang von einem geschlossenen in ein offenes Profil, also eine Unstetigkeit in der Steifigkeit einer Konstruktion, vermeiden (*Bild 3-22*). Sind aus funktionalen Gründen solche Übergänge erforderlich, dann sollten diese durch sanften Übergang entspannt werden.
- Gußkonstruktionen von Werkzeugmaschinenständern bei möglichst geringem Materialaufwand biege- und verwindungssteif ausführen (*Bild 3-23*).

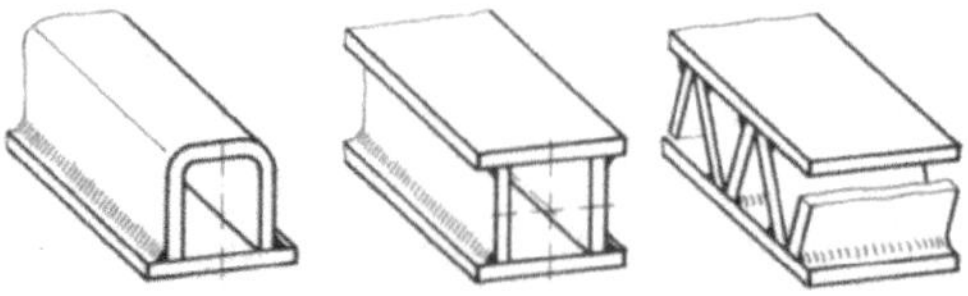

Bild 3-18 Geschlossene Profile mit großer Torsionssteifigkeit aus Halbzeugen mit relativ geringem polaren Trägheitsmoment

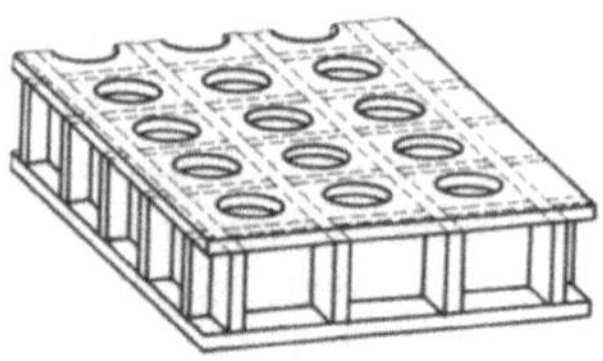

Bild 3-20 Leichtbau durch Zellenbauweise mit Bildung geschlossener Hohlräume

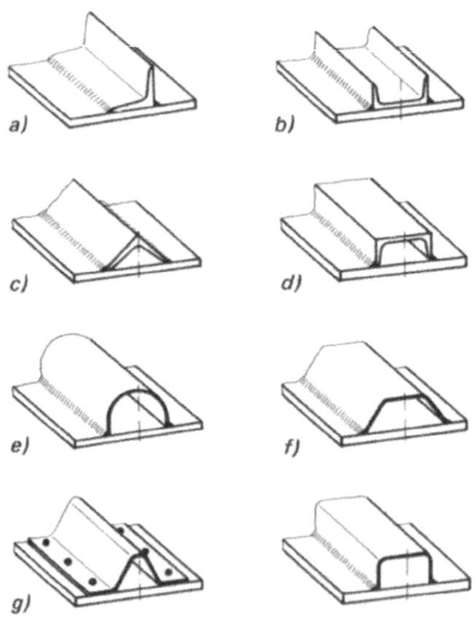

Bild 3-19 Erzeugung geschlossener Profile durch Aufsetzen offener Profile auf ebene Wände; dadurch nicht nur Biege- sondern auch Torsionssteifigkeit; a) und b) vermeiden!

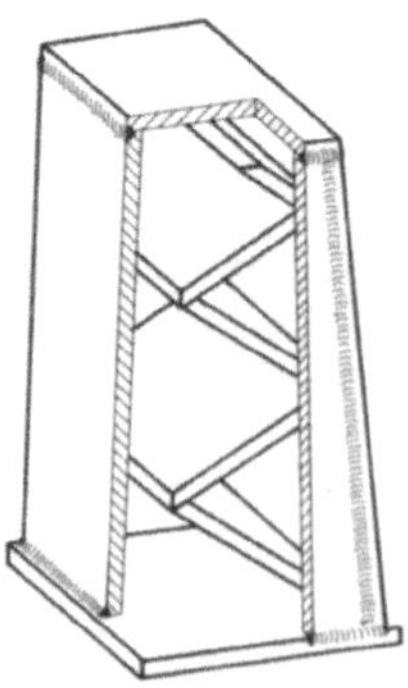

Bild 3-21 Biege- und verwindungssteifer Maschinenständer in Zellenbauweise

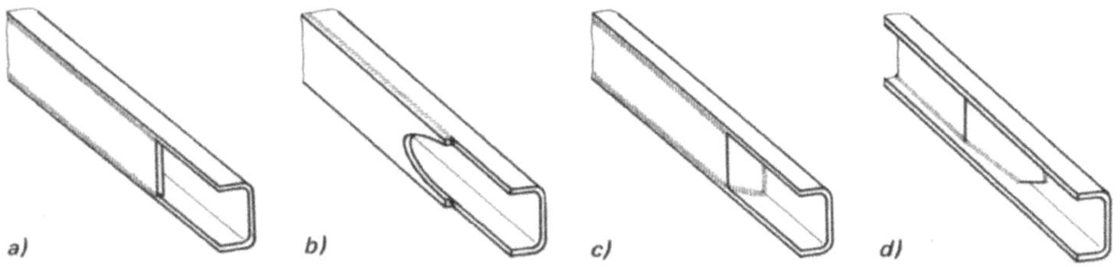

Bild 3-22 Bei Halbzeugen für den Leicht- und Stahlbau Steifigkeitssprünge vermeiden; a) Anrißgefahr am Übergang vom geschlossenen zum offenen Profil durch große Kerbwirkung bei Biege- und Torsionsbelastung; b) allmählicher Übergang der Widerstandsmomente; Schweißnaht allerdings in Zonen extremer Biegespannung; c) zu kurz gestalteter Übergang vom geschlossenen zum offenen Profil; d) günstige Gestaltung der Übergangszone.

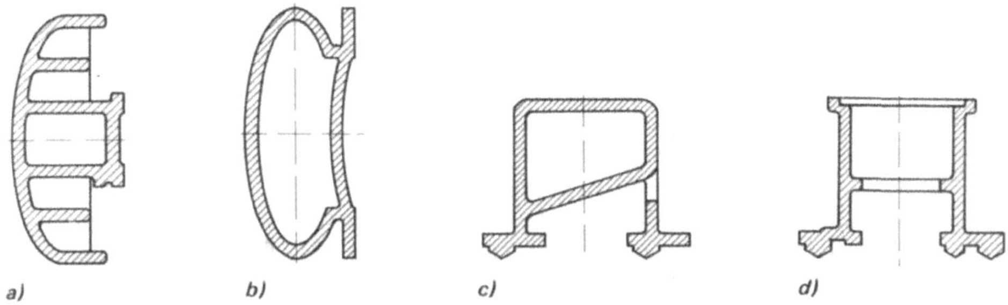

Bild 3-23 Typische Querschnittsformen von Maschinenständern in Gußausführung; a) und c) vermeiden wegen zu geringer Torsionssteifigkeit durch offene Profile

3.5 Das Prinzip der abgestimmten Verformung

Das Prinzip der minimalen Kerbwirkung ist nicht nur für das Leiten von Kräften innerhalb einzelner Bauteile von Bedeutung sondern auch für den Kraftflußübergang von Bauteil zu Bauteil (vgl. *Bild 3-14*). Vielfach ist das Versagen einer Konstruktion aber nicht auf zu große Kerbwirkung beim Kraftflußübergang von einem Bauteil auf das benachbarte zurückzuführen, sondern auf eine *nicht ausreichende Abstimmung der durch die Spannungen in den benachbarten Bauteilen hervorgerufenen elastischen Verformungen. Bild 3-24a* bringt diesen Sachverhalt für Schraubenverbindungen deutlich zum Ausdruck.

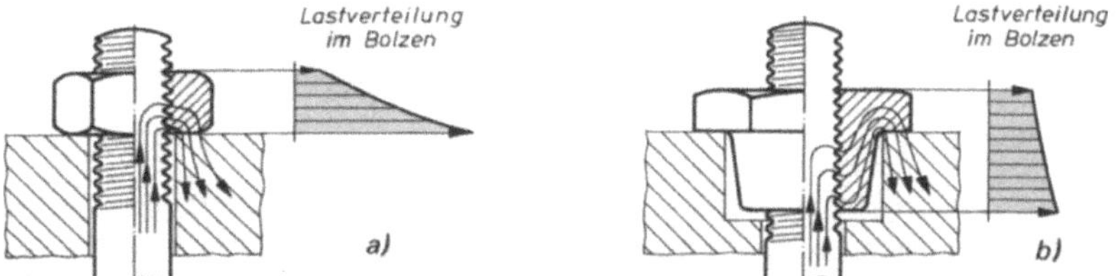

Bild 3-24 Lastverteilung in Schraubverbindungen; a) Verbindung mit Druckmutter und hoher Belastung im 1. Gang; b) Verbindung mit Zugmutter und günstiger Lastverteilung auf mehrere Gänge

Das axiale Zusammendrücken der Druckmutter und das gleichzeitige Längen des Gewindebolzens führen zu Steigungsunterschieden zwischen Bolzen und Mutter. Der Kraftfluß verteilt sich beim Übergang nicht gleichmäßig auf alle Gänge. Besonders bei Druckmuttern treten hohe Belastungsspitzen im Bereich des schaftseitigen ersten Gewindeganges auf. Eine gleichmäßigere Lastverteilung läßt sich vielfach durch eine Reduzierung der Anzahl der Gänge, also eine Verkleinerung der Mutterhöhe, erzielen. Beste Lastverteilung ergibt sich bei Verwendung von Zugmuttern (*Bild 3-24b*). Mutternwerkstoffe mit kleinerem Elastizitätsmodul E, z.B. Titan-Muttern auf Stahlschrauben, sorgen ebenfalls durch besser aufeinander abgestimmte elastische Verformung für eine gleichmäßigere Verteilung des Kraftflusses.

Ähnliche Verhältnisse sind bei Überlappstößen von Kleb- und Lötverbindungen nach *Bild 3-25* gegeben. Die zu übertragende Kraft nimmt in Teil 1 von Stelle A nach Stelle B ab, während sie in Teil 2 von A nach B in umgekehrtem Maße zunimmt. Gl. (3.1) zeigt, daß bei konstant bleibendem Querschnitt A_0 die gegenüberliegenden Bereiche der Teile 1 und 2 unterschiedliche Dehnungen erfahren, was zu ungünstigen Schubspannungsspitzen in der Lot- bzw. Klebeschicht führt. Der Spannungsspitzenfaktor $\alpha = \tau_{max}/\tau_m$ steigt mit zunehmender Überlappungslänge und wird damit ungünstiger. Bei konstant bleibendem Quotienten F/A_0, also verjüngender Blechdicke bei Teil 1 und zunehmender Blechdicke bei Teil 2, ist der pro Bauteilelement zu übertragende Kraftanteil auf die Größe des tragenden Querschnittes A_0 abgestimmt. Damit ist dann eine abgestimmte Verformung der Teile 1 und 2 und auch eine gleichmäßige Schubspannung im Bindemittel gewährleistet.

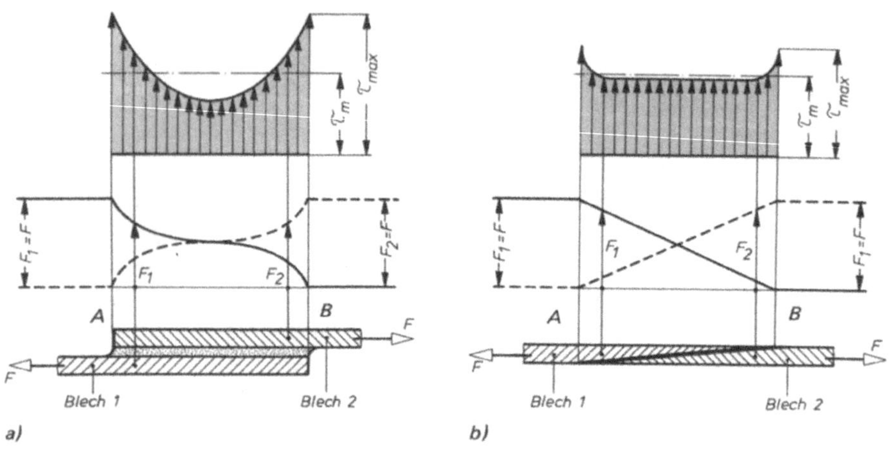

Bild 3-25 Spannungsverteilung bei einfacher überlappter Kleb- oder Lötverbindung; a) Große Kerbwirkung bei konstanten Blechdicken; b) Geringere Kerbwirkung bei angeformter Blechdicke

Bekannt ist, daß bei der Lagerung von Wellen und Achsen infolge der Biegebelastung häufig Kantenpressungen mit steilem Druckanstieg im Ölfilm und/oder Festkörper- oder Mischreibung auftreten. Unangenehme Lagerschäden sind die Folge, wenn nicht durch eine günstige Gestaltung für eine abgestimmte Verformung von Zapfen und Lagerelementen gesorgt wird (vgl. *Bilder 3-26* und *3-27*).

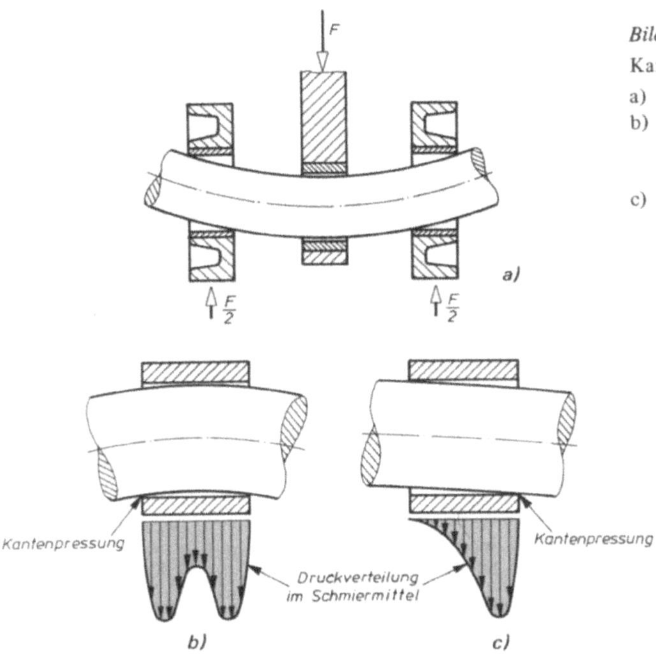

Bild 3-26
Kantenpressung bei Wälzlagern
a) Prinzipbild
b) Druckverteilung im Schmiermittel bei symmetrischer Kantenpressung
c) Druckverteilung bei unsymmetrischer Kantenpressung

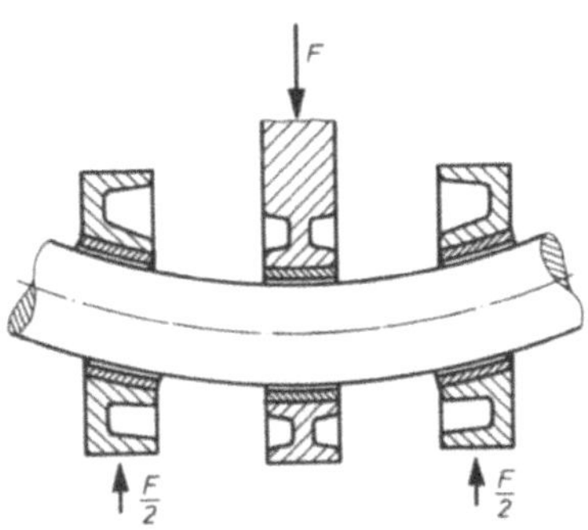

Bild 3-27
Vermeidung der Kantenpressung durch abgestimmte Verformbarkeit der Lagerelemente

Ähnliche Probleme treten bei der Drehmomenteinleitung in Welle-Nabe-Verbindungen mittels Schrumpfsitz oder Paßfeder auf (*Bild 3-28*). Das in der Nabe wirkende Drehmoment $-T$ und das in die Welle beaufschlagende Reaktionsmoment T führen zu entgegengesetzt gerichteten elastischen Verdrehungen von Nabe und Welle, die am Nabenauslauf bei Stelle X am größten sind. Die Folge ist eine große Kerbwirkungszahl mit einer Verringerung der Gestaltfestigkeit. Drehmomentschwankungen bewirken Gleitungen der Oberflächen gegeneinander mit allmählicher Bildung von Reibrost und dadurch Dauerbruchgefährdung (*Bild 3-28a*).
Die günstige Anformung der Nabe nach *Bild 3-28b* verursacht in Welle und Nabe gleichgerichtete Torsionsverformungen mit gleichmäßiger Kraftflußverteilung über die Nabenlänge.

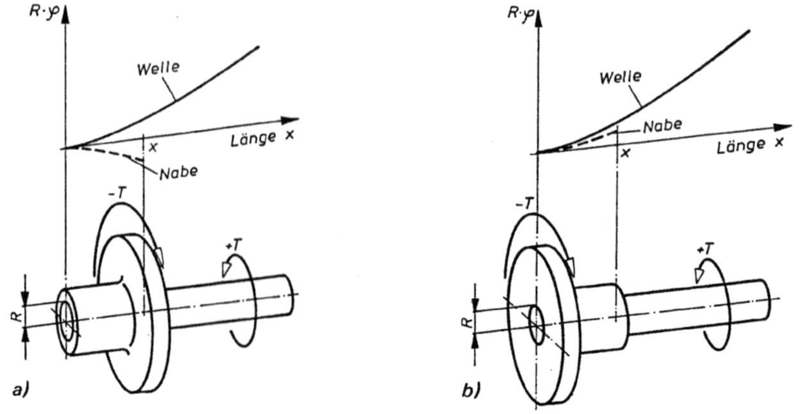

Bild 3-28 Abgestimmte Verformbarkeit von Schrumpfverbindungen; a) Steifigkeitssprung zwischen Nabe und Welle mit Relativbewegung und Dauerbruchgefahr durch Reibrostbildung; b) Abgestimmte Verformbarkeit von Nabe und Welle mit größerer Gestaltfestigkeit

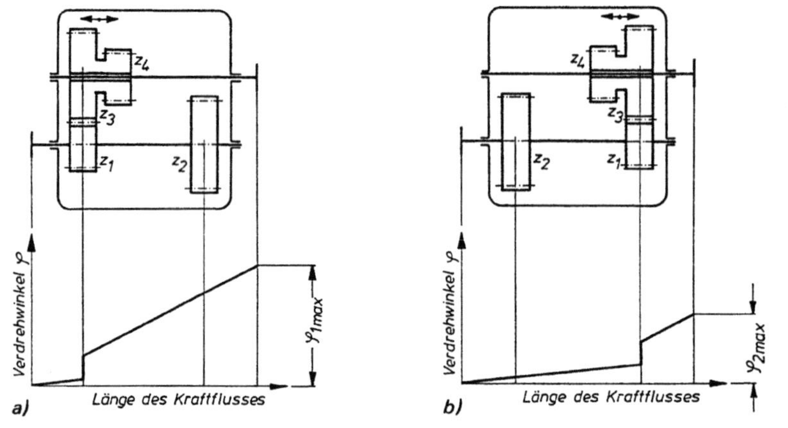

Bild 3-29 Torsionssteifigkeit eines Getriebes; a) Geringe Torsionssteifigkeit durch Wirkung des relativ großen Abtriebsmomentes auf relativ langem Wirkwege; b) Größere Torsionssteifigkeit bei kinematisch gleichwertiger Bauart durch Verkürzung des Drehmoment-Wirkweges an der Abtriebswelle

Ein eindrucksvolles Beispiel für die Möglichkeit, durch konstruktive Maßnahmen elastische Formänderungen im Getriebebau zu minimieren, zeigt *Bild 3-29*. Bei wirkendem Drehmoment T_{an} in der Antriebswelle ist die Größe des Verdrehwinkels φ am Abtrieb proportional dem Längenbereich der Welle, der in den Kraftfluß eingeschaltet ist. Bei der zu verwerfenden Lösung 1 wirkt in der Abtriebswelle das große Abtriebsmoment $T_{ab} = T_{an} \cdot z_3/z_1$ auf großer Wellenlänge und ist deshalb Ursache für einen großen Verdrehwinkel φ_1. Bei der Lösung 2 ist eine kinematisch gleichwertige Lösung gefunden worden, jedoch ist infolge der Lagevertauschung der Antriebsräder und des Schieberades auf der Abtriebwelle die Wirklänge der Welle bei großem Abtriebsdrehmoment T_{ab} wesentlich kleiner.

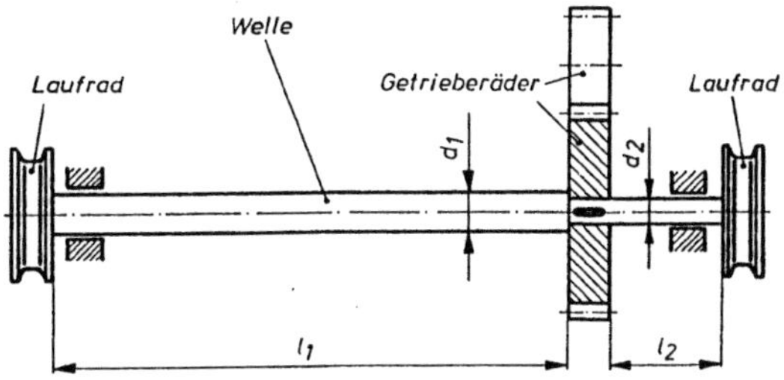

Bild 3-30
Antrieb eines Kran-Laufwerkes mit außermittig angeordnetem Getriebe; die Durchmesser d sind zur Erzielung einer abgestimmten Verformung der Wirklängen der links und rechts wirkenden Teildrehmomente angepaßt worden.

Bild 3-30 zeigt eine Welle mit einer Momentenverzweigung, wie sie vielfach im Getriebebau – hier beim Antrieb eines Kranlaufwerkes – angewendet wird. Aus konstruktiven Gründen kann hier das Zahnrad nicht mittig auf der Wellenlänge angeordnet werden, so daß zum linken beziehungsweise zum rechten Laufrad verschieden lange Kraftleitungswege mit unterschiedlich großen Verdrehwinkeln an den Laufrädern infolge der elastischen Wellenverformung entstehen. Daraus resultiert eine ungünstige Schieflauftendenz des Laufkrans. Um diese zu verhindern, muß der Konstrukteur für beide Kraftleistungswege gleich große Torsionssteifigkeit mit der jeweiligen Wellenlänge angepaßten Wellendurchmessern vorsehen.
Aus der Forderung nach gleich großen Verdrehwinkeln $\varphi_1 = \varphi_2$ und der Funktion für die Verdrehwinkel $\varphi = 57{,}3° \cdot T \cdot l/(2 \cdot I_p \cdot G)$ folgt das erforderliche Verhältnis der Wellendurchmesser

$$\boxed{\frac{d_1}{d_2} = \sqrt[4]{\frac{l_1}{l_2}}} \tag{3.2}$$

d_1 Wellendurchmesser in mm
d_2 Zapfendurchmesser in mm
l_1 Wellenlänge in mm
l_2 Zapfenlänge in mm (vgl. *Bild 3-30*)

So ist zum Beispiel bei $l_1 = 4 \cdot l_2$ der Wellendurchmesser $d_1 = 1{,}414 \cdot d_2$ zu wählen.
Selbstverständlich kann auch durch eine symmetrische Anordnung des Getriebes zur Antriebswelle die Schieflauftendenz vermieden werden.

3.6 Das Prinzip des Kraftausgleichs

Vielfach entstehen bei der Kraftleitung auch Nebenkräfte und -momente, die nicht direkt der Funktionserfüllung dienen.
Beispiele sind
- Axialkräfte am schrägverzahnten Stirnradtrieb
- Normalkräfte zur Erzeugung von Reibschluß bei Verbindungen und Kupplungen
- Massenkräfte an Kurbeltrieben
- resultierende Kräfte bei pneumatischen, hydraulischen oder hydropneumatischen Funktionselementen, die bei $p_1 \cdot A_1 \gtrless p_2 \cdot A_2$ auftreten.

Solche Nebenwirkungen erfordern stärker bemessene Bauteile mit größerem Werkstoffaufwand. Oft kann aber auch durch Verwendung zusätzlicher Bauelemente, wie Axial-

lager, Ausgleichsmassen und Bunde, oder durch symmetrische Anordnung der Funktionselemente oder Wirkflächenpaare ein Kraftausgleich erreicht werden.
Anhang A3-4 zeigt entsprechende Beispiele.
Vielfach ist allerdings für die Erfüllung des Prinzips des Kraftausgleichs ein erheblicher technischer und wirtschaftlicher Aufwand zu betreiben. Bei kleinen Nebenkräften und -momenten wird man sich deshalb auf eine angepaßte größere Auslegung der Kraftleitungszonen beschränken. Bei mittleren Nebenwirkungen ist im allgemeinen die Verwendung von Ausgleichselementen optimal, während bei großen Nebenwirkungen eine symmetrische Anordnung der Funktionselemente oder Wirkflächenpaare vorzuziehen ist. So ist z.B. die Fertigung pfeilverzahnter Stirnräder teuer, so daß mittelgroße Axialkräfte durch Radial-Axial-Lager aufgefangen werden, während man bei Kammwalzen an schweren Walzwerken wegen der Größe der auftretenden Axialkräfte auf eine kraftaufhebende Pfeilverzahnung nicht verzichten kann.

3.7 Beispiele

Beispiel 3.1: Träger gleicher Biegespannung

Nach $\sigma_b = M/W_b$ hat der in *Bild 3-31* dargestellte Freiträger bei W_b = konst an allen Schnittstellen X eine andere Biegespannung. Das bedeutet aber auch, daß in allen Querschnitten, in denen eine geringere Biegespannung als $\sigma_{b\,max} = M_{max}/W_b$ auftritt, die Festigkeit des Werkstoffes nicht voll ausgenutzt wird.

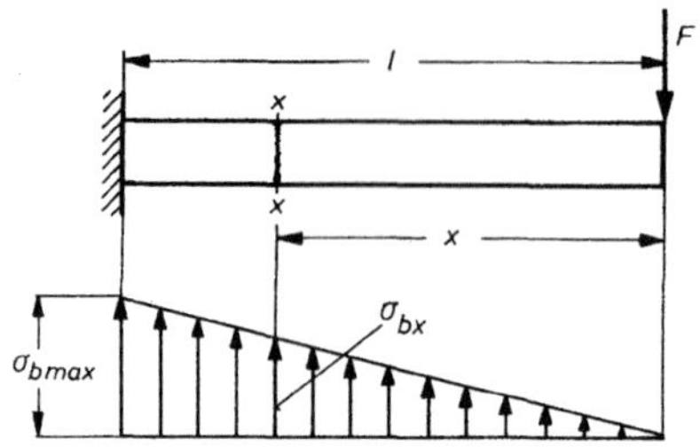

Bild 3-31
Freiträger mit Verteilung der Biegespannung über der Trägerlänge

Nach dem Prinzip der konstanten Gestaltfestigkeit folgt aus $\sigma_{b\,zul} = M_X/W_{bX} = F \cdot x/W_{bX}$ für das an der Stelle X erforderliche Widerstandsmoment gegen Biegung

$$W_{bX} = \frac{F \cdot x}{\sigma_{b\,zul}}$$

Diese Beziehung gilt für Querschnitte beliebiger Form. Soll der *Freiträger kreisförmigen Querschnitt* haben, so ergibt sich aus $W_{bX} \approx 0{,}1 \cdot d_X^3 = F \cdot x/\sigma_{b\,zul}$ der erforderliche Durchmesser des Trägerquerschnittes

$$\boxed{d_X = \sqrt[3]{\frac{10 \cdot F}{\sigma_{b\,zul}} \cdot x} = \sqrt[3]{c_d \cdot x}} \qquad (3.3)$$

d_X	Durchmesser des Freiträgers an einer beliebigen Stelle x in mm
F	Belastungskraft in N
x	Entfernung der Stelle X von der Stelle des Kraftangriffs nach *Bild 3-31*
$\sigma_{b\,zul}$	zulässige Biegespannung des Werkstoffes in N/mm^2
$c_d = 10 \cdot F/\sigma_{b\,zul}$	Konstante in mm^2 zur Erfassung der vorgegebenen Randbedingungen

Die Durchmesser nehmen danach vom Höchstwert $d_{max} = \sqrt[3]{10 \cdot (F/\sigma_{b\,zul}) \cdot l}$ bis zum Trägerende nach der Funktion einer kubischen Parabel mit der Konstanten $c_d = 10 \cdot F/\sigma_{b\,zul}$ ab (*Bild 3-32*).

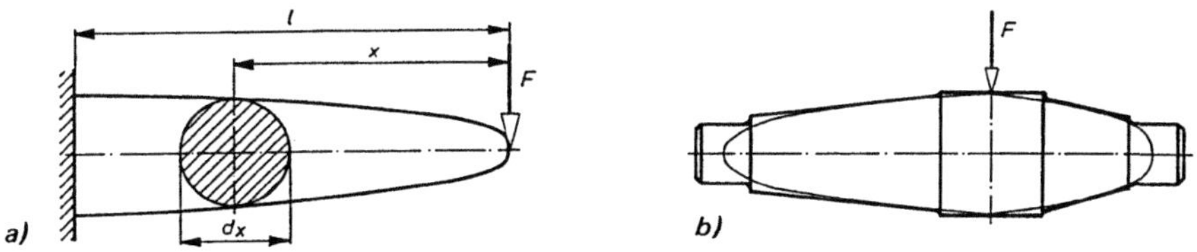

Bild 3-32 a) Angeformter Freiträger gleicher Biegespannung mit kreisförmigem Querschnitt; b) Welle als Träger gleicher Biegespannung

Soll der ***Freiträger mit rechteckigem Querschnitt und gleichbleibender Höhe h auf der Länge l*** gefertigt werden, dann ist in ähnlicher Weise die erforderliche Trägerbreite

$$b_x = \frac{6 \cdot F}{h^2 \cdot \sigma_{b\,zul}} \cdot x = c_h \cdot x \tag{3.4}$$

b_x	Breite des Freiträgers an einer beliebigen Stelle X in mm
h	Höhe des Freiträgers in mm
$F, x, \sigma_{b\,zul}$	wie zu Gl. (3.3)
$c_h = 6 \cdot F/h^2 \cdot \sigma_{b\,zul}$	Konstante zur Erfassung der vorgegebenen Randbedingungen

abzuleiten. Die Trägerbreite nimmt danach vom Höchstwert $b = 6 \cdot F/(h^2 \cdot \sigma_{b\,zul}) \cdot l$ bis zum Trägerende nach der Funktion einer Geraden mit der Konstanten $c_h = 6 \cdot F/(h^2 \cdot \sigma_{b\,zul})$ ab (*Bild 3-33*). Wird die Breite b zu groß, so teilt man den Träger in gleich breite Streifen auf und schichtet diese aufeinander zu einer Mehrschichtfeder (*Bild 3-33b*).

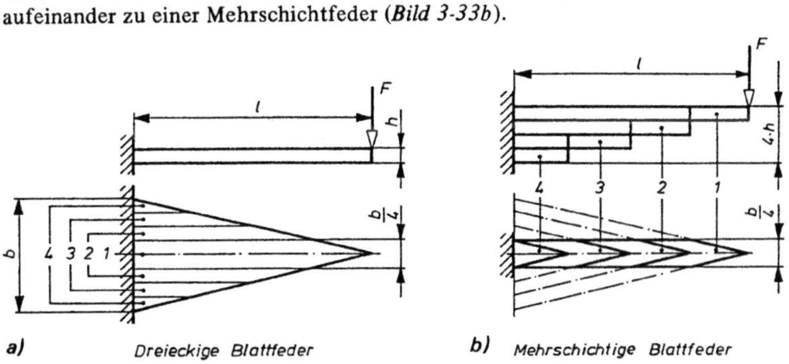

Bild 3-33 Blattfeder gleicher Biegespannung mit Rechteckquerschnitt; a) als dreieckige Blattfeder; b) als mehrschichtige Blattfeder, ausgeführt durch Übereinanderschichten der Bauteilelemente von a).

Soll der ***Freiträger mit rechteckigem Querschnitt und gleichbleibender Breite auf seiner Länge l*** gefertigt werden, so folgt aus $W_{bX} = bh_X^2/6 = F \cdot x/\sigma_{b\,zul}$ die erforderliche Trägerhöhe

$$h_X = \sqrt{\frac{6 \cdot F}{b \cdot \sigma_{b\,zul}} \cdot x} = \sqrt{c_b \cdot x} \tag{3.5}$$

h_X	Höhe des Freiträgers an einer beliebigen Stelle X in mm
b	Breite des Freiträgers in mm
$F, x, \sigma_{b\,zul}$	wie zu Gl. (3.3)
$c_b = 6 \cdot F/(b \cdot \sigma_{b\,zul})$	Konstante zur Erfassung der vorgegebenen Randbedingungen in mm

Die Trägerhöhe nimmt danach vom Höchstwert $h_{max} = \sqrt{6 \cdot F/(b \cdot \sigma_{b\,zul}) \cdot l}$ bis zum Trägerende nach der Funktion einer quadratischen Parabel mit der Konstanten $c_b = 6 \cdot F/b \cdot \sigma_{b\,zul}$ ab (*Bild 3-34a*). Die Form des Winkelhebels in *Bild 3-34b* ist durch entsprechende Anformung entstanden.
Konsolträger haben eine gerade Oberkante (*Bild 3-34c*). Die *Bilder 3-34d* und *3-34e* zeigen entsprechend angeformte Konsolträger in gegossener bzw. geschweißter Ausführung.

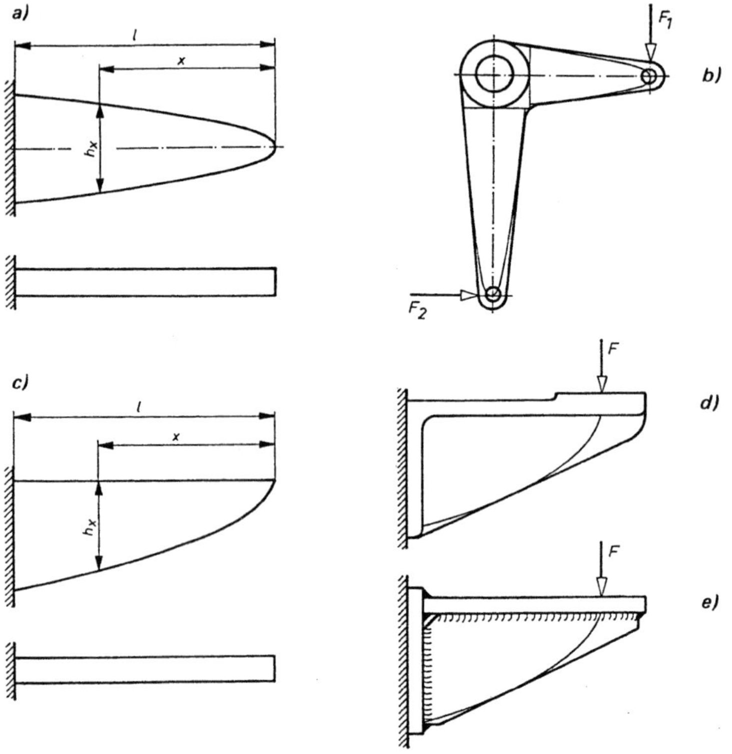

Bild 3-34 Rechteckiger Träger gleicher Biegespannung mit gleichbleibender Breite; a) Freiträger in Parabelform; b) an Parabel angeformter Winkelhebel; c) Freiträger als Konsolträger; d) gegossener Konsolträger; e) geschweißter Konsolträger

3.8 Aufgaben

1. Der in *Bild 3-1* dargestellte Kraftfluß ändert mehrfach seine Erscheinungsformen. Nennen Sie mindestens je drei Stellen, an denen Zug-, Druck-, Biege- und Torsionsbelastung und Flächenpressung auftritt! Wählen Sie weiterhin mindestens drei Stellen aus, an denen zusammengesetzte Beanspruchungen auftreten, und analysieren Sie die dort vorhandenen Spannungszustände!
2. Nennen und erläutern Sie kurz die sechs Prinzipien des festigkeitsgerechten Gestaltens!
3. Im Kraftfahrzeug- und Flugzeugbau werden aus Gründen des Leichtbaus bei höchstbelasteten Teilen vielfach Titan-Legierungen verwendet. Trotz ausreichender Dauerfestigkeitswerte können unzulässig große elastische Bauteilverformungen auftreten. Erklären Sie diese Tatsache!
4. a) Beurteilen Sie vergleichend unter Beachtung des Prinzips der direkten Kraftleitung die Bauformen der in *Bild 3-35* dargestellten Bauteile!

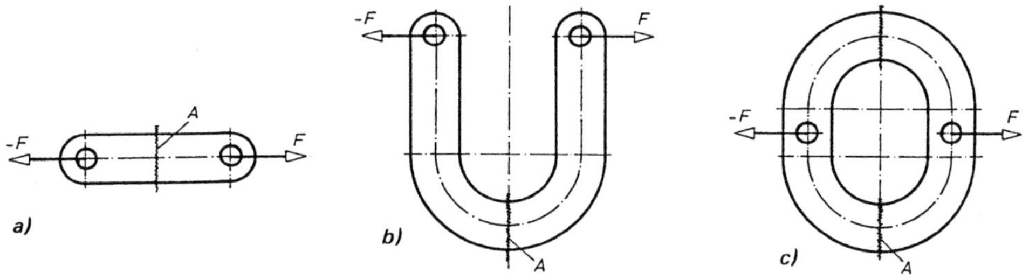

Bild 3-35 Zum Prinzip der direkten Kraftleitung; a) Zugstange; b) Offener Krümmer; e) Ringelement

b) Skizzieren Sie die vermutliche Spannungsverteilung in den Querschnitten A der drei Bauteile, und begründen Sie den skizzierten Spannungsverlauf!

5. a) Welche Bedeutung haben Resonanzerscheinungen an Bauteilen oder Baugruppen für ihre Betriebssicherheit?

   b) Nennen Sie mindestens fünf Kenngrößen, die für Resonanzerscheinungen an Wellen bedeutsam sind!

6. Vergleichen Sie die in den *Bildern 3-36a* und *3-36b* dargestellten aus GG gegossenen Lagerböcke miteinander unter dem Gesichtspunkt der im Fuß auftretenden Spannungen, und wählen Sie die optimale Lösung!

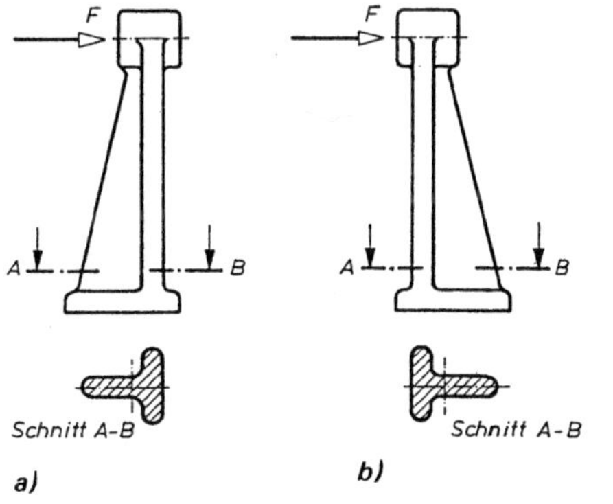

Bild 3-36
Spannungszustände in gegossenen Lagerböcken

7. Beurteilen Sie den in *Bild 3-37* dargestellten Lagerbock, und skizzieren Sie alternative kraftflußgerechtere Lösungen!

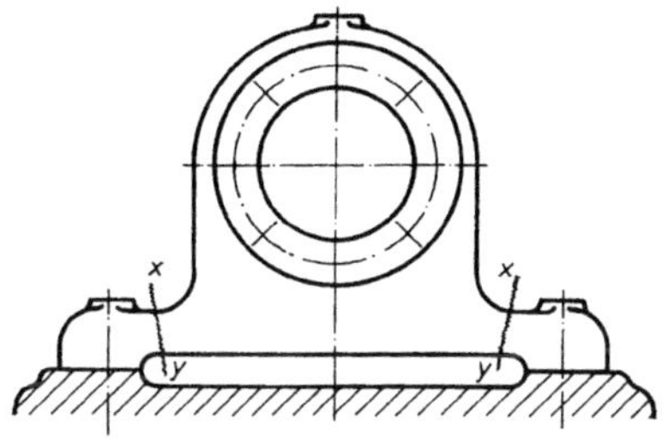

Bild 3-37
Kraftfluß im Fuß eines Lagerbockes

8. Beurteilen Sie die in *Bild 3-38* dargestellte Deckelverschraubung, und skizzieren Sie eine kraftflußgerechte Lösung! Begründen Sie Ihre Änderungen!

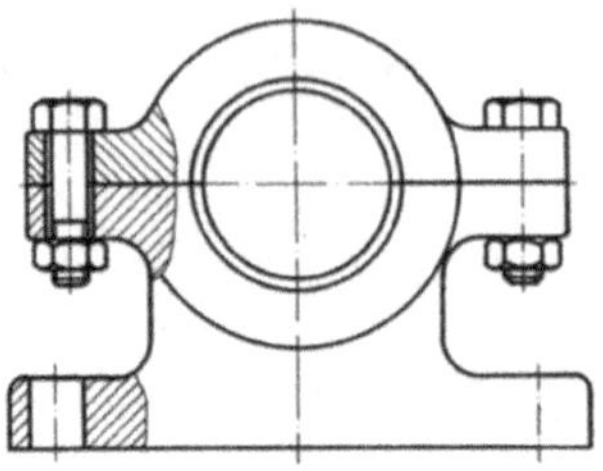

Bild 3-38
Deckelverschraubung eines Standlagers

9. *Bild 3-39* stellt den Hinterachsantrieb eines Pkw dar. Das Drehmoment wird am Kupplungsflansch der Kegelradwelle eingeleitet und im Ausgleichgetriebe auf die beiden zu den Antriebsrädern führenden Seitenwellen verteilt.
Verfolgen Sie den Kraftfluß durch den Achsantrieb, und erklären Sie qualitativ die an den Stellen 1 ... 10 vorliegenden Spannungszustände!

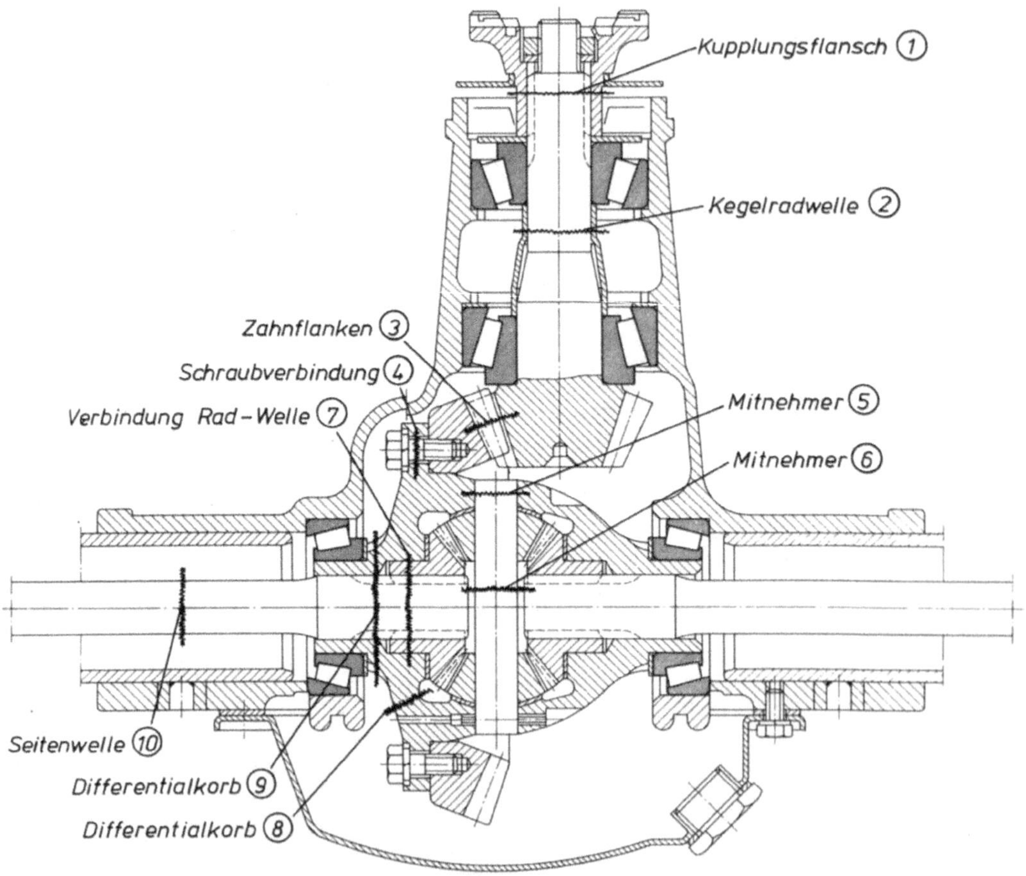

Bild 3-39 Kraftfluß im Hinterachsantrieb eines Pkw

10. Was versteht man unter der „Anformung" eines Bauteils? Erklären Sie diesen Begriff mit Bezug auf den in *Bild 3-40* dargestellten Hebel, und nehmen Sie für diesen Hebel eine solche Anformung vor!

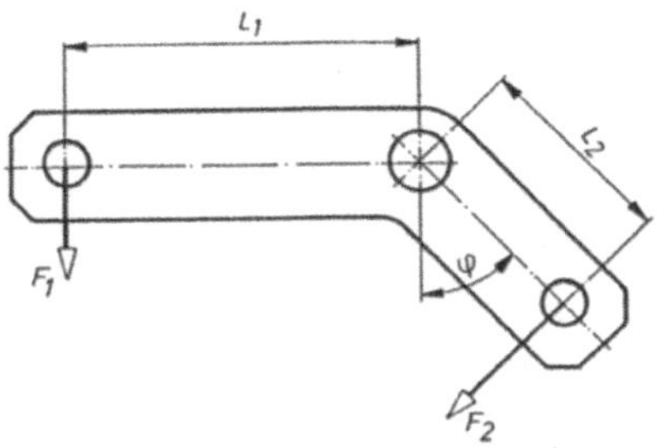

Bild 3-40

Anformung eines ungleicharmigen Winkelhebels

11. a) Was versteht man unter dem bezogenen Spannungsgefälle?
    b) Erklären Sie die Bedeutung des bezogenen Spannungsgefälles für das Prinzip der minimalen Kerbwirkung!
12. Bei dem in *Bild 3-41* dargestellten Schrumpfsitz einer Zahnradnabe auf einer Welle traten in der Vergangenheit mehrfach Dauerbrüche an der Welle auf. Nennen Sie mindestens drei Möglichkeiten zur Verkleinerung dieser Kerbwirkung, und skizzieren Sie diese!

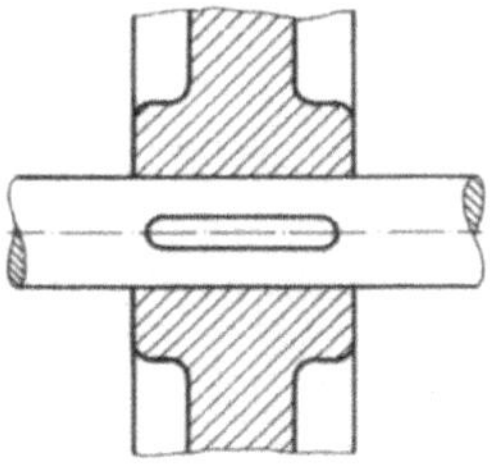

Bild 3-41

Nabenverbindung eines Zahnrades

13. Beurteilen Sie die in *Bild 3-42* dargestellten Schweißverbindungen unter dem Aspekt der Kerbwirkung! Wählen Sie günstigere Ausführungen!

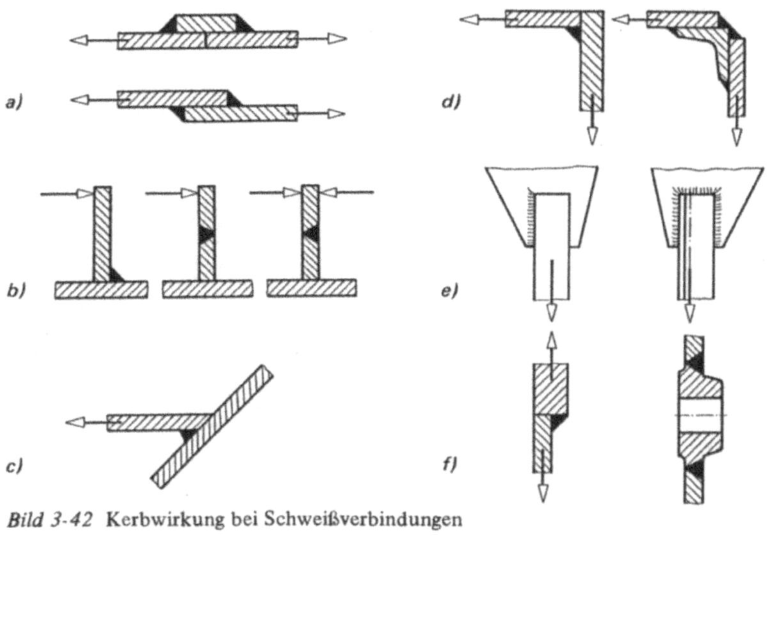

Bild 3-42 Kerbwirkung bei Schweißverbindungen

14. Bei hochbelasteten Flanschen zur Verbindung von Rohrleitungen nach *Bild 3-43* können durch Biegeverformung der Flansche unzulässig große Beanspruchungen und Verformungen in den Schweißnähten und den Rohren auftreten. Skizzieren Sie eine günstigere Ausführung, und begründen Sie die vorgenommenen Änderungen! Nehmen Sie Stellung zur Wirkung von Verstärkungsrippen!

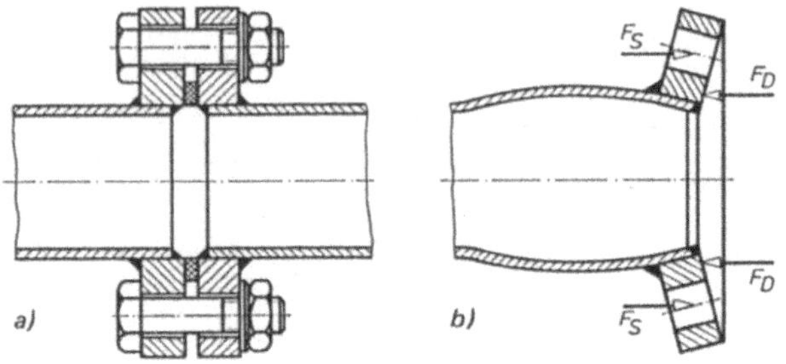

Bild 3-43
Gestaltung einer hochbelasteten Rohrflanschverbindung

15. Beurteilen Sie die in den *Bildern 3-44* und *3-45* dargestellten Verstärkungen der Profile unter folgenden Gesichtspunkten: Gewicht, Biegefestigkeit, Torsionsfestigkeit!

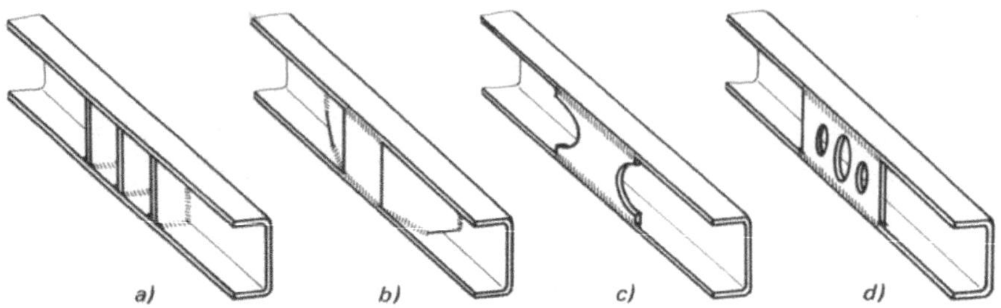

Bild 3-44 Verstärkungen offener Profile

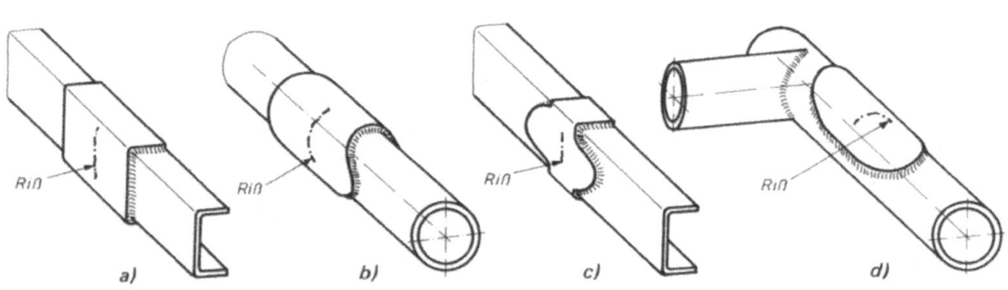

Bild 3-45 Aufgeschweißte Verstärkungen gebrochener Leichtbauprofile

16. Beurteilen Sie die in den *Bildern 3-46* und *3-47* im Maßstab 1 : 1 dargestellten Leichtbauprofile bezüglich ihrer Biege- und Torsionssteifigkeit! Die für die vergleichende Rechnung erforderlichen Maße sind an den Bildern abzugreifen!

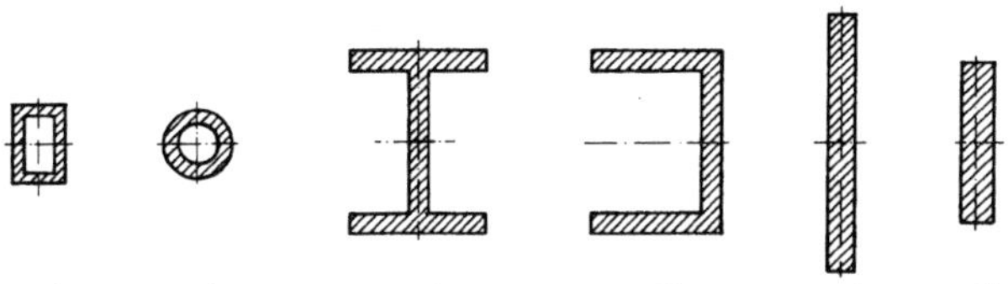

a) b) c) d) e) f)

Bild 3-46 Vergleich der Biege- und Torsionssteifigkeit von im Maßstab 1 : 1 dargestellen Leichtbauprofilen

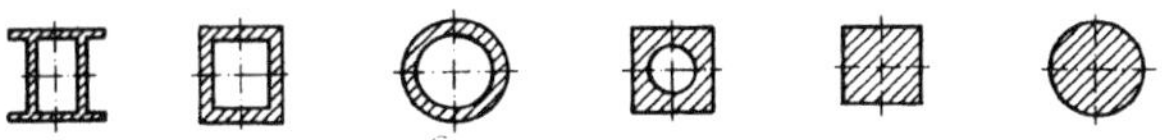

a) b) c) d) e) f)

Bild 3-47 Vergleich der Biege- und Torsionssteifigkeit von im Maßstab 1 : 1 dargestellten Profilen

3.9 Schrifttum

1. *Decker*, Festigkeitslehre, Hanser, München 1970
2. *Hänchen/Decker*, Neue Festigkeitsberechnung für den Maschinenbau, Hanser, München 1967
3. *Hertel*, Ermüdungsfestigkeit der Konstruktionen, Springer, Berlin/Heidelberg/New York 1969
4. *Hertel*, Leichtbau, Springer, Berlin/Göttingen/Heidelberg 1960
5. *Köhler/Rögnitz*, Maschinenteile, Teile 1 und 2, B. G. Teubner, Stuttgart 1981
6. *Leipholz*, Festigkeitslehre für den Konstrukteur, Springer, Berlin/Göttingen/Heidelberg 1969
7. *Leyer*, Maschinenkonstruktionslehre, Heft 2: Allgemeine Gestaltungslehre, Birkhäuser, Basel/Stuttgart 1964
8. *Leyer*, Maschinenkonstruktionslehre, Heft 3 ... 7: Spezielle Gestaltungslehre, Birkhäuser, Basel/Stuttgart 1966 ... 1978
9. *Leyer*, Maschinenkonstruktionslehre, Heft 1: Allgemeine Gesichtspunkte, Birkhäuser, Basel/Stuttgart 1963
10. *Neuber*, Kerbspannungslehre, Springer, Berlin/Heidelberg/New York 1985
11. *Niemann*, Maschinenelemente, Band 1, Springer, Berlin/Heidelberg/New York 1981
12. *Pahl/Beitz*, Konstruktionslehre, Springer, Berlin/Heidelberg/New York 1976
13. *Reitor/Hohmann*, Grundlagen des Konstruierens, Girardet, Essen 1983
14. *Roediger*, Die zeichnerisch-konstruktive Durchbildung von Maschinenteilen, Verlag Zeichentechnik, Camberg 1980
15. *Roloff/Matek*, Maschinenelemente, Vieweg, Braunschweig 1987
16. *Schlottmann*, Konstruktionslehre – Grundlagen, VEB Verlag Technik, Berlin 1977
17. *Tochtermann/Bodenstein*, Konstruktionselemente des Maschinenbaus, Teile 1 und 2, Springer, Berlin/Heidelberg/New York 1979

4 Das fertigungsgerechte Gestalten

4.1 Das Gestalten von Gußteilen

4.1.1 Grundlagen

Zum funktions- und kostengerechten Gestalten von Werkstücken gehört vor allem auch die Entscheidung über den verwendeten Werkstoff. Diese bestimmt häufig das zu wählende Fertigungsverfahren. Der Konstrukteur muß deshalb die Werkstoffeigenschaften und die Eigenarten des Fertigungsverfahrens bei der Bauteilgestaltung berücksichtigen.
Bei der Auswahl der Gußwerkstoffe sollten folgende Kriterien beachtet werden:
- Kosten
- Festigkeit
- Elastizitätsmodul
- Mindestdehnung
- Stückzahl
- Zerspanbarkeit
- Allgemeintoleranzen
- Schweißbarkeit
- Korrosionsbeständigkeit
- Verschleißfestigkeit
- Dämpfungsfähigkeit

Diese Eigenschaften werden durch das jeweils gewählte Gießverfahren beeinflußt.

Der Gußwerkstoff, die geforderte Genauigkeit des Gußteils und die Stückzahl der Abgüsse beeinflussen die Wahl des Gießverfahrens.

Bei kleiner Stückzahl werden **Gießverfahren mit verlorener Form** angewendet. Am gebräuchlichsten ist der **Sandguß**, bei dem ein Modell in Formsand eingeformt wird. Das Verfahren eignet sich auch für schwierige und sehr große Werkstücke. Es können sämtliche Gußeisen-, Temperguß- und Stahlgußsorten sowie Nichteisenmetalle abgegossen werden.

Beim **Vollformgießen** wird ein Schaumstoffmodell im Sand eingeformt. Dieses Modell wird beim Gießen durch die einströmende Schmelze vergast. Das Verfahren eignet sich für die Fertigung von Prototypen wegen der relativ geringen Fertigungskosten für das Modell. Es hat auch den Vorteil, daß bei geeigneter Werkstückform keine Nähte am Gußstück entstehen.

Bei hohen Anforderungen an die Genauigkeit sollten **Feingießverfahren** angewendet werden.

Gießverfahren mit Dauerformen wendet man bei Werkstückserien ab 5000 Stück an. Vor allem Nichteisenmetalle, aber auch Gußeisen- sowie Tempergußsorten werden dabei verarbeitet. Dauerformen sind Metallformen, sogenannte Kokillen, gelegentlich auch nichtmetallische Dauerformen. Vor dem Gießen werden die Formen auf etwa 250 ... 400 °C, je nach verwendetem Werkstoff, erwärmt. Das Stückgewicht der Bauteile reicht bis etwa 100 kg. Die Mindestwanddicken liegen bei 2 mm. Gegenüber dem Sandguß ergibt sich der Vorteil des geringeren Ausschusses. Außerdem sind die Fertigmaßtoleranzen mit ± 0,2 ... ± 0,3 mm kleiner als beim Sandguß. Mit einer Kokille können bis zu 80 000 Abgüsse hergestellt werden.

Für die Großserienfertigung ist vorzugsweise das **Druckgießverfahren** anzuwenden. Beim Druckgießverfahren können bis zu 300 Abgüsse pro Stunde hergestellt werden. Die Standmenge der Form beträgt ca. 500 000 Abgüsse. Dieses Verfahren hat nicht nur den Vorteil großer Wirtschaftlichkeit, es erlaubt auch geringe Wanddicken, z.B. 1 mm bei Zinn und 1,4 mm bei Aluminium. Die Fertigteiltoleranzen von ± 0,05 ... ± 0,15 mm machen in den meisten Fällen eine spanende Nachbearbeitung überflüssig. Leider können nur Nichteisenmetalle nach dem Druckgießverfahren vergossen werden. Deshalb ist es üblich, Gewindebolzen, Stifte, Buchsen und ähnliche Bauelemente aus anderen Werkstoffen höherer Festigkeit mit einzugießen.

4.1.2 Allgemeintoleranzen und Bearbeitungszugaben für Gußteile

Für die Gußstücke sollten in der Gußteilzeichnung stets die Allgemeintoleranzen angegeben werden, da sich die Kosten der Gußteile weitestgehend aus dem Gewicht ergeben.

Ungenauigkeiten beim Einformen führen zu größeren Wanddicken der Gußstücke und somit zu höheren Einkaufspreisen. Überschreitungen von Allgemeintoleranzen dürfen nach *DIN 1680 Teil 1*, jedoch nur beanstandet werden, wenn sie eine der Werkstückform und der Werkstoffsorte angemessene Verarbeitung und Verwendung mehr als unerheblich beeinträchtigen. Die *Allgemeintoleranzen* für Maße ohne Toleranzangabe der gegossenen, unbearbeiteten Werkstückflächen können je nach Gußwerkstoff folgenden Normen entnommen werden:

- DIN 1683 Gußrohteile aus Stahlguß
- DIN 1684 Gußrohteile aus Temperguß
- DIN 1685 Gußrohteile aus Gußeisen mit Kugelgraphit
- DIN 1686 Gußrohteile aus Gußeisen mit Lamellengraphit
- DIN 1687 Gußrohteile aus Schwermetallegierungen
- DIN 1688 Gußrohteile aus Leichtmetallegierungen

Es werden zwei Gußtoleranzgruppen unterschieden:

- *Gußtoleranzgruppe GTA*
  Die Größen dieser Gruppe sind vom ISO-Toleranzsystem abgeleitet.
- *Gußtoleranzgruppe GTB*
  Die Größen dieser Gruppe sind auf der Basis des Trendverlaufes von Messungen empirisch ermittelt worden.

Zur Bestimmung der Guß-Allgemeintoleranz wird zu einer der beiden Gußtoleranz-Gruppen die Gußtoleranzreihe gewählt, deren Größe den jeweiligen Besonderheiten der Gußwerkstoffgruppe oder des Herstellverfahrens entsprechen. In *DIN 1683* bis *DIN 1688* sind für die oben genannten Gußwerkstoffgruppen mögliche Toleranzreihen und Genauigkeitsgrade festgelegt (vgl. *A4.1-1*).

Die Bearbeitungszugabe BZ bei Gußrohteilen ist eine Materialzugabe, um durch nachfolgendes spanendes Bearbeiten den gewünschten Oberflächenzustand und die erforderliche Maßhaltigkeit zu erreichen. Im Regelfall gilt für das gesamte Gußteil nur eine Be-

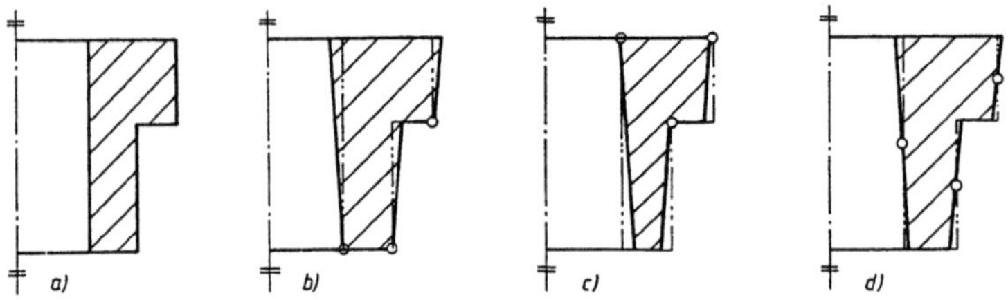

Bild 4.1-1 Ausführungsmöglichkeiten der Formschräge
a) Gußrohteil (Nenngestalt), b) Formschräge + = Materialzugabe, c) Formschräge – = Materialwegnahme, d) Formschräge ± = Material vermittelt

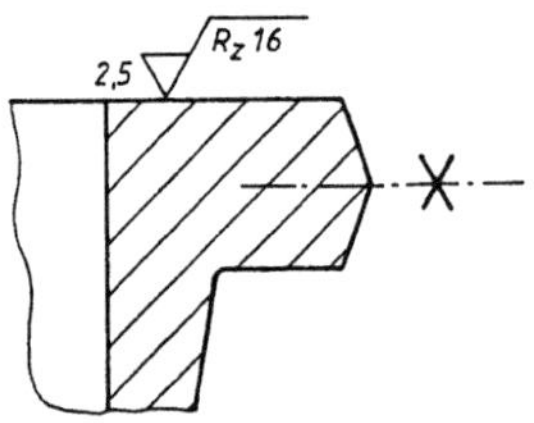

Bild 4.1-2
Eintragung von (abweichender) Bearbeitungszugabe (BZ 2,5 mm) und Formteilung (–·✳·–)

arbeitungszugabe, die entsprechend dem größten Außenmaß des Gußrohteiles aus dem dafür zutreffenden Nennmaßbereich nach *DIN 1683* bis *DIN 1688* zu wählen ist, für Gußeisen (GG und GGG) z.B. nach *A4.1-2*. Sind für einzelne Flächen des Gußrohteiles andere Bearbeitungszugaben als die genormten erforderlich, so sind sie in der Zeichnung an der betreffenden Stelle anzugeben, s. *Bild 4.1-2*.
Formschrägen (Aushebeschrägen) sind erforderliche Gestaltänderungen, um Modell und Gießform bzw. Gußrohteil und Dauerform voneinander trennen zu können. Da die Guß-Allgemeintoleranzen für die eingetragenen Nennmaße gelten, muß in der Zeichnung angegeben sein, ob die Formschräge zuzugeben (Formschräge +, s. *Bild 4.1-1b*), abzuziehen (Formschräge –, s. *Bild 4.1-1c*) oder zu mitteln (Formschräge ±, s. *Bild 4.1-1d*) ist.
Die Zeichnung soll folgende Angaben enthalten:
- Genauigkeitsgrad der Guß-Allgemeintoleranz, z.B. *DIN 1686* – GTB17 im Zeichnungsschriftfeld.
- Bearbeitungszugabe, z.B. „Toleranz und Zugabe nach *DIN 1686* – GTB17 – BZ 2,5/3″, ist hinter dem Genauigkeitsgrad anzugeben.
- Formteilung, wenn eine bestimmte Lage der Formteilung gefordert wird, s. *Bild 4.1-2*.
- Formschräge, z.B. „Formschräge +" und Hinweis auf *DIN 1511*, s. *A4.1-3*. Bei zu bearbeitenden Flächen gilt stets „Formschräge +".
- Bearbeitungsflächen mit Symbolen nach *DIN ISO 1502* (vgl. *Bild 4.1-2*) und ggf. Bezugs-, Spann- und Aufnahmeflächen.

4.1.3 Spezifische Eigenschaften der verschiedenen Gußsorten

(1) Gußeisen mit Lamellengraphit (Grauguß)

Grauguß ist wegen seiner guten gießtechnischen Eigenschaften besonders zur Herstellung verwickelter und hochbeanspruchter Maschinenteile geeignet. Werkstücke aus Grauguß sind gut bearbeitbar, verschleiß- und korrosionsfest. Bemerkenswert ist auch die gute Materialdämpfung. Die Verschleißeigenschaften können durch Schalenhartguß oder Ni-Cr-legiertes Gußeisen (4 % Ni, 2 % Cr) noch verbessert werden. Solche Werkstoffe finden für Verschleißteile in besonders hochbeanspruchten Maschinen (Gießerei- und Straßenbaumaschinen) Anwendung. Eine besonders gute Korrosions- und Hitzebeständigkeit wird bei hoch nickelhaltigen austenitischen Gußsorten erreicht.

(2) **Gußeisen mit Kugelgraphit** eignet sich besonders zur Herstellung stark dauerbeanspruchter Werkstücke.

(3) Aus **unlegiertem Stahlguß** werden Werkstücke gefertigt, die eine hohe Dehnung, Schlagzähigkeit und Festigkeit erfordern. Besonders erwähnenswert ist auch die gute Schweißbarkeit dieser Werkstoffe. Niedrig legierter Stahlguß wird vor allem für Wasser- und Wärmekraftanlagen verwendet. Hochlegierter Stahlguß wird für den Dampf- und Gasturbinenbau verwendet.

(4) **Schwarzer Temperguß** hat in allen Querschnitten eine homogene Gefügeausbildung. Besonders bemerkenswert ist seine gute Bearbeitbarkeit.

(5) **Weißer Temperguß** mit weitgehender Entkohlung eignet sich gut für Schweißverbindungen. Die Zähigkeitseigenschaften der Grundwerkstoffe bleiben hierbei erhalten, und es besteht keine Gefahr der Rißbildung. Es haben sich auch Verbindungsschweißungen zwischen Temperguß und Stahlteilen bewährt.

(6) Kupfer-Guß-Legierungen

Die Kupfer-Guß-Legierungen sind in *DIN 17 656* zusammengefaßt. Die gießtechnischen Eigenschaften des reinen Kupfers sind ungünstig. Deshalb werden dem Kupferguß nach *DIN 1718* zur Desoxidation und zur Verbesserung der Gießbarkeit kleine Zusätze an Beryllium, Blei, Phosphor, Silizium, Zinn oder Zink zugesetzt.

a) Cu-Zn-Legierungen (Messinge)

Messinge sind Legierungen aus mindestens 50 % Cu und dem Hauptlegierungselement Zn. Üblich sind Zn-Gehalte bis 44 %, daneben Pb-Gehalte bis 3 % zur Verbesserung der Zerspanbarkeit (Automatenlegierungen). Guß-Messinge und Guß-Sondermessinge sind nach *DIN 1709* genormt. Messinge sind gut zerspanbar, so daß hohe Werkzeugstandzeiten erreicht werden. Ihre Korrosionsbeständigkeit ist ebenfalls ausgezeichnet. Messinge lassen sich kaltumformen, stanzen und vor allem sehr gut warmumformen. Wegen ihrer guten Zerspanbarkeit werden sie häufig für Drehteile verwendet. Man setzt sie aber auch für Bauprofile, Rohre, Bleche und dergleichen ein. Sondermessinge mit geringen Zusätzen an Aluminium, Nickel, Mangan, Eisen oder Silizium kommen zur Anwendung, wenn besondere Ansprüche an die Festigkeit oder die Korrosionsbeständigkeit gestellt werden.

b) Bronzen

Bronzen sind Legierungen aus mindestens 60 % Cu und einem oder mehreren Hauptlegierungszusätzen, jedoch nicht überwiegend Zink. Die Bronzen haben bessere mechanische Festigkeit als Kupfer, gute Gießeigenschaften und gute Lagerlaufeigenschaften selbst bei hohen Flächenpressungen. Ihre Korrosionsbeständigkeit ist ebenfalls hervorragend, jedoch nicht in allen Fällen. Ihre Warmfestigkeit ist allerdings auf 250 °C beschränkt.

α) *Cu-Sn-Legierungen* (Sn-Bronzen)

In *DIN 1705* sind die Guß-Zinnbronzen genormt. Es sind Sn-Gehalte bis zu 20 % üblich. Sn-Bronzen werden meist mit *P* desoxidiert und daher gelegentlich als Phosphorbronzen bezeichnet. Zinnbronzen werden hauptsächlich für Gleitlagerschalen und hochbeanspruchte Gleitplatten und -leisten, für Kuppelsteine, Kupplungsstücke, unter Last bewegte Spindelmuttern, Schnecken- und Schraubenräder verwendet. Korrosions- und kavitationsbeständige Bronzen eignen sich für hochbeanspruchte Armaturen und Pumpengehäuse, sowie für Schaufelräder von Pumpen und Wasserturbinen.

β) Als *Rotguß* werden Mehrstoff-Zinnbronzen bezeichnet, bei denen ein Teil des Zinns durch Zink ersetzt ist. Rotguß kann neben den Hauptlegierungselementen Sn und Zn auch Pb zur Verbesserung der Zerspanbarkeit enthalten. Rotguß ist sehr gut gießbar und eignet sich besonders für Lager. Die zulässigen Gleitgeschwindigkeiten solcher Lager sind aber geringer als die aus Sn-reicher Bronze.

γ) *Cu-Al-Legierungen* (Al-Bronzen)
Guß-Aluminiumbronzen nach *DIN 1714* zeichnen sich durch hohe Festigkeit und Korrosionsbeständigkeit aus. Sie werden für säurebeständige Armaturen, hochbeanspruchte Schneckenräder und Ventile verwendet. Ihre Schweißbarkeit ist gut.

δ) *Cu-Pb-Legierungen* (Pb-Bronzen)
Guß-Bleibronzen und Guß-Zinn-Blei-Bronzen sind nach *DIN 1716* genormt. Sie eignen sich hervorragend für Gleitlager mit hohen Gleitgeschwindigkeiten, da die ungelösten Einschlüsse aus weichem Blei das Einlaufen der Lager erleichtern und gute Notlaufeigenschaften bewirken. Die gute Wärmeleitfähigkeit des Cu bleibt erhalten.

(7) Aluminium-Guß-Legierungen
Die Al-Gußlegierungen sind in *DIN 1725 Teil 2* genormt. Sie können in die Gruppen AlSi, AlMg und AlCu eingeteilt werden.

a) *AlSi-Legierungen* haben ein dichtes, feinkörniges Gefüge und von allen Al-Gußwerkstoffen die beste Zerspanbarkeit. Die Gußstücke sind außerdem sehr gut schweißbar und polierfähig und ohne Cu-Zusätze hinreichend korrosionsbeständig.

b) *AlMg-Legierungen* haben eine geringere Festigkeit als die AlSi-Legierungen und werden mit zunehmendem Mg-Gehalt schlechter gießbar. Sie sind jedoch korrosionsbeständiger als die AlSi-Legierungen. Weiterhin sind sie gut zerspanbar, schweißbar und polierfähig. Mit Si-Zusätzen sind sie aushärtbar.

c) *AlCu-Legierungen* sind aushärtbar und erreichen dadurch die größte Festigkeit der Al-Gußwerkstoffe. Die Festigkeit nimmt mit steigendem Cu- und Mg-Gehalt zu. Ihre Gießbarkeit ist jedoch schlechter als die der anderen Al-Gußlegierungen. Wegen des Cu-Gehaltes sind die Legierungen nicht korrosionsbeständig. Sie sind zum Teil bedingt schweißbar und sehr gut zerspanbar. Al-Gußwerkstoffe werden vorwiegend im Leichtbau als Getriebegehäuse, Motorblöcke, Lagerungen und Halterungen aller Art verwendet.

(8) Magnesium-Guß-Legierungen
Die Mg-Gußlegierungen sind nach *DIN 1729 Teil 2* genormt. Ihre kennzeichnende Eigenschaft ist die geringe Dichte von 1,8 kg/dm^3. Wegen ihres geringen Elastizitätsmoduls E ist die Formänderung etwa fünfmal so groß wie die von Stählen bei gleicher Beanspruchung. Alle Mg-Legierungen haben nur eine geringe Korrosionsbeständigkeit. Die Brennbarkeit ist wegen der gleichzeitig vorhandenen guten Wärmeleitfähigkeit nur unbedeutend; nur dünne Späne und Mg-Staub können sich bei unvorsichtiger Handhabung entzünden. Die Gießbarkeit der Mg-Legierungen ist gut. Allerdings sind gute Querschnittsübergänge und Ausrundungen an den Ecken unbedingt erforderlich, wobei wegen der Gefahr der

Lunkerbildung Materialhäufungen gleichzeitig vermieden werden müssen. Mg-Legierungen sind gut schweißbar. Ihre Zerspanbarkeit ist hervorragend. Wegen der sehr hohen erreichbaren Schnittgeschwindigkeiten sind häufig Sondermaschinen erforderlich.

4.1.4 Die Gefügebildung von Gußteilen

Die Art der Erstarrung und die Gefügebildung in der Form haben entscheidenden Einfluß auf die Gußteileigenschaften. Besonders zu beachten hat der Konstrukteur dabei die Werkstoffschwindung beim Abkühlen und die dadurch mögliche ungünstige Lunkerbildung im Gefüge bzw. die im Bauteil auftretenden Schrumpfspannungen.
Während der Abkühlung der Schmelze, ihrer nachfolgenden Erstarrung und der weiteren Abkühlung des gebildeten Gefüges bis zum Erkalten treten bei reinen Metallen und Legierungen Volumenkontraktionen auf (*Bild 4.1-3*).

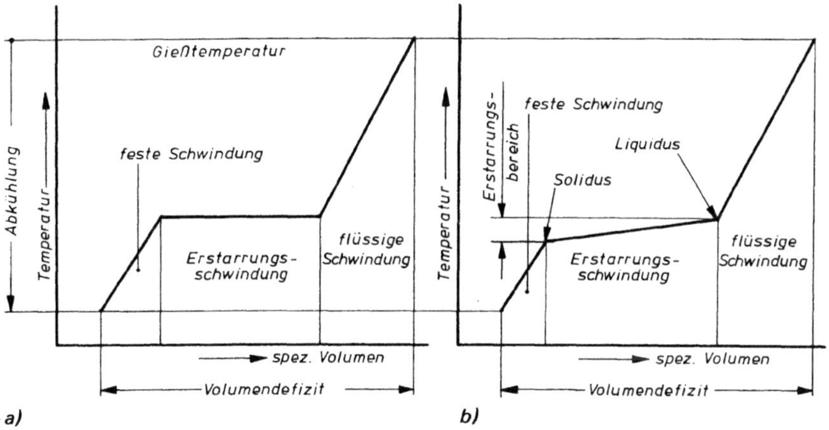

Bild 4.1-3 Schwindungsvorgang bei der Erstarrung metallischer Gußwerkstoffe
a) Reine Metalle und Eutektika
b) Legierungen mit nichteutektischer Zusammensetzung

Die *flüssige Schwindung* kann durch ausreichend große Speiser mittels nachfließender Schmelze ausgeglichen werden.
Eine Folgeerscheinung der *Erstarrungsschwindung* ist die Lunkerbildung. Lunker bilden sich in Gußstückbereichen mit örtlicher Materialanhäufung, wenn durch benachbarte dünnere und deshalb bereits erstarrende oder erstarrte Querschnitte keine Schmelze zum Ausfüllen des geschwundenen Hohlraumes nachfließen kann. Denn die an der relativ kalten Formwand zunächst erstarrenden Primärkristalle nehmen ein kleineres Volumen ein als ihre Schmelze. Mit fortschreitender Erstarrung können deshalb im Bauteilinnern Hohlräume entstehen.
Die *feste Schwindung* des weiter abkühlenden Gefüges ist die Ursache für Spannungen im Gußstück, die unter Umständen zu Kalt- und Warmrissen führen. Die Größe der Spannungen ist proportional dem Elastizitätsmodul, der Wärmeausdehnungszahl des Werkstoffes und dem Temperaturunterschied verschieden schnell abkühlender Gußteilbereiche,

der vor allem bei stark differierenden Wanddicken eines Bauteils sich ungünstig auswirkt. Schon Wanddickenverhältnisse von 2:1 können während der Abkühlung in der Form, während des Transportes, während der Bearbeitung oder unter betrieblicher Belastung Risse zur Folge haben. Gleiche ungünstige Folgen können aber auch durch Transkristallisation an scharfkantigen Ecken auftreten (*Bild 4.1-4*). Scharfe Wandecken sind deshalb durch runde zu ersetzen.

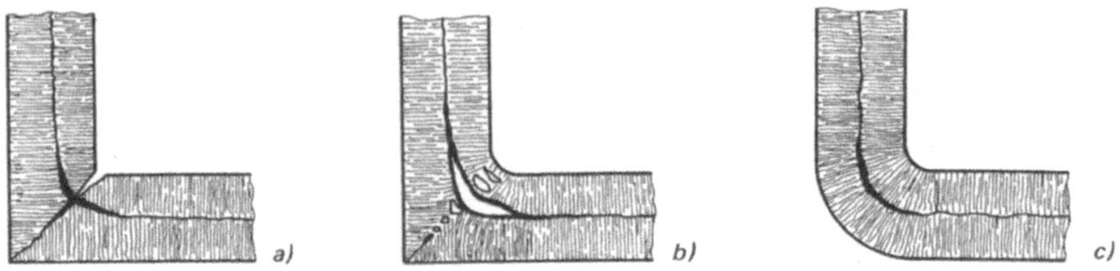

Bild 4.1-4 Gefügebildung an Gußteilkanten
a) Transkristallisation mit Rißgefahr
b) Lunkerbildung
c) Durch Abrundungen gleichmäßiges Kristallwachstum

Die Kristallitbildung setzt an den kältesten Stellen ein, im Normalfall also an der Formwand, indem das Kristallwachstum umgekehrt zur Richtung des Wärmeabflusses aus der Schmelze erfolgt. Grundsätzlich sind fünf verschiedene Typen des Erstarrungsablaufes zu unterscheiden (*Bild 4.1-5*). Auch die Abkühlungsgeschwindigkeit hat großen Einfluß auf die Art, Form und Größe der entstehenden Kristallite: Dickwandige Teile haben infolge der langsameren Abkühlung ein gröberes und daher spröderes Gefüge mit geringerer Dauerfestigkeit als dünnwandige Teile.

4.1.5 Werkstoffbedingte Gestaltungsregeln

(1) Sehr *unterschiedliche Wanddicken* sind zu vermeiden, weil
- infolge unterschiedlicher Schrumpfung Verzug und/oder Risse auftreten
- infolge unterschiedlicher Gefügebildung in verschiedenen Bereichen des Bauteils verschieden große Zähigkeit und Festigkeit auftritt (s. *A4.1-4*).

(2) Wegen der zwangsläufigen Abkühlungsschrumpfung des Gußwerkstoffes sind Lunker prinzipiell nicht zu verhindern. Diese können aber durch *gelenkte Abkühlung* in einen Speiser verlegt werden; das Bauteil wird dadurch lunkerfrei (vgl. z.B. *Bild 4.1-10*).

(3) Lunker entsteht dort, wo infolge des Erstarrungsmechanismusses Hohlräume nicht vollgespeist werden. Das ist vor allem bei *Materialanhäufungen* der Fall. Diese sollten deshalb vermieden werden.

Kontrollierte Abkühlung mit zum Speiser gerichteter Erstarrung und günstige Masseverteilung kann mit der *Heuversschen Kontrollkreismethode* erreicht werden (*Bild 4.1-6*). Entsprechend dem jeweiligen Erstarrungstyp nach *Bild 4.1-5* und dem Schwindmaß des Werkstoffes sind die in die Gußteilquerschnitte eingezeichneten Kontrollkreise zum Speiser hin zu vergrößern. Das ist besonders wichtig bei Werkstoffen mit großer Volumenkontraktion wie z.B. bei Stahlguß.

Erstarrungstypen

- Exogene Erstarrungstypen
  - glattwandige Erstarrung
  - dendritische Erstarrung
  - schwammartige Erstarrung
- Endogene Erstarrungstypen
  - breiartige Erstarrung
  - schalenbildende Erstarrung

glattwandige Erstarrung	dendritische Erstarrung	schwammartige Erstarrung	breiartige Erstarrung	schalenbildende Erstarrung
Werkstoffe: Reine Metalle, eutektische Legierungen	Werkstoffe: Nichteutektische Legierungen, z. B. alle Stähle	Werkstoffe: einzelne Leichtmetalle	Werkstoffe: Leichtmetalle, einige extrem hoch legierte Stähle	Werkstoffe; sehr hochlegierte Stähle, hochlegierte Fe-arme Legierungen
Merkmale: Erstarrung beginnt an Formwand, gleichmäßige Erstarrungsfront	Merkmale: Bildung länglicher, tannenbaumartiger Kristalle	Merkmale: Extrem lange, stengelartige Kristalle	Merkmale: Bildung freischwebender Kristalle an Wandung und in Schmelze gleichzeitig	Merkmale: Bildung freischwebender Kristalle mit Schalenbildung an der Wand

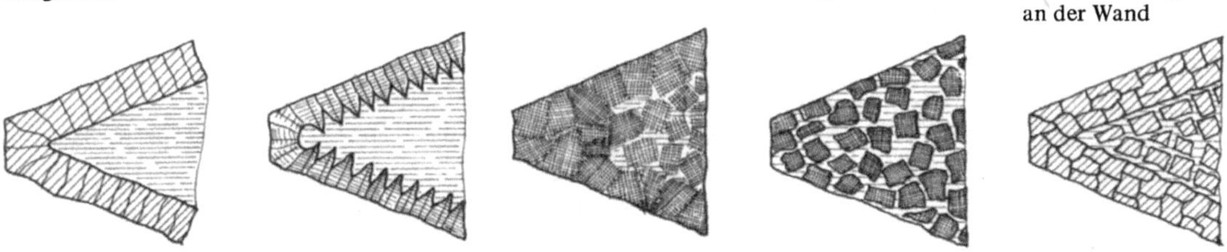

Bild 4.1-5 Arten des Erstarrungsablaufes

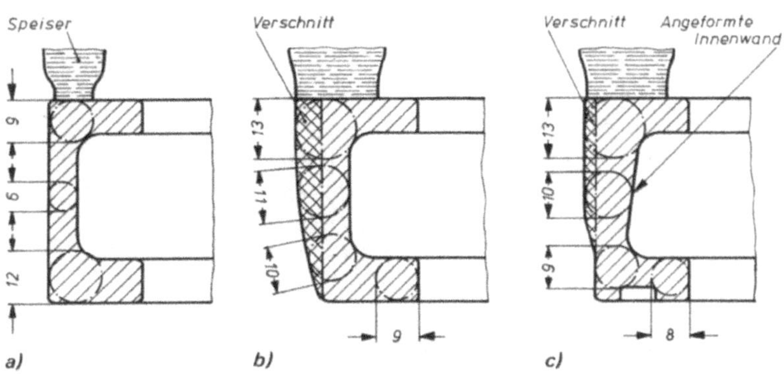

Bild 4.1-6 Anpassung der Wanddicken von Gußteilen mit Hilfe der Heuversschen Kreismethode

(4) Beim Zusammentreffen mehrerer Wände, z.B. bei Verstärkungsrippen, lassen sich Masseanhäufungen nicht verhindern. Diese können aber durch *geringere Dicke der Rippen* oder durch *Wandeinziehungen* in Grenzen gehalten werden (*Bild 4.1-7*). Spitze Winkel beim Aufeinandertreffen von Wänden sollten aus gleichem Grunde vermieden werden (*Bilder 4.1-8* und *4.1-9*).

(5) Oft werden vom Konstrukteur aus ästhetischen Gründen symmetrische Konstruktionen bevorzugt. Diese widersprechen aber in vielen Fällen einer gelenkten Abkühlung des Gußteils (*Bild 4.1-10*). *Unsymmetrische*, mit Hilfe Heuversscher Kreise geformte *Gußteile* vermeiden Lunker.

(6) *Spannungsarme Konstruktionen* erreicht man durch gleichmäßige Abkühlung des erstarrten Gefüges in allen Bauteilbereichen. Ungleichmäßige Abkühlung führt zu inneren Spannungen mit Verzug, bei Überschreitung der Festigkeit des Werkstoffes zum Bruch

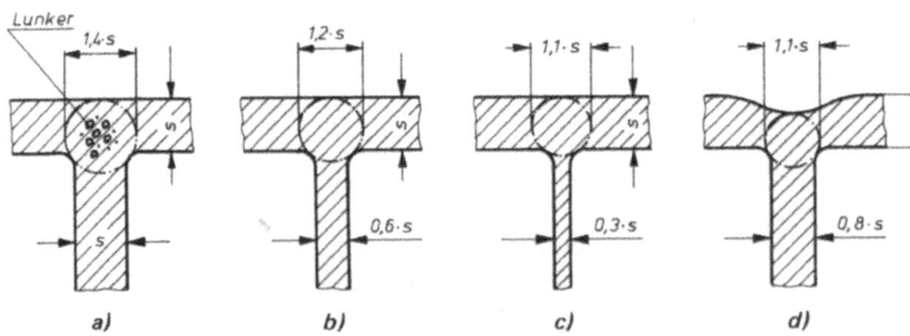

Bild 4.1-7 Gestaltung von Knotenstellen mit senkrecht anstoßenden Rippen

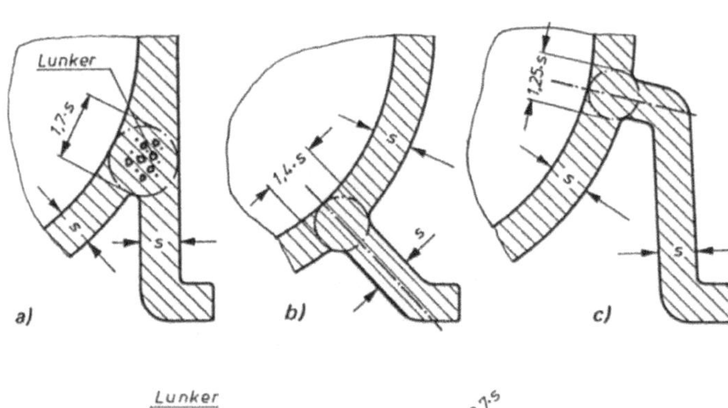

Bild 4.1-8

Gestaltung von Knotenstellen mit spitzen Winkeln

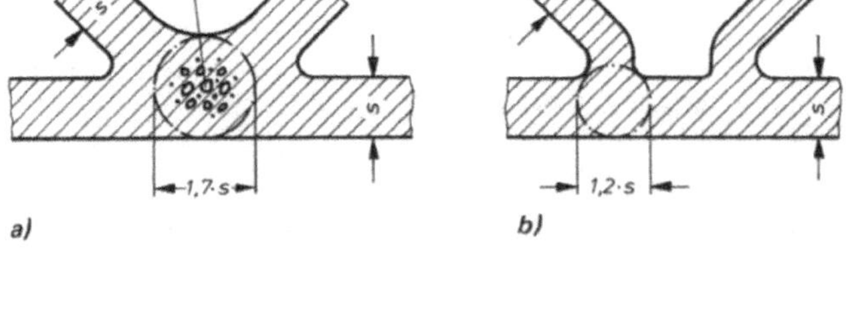

Bild 4.1-9

Vermeidung von Lunker durch aufgelöste Rippenverzweigung

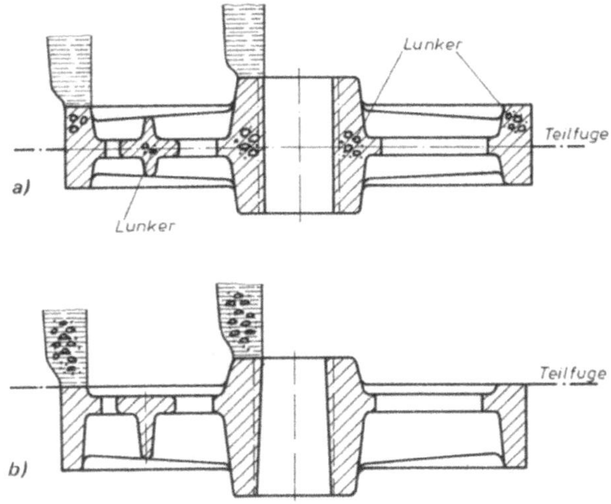

Bild 4.1-10

Vermeidung von Lunker durch unsymmetrische Formgebung bei Rädern

a) Lunker in Kranz, Nabe und Speichen

b) Lunker im Gußteil vermieden

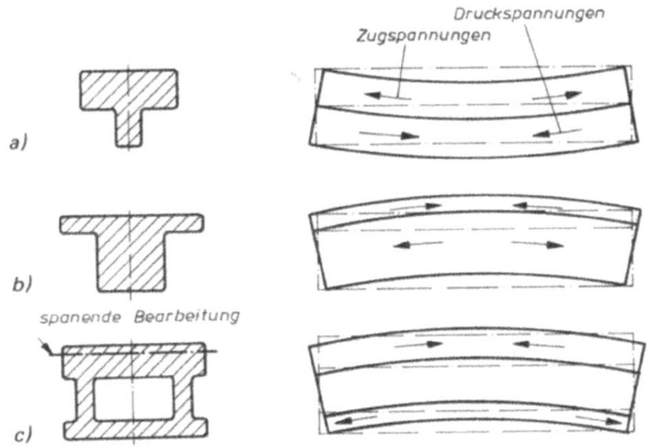

Bild 4.1-11

Verzug an unsymmetrischen Profilen

a) und b) Bauteilbereich mit kleinem Oberflächen-Volumen-Verhältnis O/V kühlen langsamer ab und schrumpfen später als solche mit großem O/V

c) Einseitige spanende Bearbeitung stört das Spannungsgleichgewicht und führt zu Verzug

(*Bild 4.1-11*). Zu beachten ist auch die Tatsache, daß durch Bearbeitungsvorgänge Zonen großer Eigenspannung entfernt werden können, wodurch das Gleichgewicht der inneren Spannungen gestört wird. Verzug der Gußstücke kann die Folge sein.

(7) Bei *Rädern* führen funktional verschieden große Wanddicken in der Nabe, im Kranz und in den Armen vielfach zu großen Zug/Druck- und/oder Biegespannungen. Diese werden in Grenzen gehalten durch eine ungerade Anzahl von Speichen und deren Kröpfung (*Bild 4.1-12*). Rißbildung kann durch Verstärkungen verhindert werden. Durch ein dem Gießen nachfolgendes Spannungsarmglühen lassen sich die inneren Spannungen auf ein hinnehmbares Maß reduzieren.

(8) Große, beim Gießen *waagerecht liegende Volumenbereiche* führen zu Einschluß von Luftblasen mit Einbrüchen, undichten Stellen und unansehnlichen Oberflächen am Gußteil. Gleiche Wirkungen haben auch Kerne, die während des Gießens entgasen. Solche

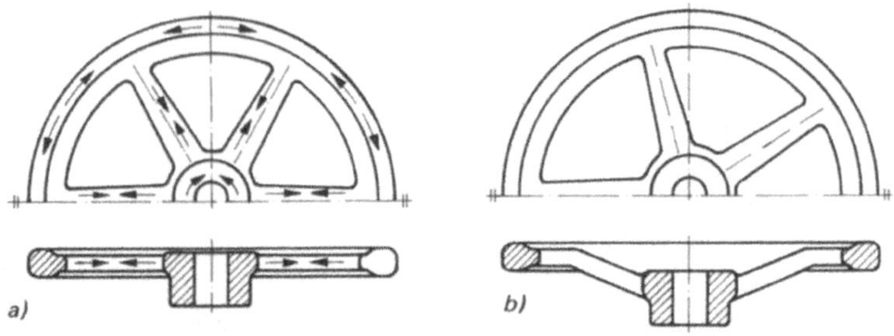

Bild 4.1-12 Spannungen in gegossenen Rädern
a) Ungleichmäßige Werkstoffverteilung in Kranz, Nabe und Speichen führt zu ungleichmäßiger Schwindung mit Zug-, Druck- und Biegespannungen
b) Abhilfe durch ungerade Anzahl von Speichen und durch unsymmetrische Lage der Nabe

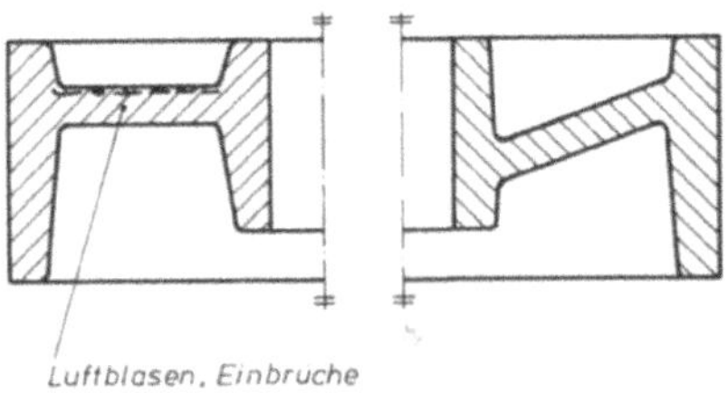

Bild 4.1-13 Luftblasen und Einbrüche an großen, waagerecht liegenden Gußteilflächen; Abhilfe durch schräge Lage solcher Flächen

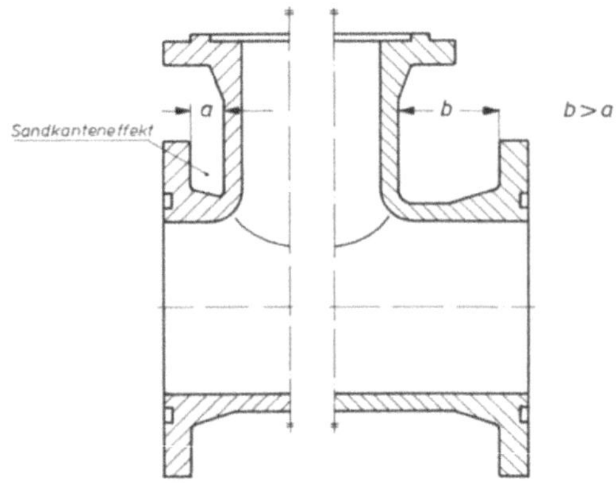

Bild 4.1-14 Poröses und vererztes Gefüge durch Sandkanteneffekt

Erscheinungen sind durch eine schräge Lage solcher Gußteilbereiche zu vermeiden (*Bild 4.1-13*).
(9) Bei Bauteilen, die im Sandguß hergestellt werden, kann der sogenannte Sandkanteneffekt auftreten. Durch zu geringe Formwände oder an scharfkantigen Ecken nimmt der Formsand zu hohe Temperatur an. Metallschmelze und Formsand durchdringen einander und bilden poröses Gefüge oder *„vererzte" Gußteilverdickungen* (*Bild 4.1-14*).
Dem *Anhang A4.1-5* sind zusätzliche werkstoffbedingte Gestaltungsanregungen für Gußstücke zu entnehmen.

4.1.6 Verfahrensbedingte Gestaltungsregeln

(1) *Einfache Formen* mit ebenen oder kreisförmigen Begrenzungsflächen sind vorzuziehen. Durch die Möglichkeit einfacherer Fertigung lassen sich die Kosten für Modelle und Formen dann reduzieren. Nur bei Großserien ist eine komplizierte Formgebung dann zulässig, wenn diese funktionale Vorteile bringt. Bei großer Stückzahl haben die Modell- und Formenkosten pro Stück nur geringe Bedeutung.

(2) *Radien* an einem Bauteil sollten aus Kostengründen an allen Stellen gleich groß gewählt werden.
(3) Kerne sind teuer und erschweren die Formarbeit. Durch *offene Querschnitte* mit zweckmäßiger Lage der Teilfugen können diese oft eingespart werden (*Bild 4.1-15*). Bei der Gestaltung des Modells ist darauf zu achten, daß auch alle Modellteile ohne Zerstörung aus der Form entfernt werden können.

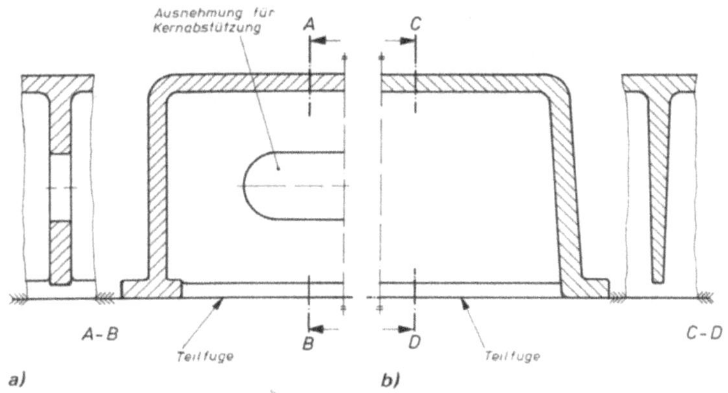

Bild 4.1-15 Vermeidung von Kernen durch offene Querschnitte

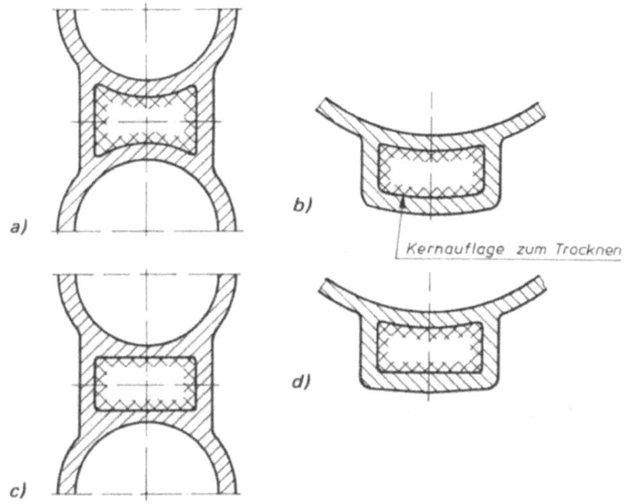

Bild 4.1-16
Wahl einfacher Formen für Kerne
a) Hohe Kosten für die Fertigung des Kernkastens
b) Ungünstige Kernauflage beim Trocknen
c) und d) bevorzugen

(4) Kerne sollen aus Kostengründen eine *einfache Form* erhalten, wenn diese funktional zulässig ist (*Bild 4.1-16*).
(5) Kerne erfahren während des Gießens in der Metallschmelze einen Auftrieb, Ursache für *Maßabweichungen*. Maßabweichungen treten vor allem aber bei einseitiger Kernlage-

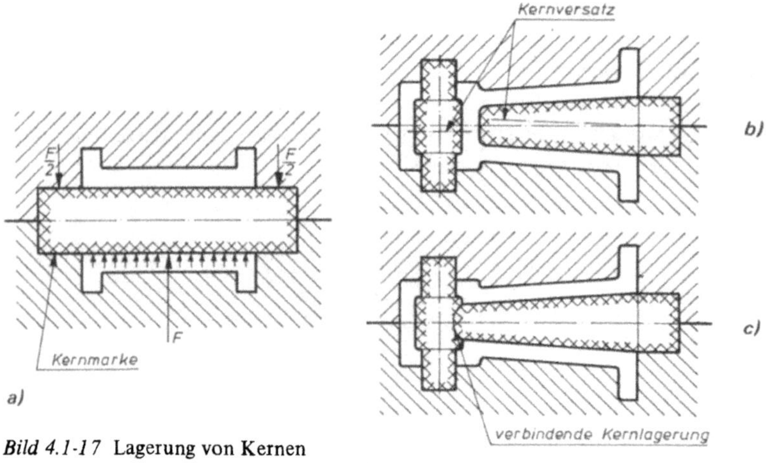

Bild 4.1-17 Lagerung von Kernen

a) Maßabweichungen am Bauteil durch Kernauftrieb in der Schmelze können durch ausreichend große Kernmarken, Kernstützen oder Kernnägel vermieden werden
b) Kernversatz durch einseitige Kernlagerung
c) Verbindung der Kerne

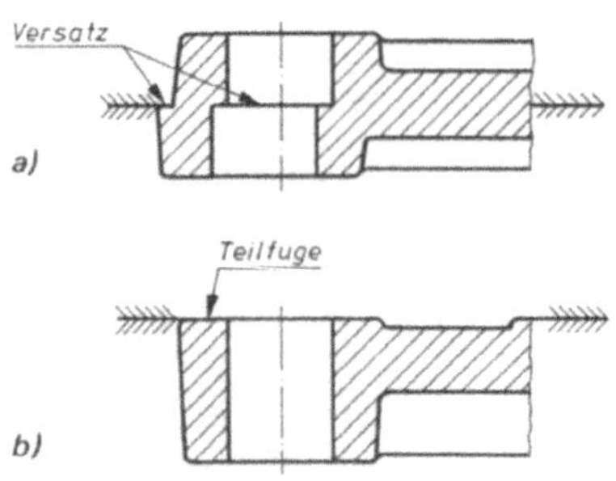

Bild 4.1-18

Zweckmäßige Lage der Teilfuge von Ober- und Unterkasten

a) Versatz und Gußnaht durch mittige Lage der Teilfuge
b) günstige Lage der Teilfuge

rung oder bei zu kleinen Kernmarken auf. Der Konstrukteur sollte deshalb durch entsprechende Gestaltung für ausreichende Kernmarken sorgen. Auf die Verwendung von Kernstützen sollte er möglicherweise verzichten, weil diese wegschwimmen, vorzeitig aufweichen oder undichte Stellen verursachen können (*Bild 4.1-17*).

(6) Jede *Modellteilung* verursacht eine Naht, die beim Putzen des Gußstückes entfernt werden muß. Zur Kostensenkung, zur Verbesserung der Maßhaltigkeit und aus ästhetischen Gründen sollten unbearbeitet bleibende Gußteilflächen nicht von einer Teilfuge angeschnitten werden (*Bild 4.1-18*).

(7) *Augenverstärkungen und Warzen* sollten fest mit dem Modell verbunden sein (*Bild 4.1-19*).

(8) *Unterschneidungen* in der Form, die Losteile oder Kerne erforderlich machen, sind zu vermeiden (*Bild 4.1-20*).

(9) Liegen Formwände parallel zur Ausheberichtung des Modells, dann bleibt beim Ausheben vielfach Sand am Modell hängen. Ebenfalls können dabei Beschädigungen der Form

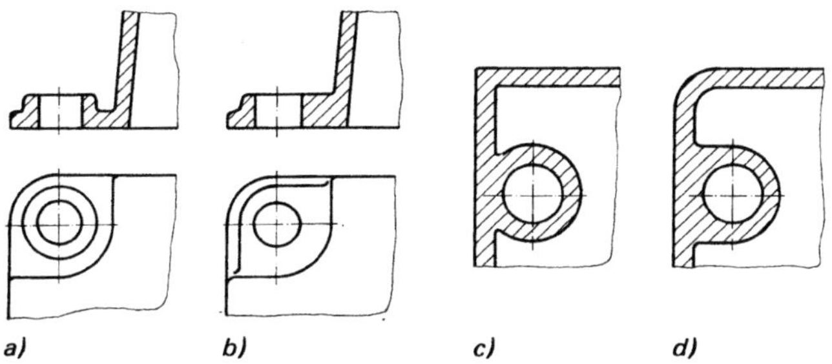

Bild 4.1-19
Gestaltung von Augenverstärkungen und Warzen
a) und c) vermeiden wegen schwieriger Putzarbeit
b) und d) bevorzugen

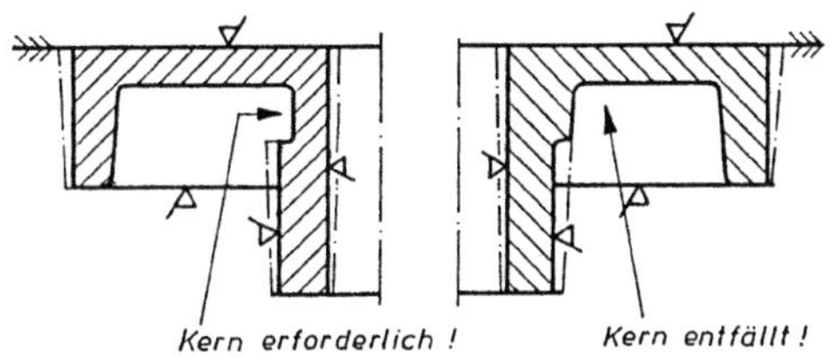

Bild 4.1-20
Vermeidung von zusätzlichen Kernen

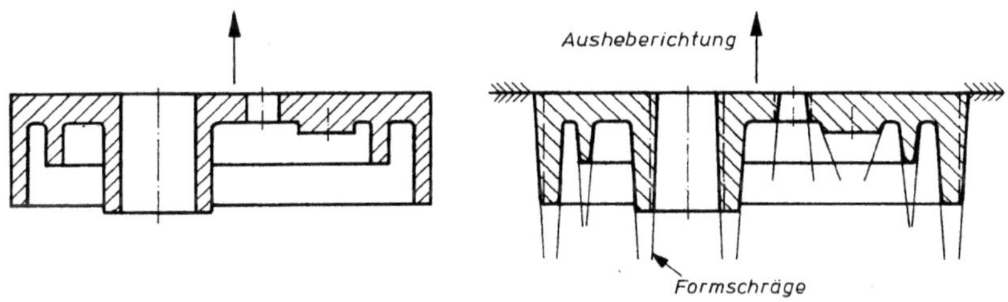

Bild 4.1-21 Formschrägen an Gußteilen vereinfachen das Ausheben des Modells und schonen die Sandform

auftreten, vor allem beim Ausheben per Hand oder Kran; Flickarbeit an der Form ist die Folge, *DIN 1511* schreibt deshalb für solche Flächen bestimmte *Formschrägen* vor (s. 4.1.2 mit *A4.1-3* und *Bild 4.1-21*).
Dem *Anhang A4.1-6* können zusätzliche Anregungen für eine verfahrensgerechte Gestaltung von Gußteilen entnommen werden.

4.1.7 Nachbehandlungsbedingte Gestaltungsregeln

(1) Gußteile sind so zu gestalten, daß beim Putzen *Kerne leicht entfernt werden* können. Kernrüstungen aus Draht oder Gußeisen sollten dabei nicht sperren. Kernsand darf später bei Betrieb des Gußteils an Gleitflächen oder in Strömungskanälen nicht zu Störungen führen.
(2) *Grate, Speiser und Eingüsse* müssen am Gußteil so angebracht sein, daß sie beim Putzen leicht entfernt werden können.

(3) *Glühverzug*, der vor allem bei Tempergußteilen auftreten kann, sollte durch geeignete Formgebung verhindert werden. Andererseits können durch die Berücksichtigung von Auflagepunkten am Gußteil während seiner Konstruktion eventuell notwendige Richtarbeiten erleichtert werden. Bei großen Serien ist die Verwendung von Matrizen zur Verhinderung des Verzuges während des Glühens zu empfehlen.

(4) Bei Verbundgußkonstruktionen, wie sie z.B. bei Bauteilelementen aus Leicht- und Schwermetall angewendet werden, sind elektrische Potentialdifferenzen, die zu *Kontaktkorrosion* führen können, durch Verzinken oder Kadmieren oder durch die Anbringung von Entwässerungsöffnungen zu vermeiden.

(5) Die *Bearbeitungszugabe* spanend zu bearbeitender Flächen ist vom Schwindungsverhalten des jeweiligen Gußwerkstoffes abhängig. Gleichzeitig müssen aber auch bei der Festlegung der Bearbeitungszugabe die Werkstückgröße, das Formverfahren und die geforderte Maßgenauigkeit vom Konstrukteur berücksichtigt werden. In *DIN 1683* bis *DIN 1688* sind Allgemeintoleranzen für Sandguß, Kokillenguß- und Druckgußteile aus Eisen- und Nichteisenmetallen festgelegt (s. 4.1.2).

(6) Gußstücke müssen sich gut und sicher für die spanende Bearbeitung spannen lassen. Bei Teilen mit komplizierten Umrissen sind deshalb *Stützelemente* vorzusehen, die – wenn sie die Funktion des Bauteils stören sollten – später abgetrennt werden (*Bild 4.1-22*). Bei schweißbaren Gußwerkstoffen können solche Stützleisten auch angeschweißt werden.

(7) *Bearbeitungsflächen* müssen eine eindeutige Abgrenzung haben (*Bild 4.1-23*). Dicht nebeneinander liegende Flächen sollten gleiche Höhe haben und zusammengefaßt werden (*Bild 4.1-24*).

(8) Mögliche *elastische Durchbiegungen* während der spanenden Bearbeitung durch den Werkzeugdruck bei zu großen Stützweiten der Bauteilwandungen sind durch Anbringung von Rippen oder durch Unterlegung von Stützelementen in der Spannvorrichtung zu vermeiden.

(9) Die zur Bearbeitung vorgesehenen Flächen müssen für das *Werkzeug auch in den Ecken* zugängig sein (*Bild 4.1-25*).

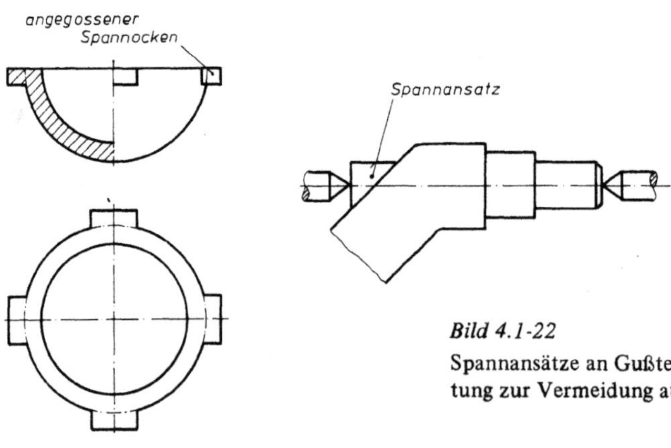

Bild 4.1-22

Spannansätze an Gußteilen für die spanende Bearbeitung zur Vermeidung aufwendiger Spannvorrichtungen

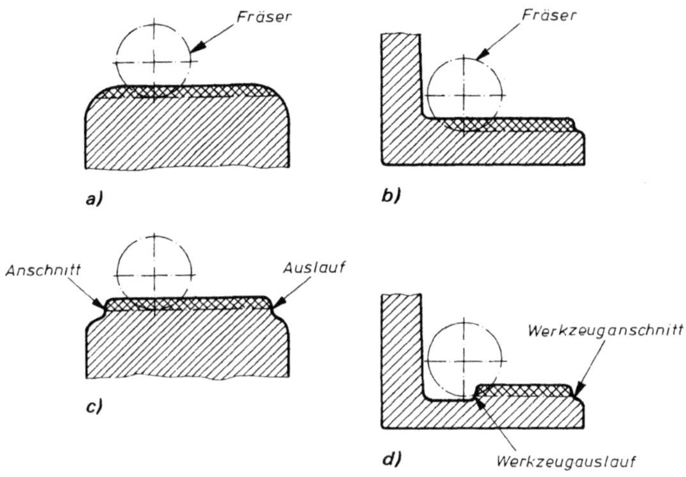

Bild 4.1-23 Begrenzung von Bearbeitungsflächen
a) vermeiden wegen des ungleichmäßigen Eingriffs und Auslaufs des Werkzeuges
b) Werkzeugauslauf nicht möglich
c) und d) bevorzugen

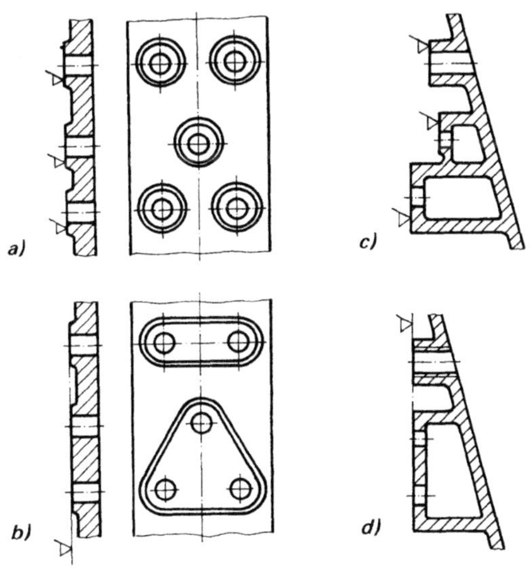

Bild 4.1-24
Zweckmäßige Anordnung spanend zu bearbeitender Flächen
a) Unzweckmäßig wegen Vielzahl von Teilflächen
c) Verschieden hohes Niveau der Flächen erfordert Neueinstellung des Werkzeuges
b) und d) bevorzugen

(10) ***Schräg liegende Bearbeitungsflächen*** erfordern für die Bearbeitung vielfach besondere Spannvorrichtungen. Bearbeitungsflächen sollten deshalb parallel oder rechtwinklig zu ihren Bezugsebenen liegen (*Bild 4.1-26*).
Der *Anhang A4.1-7* gibt zusätzliche Anregungen für eine putz- und bearbeitungsgerechte Gestaltung von Gußteilen.

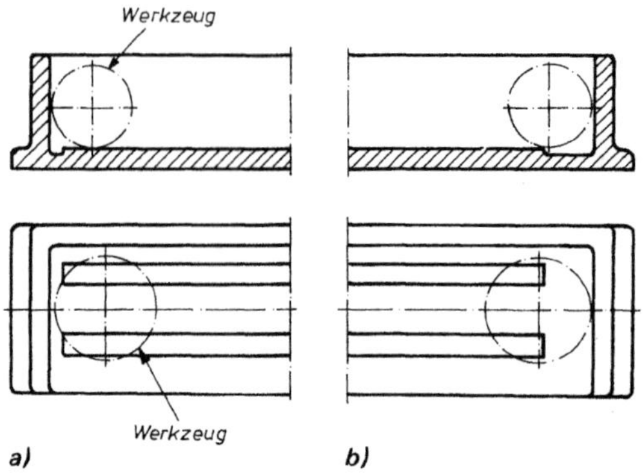

Bild 4.1-25
Werkzeugauslauf bei Gußteilen
a) Auslauf nicht möglich
b) Zweckmäßige Gestaltung

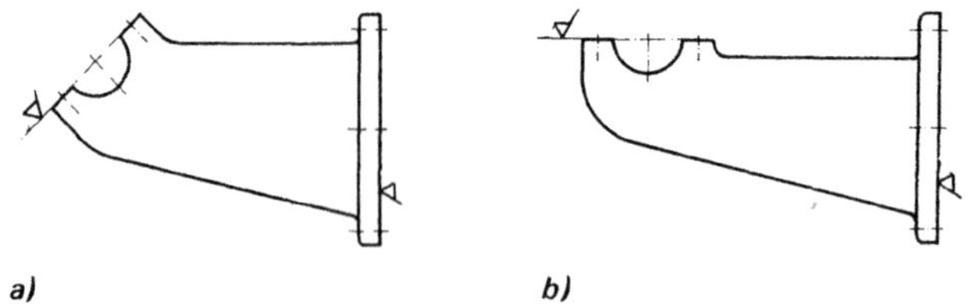

Bild 4.1-26 Zuordnung von spanend zu bearbeitenden Flächen
a) Sondervorrichtung für die Bearbeitung der schräg liegenden Fläche erforderlich
b) zweckmäßigere Gestaltung

4.1.8 Schrifttum

DIN-Normen

1. DIN 1680 T1 und T2 – Gußrohteile; Grundsätze für Allgemeintoleranzen und Bearbeitungszugaben, Allgemeintoleranz-System
2. DIN 1683 ... DIN 1688 – Allgemeintoleranzen für Gußrohteile aus Eisen- und Nichteisenmetallen in Sandguß, Kokillenguß und Druckguß

Zeitschriften

3. Konstruieren + Gießen, Zentrale für Gußverwendung, Düsseldorf, Vertrieb über VDI-Verlag, Düsseldorf
4. Sonderheft „Gießen für Kraftfahrzeuge", Zentrale für Gußverwendung, Düsseldorf 1978

Literatur

5. Autorenkollektiv, Konstruieren mit Gußwerkstoffen, Herausgeber Verein Deutscher Gießereifachleute und VDI-Fachgruppe Konstruktion, Gießerei-Verlag Düsseldorf
6. *Knipp*, Fehlererscheinungen an Gußstücken, Gießerei-Verlag, Düsseldorf
7. *Roll*, Handbuch der Gießereitechnik, Springer, Berlin/Heidelberg/New York 1970
8. *Richter*, Form- und gießgerechtes Konstruieren, VEB Fachbuchverlag, Leipzig 1965
9. Zentrale für Gußverwendung, Leitfaden für Gußkonstruktionen, Gießerei-Verlag, Düsseldorf 1966

10. *Lieby*, Druckgußtechnik, Springer, Berlin/Göttingen/Heidelberg 1965
11. *Rögnitz/Köhler*, Fertigungsgerechtes Gestalten im Maschinen- und Gerätebau, B. G. Teubner, Stuttgart 1959

4.2 Das Gestalten von Schmiede- und Fließpreßteilen

4.2.1 Grundlagen

Das für die Herstellung der Bauteile zu wählende Fertigungsverfahren wird häufig durch die vom Konstrukteur gewählte Gestaltung des Bauteils bestimmt. Zur Erzielung einer möglichst günstigen wirtschaftlichen Wertigkeit ist der Gestaltung eine Systemanalyse vorzuschalten, die in Zusammenarbeit des Fertigungsfachmannes und des Konstrukteurs zu sinnvollen Ergebnissen führt.

Bauteile, die durch Umformen gefertigt werden, haben vorteilhafte Eigenschaften:
- verlustarme Werkstoffverarbeitung
- Verbesserung der Werkstoffeigenschaften beim Kaltformen durch Kaltverfestigung als auch beim Warmformen durch Homogenisierung des Gefüges
- Erhöhung der Dauerschwing- und Zeitschwingfestigkeit durch Oberflächenverfestigung
- relativ geringe Fertigungskosten bei einfachen Fertigungsmaschinen und Vermeidung von Nebenaufwand (Rüstzeiten u.a.)

Der relativ große Aufwand für Vorleistungen, nämlich für die umfangreichen Vorarbeiten für Konstruktion, Herstellung und Einrichtung der Werkzeuge und die dadurch verursachte Kostenerhöhung, wird bei großer Fertigungsstückzahl in Grenzen gehalten (vgl. *Bild 2-2*).

4.2.2 Das Gestalten von Schmiedeteilen

Beim **Freiformschmieden** wird der Rohling ohne begrenzende Werkzeuge umgeformt, wobei der Werkstoff frei fließen kann. Die Fertigform des Schmiedestückes entsteht durch geeignete Führung von Werkstück und Werkzeug.

Beim *Stauchen* wird der Querschnitt des Rohlings durch Verringerung seiner Länge vergrößert. Wegen des ungünstigen Faserverlaufes sollte der angestauchte Durchmesser d_1 das 1,5-fache des Rohlingsdurchmessers d_0 nicht unterschreiten. Beim freien Stauchen darf wegen Knickgefahr die Länge des Rohlings nicht größer als das 3,5-fache des Durchmessers sein.

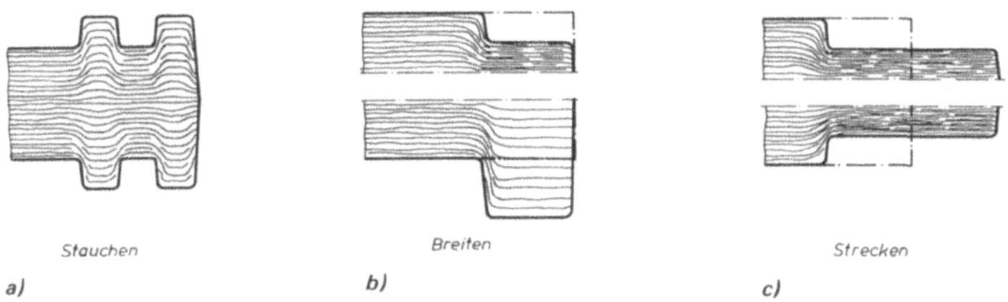

Bild 4.2-1 Verlauf der Schmiedefaser
a) durch Stauchen; ungünstig starke Richtungsänderung
b) durch Breiten; ungünstig starke Richtungsänderung
c) durch Strecken; günstige Faserstreckung mit Kornverfeinerung

Beim *Breiten* wird die Breite des Werkstückes durch Höhenverringerung vergrößert. Der Faserverlauf wird dadurch ungünstig gestört.

Das *Strecken* besteht aus einer Reihe von Stauchungen nebeneinanderliegender Rohlingsbereiche. Dadurch ergibt sich die angestrebte Längung. Die gleichzeitig auftretende unerwünschte Breitung muß zurückgeschmiedet werden. Wegen des günstigen Faserverlaufes und der Kornverfeinerung wird das Strecken oft angewendet.

Für den Konstrukteur hat das Freiformschmieden nur relativ geringe Bedeutung. Es wird im allgemeinen nur bei der Fertigung von einzelnen großen oder wenigen gleichen Schmiedestücken angewendet. Wegen der Verwendung einfacher Werkzeuge sind Freiformschmiedestücke ihrer angestrebten Fertigform nur grob angenähert und erfordern deshalb umfangreiche Nacharbeit.

Beim **Gesenkschmieden** werden dem Werkstoff durch Ober- und Untergesenk die Fließrichtung und die Fertigform aufgezwungen (*Bild 4.2-2*). Allerdings ist beim Gesenkschmieden – wie übrigens bei vielen Umformverfahren – die Endform nur selten in einem einzigen Umformschritt herstellbar.

Rohlinge für das Gesenkschmieden sind meist Stangenabschnitte, Spaltstücke oder Stangen in zweckmäßig gewählter Rohform, deren Volumen in Zwischenschritten durch geschickte Masseverteilung und Querschnittvorbildung so günstig verteilt wird, daß die Fertiggesenkgravur weitgehend geschont wird und eine hohe Stückzahl bis zur Verschleißgrenze zuläßt.

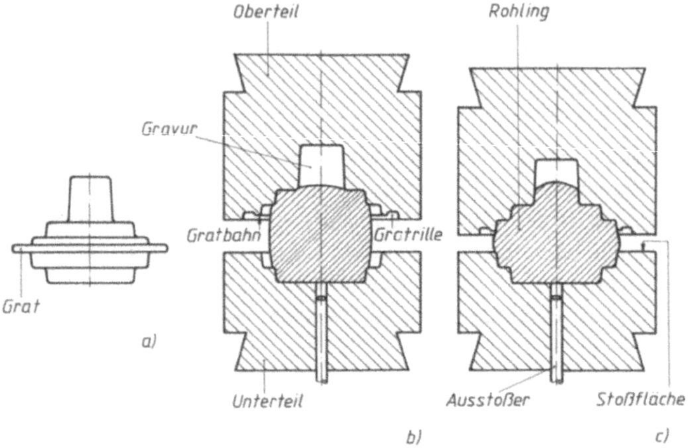

Bild 4.2-2
Umformung beim Gesenkschmieden
a) fertiges Gesenkschmiedestück
b) Stauchen und Breiten im Gesenk
c) Steigen im Gesenk

Vielfach sind beim Gesenkschmieden nachfolgende Fertigungsschritte erforderlich:
- Kalibrieren zur Verringerung von Maßabweichungen
- Warmbehandeln zur Verbesserung der Werkstoffeigenschaften
- Entzundern
- spanende Bearbeitung von Fügeflächen

Beispiele für die Unterteilung des Umformprozesses durch Gesenkschmieden in aufeinanderfolgenden Umformstufen s. *Beispiel 4.1*.

4.2.3 Richtlinien für das Gestalten von Gesenkschmiedestücken

Das Gesenkschmieden wird bei großer Stückzahl angewendet. Bei der Gestaltung von Gesenkschmiedestücken muß der Konstrukteur zur Ermittlung der wirtschaftlich optimalen Lösung die in *Bild 4.2-3* genannten Einflußgrößen berücksichtigen. Das Bild zeigt, daß bei zunehmender Stückzahl trotz des zunehmenden Werkzeug- und Fertigungsaufwandes die Gesamtkosten für das Fertigteil durch überproportionale Senkung der Werkstoff- und Bearbeitungskosten reduziert werden können.

Bei der Gestaltung von Gesenkschmiedeteilen sind insbesondere folgende *Grundsätze und Richtlinien* zu beachten (s. *Anhang A4.2-1*):

(1) Schmiedestücke ergeben im allgemeinen homogeneres Gefüge, höhere Festigkeit und glattere Oberflächen als Gußstücke.

(2) Schmiedestücke mit großer Feingliedrigkeit werden in mehreren Fertigungsschritten – Masseverteilung, Vorbiegen – hergestellt. Nur bei kleinen Teilen wird ein gemeinsamer Gesenkblock mit Zwischengravuren und Fertiggravur verwendet. Bei größeren Teilen sind mit Rücksicht auf ungleichen Verschleiß der Gravuren getrennte Gesenke vorzuziehen (*Bild 4.2-4* und *Beispiel 4.2*).

(3) Einfache und gleichmäßige Formen anstreben. Unregelmäßige Gestalt, schwierige Kurven und tiefe Einformungen, z.B. für dünne Rippen, sind nur schwer herstellbar und erhöhen die Werkzeugkosten; ebenso schlechter Werkstofffluß.

(4) Erhabene Bauteilbereiche sollen bei Schmiedehämmern möglichst in das Obergesenk, bei Schmiedepressen in das Untergesenk verlegt werden.

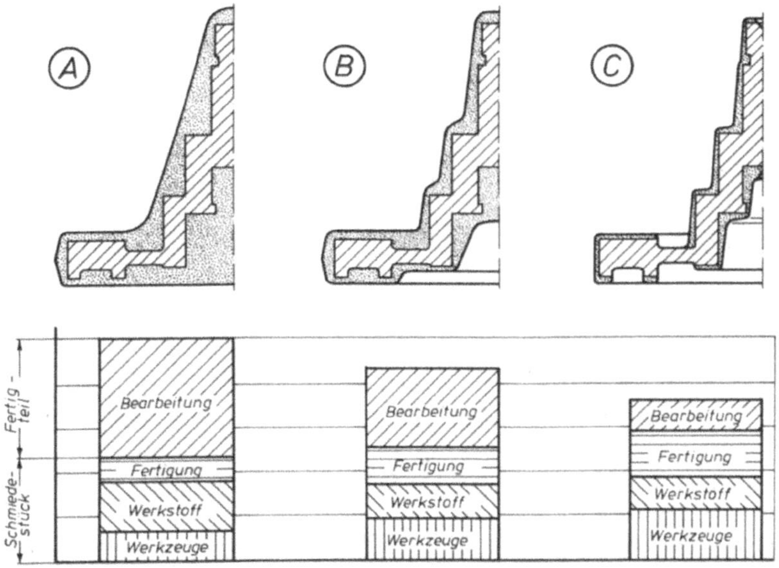

Bild 4.2-3 Kosten von Schmiedeteil und Fertigstück in Abhängigkeit von der Stückzahl; A = geringe Stückzahl mit geringer Anpassung an die Fertigform; B = mittlere Stückzahl mit mäßiger Anpassung an die Fertigform; C = große Stückzahl mit guter Anpassung an die Fertigform (nach Informationsstelle Schmiedestück-Verwendung, Hagen)

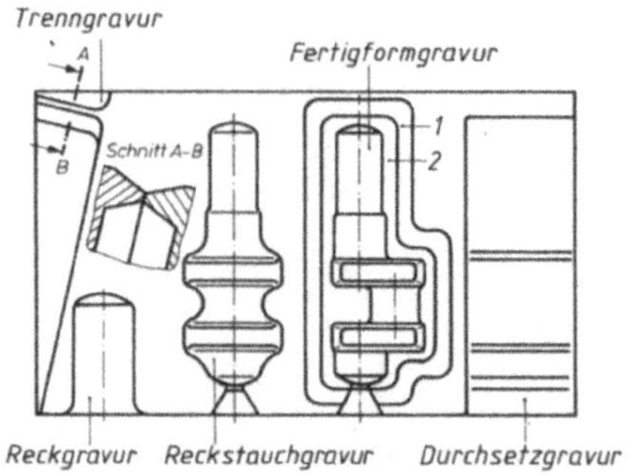

Bild 4.2-4 Mehrstufengesenk für eine einfachgekröpfte Kurbelwelle; 1 = Gratraum, 2 = Gratbahn

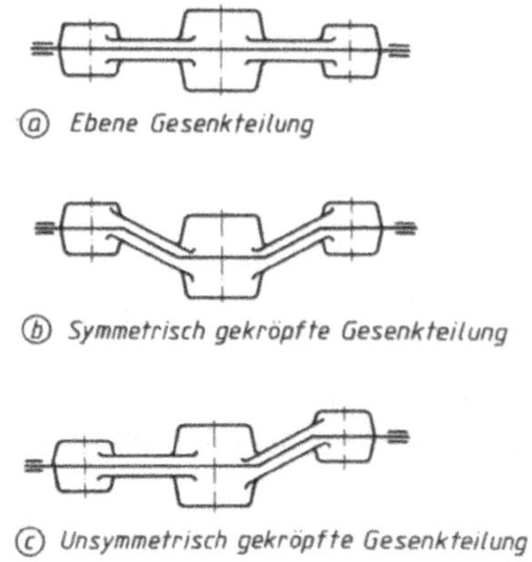

Bild 4.2-5 Verlauf von Gesenkteilungen

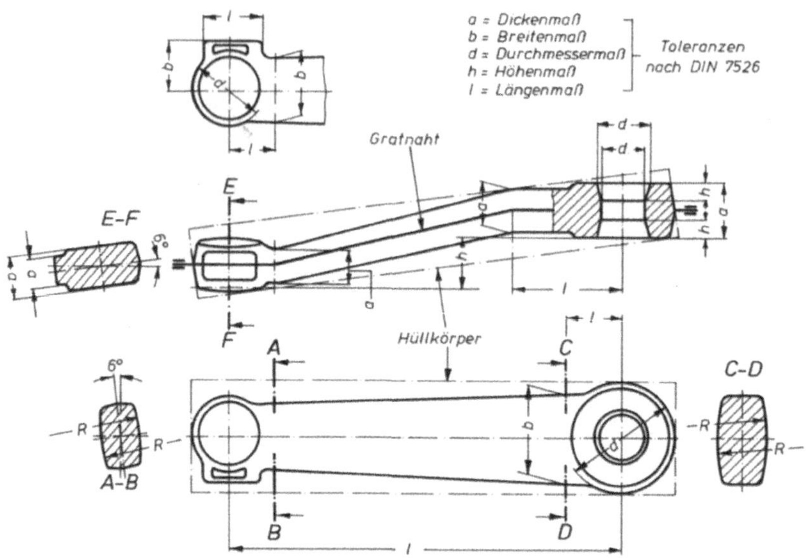

Bild 4.2-6 Maßarten an Gesenkschmiedestücken; erforderliche Toleranzen und zulässige Abweichungen der Maße nach DIN 7526

(5) Die Gesenkteilung sollte so gewählt werden, daß sich die Schmiedestücke leicht ausheben und entgraten lassen.

(6) Ebene Gesenkteilungen haben schmiedetechnische Vorzüge und sind kostengünstiger als gekröpfte Gesenkteilungen (*Bild 4.2-5*).

(7) Durch Gratbildung treten bei gratnahtkreuzenden Dickenmaßen größere Toleranzen auf als bei Längen-, Breiten- und Höhenmaßen, die auf nur einer Seite der Gratnaht liegen (*Bild 4.2-6*).

(8) Schroffe Querschnittübergänge, scharfe Kanten und extreme Werkstoffanhäufungen sind zu vermeiden.

(9) Flächen, die in Umformrichtung liegen, müssen nach *DIN 7523 Teil 3* ausreichende Neigung haben. Dadurch ist eine leichtere Aushebung aus der Gravur möglich (s. *Anhang A4.2-2*).

(10) Böden sind schmiedetechnisch dann günstig gestaltet, wenn ihre Dicke von der Mitte nach außen stetig unter einem Winkel von 3° ... 5° oder als Parabel zunimmt (*Bild 4.2-7*).

(11) Unterschneidungen sind nach Möglichkeit zu vermeiden. Sie erfordern Vorgesenke und eine Teilung des Fertiggesenks (*Bild 4.2-8*).

(12) Schmiedeflächen, zwischen denen enge Toleranzen eingehalten werden müssen, sollten möglichst klein gehalten werden.

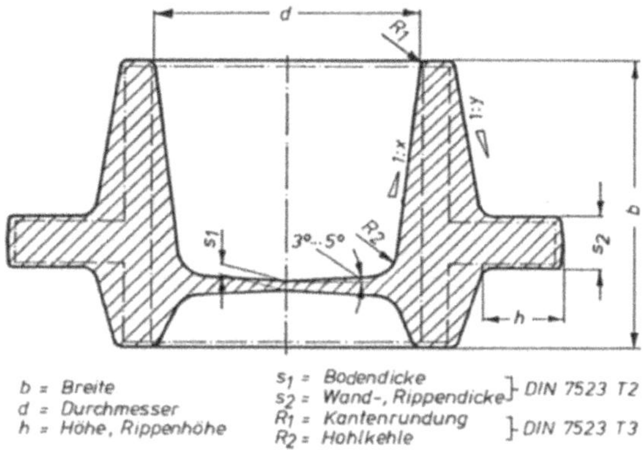

Bild 4.2-7 Gestaltung von Böden an Gesenkschmiedeteilen

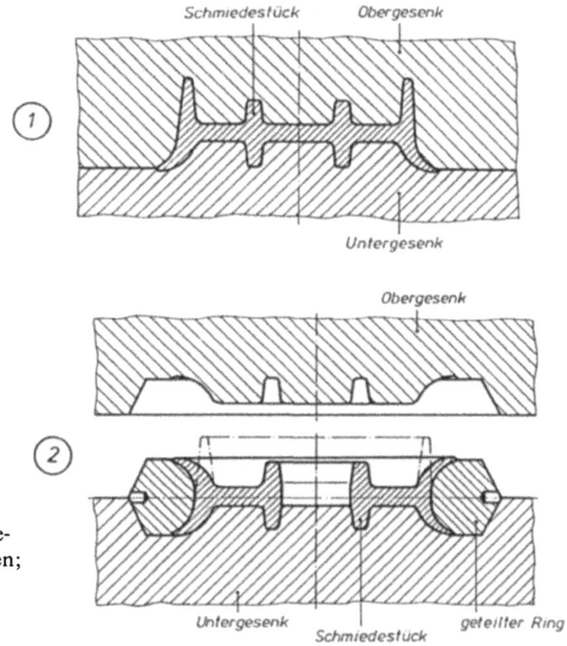

Bild 4.2-8

Fertigungsfolge eines Gesenkschmiedeteils (Seilrolle) mit Hinterschneidungen; 1 = Vorgesenk, 2 = Fertiggesenk mit eingesetztem geteiltem Ring

Bei der Gestaltung von spanend zu bearbeitenden Gesenkschmiedestücken ist zu beachten, daß ausreichende Bearbeitungszugaben berücksichtigt werden. Ebenfalls ist auf ausreichendes Runden der Kanten und Hohlkehlen zu achten; *DIN 7523 Teil 3* macht entsprechende Angaben (s. *Anhang A4.2-3* bis *A4.2-5*).

Großen Einfluß auf die Fertigungskosten nehmen die einzuhaltenden Fertigungstoleranzen. In *DIN 7526* sind Toleranzen für übliche Gesenkschmiedestücke in den *Schmiede-*

güten F (zu bevorzugen) und *E* (nur bei hohen Ansprüchen an die Genauigkeit) angegeben (s. *Anhang A4.2-6* und *A4.2-7*):

– *Schmiedegüte F* wird gewählt bei Schmiedestücken, die mit Toleranzen von ausreichender Genauigkeit sich mit üblichen Schmiedeeinrichtungen und Fertigungsverfahren herstellen lassen.
– *Schmiedegüte E* sollte nur für einzelne Maße angewendet werden, bei denen die Genauigkeit von Schmiedegüte *F* nicht ausreicht (größerer Fertigungsaufwand).

Bei der Festlegung der Toleranzen ist weiterhin die *Stoffschwierigkeit* zu berücksichtigen, mit der erfaßt wird, daß C-reiche hochlegierte Stähle größere Maßschwankungen und größeren Werkzeugverschleiß verursachen:

– *Gruppe M 1:* Stähle mit $\leq 0{,}65\,\%$ C und Σ Legierungsanteile (Mn, Cr, Ni, Mo, V, W) $\leq 5\,\%$
– *Gruppe M 2:* Stähle mit $\geq 0{,}65\,\%$ C und Σ Legierungsanteile (Mn, Cr, Ni, Mo, V, W) $> 5\,\%$

Beim Schmieden von dünnwandigen und verzweigten Teilen treten gegenüber der Umformung von einfachen, gedrungenen Teilen auch größere Maßschwankungen auf, die auf unterschiedliches Schwinden, höhere Umformkräfte und größeren Werkzeugverschleiß zurückzuführen sind. Diese Tatsache wird durch

die Feingliedrigkeit

$$S = \frac{m_S}{m_H} \tag{4.1}$$

S Feingliedrigkeit des Gesenkschmiedestücks
m_S Gewicht des fertigen Gesenkschmiedestücks in kg
m_H Gewicht des Hüllkörpers des Gesenkschmiedestückes in kg

erfaßt.

Die Feingliedrigkeit wird in vier Gruppen unterteilt, und nach diesen werden die zu wählenden Toleranzen festgelegt:

Gruppe S1: $> 0{,}63 \ldots 1$
Gruppe S2: $> 0{,}32 \ldots 0{,}63$
Gruppe S3: $> 0{,}16 \ldots 0{,}32$
Gruppe S4: $> 0 \quad \ldots 0{,}16$

Die *Tabellen A4.2-6* und *A4.2-7* im Anhang geben die bei Außenmaßen einzuhaltenden Toleranzen und zulässigen Abweichungen in Abhängigkeit vom Stückgewicht, der *Stoffschwierigkeit M* und der Feingliedrigkeit *S* an. Für Innenmaße müssen die Werte vertauscht werden. Zusätzlich ist dort der

zulässige Versatz

$$V = \frac{l_1 - l_2}{2} \quad \text{bzw.} \quad V = \frac{b_1 - b_2}{2} \tag{4.2}$$

V zulässiger Versatz in mm
l_1, l_2 Längenmaße in mm
b_1, b_2 Breitenmaße in mm

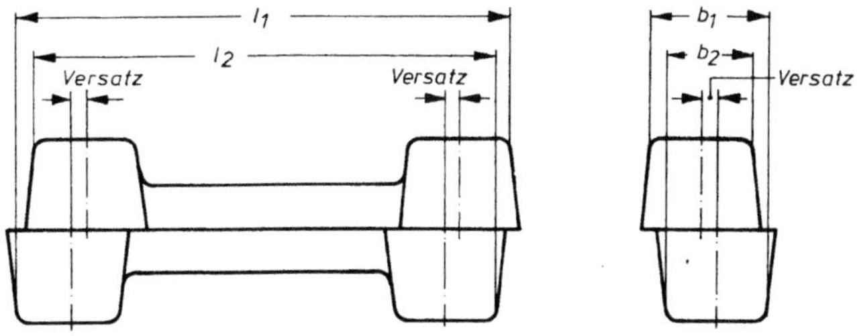

Bild 4.2-9
Versatz an Gesenkschmiedestücken

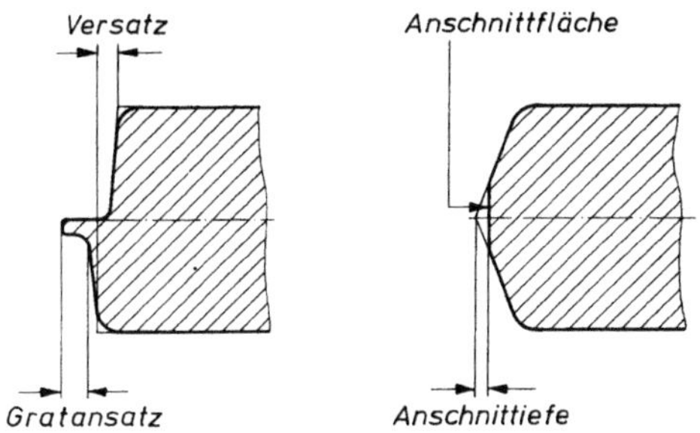

Bild 4.2-10
Gratansatz und Anschnittiefe an Gesenkschmiedestücken

und der zulässige Gratansatz bzw. die zulässige Anschnittiefe angegeben (*Bilder 4.2-9* und *4.2-10*).

DIN 7523 und *DIN 7526* müssen bei der Entwicklung der Schmiedestückzeichnung unbedingt beachtet werden. Beispiele für die Festlegung von Toleranzen und der zulässigen Abweichungen gibt das Beiblatt zu *DIN 7526* (s. *Anhang A4.2-8*).

4.2.4 Das Gestalten von Gesenkschmiedestücken als Fertigungsfolgeteile

Die Endform eines Schmiedestückes ist selten in einer einzigen Umformstufe herstellbar. *Beispiel 4.1* zeigt die erforderlichen Fertigungsstufen.

Die Endform eines Gesenkschmiedestückes wird vielfach erst erreicht, indem zunächst die Masse des Rohlings in Form eines Spaltstückes, eines Stangenabschnittes oder von der Stange durch Masseverteilung entlang seiner Achse so verteilt wird, daß sie etwa der Endform entspricht. Bei schwierigeren Formen sind zusätzliche Zwischenformen erforderlich, um die Fertigform zu erreichen (*Bild 4.2-4* und *Beispiel 4.2*). Der Endformung folgt dann das Entgraten und Lochen.

Die Masseverteilung ist vor allem erforderlich bei gestreckten Schmiedeteilen mit Nebenformelementen. Grundlage für die Ermittlung der Masseverteilungsform ist das Masseverteilungsdiagramm, das aus den Querschnitten des Schmiedestückes und den zugehörigen Gratquerschnitten erstellt werden kann (*Beispiele 4.2* und *4.4*).

Für die Masseverteilungsformen werden einfache geometrische Formen, wie Kugeln, Quader, Zylinder und Kegelstümpfe, gewählt. Die Übergänge der Formelemente werden weitgehend vereinfacht.

4.2.5 Vergleich von Schmiedeteilen und Gußstücken

Gesenkschmieden und Gießen stehen bei großer Fertigungsstückzahl im Maschinen- und Gerätebau, vor allem aber im Fahrzeugbau, in heftiger Konkurrenz. Sowohl bei Gesenkschmiedeteilen als auch bei Gußstücken lassen sich mit zeitgemäßen Techniken hohe Fertigungsgenauigkeiten erzielen, die eine Nachbearbeitung der Teile vielfach überflüssig machen.

Als Werkstoffe lassen sich rationell C(k)35 und C(k)45 für Schmiedeteile bzw. GTS-65-02 und GTS-70-02 oder GGG-70 für Gußteile vergleichend einsetzen. Die genannten Gußwerkstoffe kommen in Zugfestigkeit und Zähigkeit an die unlegierten Vergütungsstähle heran. Erheblich geringer ist allerdings ihre Duktilität. Das führt zu einer Dauerfestigkeit, die um ca. 20 % bis 30 % geringer als die der vergleichbaren Stähle ist. Schmiedeteile haben darüber hinaus geringere innere Kerbwirkung durch Verschweißen von Mikrolunkern und die Beseitigung der widmannstättenschen Gußstruktur durch den Knetvorgang. Kerbwirkung durch Graphiteinschlüsse tritt bei Schmiedteilen nicht auf. Mögliche Werkstoffehler an Schmiedeteilen beschränken sich weitgehend auf die Oberflächenzonen und

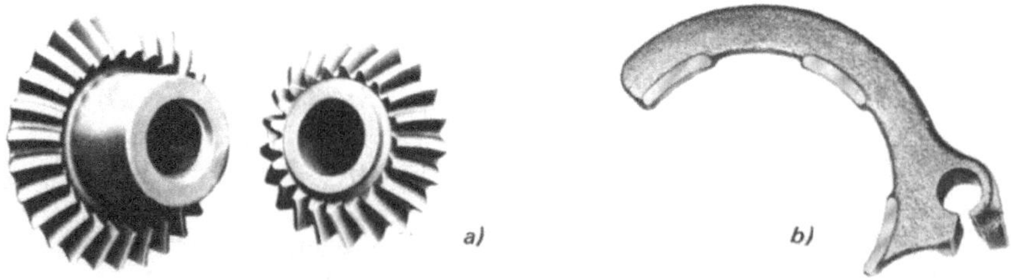

Bild 4.2-11 Einsparung der spanenden Bearbeitung bei präzisionsgeschmiedeten Bauteilen

a) Kegelräder mit einbaufertiger Bogenverzahnung, Außendurchmesser 90 mm bzw. 70 mm, Werkstoff: 16MnCr5 DIN 17 210

b) Schalthebel (0,15 kg) mit fertiggeprägten Laufinseln (Dickentoleranz ± 0.05 mm), Werkstoff: C22 DIN 17 200

Quelle: Beratungsstelle Schmiedestück-Verwendung, Hagen

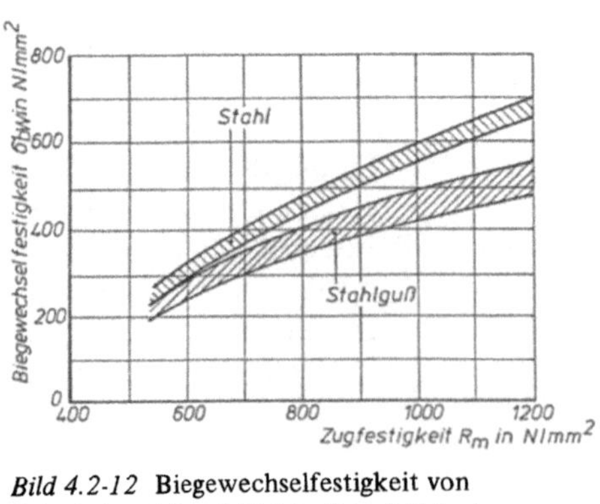

Bild 4.2-12 Biegewechselfestigkeit von Schmiedestahl und Stahlguß in Abhängigkeit von der Zugfestigkeit R_m

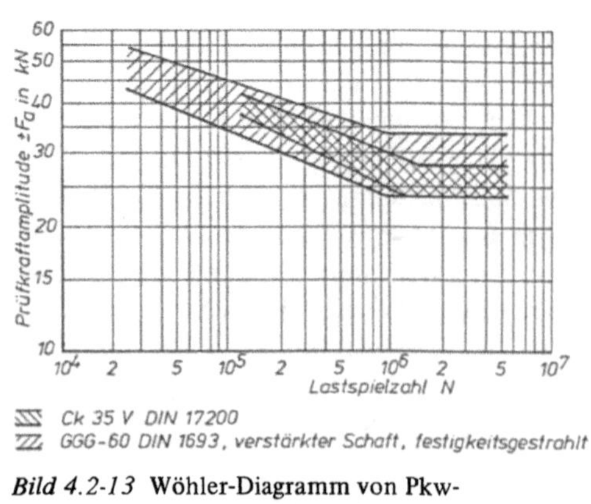

Bild 4.2-13 Wöhler-Diagramm von Pkw-Pleuelstangen aus Ck35V DIN 17 200 und GGG-60 DIN 1623

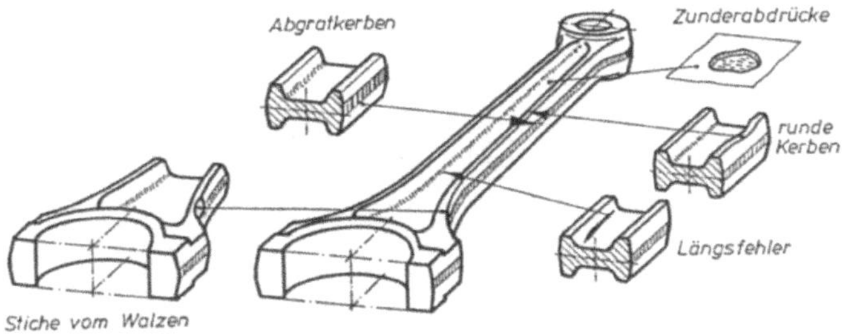

Bild 4.2-14
Mögliche Schmiedefehler an Pleuelstangen von Verbrennungsmotoren

sind deshalb durch Sichtkontrolle oder magnetische Durchflutung (Fluxen) feststellbar. Geringe Gewichtsvorteile bei Gußteilen, die sich durch eine etwas geringere Dichte von Temperguß bzw. Gußeisen mit Kugelgraphit ergeben, werden meist infolge größerer erforderlicher tragender Querschnitte wegen höherer Kerbempfindlichkeit und kleinerem Elastizitätsmodul ausgeglichen.
Festigkeitssteigernde Nachbehandlung, wie Kugelstrahlen, Druckrollen oder Nitrieren, deren Effekt auf der Wirkung von Druckeigenspannungen durch Verfestigung der Randzonen beruhen lassen sich sowohl bei Gesenkschmiedestücken als auch bei Gußteilen anwenden.
Die Entscheidung für die Anwendung eines Gesenkschmiedeteils oder eines Gußstücks kann der Konstrukteur also erst nach sorgfältiger technisch-wirtschaftlicher Wertanalyse im Einzelfall treffen (Beachte *Beispiele 4.5* und *4.6*).

4.2.6 Das Gestalten von Fließpreßteilen

Beim Fließpressen wird der Werkstoff durch radiale und tangentiale Stauchungen in Richtung, entgegen oder quer zur Bewegungsrichtung des Preßstempels aus einer Matrize ausgepreßt.
Die durch Fließpressen herstellbaren Bauteile beschränken sich weitgehend auf axialsymmetrische, insbesondere rotationssymmetrische Formen. Anregungen für die Formgebung sind dem *Bild 4.2-15* zu entnehmen.
Die Masse fließgepreßter Bauteile liegt im Bereich von wenigen Gramm bis zu 40 kg. Prinzipiell sind alle duktilen Werkstoffe fließpreßbar. Beim Kaltfließpressen bestehen allerdings Einschränkungen hinsichtlich der Beanspruchbarkeit der Werkzeuge (zulässige Flächenpressung $p_{zul} \approx 2{,}5$ kN/mm^2).
Wie bei Gesenkschmiedestücken, so hat auch bei Fließpreßteilen der Faserverlauf einen großen Einfluß auf das Betriebsverhalten, namentlich auf die Gestaltfestigkeit der Bauteile. *Die Gestaltung der Werkzeuge und der Rohlinge ist deshalb fließgerecht vorzunehmen.* Das Umlenken der Fasern im Werkstück muß möglichst sanft erfolgen, um eine erhöhte Kerbwirkung zu vermeiden. Bei der nachfolgenden spanenden Bearbeitung soll die Faser möglichst nicht durchschnitten werden.
Für die festigkeitsgerechte Gestaltung von Fließpreßteilen sollte der Konstrukteur deshalb die in *Bild 4.2-16* dargestellten Fließvorgänge beachten. *Bild 4.2-16a* läßt den Faserverlauf und die Formänderung – dargestellt durch die Verzerrung der Gitternetzlinien – beim *Vorwärtsfließpressen* erkennen. In der ersten Phase der Umformung wird der Werkstoff zunächst nur zusammengepreßt ohne wesentliche Verzerrung der Netzlinien.

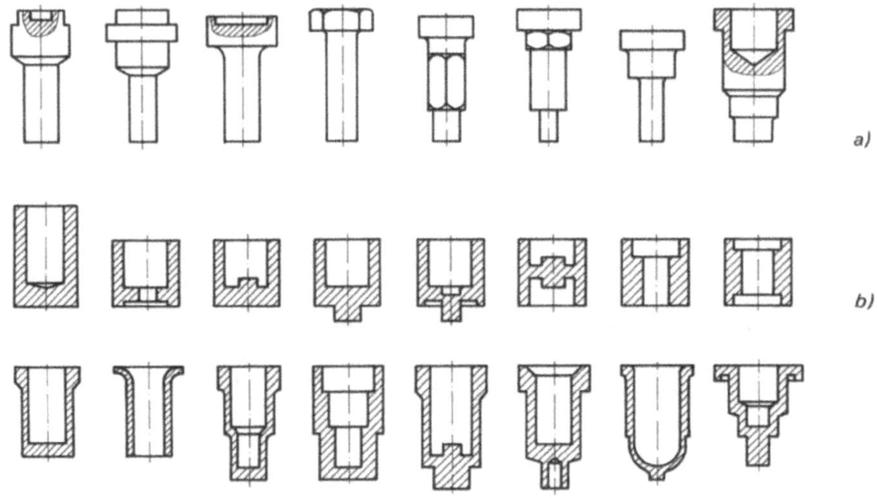

Bild 4.2-15 Typische Formen fließgepreßter Bauteile
a) Vollkörper mit verschiedenen Kopf- und Schaftformen
b) Hohlkörper mit verschiedenen Innenmantel- und Bodenformen

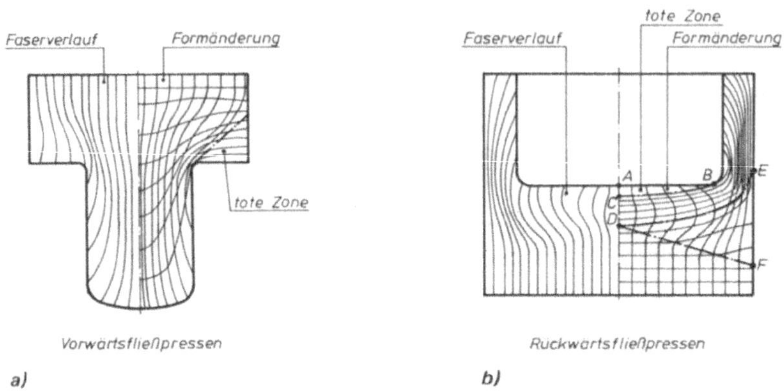

Bild 4.2-16 Formänderungs- und Faserverlauf fließgepreßter Bauteile
a) Vorwärtsfließpressen
b) Rückwärtsfließpressen

Anschließend beginnt der Werkstoff durch die Matrizenöffnung zu fließen, in der Mitte stärker als außen. Erreicht der Stempel schließlich die „tote Zone", die infolge Haftreibung bei flachem Matrizenboden auftritt, so werden durch den von dort verdrängten Werkstoff die Gitternetzlinien stark verzerrt.

Beim *Rückwärtsfließpressen* (*Bild 4.2-16b*) liegt im Bereich ABC unterhalb des Stempels eine tote Zone vor. Der in die Wandung fließende Werkstoff wird ausschließlich dem

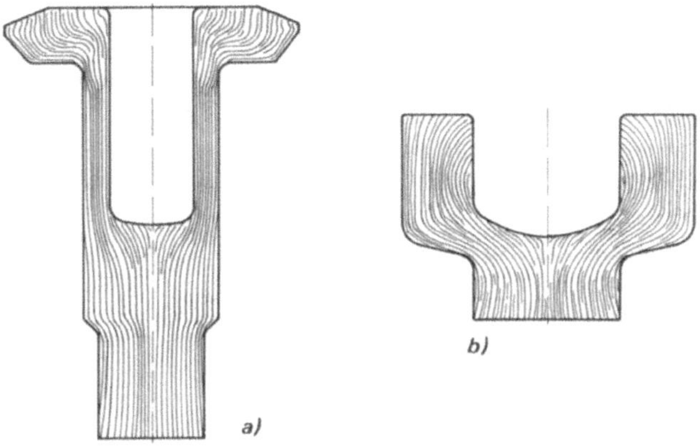

Bild 4.2-17
Faserverlauf fließgepreßter Formlinge
a) Getrieberadrohling
b) Joch eines Kardangelenkes

Bereich zwischen den Linien CB und DE entnommen. Die Netzlinien im Bereich zwischen DE und DF werden nur umgebogen, beteiligen sich aber erst dann am Fließvorgang, wenn der Punkt F den Matrizenboden erreicht.
Die Größe der Fließpreßumformung wird durch den Umformgrad $\varphi_R = \ln(A_0/A_1)$ erfaßt.
Für die Ermittlung der Rohlingsmaße gilt das ***Prinzip der Volumenkonstanz: Das Werkstoffvolumen vor der Umformung V_0 ist annähernd gleich groß wie das Werkstoffvolumen nach der Umformung V_1***: $V_0 = V_1 =$ const. (vgl. *Beispiel 4.7*). Selbstverständlich ist der fertigungsbedingte Abfall des Werkstoffes beim Rohling zu addieren.
Beim Warmfließpressen gelten weitgehend die Gestaltungsregeln für das Gesenkschmieden.
Für das Kaltfließpressen sind wichtige Regeln für die Gestaltung im *Anhang A4.2-9* angegeben.

4.2.7 Schrifttum

DIN-Normen

1. DIN 8580 – Fertigungsverfahren; Einteilung
2. DIN 8582 – Fertigungsverfahren Umformen; Einordnung, Unterteilung
3. DIN 8583 – Fertigungsverfahren Druckumformen; Unterteilung, Begriffe
4. DIN 7522 T1 ... T6 – Schmiedestücke aus Stahl; Technische Richtlinien für Lieferung, Gestaltung und Herstellung; Allgemeine Gestaltungsregeln nebst Beispielen
5. DIN 7523 T1 ... T3 – Schmiedestücke aus Stahl; Gestaltung von Gesenkschmiedestücken; Regeln für Schmiedestückzeichnungen; Mindestwanddicken; Bearbeitungszugaben, Rundungen und Seitenschrägen
6. DIN 7526 – Schmiedestücke aus Stahl; Toleranzen und zulässige Abweichungen für Gesenkschmiedestücke; Beispiele für die Anwendung
7. DIN 7527 T1 ... T6 – Schmiedestücke aus Stahl; Bearbeitungszugaben und zulässige Abweichungen für freiformgeschmiedete Stücke
8. DIN 9005 T1 ... T3 – Gesenkschmiedestücke aus Magnesium-Knetlegierungen
9. DIN 17 606 T2 ... T4 – Freiformschmiedestücke aus Aluminium-Knetlegierungen
10. DIN 17 673 T1 ... T4 – Gesenkschmiedestücke aus Kupfer und Kupfer-Knetlegierungen
11. DIN 17 678 – Freiformschmiedestücke aus Kupfer und Kupfer-Knetlegierungen
12. DIN 17 864 – Schmiedestücke aus Titan und Titan-Legierungen

VDI-Richtlinien

13. VDI 3137 – Begriffe und Formelzeichen der Umformtechnik
14. VDI 3138 Bl. 1 ... 4 – Kaltfließpressen; Grundlagen; Anwendung; Beispiele; Wirtschaftlichkeit
15. VDI 3143 Bl. 1 und 2 – Stähle für das Kaltfließpressen; Auswahl, Wärmebehandlung
16. VDI 3151 – Kaltfließpreßteile aus Stählen und NE-Metallen; Anforderungen, Bestellung, Lieferung
17. VDI 3184 – Schmieden in Waagerecht-Stauchmaschinen
18. VDI 3200 – Fließkurven metallischer Werkstoffe
19. VDI 3202 – Fließkurven korrosionsbeständiger Stähle

Beratungsstelle für Stahlverwendung Düsseldorf

20. Merkblatt 201 – Fließpressen von Stahl
21. Merkblatt 436 – Gesenkschmieden von Stahl
22. Merkblatt 482 – Gestaltungsregeln für Gesenkschmiedestücke

Informationsstelle Schmiedestück-Verwendung Hagen

23. Schmiedestücke; Gestaltung – Anwendung – Beispiele
24. Schmiede – Info – Schriftenreihe

Literatur

25. *Billigmann/Feldmann*, Stauchen und Pressen, Hanser, München 1973
26. *Boetz*, Praxis des Fließpressens, Hanser, München 1965
27. *Feldmann*, Fließpressen von Stahl, Springer, Berlin 1959
28. *Flimm*, Spanlose Formgebung, Hanser, München 1984
29. *Grüning*, Umformtechnik, Vieweg, Braunschweig 1986
30. *Haller*, Praxis des Gesenkschmiedens, Hanser, München 1982
31. *Jahnke/Retzke/Weber*, Umformen und Schneiden, VEB Verlag Technik, Berlin 1981
32. *Krist*, Werkstatt-Tabellen, Band II, Technik Tabellen Verlag, Darmstadt 1980
33. *Lange*, Lehrbuch der Umformtechnik, Springer, Berlin 1975
34. *Lange/Meyer-Nolkemper*, Gesenkschmieden, Springer, Berlin 1977
35. *Rögnitz/Köhler*, Fertigungsgerechtes Gestalten, B. G. Teubner, Stuttgart 1967
36. *Tschätsch*, Taschenbuch Umformtechnik, Hanser, München 1977

4.3 Das Gestalten von Löt- und Schweißverbindungen

Schweißen und Löten sind Fügeverfahren (vgl. *DIN 8580*) und stehen damit in Konkurrenz zu anderen Fügeverfahren, wie Kleben, Schrauben und Nieten. Das Schweißen kann zusätzlich zum Beschichten von Grundwerkstoffen eingesetzt werden. Die Ausstattungskosten für Schweiß- und Lötanlagen sind verhältnismäßig gering; das trifft auch für die Energiekosten zu. Infolgedessen stellen die Schweiß- und Lötverbindungen häufig die preisgünstigste Verbindungstechnik dar. Ihre Anwendung ist in der Einzel- wie auch in der Serienfertigung wirtschaftlich sinnvoll. Schweißen und Löten ermöglichen außerdem in vielen Fällen die Reparatur schadhafter Maschinenteile, wenn auch der Spruch *„Schlosser in Nöten – hilft Schweißen und Löten“* nicht in allen Fällen zutrifft.

4.3.1 Das Gestalten von Lötverbindungen

(1) Grundlagen

Durch Löten werden metallische Werkstoffe in festem Zustand mit Hilfe eines geschmolzenen Zusatzwerkstoffes (Lot) verbunden. Der Schmelzpunkt des Lotes liegt dabei niedriger als der Schmelzpunkt der zu verbindenden Bauteilufer. Für die Festigkeit der Lötverbindung ist die Fähigkeit des Lotes zur Legierungsbildung mit dem Grundwerkstoff durch Diffusion entscheidend (*Bild 4.3-1*). Die Festigkeit der Legierung zwischen Grundwerkstoff und Lot ist größer als die des Lotes.

Bei einer belasteten Lötverbindung muß die Legierungsbildung in der gesamten Lötfuge gewährleistet sein. Vor dem Löten müssen deshalb die Verbindungsflächen sorgfältig gereinigt werden. Durch Flußmittel werden dann noch vorhandene Oxidationsprodukte und Oberflächenfilme beseitigt und deren erneute Bildung verhindert, damit das Lot die Lötfläche wirklich benetzt. Anstelle von Flußmitteln können auch Lötschutzgase verwendet werden.

Für den Konstrukteur ist die Art der Lötstelle von besonderer Bedeutung. Beim ***Spaltlöten*** passen die beiden zu fügenden Teile wie Patrize und Matrize zueinander, und der Abstand zwischen ihnen ist konstant und nur selten größer als 0,25 mm (*Bild 4.3-2*). Spaltlöten kann sowohl beim Weich- als auch beim Hartlöten angewendet werden. Beim ***Fugenlöten*** passen beide Teile nicht aufeinander; ihr Abstand ist größer als 0,5 mm. Vielfach erweitert sich die Lötfuge auch V- oder X-förmig, wie z.B. beim Fügen eines Rohres mit einem plattigen Bauelement (*Bild 4.3-3*). Wegen der kleineren Fügefläche wird das Fugenlöten fast ausschließlich beim Hartlöten angewendet.

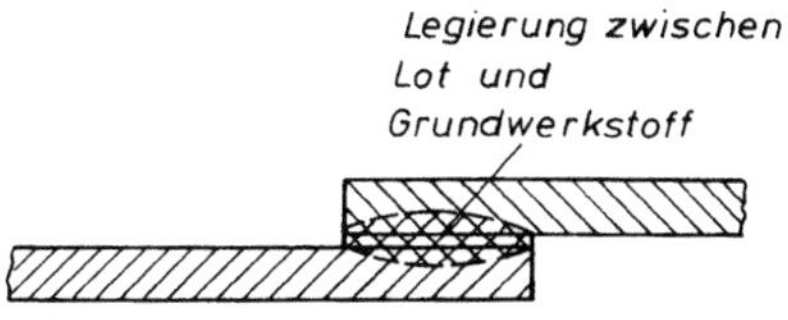

Bild 4.3-1 Legierungsbildung beim Löten

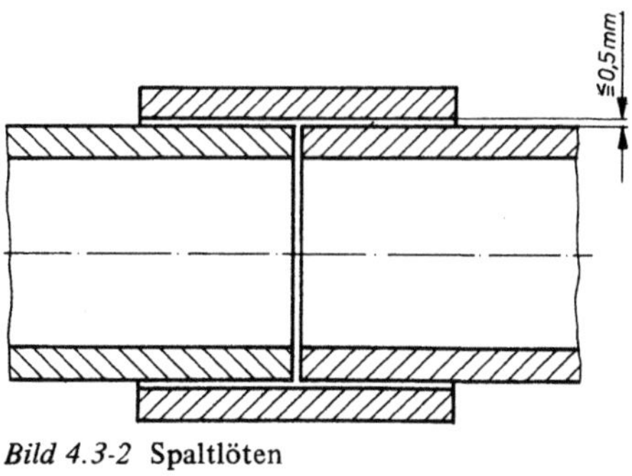

Bild 4.3-2 Spaltlöten

Bild 4.3-3 Fugenlöten

Lote

Lote sind reine Metalle oder aber Legierungen in Form von Draht, Stab, Blech, Formteilen, Stangen, Körnern, Pulver.

Weichlote: Für Schwermetalle werden Blei-Zinn-Lote verwendet. Für Leichtmetalle benutzt man Aluminium-Zink-Lote und Aluminium-Zinn-Lote. Neben den Hauptlegierungsbestandteilen enthalten die Lote häufig Kadmium, gelegentlich auch Antimon, Silber oder Kupfer.

Hartlote: Hartlote sind vorzugsweise Kupfer- oder Silberlote. Zum Verbinden von Hochtemperaturwerkstoffen an Gasturbinen und ähnlichen Maschinen verwendet man palladium-, nickel- und chromhaltige Lote mit Arbeitstemperaturen bis 1200 °C. Für Edelmetalle werden Silberlote mit hohem Silberanteil (über 45 %) verwendet.

(2) Die Gestaltung von Lötverbindungen

Lötverbindungen sollen möglichst nur auf Schub beansprucht werden (*Bild 4.3-4*). Eine Zugbeanspruchung ist nur in Ausnahmefällen bei Hartlötverbindungen gestattet.

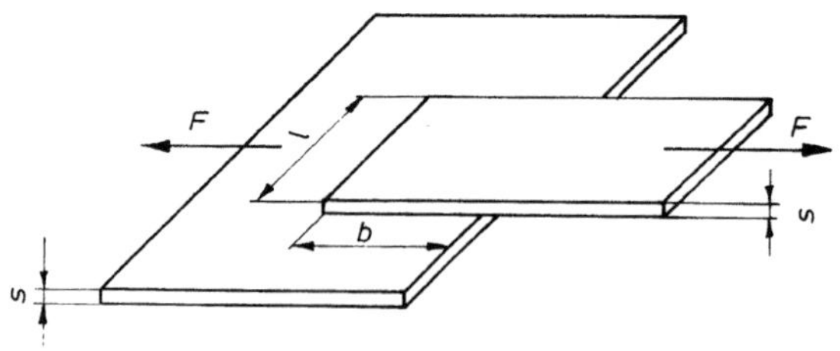

Bild 4.3-4
Schubbeanspruchte Lötverbindung

Die Überlappungsbreite b wird im Regelfall $b = (4 \ldots 6) \cdot s$ gewählt. Bei ungleichen Blechdicken am Anschluß ist mit der kleinsten Blechdicke zu rechnen.

Die Schubfestigkeit τ_B der Lötverbindung beträgt bei sorgfältig ausgeführten Überlappungsverbindungen etwa:

Blei-Zinn-Lote:	$\tau_B \approx (20 \ldots 86)$ N/mm²
Kupferlote:	$\tau_B \approx (150 \ldots 170)$ N/mm²
Messinglote:	$\tau_B \approx (160 \ldots 200)$ N/mm²
Silberlote:	$\tau_B \approx (170 \ldots 270)$ N/mm²

Die Festigkeitswerte für die Lötverbindungen können nur ungefähr angegeben werden, da sie von mehreren Einflußgrößen abhängig sind. Solche beeinflussende Bedingungen sind:

- die Art und die Qualität des Lotes
- der Werkstückwerkstoff
- der Oberflächenzustand der zu verbindenden Teile
- die Gestaltung der Lötverbindung

Werden genaue Werte für die Festigkeit der Lötverbindung benötigt, so sind diese nach *DIN 8525 Teil 1* und *Teil 2* zu ermitteln. Die genaue Ermittlung der Zug- und Schubfestigkeit einer Lötverbindung ist allerdings nur bei Hartlötungen sinnvoll. Bei Weichlötverbindungen soll durch entsprechende Gestaltungsmaßnahmen eine Überlastung vermieden werden.

Bei der Gestaltung sollten folgende *Eigenschaften von Lötverbindungen* berücksichtigt werden:

- Fast jede metallische Werkstoffpaarung ist möglich
- relativ geringe Erwärmungs- und Lötzeiten
- preiswerte und transportable Geräte für die Handlötung
- verschieden dicke Werkstücke können verbunden werden
- Lötung an schwer zugänglichen Stellen ist möglich
- beim Löten unter Schutzgas werden vorbearbeitete Oberflächen nicht beeinträchtigt
- großer Reinigungsaufwand erforderlich
- relativ geringe Festigkeit im Vergleich mit anderen Fügeverfahren

Wegen des kleineren Aufwandes bei der Herstellung und des geringeren Energiebedarfs ist die Weichlötung der Hartlötung prinzipiell vorzuziehen. Die geringere Festigkeit der Weichlotverbindung kann durch eine günstige Gestaltung aufgefangen werden.
Stumpfe Blechstöße (*Bild 4.3-5*) sollten nur durch Hartlöten gefertigt werden. Auf die Lötstelle wirkt eine Zugbeanspruchung, die ungünstig ist und deshalb vermieden werden sollte. Fugenlötung ist deshalb nur für Reparaturen zulässig.
Die in *Bild 4.3-6* überlappt dargestellten Bleche können sowohl durch Hartlötung als auch durch Weichlöten verbunden werden, wenn die Überlappung groß genug ist. Empfehlenswerter ist jedoch die entlastete Verbindung nach *Bild 4.3-7*, bei der die Lötstelle selbst keine Kräfte zu übernehmen braucht.

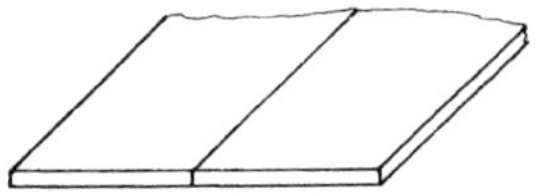

Bild 4.3-5 Stumpfer Blechstoß

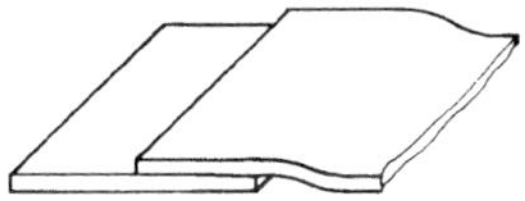

Bild 4.3-6 Überlappter Blechstoß

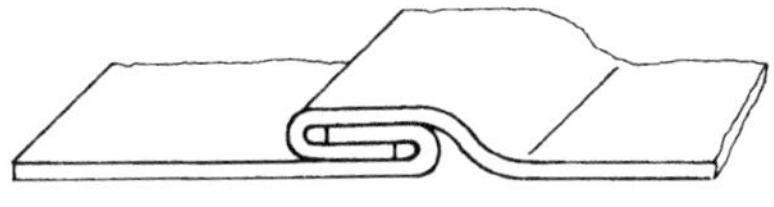

Bild 4.3-7 Entlasteter Blechstoß

Konstruktionsbeispiele für Lötverbindungen sind auch den *Bildern 4.3-8* bis *4.3-13* zu entnehmen.
Bei dynamischer Belastung sind Lötverbindungen ausschließlich hartzulöten.
Bei Serien- und Massenfertigung ergeben sich große wirtschaftliche Vorteile bei der Anwendung maschineller Lötverfahren. Die Ofenlötung unter Schutzgas bietet z.B. den Vorteil, komplett vorgefertigte Einzelteile zu Baugruppen zusammensetzen zu können, ohne daß deren Oberflächenqualität oder Genauigkeit beeinflußt wird. Ein Beispiel hierfür ist der in *Bild 4.3-14* dargestellte Räderbock. Das benötigte Lot wird in diesem wie auch in ähnlichen Fällen in Form von Lotformteilen vor dem Löten an dem Werkstück angebracht. In *Bild 4.3-15* sind einige Lotformteile, wie sie im Handel erhältlich sind, dargestellt.

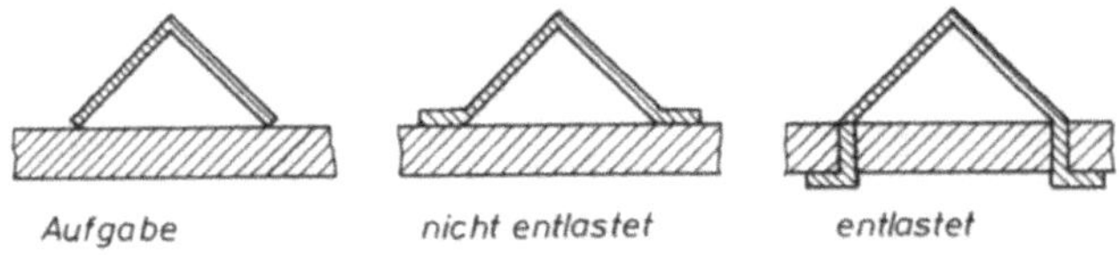

Bild 4.3-8 Wandversteifung

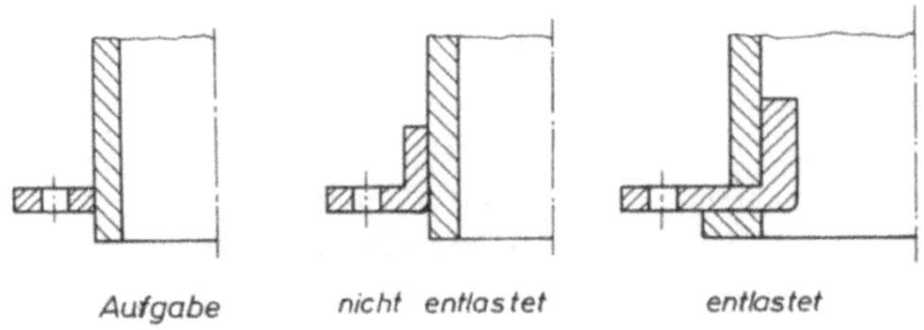

Bild 4.3-9 Behälterflansch

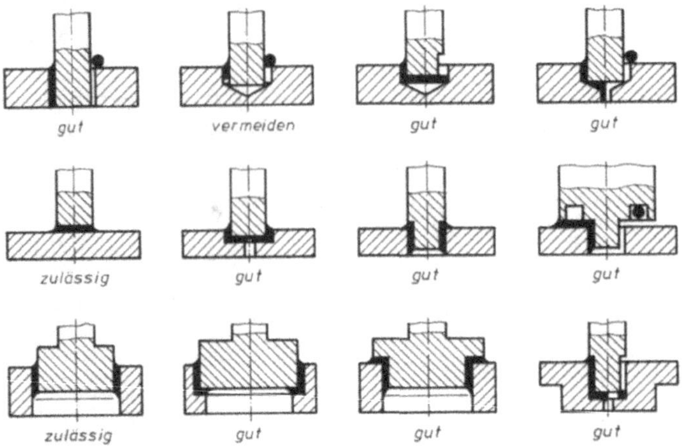

Bild 4.3-10 Lötgerechte Konstruktion von Bolzenverbindungen; günstiger Spaltbreitenbereich (0,05 ... 0,2) mm

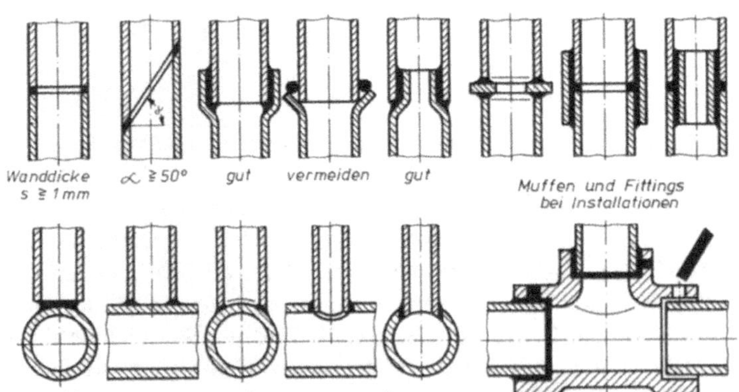

Bild 4.3-11 Lötgerechte Konstruktion von Rohrverbindungen; günstiger Spaltbreitenbereich (0,05 ... 0,2) mm

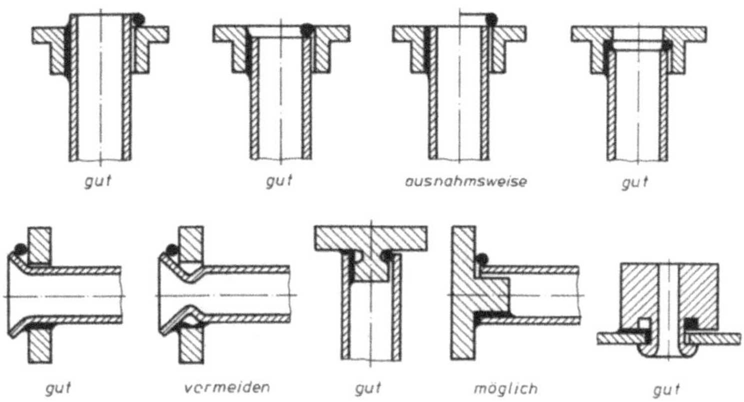

Bild 4.3-12 Lötgerechte Konstruktion von Nippel- und Flanschverbindungen; günstiger Spaltbreitenbereich (0,05 ... 0,2) mm

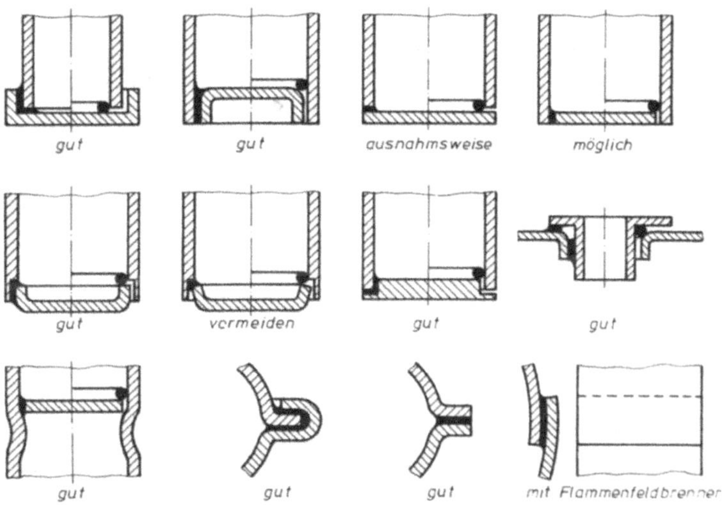

Bild 4.3-13 Lötgerechte Konstruktion von Blechbehältern; günstiger Spaltbreitenbereich (0,05 ... 0,2) mm

4.3.2 Das Gestalten von Schweißverbindungen

Nach DIN 1910 Teil 1 ist Schweißen das Vereinigen von Werkstoffen in der Schweißzone unter Anwendung von Wärme und/oder Kraft ohne oder mit Schweißzusatz.

Das Schweißen ist ein vielfältig anwendbares Verbindungsverfahren, das sowohl bei Metallen als auch bei Kunststoffen und bei anderen Werkstoffen, wie z.B. bei Glas, angewendet wird. Entsprechend dieser vielfältigen Anwendungsmöglichkeiten gibt es eine große Anzahl verschiedener Schweißverfahren, die in *DIN 1910 Teil 1 ... Teil 5* beschrieben und gegliedert sind.

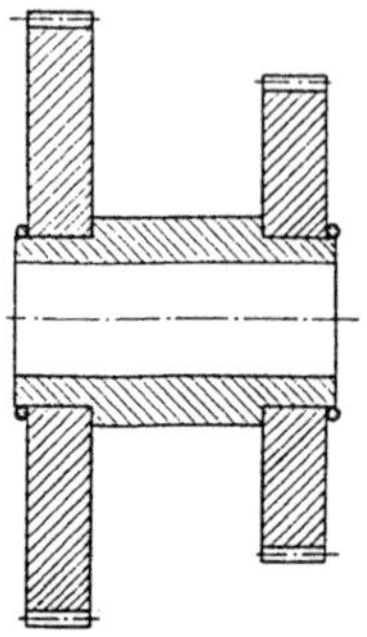

Bild 4.3-14 Durch Hartlöten gefertigter Räderbock

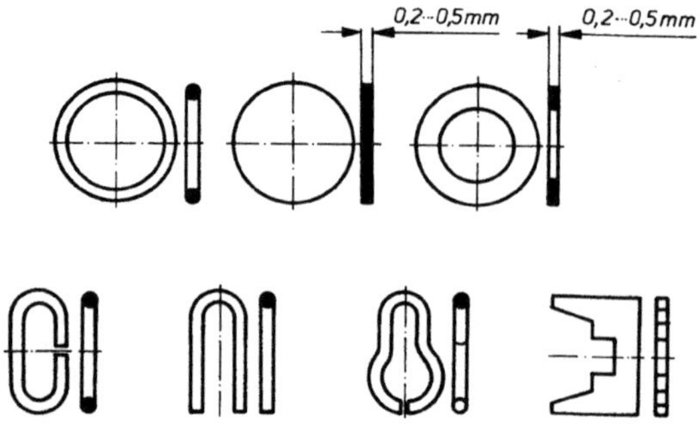

Bild 4.3-15 Lotformteile

(1) Eigenschaften von Schweißverbindungen

Schweißverbindungen können bei vielen Werkstoffen angewendet werden, nicht nur bei Stahl, Stahlguß und Gußeisen, sondern auch bei Kupfer-, Aluminium- und Magnesiumlegierungen, bei Nickel, Zink, Blei, thermoplastischen Kunststoffen und anderen Nichtmetallen.

Das Verbindungsschweißen steht in Konkurrenz mit dem Gießen, dem Nieten und dem Schrauben. Gegenüber diesen Verfahren ergeben sich bei Schweißkonstruktionen folgende *Vorteile:*

- Bei schweißgerechter Gestaltung ergibt sich Gewichtsersparnis bei gleicher Steifigkeit und Festigkeit
- kürzere Fertigungszeiten als bei Gußkonstruktionen; damit geringere Fertigungskosten
- größere Fertigungsgenauigkeit als bei Gußkonstruktionen
- Leichtbauweise ist möglich
- geringere Nachbearbeitung
- Modellkosten werden gespart

Auftragschweißungen ermöglichen die Reparatur von Verschleißteilen und das Anbringen von Verstärkungen. Das mit der Schweißtechnik eng verbundene Brennschneiden ist ein wirtschaftliches Vorbearbeitungsverfahren für geschweißte Baugruppen.

Nachteile von Schweißverbindungen sind

- der Schweißverzug
- die Schrumpfspannungen
- die Veränderung der Werkstoffeigenschaften in der wärmebeeinflußten Zone
- geringere Dämpfungseigenschaften für mechanische und akustische Schwingungen als bei Gußstücken
- in der Serienfertigung höhere Fertigungskosten als beim Gießen

Für die erfolgreiche Anwendung der Schweißtechnik ist vor allem das schweißgerechte Gestalten der Baugruppe von großer Bedeutung.

(2) Die Schweißeignung wichtiger Werkstoffe

Die *Allgemeinen Baustähle* nach *DIN 17100* sind in den Gütegruppen 2 und 3 genormt. Die Stähle der Gütegruppe 3 sind sprödbruchunempfindlicher als die der Gütegruppe 2 und daher besser zum Schweißen geeignet. Eine uneingeschränkte Eignung der Stähle für die verschiedenen Schweißverfahren besteht nicht. Für das Lichtbogen- und Gasschmelzschweißen sind die Stähle bis einschließlich des St 52-3 ($\leq$ 0,22 % C) geeignet, der Stahl St 33 aber nur mit Einschränkungen. Die überwiegend im Maschinenbau eingesetzten Stähle St 50-2, St 60-2 und St 70-2 (C-Gehalt ca. 0,3 %, 0,4 % und 0,5 %!) neigen zu Aufhärtung und Sprödbruch. Sie sind deshalb nur bedingt (St 50-2) bzw. nur bei sehr sorgfältiger Vorbereitung und Nachbehandlung schweißbar. Zum Abbrennstumpf- und Gaspreßschweißen sind alle Stähle dieser Norm geeignet, für andere Preßschweißverfahren (z.B. Punktschweißen) jedoch nur die mit einem C-Gehalt bis 0,22 %.

Kesselbleche nach *DIN 17155* sind warmgewalzte Bleche und Bänder aus den warmfesten Stählen UHI, HI, HII, 17Mn4... 10CrMo9 10, die vorwiegend für Dampfkesselanlagen, Druckbehälter, große Druckrohrleitungen und ähnliche Bauteile verwendet werden. Sie sind für alle Schmelzschweißverfahren sowie für Abbrennstumpfschweißen geeignet.

Rostbeständige ferritische und austenitische Stähle nach *DIN 17440*, die vor allem unter Handelsnamen, wie z.B. VA-Stähle oder NIROSTA, bekannt sind, werden vorwiegend in der chemischen Industrie, der Nahrungsmittelindustrie, der Papierindustrie und ähnlichen Bereichen eingesetzt. Ihre Schweißeignung ist im allgemeinen gut, wenn sie gegen interkristalline Korrosion durch Kohlenstoffgehalte unter 0,1 % und durch Zugabe von Stabilisierungselementen geschützt sind. Andernfalls treten im aufgeheizten Grundwerkstoff neben der Schweißnaht interkristalline Korrosionsvorgänge auf durch Diffusion von C und Cr und Bildung von Chromkarbid in den Korngrenzen.

Die Schweißeignung von **Stahlguß** für allgemeine Verwendung nach *DIN 1681* ist vom C-Gehalt abhängig. GS-38 und GS-45 können ohne Vorwärmung geschweißt werden. Stahlgußsorten mit einem C-Gehalt von mehr als 0,25 % müssen in allen Fällen vorgewärmt geschweißt werden. Die Vorwärmtemperatur beträgt 100 °C ... 150 °C. Nach dem Schweißen ist normalzuglühen.

Warmfester ferritischer Stahlguß nach *DIN 17 245* muß auf 200 °C ... 300 °C vorgewärmt und anschließend langsam abgekühlt werden; gegebenenfalls ist er bis zu 2 Stunden spannungsarmzuglühen.

Nichtrostender Stahlguß nach *DIN 17 445* wird in ferritische und austenitische Sorten unterschieden. Ferritischer Stahlguß muß auf 300 °C ... 400 °C vorgewärmt werden und nach dem Schweißen noch einer Wärmebehandlung mittels Anlaßvergüten unterzogen werden. Bei austenitischem Stahlguß ist eine dem Schweißen nachfolgende Wärmebehandlung nicht unbedingt erforderlich. Allerdings empfiehlt sich bei ungünstigen Schweißbedingungen ein Spannungsarmglühen.

Gußeisen mit Lamellengraphit nach *DIN 1691* kann nur unter erheblichen Schwierigkeiten geschweißt werden als Folge seines hohen C-Gehaltes. Die Gußeisenschweißung ist durch Warmschweißung mit Lichtbogen oder Gasflamme oder durch Kaltschweißung meist nur mit Lichtbogen möglich. Beim Warmschweißen müssen die Bauelemente auf 400 °C ... 650 °C vorgewärmt werden. Die Festigkeit der so gefertigten Bauteile ist besser als bei der Kaltschweißung, diese führt nämlich zu einer Eisenkarbidbildung in den Randzonen der Naht, Ursache für eine starke Rißneigung der Verbindung. Durch Einsetzen von Gewinde-Stahlstiften in die Nahtflanken kann die Festigkeit einer Schweißverbindung an Gußeisen gesteigert werden.

Die Schweißeignung von **Kupfer** ist nur bei sauerstofffreien Sorten gewährleistet, weil sonst durch Diffusion von H und Verbindung mit dem im Kupfer vorhandenen O sich

H_2O in den Korngrenzen mit Drücken bis zu 1000 bar bildet – Ursache für Betriebsbrüche (Wasserstoffkrankheit). Kupfer und Kupferlegierungen werden vorwiegend durch Gasschmelzschweißen oder durch Schutzgasschweißen verbunden.

Aluminium und seine Legierungen werden am häufigsten unter Schutzgas verschweißt. Das ist erforderlich wegen der starken Affinität des Al zu O_2. Das Gasschmelzschweißen von Al und Al-Legierungen ist ebenfalls verbreitet.

Thermoplastische Kunststoffe lassen sich im allgemeinen problemlos schweißen. Als Schweißverfahren wird ausschließlich das Preßschweißen angewendet. Wegen niedriger Temperaturen beim Schweißen ist das Schweißen mit einfachen Mitteln möglich (vgl. *DIN 1910 Teil 3*); es ergeben sich allerdings auch wesentlich geringere Festigkeiten der Naht als sie der Grundwerkstoff aufweisen kann.

(3) Die Schrumpfwirkung der Schweißnähte

Die örtliche Erwärmung durch das Schweißen ruft im Bauteil ein Kräftespiel hervor, wobei sich die erhitzte Stelle ausdehnt, während die kaltgebliebenen Bauteilbereiche der Umgebung diese Ausdehnung mehr oder weniger – je nach Fließvermögen – behindern. Als Ergebnis bleibt nach der Abkühlung eine Schrumpfung, unter Umständen auch eine beträchtliche plastische Verformung, stets aber eine innere Verspannung zurück.

Die Schrumpfung kann ihrer Bewegungsrichtung nach in Querschrumpfung, Winkelschrumpfung und Längsschrumpfung aufgeteilt werden (*Bild 4.3-16*). Diese drei Schrumpfungsarten wirken gleichzeitig; sie sind aber verschieden in ihren Auswirkungen und können in verschiedener Weise beeinflußt werden.

Die *Querschrumpfung* ist eine Folge der Erwärmung der Nahtflanken. Die zu fügenden Bauelemente dehnen sich beide aus, was ohne Widerstand nach der Nahtmitte hin geschehen kann, die Fuge wird dadurch verengt. Ist die Schweißung beendet, dann beginnt die Abkühlung mit Anstieg der Fließgrenze des Werkstoffes. Die mit der Abkühlung zwangsläufig verbundene Schrumpfung kann sich aber nicht als Aufweitung der Fuge auswirken, so daß das gesamte Bauteil quer zur Naht kürzer wird.

Die *Winkelschrumpfung* ist eine Folge der Querschrumpfung der Naht. Die Größe der Winkelschrumpfung hängt weitgehend vom Nahtaufbau ab. Je mehr Lagen übereinander gelegt werden, umso größere Schrumpfwinkel treten auf.

Die *Längsschrumpfung* erstreckt sich über die Länge der Naht. Eine Kürzung der Nahtlänge kann praktisch jedoch nur an den Nahtenden erfolgen.

Wirken Quer- und Längsschrumpfung gleichzeitig, so entstehen einander überlagernde Quer- und Längsspannungen mit mehrachsigem Spannungszustand in der Schweißnaht und im Anschlußquerschnitt.

Maßnahmen zur Verringerung der Schrumpfspannungen sind

– ein kleines Nahtvolumen

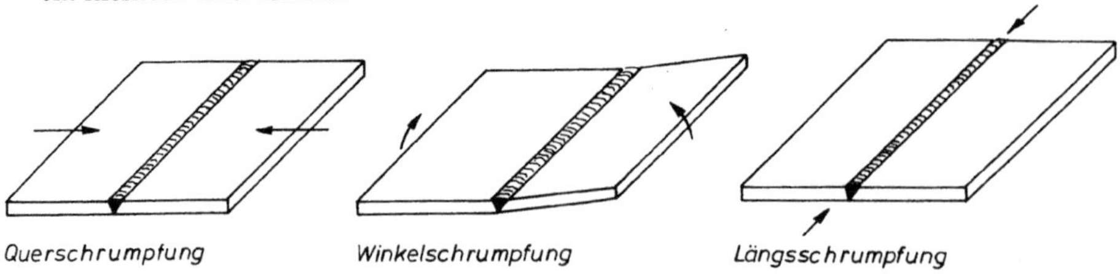

Bild 4.3-16 Schrumpfungen der Schweißnähte

- das Geringhalten der zugeführten Wärmemenge
- das Einhalten von konstruktiven Spielräumen für die Schrumpfungen
- eine angepaßte Schweißfolge und Arbeitsvorbereitung
- das sinnvolle Ableiten der Wärme
- ein nachfolgendes Hämmern der Naht
- ein nachfolgendes Spannungsarm- oder Normalglühen oder Vergüten

Die Schrumpfneigung nimmt mit der Menge der zugeführten Wärme zu. Die Erwärmung der Naht und ihrer Umgebung ist daher grundsätzlich so gering wie möglich zu halten. Allerdings ist die zugeführte Wärmemenge umso größer, je größer das Nahtvolumen ist. Die Schweißnahtdicke sollte deshalb so gering wie möglich gehalten werden.

Bei Kehlnähten vervierfacht sich das Nahtvolumen bei doppelter Nahtdicke. Mit zunehmender Nahtdicke vergrößert sich auch die Winkelschrumpfneigung (*Bild 4.3-17*).

Auch bei V-Nähten wirkt sich eine Vergrößerung des Nahtvolumens, z.B. durch Vergrößerung des Fugenwinkels (*Bild 4.3-18*), nachteilig durch eine Vergrößerung des Winkelverzuges aus.

Eine günstige Verkleinerung des Nahtvolumens ist vor allem durch Anwendung von X-Nähten zu erreichen (*Bild 4.3-19*). Bei gleicher Blechdicke haben diese nur das halbe Nahtvolumen der V-Naht. Allerdings entstehen höhere Kosten durch eine aufwendigere Schweißnahtvorbereitung.

Eine Verringerung der eingebrachten Wärmemenge kann auch durch eine höhere Schweißgeschwindigkeit erreicht werden. Diese Möglichkeit bietet sich bei Verwendung dünnerer Elektroden.

Nahtanhäufungen und Nahtüberschneidungen sind insbesondere bei rißempfindlichen Werkstoffen zu vermeiden. Es muß ausreichend viel Werkstoff zum Schrumpfen vorhanden sein, damit sich ein Teil der Schrumpfspannungen durch plastische Verformung der Bauteilelemente abbauen lassen.

Unterbrochene Nähte geben dem Werkstoff die Möglichkeit zur Verformung. Allerdings besteht die Gefahr, daß bei nichtruhender Beanspruchung die Verbindung zerstört wird, da unterbrochene Nähte durch Kerbwirkung leicht aufreißen. Zu beachten dabei sind vor allem die an Anfang und Ende jeden Nahtabschnittes auftretenden Endkrater. Es ist daher

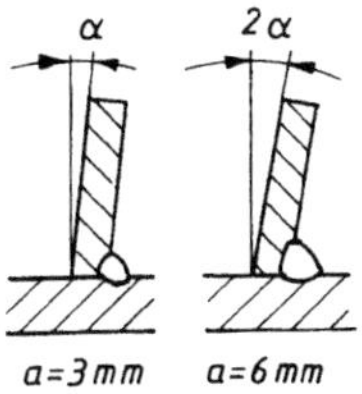

Bild 4.3-17 Einfluß des Nahtvolumens bei Kehlnähten

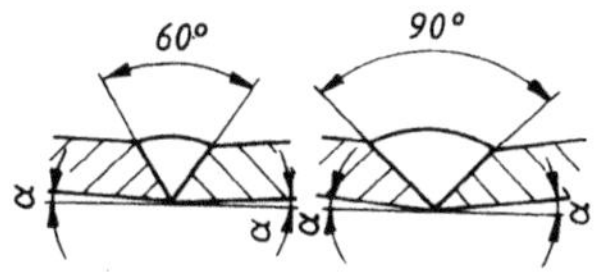

Bild 4.3-18 Einfluß des Fugenwinkels bei V-Nähten

Bild 4.3-19 Nahtform und Nahtvolumen

besser, grundsätzlich unterbrochene Nähte durch dünnere, aber durchlaufende Nähte zu ersetzen.

Ein sehr wirksames Mittel gegen Schrumpfspannungen ist das Vorwärmen der Bauteilelemente vor dem Schweißen. Es ist besonders bei starren Bauteilen mit großen Wanddicken zu empfehlen.

Das Hämmern der Naht hat eine Verfeinerung und Verdichtung des Korns und eine Verminderung der Schrumpfspannungen zum Ziel. Es muß im rotwarmen, plastischen Zustand erfolgen. Keinesfalls darf im Gebiet der Blauhitze bei 200 °C ... 300 °C gehämmert werden, da sonst Risse auftreten.

Bei hochwertigen geschweißten Baukonstruktionen ist ein Spannungsarmglühen nach dem Schweißen zu empfehlen. Allerdings empfiehlt sich bei größeren Blechdicken eine Verbindung des Spannungsarmglühens mit dem Normalglühen. Durch diese Glühverfahren kann der einmal im Bauteil vorhandene Verzug nicht mehr beseitigt werden; die Spannungen werden jedoch abgebaut und das Ursprungsgefüge gegebenenfalls wieder hergestellt. Zur Vermeidung von Verzug durch das Freiwerden von inneren Spannungen beim Glühen müssen die Bauteile in Zwangslage geglüht werden.

(4) Nahtarten und Nahtformen

Die Festigkeit der Schweißnähte wird durch Kerbwirkung herabgesetzt. Hierbei ist zwischen technologischen Kerben und Gestaltungskerben zu unterscheiden.

Technologische Kerben sind Poren und Gaseinschlüsse in der Naht, in der Nahtwurzel und in den Ansatzstellen durch Elektrodenwechsel, die sich bilden, weil die Schweißnaht – im Gegensatz zum Knetgefüge des Grundwerkstoffes – ein Gußgefüge hat.

Gestaltungskerben (konstruktive Kerben) der Schweißnaht sind äußere Kerben, wie die Endkrater der Nähte und die Übergänge der Nähte zum Grundwerkstoff. Durch zweckmäßige Gestaltung und Bearbeitung läßt sich die Kerbwirkung der Schweißnähte mildern oder aufheben.

Die Nahtart, z.B. die Stumpfnaht oder die Kehlnaht, hängt von der Lage der Bauteilelemente zueinander ab. Die Nahtform, z.B. V-Naht oder X-Naht, wird von der Bauteildicke, vom gewählten Schweißverfahren und von den Anforderungen an die Schweißnaht, wie z.B. die Belastungsart oder eine vorgeschriebene Dichtheit, bestimmt (*Bild 4.3-20*).

- I-Nähte sind für dünne Bleche bis 4 mm Dicke verwendbar und erfordern keine Nahtvorbereitung.
- V-Nähte werden bei Blechdicken von 3 mm ... 13 mm angewendet. Der Öffnungswinkel der Nahtfuge ist meist mit 60° zu wählen. HV-Nähte werden seltener angewendet.
- X-Nähte verwendet man bei Blechdicken von 10 mm ... 30 mm. K-Nähte kommen seltener vor.

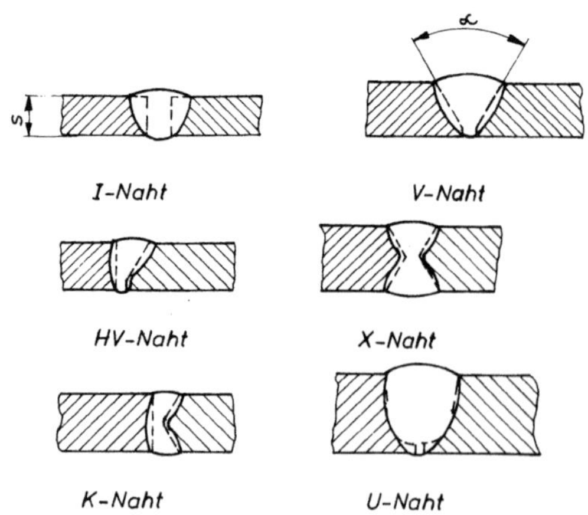

Bild 4.3-20 Stumpfnahtformen

- Für große Blechdicken über 12 mm bzw. über 30 mm kommen U- bzw. Doppel-U-Nähte in Betracht.
- Da bei Stumpfnähten der Kraftfluß günstig verläuft, haben diese eine relativ große Dauerfestigkeit.
- Der Hauptvorteil der Kehlnähte (*Bild 4.3-21*) besteht darin, daß sie im Gegensatz zu den Stumpfnähten (*Bild 4.3-22*) keine Schweißkantenvorbereitung erfordern.

  Die Wölbnaht ruft wegen ihres schroffen Überganges zum Grundwerkstoff starke Einbrandkerben hervor. Die rechnerische Nahtdicke *a* entspricht der Höhe eines in die Naht eingeschriebenen Dreiecks. Die Wölbnaht ist wegen ihres überproportional großen Elektrodenbedarfs also auch recht teuer.

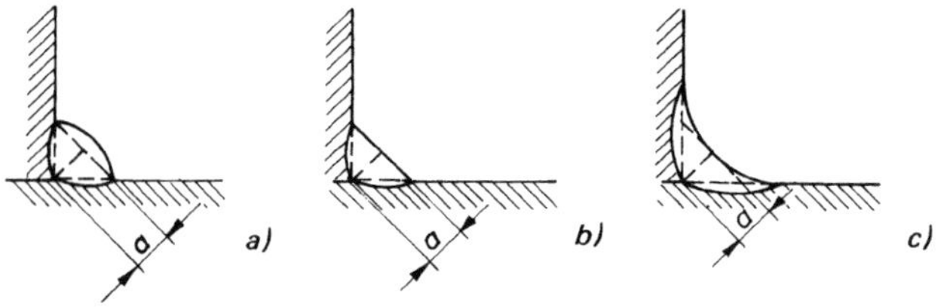

Bild 4.3-21
Kehlnahtform und Nahtdicke
a) Wölbnaht
b) Flachnaht
c) Hohlnaht

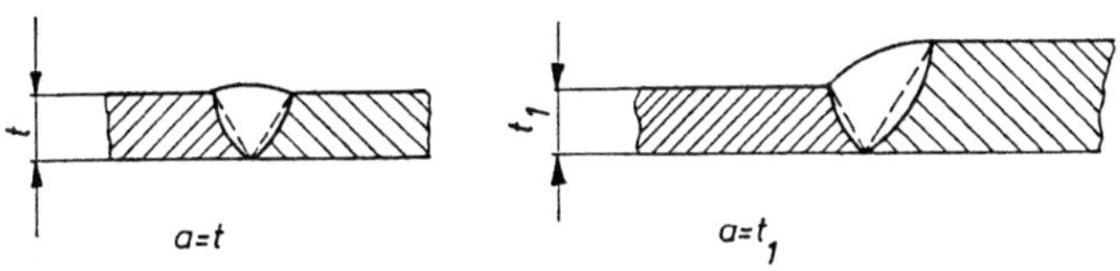

Bild 4.3-22
Nahtdicke bei Stumpfnähten

Die Flachnaht hat einen günstigeren Kerbwirkungsfaktor und erfordert den geringsten Aufwand an Zusatzmaterial. Die Grundform der Naht ist ein gleichschenkliges und rechtwinkliges Dreieck.

Die Hohlnaht ist für dynamische Beanspruchungen geeignet, da sie nur eine geringe Kerbwirkung aufweist. Belastete Kehlnähte werden im allgemeinen durchlaufend ausgeführt. Unterbrochene Nähte sollten möglichst durch dünnere und durchlaufende Nähte ersetzt werden.

Einseitige Kehlnähte sind wegen zusätzlicher Biegespannungen und großer Kerbwirkung zu vermeiden.

Bei Überlappungsverbindungen unterscheidet man Flanken- und Stirnkehlnähte (*Bild 4.3-23*). Flankenkehlnähte sind bei statischer Zugbeanspruchung den Stumpfnähten gleichwertig. Der Kraftfluß ist aber bei Anschlüssen mit Flankenkehlnähten ungünstig, weil an den Nahtenden Spannungsspitzen auftreten, die die Dauerfestigkeit der Verbindung wesentlich vermindern.

Bei Stirnkehlnähten entstehen an der Nahtwurzel Spannungsspitzen. Dort addieren sich bei auf Zug beanspruchten Nahtufern Biege- und Zugspannungen, so daß die Spannung in der Naht meist ein Mehrfaches der im Anschlußquerschnitt vorhandenen Spannung beträgt.

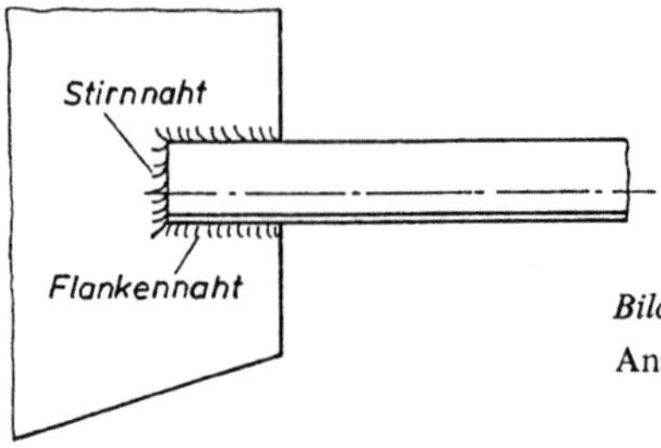

Bild 4.3-23
Anschluß mit Stirn- und Flankenkehlnähten

(5) Gestaltungsbeispiele

Bei allen Schweißkonstruktionen ist die Gestaltung der Bauteile schweißgerecht vorzunehmen. Schweißgerechte Gestaltung heißt optimale Anpassung der Konstruktion an die Verwendung des Produktes und an das Herstellungsverfahren.

Es ist in der Regel falsch, wenn der Konstrukteur Gestaltungsprinzipien, die sich in anderen Bereichen bewährt haben, z.B. bei Gußkonstruktionen, ohne kritische Prüfung auf die Schweißkonstruktion überträgt.

Hochbeanspruchte Schweißkonstruktionen sollen
- beanspruchungsgerecht
- formgerecht
- werkstoffgerecht
- fertigungsgerecht
- wirtschaftlich optimal

konstruiert werden.

Die Kräfte sollen in die Schweißkonstruktion stets so eingeleitet werden, daß diese möglichst in ihrer Gesamtheit an der Kraftübertragung beteiligt ist. Da Schweißnähte stets Schwachstellen der Konstruktion sind, sollen sie in die weniger beanspruchten Zonen verlegt werden. Nahtanhäufungen sind in jedem Falle zu vermeiden.

Die Beeinflussung des Kraftflusses durch Schweißnähte ist in *Bild 3-12* dargestellt. Stumpfnähte sind danach besser als Kehlnähte; andererseits kann bei Kehlnähten normalerweise die Paßarbeit vermieden werden.

Es soll auch darauf geachtet werden, daß keine Steifigkeitssprünge in einer Konstruktion auftreten; die Steifigkeit der in einer Konstruktion verbundenen Profile sollte möglichst gleich groß sein (vgl. *Bild 3-22*).

Für die Einzelteile einer geschweißten Baugruppe sind vorzugsweise Normprofile zu verwenden.

Der verwendete Werkstoff ist den Einsatzbedingungen des Produktes anzupassen und das wirtschaftlichste Schweißverfahren anzuwenden.

In *Bild 4.3-24* sind verschiedene Ausführungen eines Stabgelenkes dargestellt. *Bild 4.3-24a* zeigt eine Ausführung mit Kehlnaht, bei deren Fertigung teure Paßarbeit entsteht. Die Schweißnaht liegt im gefährdeten Querschnitt.

Durch die Verwendung von Vierkantmaterial für die Nabe (*Bild 4.3-24b*) wird Paßarbeit vermieden. Allerdings liegt die Kehlnaht auch bei dieser Konstruktion im gefährdeten Querschnitt.

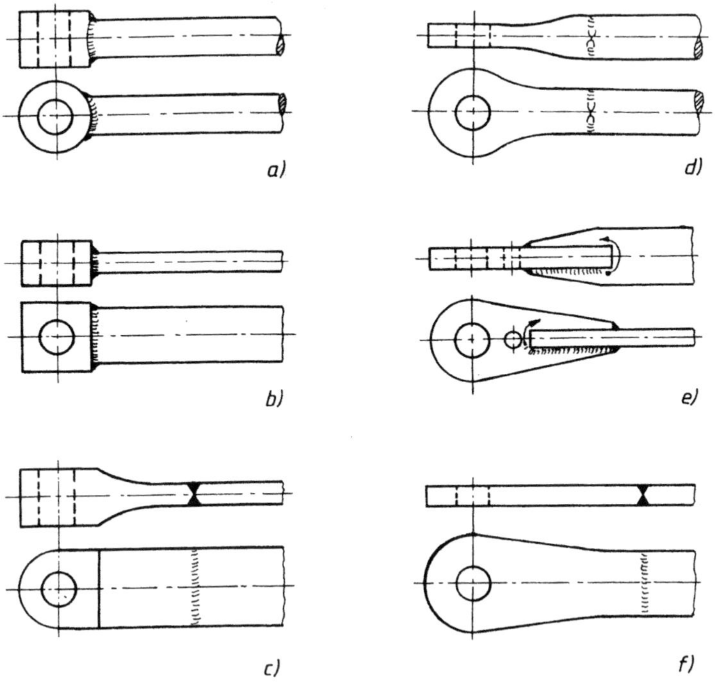

Bild 4.3-24 Stabanschlüsse

a) mit runder Nabe und Kehlnaht
b) mit Vierkantnabe und Kehlnaht
c) mit Stumpfnaht und breiter Nabe
d) mit Stumpfnaht und schmaler Nabe
e) mit verlängerter Kehlnaht
f) preiswerte Ausführung

In *Bild 4.3-24c* sind Nabe und Stange durch eine Stumpfnaht verbunden, die außerhalb des gefährdeten Querschnittes angeordnet ist. Die Fertigung der Nabe ist jedoch teuer.

In *Bild 4.3-24d* ist eine Bauform dargestellt, bei der die Schweißnaht ebenfalls außerhalb des gefährdeten Querschnittes liegt. Die Nabe ist als Schmiedeteil ausgeführt, Kerbwirkung wird dadurch vermieden. Jedoch können in der Nabenbohrung keine großen Flächenpressungen übertragen werden.

Beim Flachstahlgelenk nach *Bild 4.3-24e* wurde die Schweißnaht erheblich verlängert. Dadurch nimmt ihre Tragfähigkeit zu. Es ist jedoch teure Paßarbeit erforderlich.

Eine entsprechend große Tragfähigkeit wird bei dem Gelenk nach *Bild 4.3-24f* durch die X-Naht außerhalb des gefährdeten Querschnittes erreicht.

Die Eigenschaften der geschweißten Eckverbindungen im *Anhang A4.3-1* sind zu jeder Ausführung angegeben.

4.3.3 Schrifttum

Normen

1. DIN 1707 Weichlote für Schwermetalle
2. DIN 8505 T1 Löten; Allgemeines, Begriffe
3. DIN 8505 T2 und T3 Einteilung der Lötverfahren
4. DIN 8511 T 1 ... 3 Flußmittel zum Löten metallischer Werkstoffe
5. DIN 8512 Hart- und Weichlote für Aluminiumwerkstoffe
6. DIN 8513 T 1 Hartlote für Schwermetalle: Kupferlote
7. DIN 8513 T 2 Silberhaltige Hartlote bis 20 % Ag
8. DIN 8513 T 3 Silberhaltige Hartlote über 20 % Ag
9. DIN 8516 Weichlote mit Flußmittelseelen auf Harzbasis
10. DIN 8525 T 1 Prüfung von Hartlötverbindungen; Zugversuch
11. DIN 8525 T 2 Prüfung von Hartlötverbindungen; Scherversuch
12. DIN 8526 Prüfung von Weichlötverbindungen; Scher- und Zeitstandversuch
13. DIN 8527 Prüfung von Flußmitteln zum Weichlöten von Schwermetallen
14. DIN 1912 T 1 ... 5 Zeichnerische Darstellung; Schweißen, Löten
15. DIN 18 800 T1 Stahlbauten; Bemessung und Konstruktion
16. DIN 18 800 T7 Stahlbauten; Herstellung, Eignungsnachweise zum Schweißen
17. DIN 18 801 Stahlhochbau; Bemessung, Konstruktion, Herstellung
18. DIN 8551 Schweißnahtvorbereitung, Richtlinien für Fugenformen
19. DIN 8563 T1 ... T30 Sicherung der Güte von Schweißarbeiten
20. DIN 17 100 Allgemeine Baustähle, Gütevorschriften

Literatur

21. *Rellensmann,* Moderne Schweiß- und Schneidtechnik, Handwerk und Technik, Hamburg 1984
22. *Roloff/Matek,* Maschinenelemente, Vieweg, Braunschweig 1987
23. *Schimpke/Horn*, Praktisches Handbuch der gesamten Schweißtechnik, 2. Band, Elektrische Schweißtechnik, Springer, Berlin 1950
24. *Schimpke/Horn/Ruge*, Praktisches Handbuch der gesamten Schweißtechnik, 3. Band, Berechnen und Entwerfen der Schweißkonstruktion, Springer, Berlin 1959

4.4 Das Gestalten von Blechteilen

4.4.1 Begriffliche Einordnung

Stanztechnik ist der Oberbegriff derjenigen Fertigungsverfahren, bei denen Bleche und Bänder spanlos, also mit über die Fließgrenze hinausgehender Werkstoffbeanspruchung, zu Bauteilen verarbeitet werden.

4.4.2 Fertigungsbedingte Gestaltungsregeln

(1) Richtlinien für das Zerteilen

Schnitteile werden aus Blechstreifen oder Bändern mittels Freischnitt, Führungsschnitt oder Gesamtschnitt ausgeschnitten oder mittels Abhacker abgeschnitten.

Werkzeug	Mindesttoleranz der Teile in mm	Teile-Stückzahl	Anwendung, Bemerkungen
Freischnitt	± 0,20 ... 0,30	klein	einfache Umgrenzungen, große Ausschnitte, Abgratarbeiten
Führungsschnitt	± 0,08 ... 0,20	mittel bis groß	meist Teile mit Folgeoperationen (mehrere Arbeitsstufen); Toleranzen abhängig von der Vorschubbegrenzung
Gesamtschnitt	± 0,025 ... 0,05	groß	genaue Teile, die volle Schnittstempel erfordern; Toleranzen nur abhängig von der Werkzeuggenauigkeit

Bild 4.4-1 Anwendung der Schnittwerkzeuge

Nach Bremberger sind die im *Anhang A4.4-1* angegebenen Mindestmaße für Schnitteile einzuhalten.

Die *Stoffausnutzung* η ist die Verhältniszahl aus der Fläche des fertigen Teils A und der erforderlichen Fläche des Blechstreifens Streifenbreite $b \times$ Vorschub s:

$$\eta = \frac{A}{b \cdot s} \tag{4.3}$$

η Stoffausnutzung des Blechstreifens
A Fläche des gestanzten Blechteiles in mm^2
b Breite des Blechstreifens in mm
s Vorschub in mm

Vergleiche dazu auch die *Bilder 2-4... 2-7.*

Bei Blechteilen, die nach dem Schneiden noch gebogen werden, ist der Walzstrich zu beachten. Je nach Lage der Biegekante sind die Schnitteile möglichst geschickt anzuordnen, um unnötigen Verschnitt zu vermeiden. Die Teile sollen so konstruiert sein, daß sie mit möglichst großen Maßtoleranzen und mit Grat verwendet werden können. Je größer die Toleranzen, umso größer die Stückzahl der Teile, die mit demselben Werkzeug hergestellt werden können. Dünne Teile sind maßhaltiger und sauberer als dicke herzustellen. Harte Werkstoffe haben geringere Grate als weiche.

Scharfe Ecken lassen sich nur bei Feinblechen erzielen (Blechdicke $s < 3$ mm). Blechteile mit größerer Dicke sind mit Entschärfungen der Schnittlinien zu versehen.

Bei Lochungen ist zu berücksichtigen, daß der Stempel nur etwa ein Drittel der Blechdicke schneidet und die Lochung sich von da an bis zum Stempelaustritt auf $D = d + 0{,}1 \cdot s$ erweitert (*Bild 4.4-3*).

Bei durchgedrückten Butzen ist die Butzenhöhe $t \leqslant 0{,}4 \cdot s$ zu wählen. Der Stempeldurchmesser d_{St} wird etwas größer als der erforderliche Butzendurchmesser gewählt (*Bild 4.4-4*).

Wichtige Richtlinien für das Zerteilen sind im *Anhang A4.4-11* angegeben.

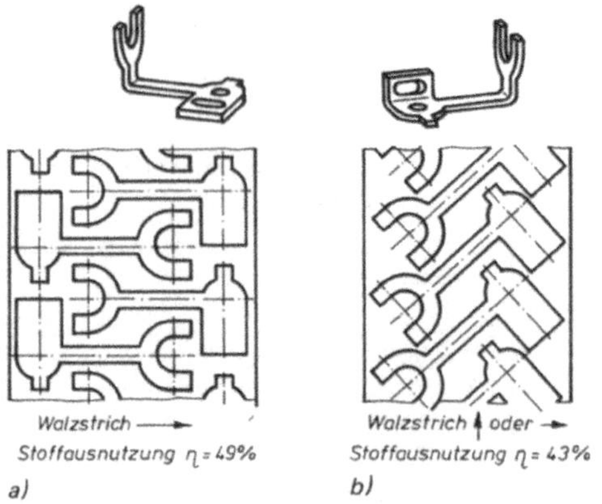

Bild 4.4-2 Anordnung des Ausschnittes im Streifen unter Berücksichtigung der Stoffausnutzung und der Weiterverarbeitung durch Abkanten

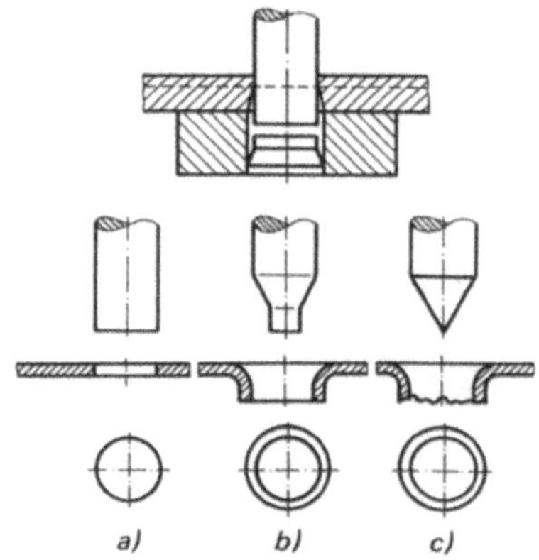

Bild 4.4-3 Grundformen gestanzter Löcher; a = geschnitten, b = gezogen, c = gestochen, durchgerissen

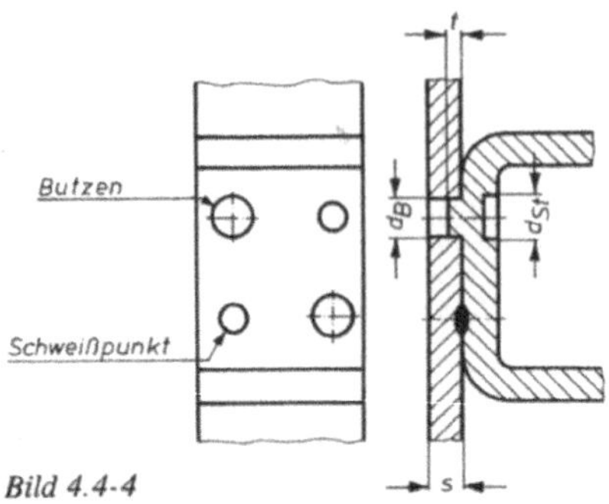

Bild 4.4-4
Gestaltung durchgedrückter Butzen

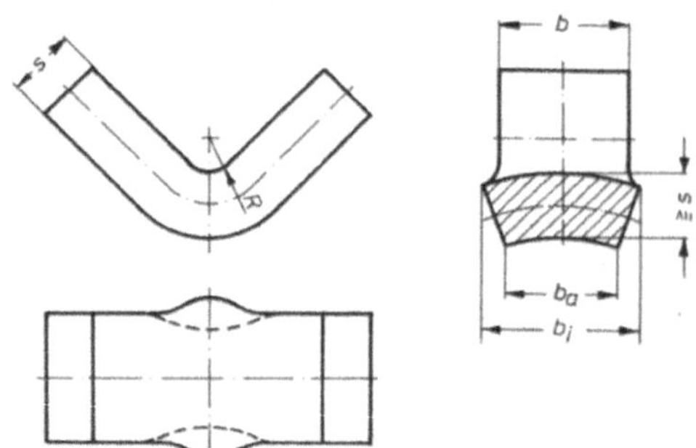

Bild 4.4-5 Verformungen der Biegezone

(2) Richtlinien für das Umformen

Von besonderer Bedeutung für den Konstrukteur ist das Gestalten von Blechteilen, die durch Biegeumformen und Zugdruckumformen hergestellt werden.

A. Biegeteile

Beim Biegen werden die innen liegenden Fasern gestaucht und die äußeren Fasern gedehnt. Der Querschnitt $b \cdot s$ wird dadurch verzerrt (*Bild 4.4-5*), wobei die Dicke s in der Biegezone bis zu 20 % abnehmen kann.

Aus Festigkeitsgründen sollte die Biegezone möglichst senkrecht zum Walzstrich gewählt werden; kleinste zulässige Biegeradien sind im *Anhang A4.4-2* bis *A4.4-4* angegeben.

Ist aus funktionalen Gründen eine scharfkantige Biegung erforderlich, so muß vor dem Biegen die Innenkante nach *Bild 4.4-6* eingekerbt werden.

Läßt sich eine zum Walzstrich schräge Lage nicht vermeiden, z.B. bei Anbringung mehrerer Biegekanten oder zur Blechersparnis (*Bild 4.4-2*), dann sollte eine Schräglage von 45° nicht überschritten werden.

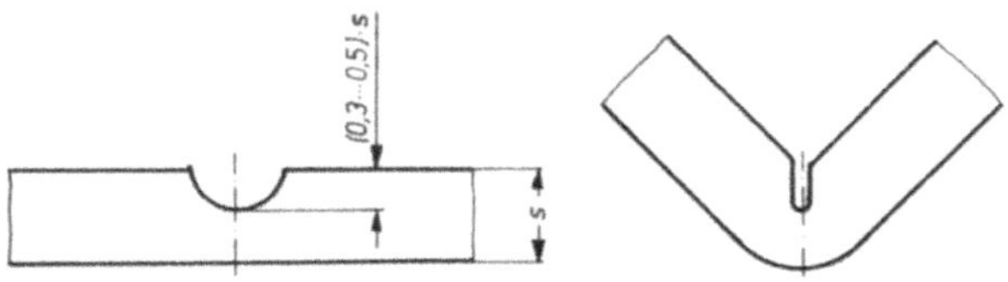

Bild 4.4-6
Vorbereitung scharfkantiger Biegungen bei dicken Blechen

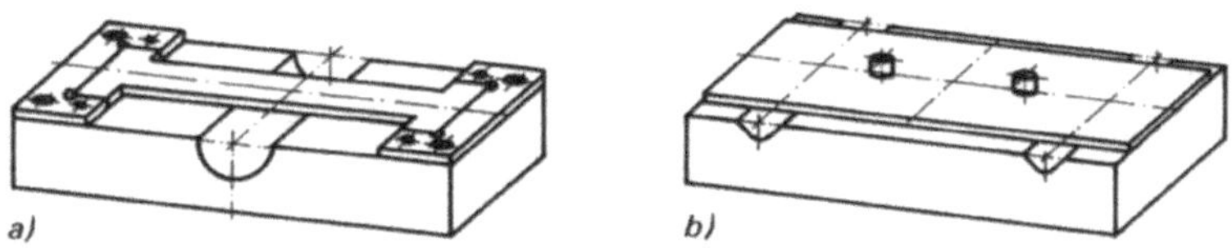

Bild 4.4-7 Aufnahme der Platine im Werkzeug zur Gewährleistung enger Biegetoleranzen
a) bei einer Biegekante
b) bei Fixierung durch Aufnahmestifte für Mehrfachbiegungen

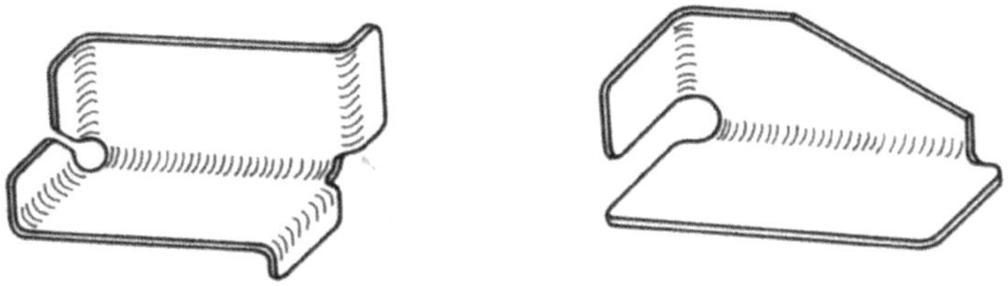

Bild 4.4-8 Ausklinkungen zum Spannungsabbau bei Blechteilen mit Mehrfachbiegungen

Sind bestimmte Maße am Biegeteil mit engen Toleranzen einzuhalten, dann muß eine Fixierung des Rohlings durch eine entsprechende Aufnahme im Werkzeug vorgesehen werden (*Bild 4.4-7*).
Bei Mehrfachbiegungen kann durch einen ungünstigen mehrachsigen Spannungszustand das Fließvermögen des Bleches leicht überfordert werden. Deshalb sollten durch geschickt angebrachte Ausklinkungen solche Werkstoffbereiche vermieden werden (*Bild 4.4-8*).
Wichtige Richtlinien für das Biegen von Stanzteilen sind im *Anhang A4.4-12* wiedergegeben.
Das Formstanzen ist ein Verfahren des Biegeumformens zwischen Ober- und Unterstempel, bei dem nur ein geringer Werkstofffluß stattfindet; die Blechdicke bleibt also annähernd erhalten.
Vielfach lassen sich bei diesem Verfahren durch Konstruktionsänderungen oder durch Fügen leichter herstellbarer Einzelteile die Fertigungskosten reduzieren. *Bild 4.4-9* zeigt Formstanzteile in jeweils steigendem Schwierigkeitsgrad, die dem Konstrukteur beispielhafte Anregungen für die Formgebung vermitteln sollen.

Erläuterungen zu Bild 4.4-9:

1. *Einfach gebogene Teile:*

1.1 Bei geraden, schmalen Profilen ist der Biegeradius nach *Anhang A4.4-2* bis *A4.4-4* zu wählen.

1.2 Bei geraden, abgekanteten Teilen sind die Biegeradien wie bei 1.1 zu beachten; zusätzlich ist die Schenkellänge $L \geqslant 3 \cdot s + R$ zu wählen.

1.3 Bei geraden, flachprofilierten Teilen tritt wegen der großen Biegeradien vielfach eine stärkere Rückfederung auf.

2. *Gekrümmte Profile:*

2.1 Symmetrisch gekrümmte Formen dieser Art werden häufig gewählt. Bei der Werkstoffwahl ist wegen der relativ großen Verformung auf ausreichendes Fließvermögen zu achten.

2.2 Unsymmetrisch gekrümmte Formteile verziehen sich gewöhnlich durch elastische Rückfederung. Deshalb Profiländerung vornehmen oder symmetrische Formgebung mit nachfolgendem unsymmetrischem Beschneiden.

2.3 Ungleichförmig gekrümmte Teile sind nur schwierig mit engen Toleranzen herzustellen. Allmähliche Querschnittsübergänge vorsehen.

3. *Ungleichmäßig abgekantete Teile:*

3.1 Bei konkav gekrümmten Teilen mit Streckspannungen muß die Abkanthöhe dem Fließvermögen des Werkstoffes angepaßt sein.

3.2 Bei konvex gekrümmten Teilen können die Stauchspannungen durch geschickt angebrachte Ausklinkungen herabgesetzt werden.

3.3 Konkav – konvex gekrümmte Teile mit Streckungen und Stauchungen.

4. *Doppelt gekrümmte Teile:*

4.1 Teile mit großen Radien in einer Richtung können auch aus Werkstoffen höherer Festigkeit mit geringerem Fließvermögen hergestellt werden.

4.2 Sattelförmige Teile mit gegeneinander gerichteter Formung in zwei Richtungen sollen zur Vermeidung von Faltenbildung mit möglichst flachem Sattel gestaltet werden.

4.3 Sattelförmige Teile mit kleinem Radius in einer Richtung können nur aus Werkstoffen großen Fließvermögens hergestellt werden. Am kleinen Radius darf die Stauchung 4 % ... 6 % nicht überschreiten.

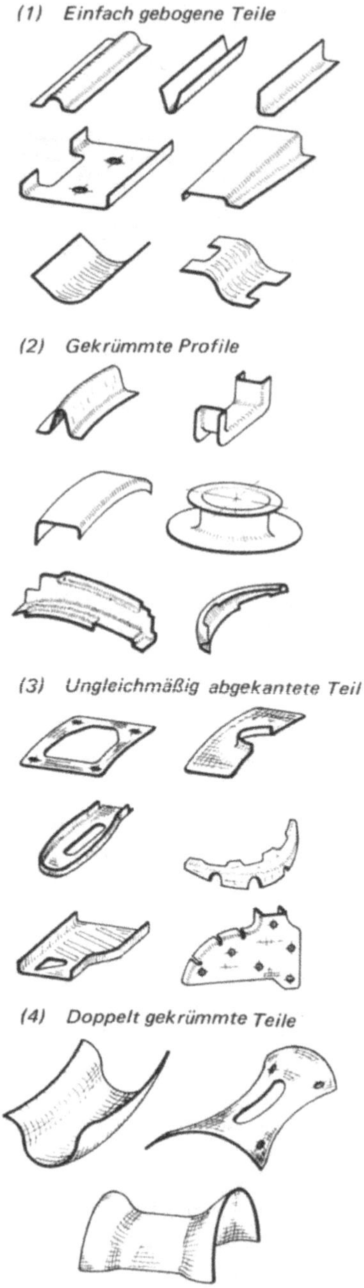

Bild 4.4-9 Einteilung von Formstanzteilen nach dem Schwierigkeitsgrad der Fertigung

B. Ziehteile

Beim Ziehen werden flache Platinen mittels Ziehstempel durch den Ziehring hindurchgedrückt und dadurch Hohlteile hergestellt mit mehr oder weniger starker Werkstückumformung (*Bild 4.4-10*).

Beim Ziehen runder Werkstücke ohne Niederhalter darf zur Verhinderung von Faltenbildung der Zuschnittdurchmesser $D = (20 \dots 25) \cdot s$ nicht überschreiten. Bei flachen, muldenförmigen Vertiefungen sind zur Vermeidung von Verwerfungen Stege und Vertiefungen anzubringen.

Bei Tiefziehteilen muß am noch nicht gezogenen Flansch des Rohlings ein Niederhalter die Faltenbildung vermeiden.

Die beim Tiefziehen auftretenden erheblichen Zug- und Druckumformungen haben eine starke Verfestigung des Werkstoffes mit entsprechender Vergrößerung des Formänderungswiderstandes und Verringerung der Bildsamkeit des Werkstoffes zur Folge.

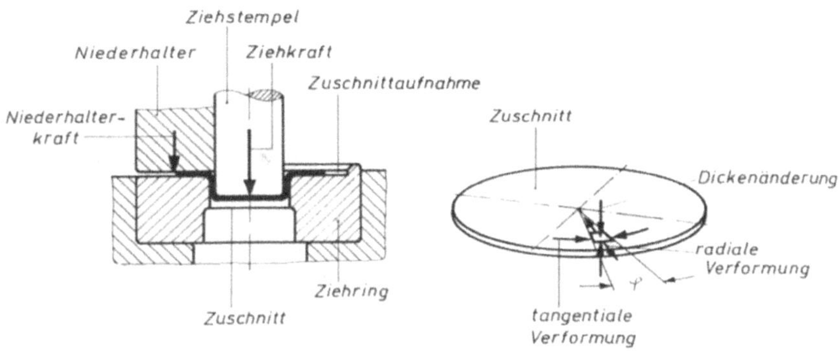

Bild 4.4-10 Ziehen ohne und mit Niederhalter

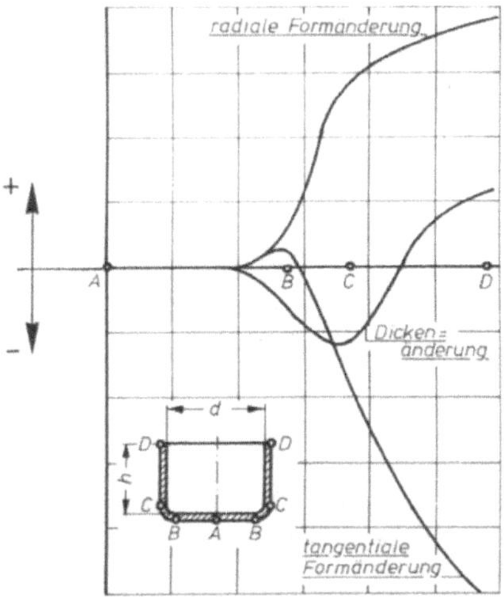

Bild 4.4-11

Formänderungen während des Tiefziehens; kennzeichnend für Tiefziehvorgänge sind die besonders starken tangentialen Formänderungen

Maßstab für die erfolgte Umformung ist das Ziehverhältnis

$$m = \frac{d_m}{D} \tag{4.4}$$

m Ziehverhältnis

d_m mittlerer Durchmesser einer Zarge in mm

D Durchmesser der Ronde in mm

Läßt sich der Zuschnitt nicht in einem Zuge umformen, so sind mehrere Ziehstufen mit Weiterschlägen erforderlich (*Bild 4.4-12*). Im allgemeinen wird für die Weiterschläge $m_2 = m_3 = ... = m_n$ gewählt mit $m_2 = d_{m2}/d_{m1}$, $m_3 = d_{m3}/d_{m2}$, ... Anhaltswerte für übliche Ziehverhältnisse im ersten Zug und für das Stufenziehen gibt *Anhang A4.4-6*.

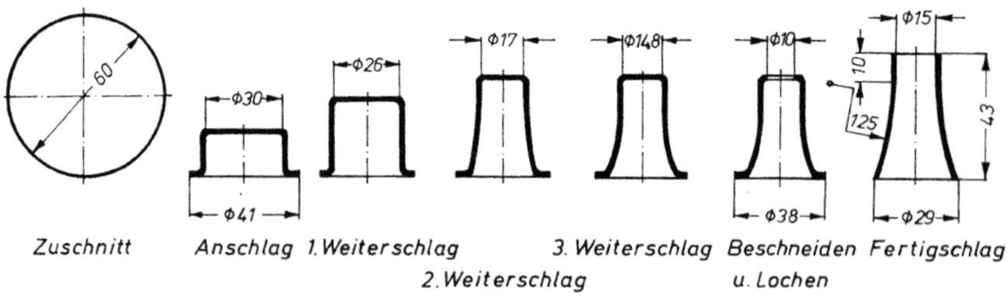

Bild 4.4-12 Ziehstufen bei der Fertigung einer kegeligen Hülse

Grundsätzlich sollte der Konstrukteur beachten, daß die Wirtschaftlichkeit des Ziehteils stark von der Zahl der Ziehstufen abhängt. Das wird schon allein daran deutlich, daß bei starker Umformung durch Weichglühen zwischen den einzelnen Zügen die Bildsamkeit des Werkstoffes zurückgewonnen werden muß. Deshalb sollte die Bauteilform so gewählt werden, daß die Fertigung in möglichst wenig Stufen erfolgen kann.

Der Ziehkantenradius R_r ist gleich groß wie der Stempelradius R_{st} zu wählen. Zu große Radien führen zur Faltenbildung am Fertigteil. Zu kleine Radien ergeben stärkere Werkstoffbeanspruchung mit Neigung zu Bodenreißern, verursachen aber auch gleichzeitig glattere Mantelflächen (*Anhang A4.4-7*).

Anhaltswerte für erreichbare Ziehhöhen kreisrunder Ziehteile in einem Zug sind aus *Anhang A4.4-8* abzulesen.

4.4.3 Festigkeitsbedingte Gestaltungsregeln

Bauteile aus Feinblech haben den Vorteil des geringen Gewichtes, gleichzeitig aber auch wegen der geringen Blechdicke und des geringen Trägheitsmomentes eine relativ geringe Formsteifigkeit.

Durch Versteifungen mittels Schalen, Rippen, Stegen und Sicken kann die Biegefestigkeit und die Knickfestigkeit wesentlich vergrößert werden.

Die Biegefestigkeit von Blechteilen wird quer und die Knicksteifigkeit in Längsrichtung der linienartigen Sicke in *Bild 4.4-13* erhöht. Jedoch wird in y-Richtung die Knicksteifigkeit und besonders die Biegefestigkeit stark herabgesetzt.

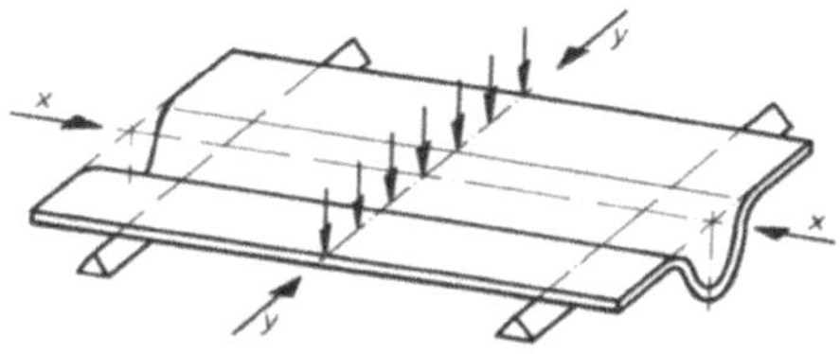

Bild 4.4-13 Beanspruchungen einer linienartigen Sicke

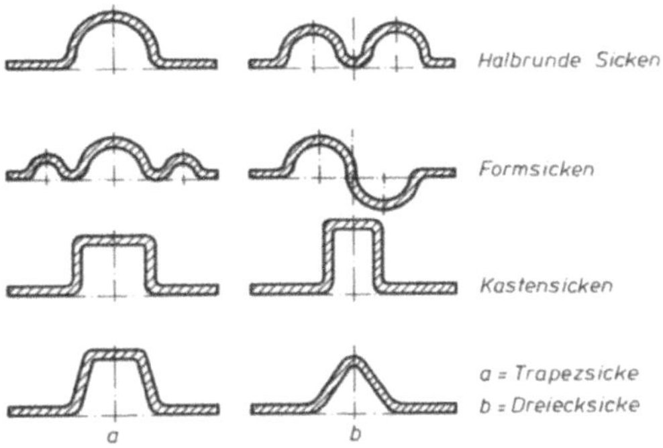

Bild 4.4-14 Linienartige Sicken verschiedener Profilformen

Form, Lage und Anordnung von Versteifungen müssen also unter Beachtung der Beanspruchungsart und -richtung sorgfältig festgelegt werden.

Bei der Anordnung von Sicken sind deshalb folgende wichtige Grundregeln zu beachten:

1. Das Sickenbild darf keine trägheitsaxial-bevorzugten Bereiche oder Geraden entstehen lassen.
2. Knotenpunkte sich kreuzender Sicken müssen vermieden werden.
3. Unversteifte Randbereiche sind zu vermeiden.

Bild 4.4-15 zeigt runde, quadratische und rechteckige Bleche, bei denen durch die Beachtung obiger Regeln die Knick- und Biegesteifigkeit von links nach rechts zunimmt.

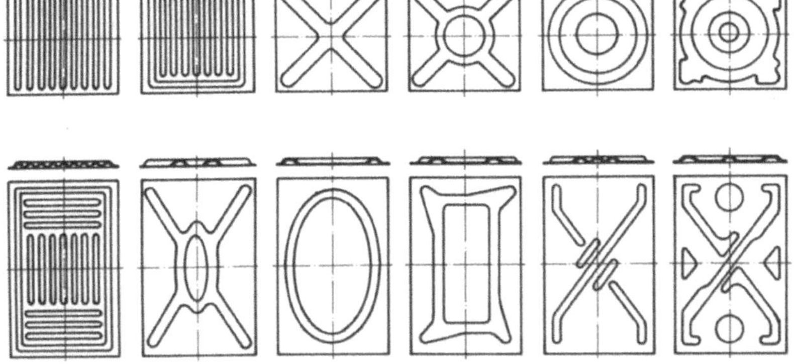

Bild 4.4-15 Sickenbilder an runden, quadratischen und rechteckigen Blechen; zunehmende Biegesteifigkeit von links nach rechts

Bei Blechdosen mit eingeprägten Schriftzeichen sollten diese so angeordnet sein, daß trägheitsaxial bevorzugte Bereiche vermieden werden (*Bild 4.4-16*).
Wichtige Hinweise für die Anordnung von Sicken sind im *Anhang A4.4-13* angegeben. Für aufgesetzte Versteifungen gelten ähnliche Regeln wie für die hier dargestellten eingedrückten Sicken.

Vielfach kann man durch Sicken Blechteile untereinander oder Blech- und Massivteile miteinander verbinden. Die Sicke sorgt in solchen Fällen gleichzeitig für größere Formsteifigkeit.

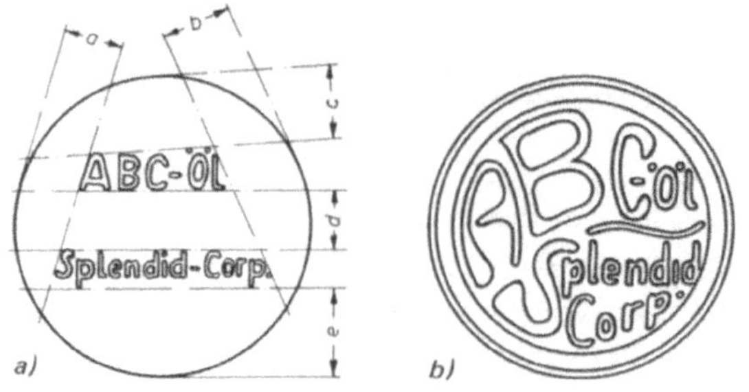

Bild 4.4-16
Schriftbilder auf runden Blechscheiben
a) a ... e sind trägheitsaxialbevorzugte Bereiche
b) Vermeidung trägheitsaxialbevorzugter Bereiche

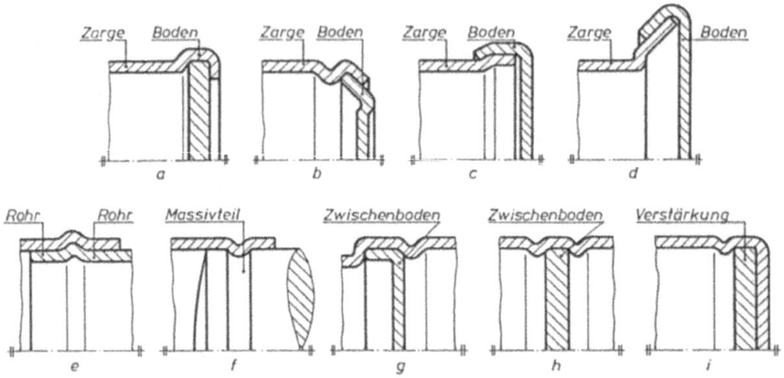

Bild 4.4-17 Halterung von Boden oder Deckel bzw. von Massivteilen an Blechteilen

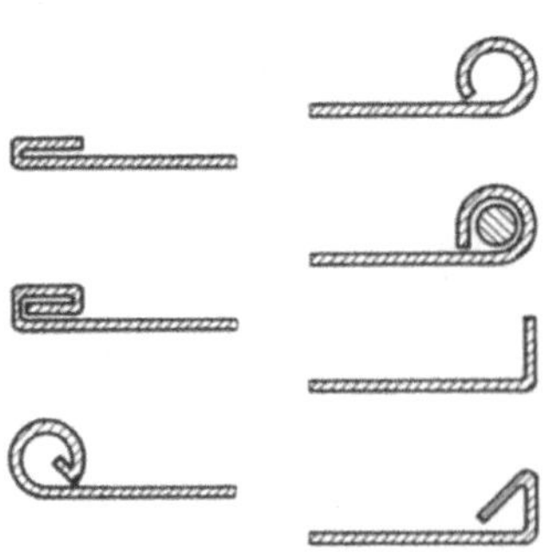

Bild 4.4-18
Versteifungen an Blechkanten

Bei Randversteifungen von Blechteilen gehen vielfach Sicke und Falz ineinander über. Anregungen für Versteifungen an Blechrändern sind in *Bild 4.4-18* gegeben. Eine Übersicht über die wichtigsten Falzarten ist im *Anhang A4.4-9* wiedergegeben.

Vielfach werden im Leichtbau stangenartige Profile verwendet, die aus Gewichts- und Kostengründen nicht massiv gewalzt worden sind, sondern aus Feinblech gebogen oder gefalzt werden. Oehler unterscheidet zehn verschiedene Grundprofile, die durch geometrische Variation und durch Ab- und Ansätze je nach Bedarf abgewandelt werden können (s. *Anhang A4.4 10*).

4.4.4 Schrifttum

DIN-Normen

1. DIN 8580 Fertigungsverfahren; Einteilung, Begriffe
2. DIN 8582 Fertigungsverfahren Umformen; Einordnung, Unterteilung
3. DIN 8584 T 1 ... T 6 Fertigungsverfahren Zugdruckumformen
4. DIN 8585 Fertigungsverfahren Zugumformen
5. DIN 8586 Fertigungsverfahren Biegeumformen; Einordnung, Unterteilungen, Begriffe
6. DIN 8588 Fertigungsverfahren Zerteilen; Einordnung, Unterteilung, Begriffe
7. DIN 9830 Schnittgrathöhen an Stanzteilen
8. DIN 9869 T 1 ... T 2 Begriffe für Werkzeuge zur Fertigung dünner, vorwiegend flächenbestimmter Werkstücke; Einteilung; Begriffe für Werkzeuge der Stanztechnik; Schneidwerkzeuge
9. DIN 9870 T 1 ... T 3 Begriffe der Stanztechnik; Fertigungsverfahren und Werkzeuge zum Zerteilen und Biegeumformen

VDI-Richtlinien

10. VDI 3137 Begriffe und Formelzeichen der Umformtechnik
11. VDI 3140 Streckziehen auf Streckziehpressen
12. VDI 3141 Ziehen über Wulste
13. VDI 3175 Ziehkanten- und Stempelkantenabrundungen, Ziehspalt
14. VDI 3200 Bl. 1 Fließkurven metallischer Werkstoffe; Grundlagen
15. VDI 3202 Bl. 2 und 3 Fließkurven metallischer Werkstoffe; Stähle und NE-Metalle
16. VDI 3359 Blechdurchzüge
17. VDI 3367 Richtwerte über Steg- und Randbreiten in der Stanztechnik; Ermittlung der Streifen- und Werkstückanzahl
18. VDI 3389 Bl. 1 ... Bl. 3 Biegeumformen; Technologie; Abbiegewerkzeuge für U- und winkelförmige Teile; 90°-Keilbiegen

Beratungsstelle für Stahlverwendung

19. Merkblatt 174 Falzen von Stahlblech
20. Merkblatt 350 Versteifen von Stahlblechteilen

AWF-Stanzereiblätter

21. AWF 5000 ff zu beziehen über Beuth-Verlag, Berlin

Literatur

22. *Bremberger,* Stanzerei-Handbuch für Konstrukteure, Hanser, München 1965
23. *Grüning,* Umformtechnik, Vieweg, Braunschweig 1986

24 *Jahnke/Retzke/Weber,* Umformen und Schneiden, VEB Verlag Technik, Berlin 1981
25. *Krist,* Werkstatt-Tabellen, Band II; Fachwissen, Spanlose Fertigung, Technik Tabellen Verlag, Darmstadt 1980
26. *Lange,* Lehrbuch der Umformtechnik Band 3, Springer, Berlin 1975
27. *Oehler,* Gestaltung gezogener Blechteile, Springer, Berlin 1967
28. *Oehler,* Biegen, Hanser, München 1963
29. *Oehler/Kaiser,* Schnitt , Stanz- und Ziehwerkzeuge, Springer, Berlin 1966
30. *Oehler/Weber,* Steife Blech- und Kunststoffkonstruktionen, Springer, Berlin 1972
31. *Rögnitz/Köhler,* Fertigungsgerechtes Gestalten, B. G. Teubner, Stuttgart 1967
32. *Romanowski,* Handbuch der Stanzereitechnik, VEB Verlag Technik, Berlin 1968
33. *Semlinger,* Stanztechnik, Vieweg, Braunschweig 1973
34. *Siebel/Beisswänger,* Tiefziehen, Hanser, München 1955
35. *Tschätsch,* Taschenbuch Umformtechnik, Hanser, München 1977

4.5 Das Gestalten von Kunststoffteilen

4.5.1 Kleine Kunststoffkunde

(1) Einordnung der Kunststoffe

Kunststoffe sind synthetische, organische Verbindungen. Ausgangsstoffe für ihre Synthese sind Erdöl, Erdgas oder Kohle, die zunächst zu einfachen, reaktionsfähigen „monomeren" Molekülen aufgeschlossen werden. Wasser, Luft und Kochsalz liefern die Elemente H, O, N und Cl für die Synthese zu „polymeren" faden- oder netzförmigen Makromolekülen. Die entstandenen Molekülstrukturen gleichen prinzipiell denen natürlicher organischer Werkstoffe, wie Zellulose oder Naturkautschuk.

Gegenüber metallischen Werkstoffen zeigen Kunststoffe typische Vorteile, nämlich geringes Gewicht, Korrosionsbeständigkeit, Isolierfähigkeit und günstige Formgebungseigenschaften. Der relativ begrenzte Gebrauchstemperaturbereich wird durch die Entwicklung neuer und durch die Verbesserung bekannter Kunststoffe ausgeweitet. So hat z.B. das Polytetrafluoräthylen PTFE eine Wärmebeständigkeit bis annähernd 560 K.

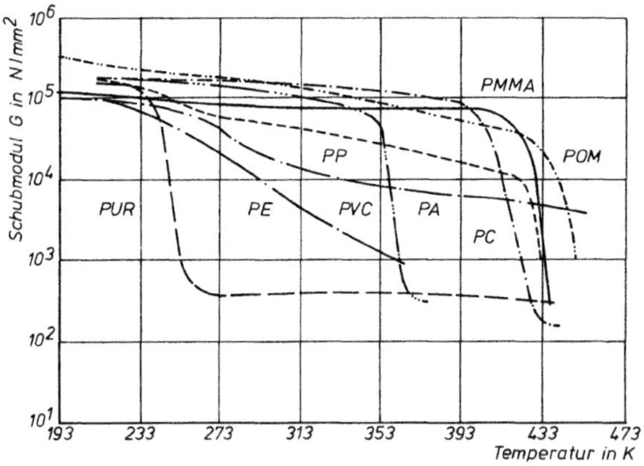

Bild 4.5-1
Schubmodul verschiedener Plastomere in Abhängigkeit von der Temperatur

(2) Kunststoffarten

Die wesentlichen Eigenschaften der Kunststoffe werden von ihrer Molekularstruktur bestimmt.

Plastomere (thermoplastische Kunststoffe) erweichen bei ausreichender Erwärmung wiederholbar bis zur Fließbarkeit durch Bewegung der Fadenmoleküle in sich und gegeneinander. Bei Abkühlung erhärten sie durch amorphe Verfilzung (bei verzweigten Polymeren mit sperrigen Verzweigungen) oder durch Bildung kristalliner Strukturen (bei linearen oder isotaktischen Polymeren), die mit amorphen Bereichen wechseln.

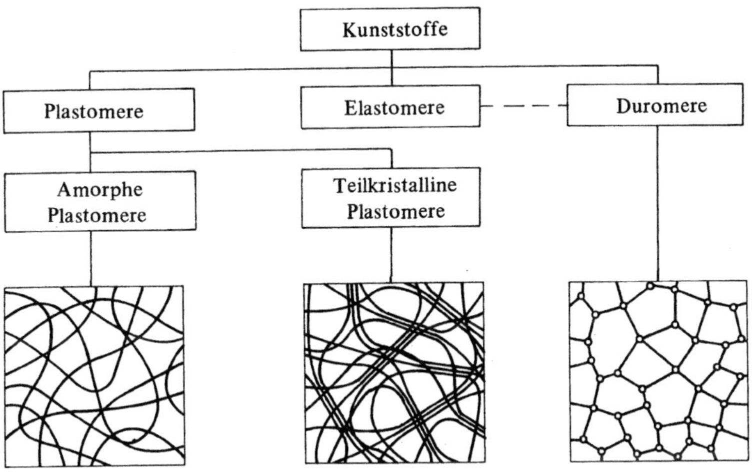

Fadenmoleküle mit sperrigen Seitenzweigen, z.B. PS, PP ataktisch, PVC, PC, PMMA (thermoplastisch)

Fadenmoleküle ohne Verzweigungen oder isotaktischen Seitengruppen, z.B. PE, PP isotaktisch, PA, POM, PTFF (thermoplastisch)

Raumnetzmoleküle aus vernetzten Makromolekülen, z.B. PF, UF, MF, UP, EP (ausgehärtet)

Bild 4.5-2 Kunststoffgruppen und ihre Molekülstruktur

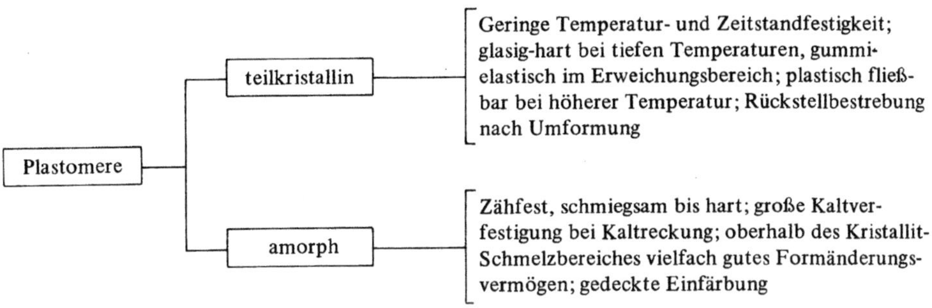

Bild 4.5-3 Amorphe und teilkristalline Plastomere und ihre Haupteigenschaften

Thermoplastische Kunststoffe sind schweißbar. Durch Zusatz nichtflüchtiger Weichmacher erzielt man bei einzelnen amorphen Plastomeren lederartige bis gummielastische Eigenschaften, wie z.B. bei Weich-PVC. Plastomere werden meist ohne Zuschläge verarbeitet. In einzelnen Fällen wird durch Zusatz von 20 % ... 30 % Glasfasern eine Verbesserung der Steifigkeit, Maßhaltigkeit und Formbeständigkeit erreicht. Mineralische Füllstoffe können eine Erhöhung der Abriebfestigkeit bewirken.

Duromere sind „ausgehärtete" Kunststoffe. Sie entstehen aus fließbaren Vorprodukten, die beim Urformen durch Bildung räumlich eng vernetzter Makromoleküle chemisch irreversibel sich miteinander verknüpfen.

Ausgehärtete Duromere sind glasig-hart. Ihre mechanischen Eigenschaften sind wenig temperaturabhängig. Duromere sind nicht warmumformbar; ebenso ist keine Schweißeignung gegeben. Die große Sprödigkeit wird durch Füllstoffe gemildert: Je nach Typ und Verarbeitungsverfahren werden Gesteinsmehl, Holzmehl, Fasern, Schnitzel oder Bahnen zur Erreichung bestimmter Eigenschaften oder als Streckmittel zugegeben.

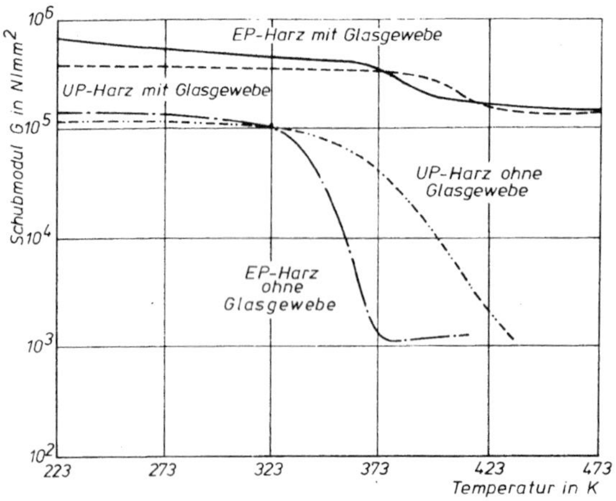

Ähnliches Verhalten zeigen PF, UF, MF

Bild 4.5-4 Schubmodul verschiedener Duromere in Abhängigkeit von der Temperatur

Elastomere sind Polymere mit weitmaschig vernetzter Molekülstruktur. Die chemischen Netzbindungen verhindern ein plastisches Fließen; jedoch gestatten sie eine ungewöhnlich gute elastische Verformung durch Streckung der Fadenmoleküle zwischen den Bindungsstellen. Typische Vertreter sind Natur- und Synthesekautschuk, die durch „Vulkanisieren" vom thermoplastischen Zustand zu elastomerem Weichgummi chemisch lose vernetzt werden.

4.5.2 Gestaltungsregeln für Kunststoffteile

Für die Gestaltung von Kunststoffteilen sind die relativ geringe Zugfestigkeit und Zeitstandfestigkeit, die große Wärmeempfindlichkeit und Wärmedehnung als besonders ungünstige Eigenschaften anzusehen.

Besonders geringes Gewicht und günstige Formgebungseigenschaften der thermoplastischen Kunststoffe und der noch formbaren Vorprodukte aushärtbarer Kunststoffe, ebenfalls die relativ geringen Werkstoffkosten haben den Kunststoffen im Maschinen-, Geräte- und Apparatebau mittlerweile aber typische Anwendungsgebiete erschlossen.
Bauteile aus Kunststoffen müssen den bekannten Gestaltungsregeln der Funktionstüchtigkeit, der Werkstoff-, Fertigungs- und Beanspruchungsgerechtigkeit genügen. Durch Kostenanalyse ist die Wirtschaftlichkeit des Bauteils zu gewährleisten. Die Betriebsgerechtigkeit zur Vermeidung von Fehlern und Störungen und zur Vermeidung des Betriebsrisikos und die Vorschriftengerechtigkeit, also die Beachtung von Standards, Normen und Richtlinien, sind vom Konstrukteur ebenfalls zu überprüfen. Hier sind vor allem die einschlägigen DIN-Normen und die VDI-Richtlinien für die Werkstoffwahl, für die Verarbeitungsbedingungen und die Gestaltung der Bauteile zu beachten.
Von den Urformverfahren haben für die Maschinentechnik das Spritzgießen und das Formpressen besondere Bedeutung. Spritzguß- und Formpreßteile müssen modell- und formgerecht, gieß- und bearbeitungsgerecht konstruiert sein.

(1) Das Gestalten von Spritzgußteilen

Bild 4.5-5 zeigt schematisch den Aufbau einer Spritzgießmaschine. Zu beachten ist, daß nur thermoplastische Formmassen für die Verarbeitung zu Spritzgußteilen geeignet sind.
Thermoplastische Kunststoffe zeigen beim Spritzgießen eine ziemlich große Schwindung, die sich aus dem Maßunterschied der kalten Form und dem erkalteten Spritzgußteil und der Nachschwindung auf Grund einer eventuell vorzunehmenden thermischen Nachbehandlung zusammensetzt. Die Schwindung ist bei der Gestaltung der Formwerkzeuge zu berücksichtigen. Ebenso sind der Spritzdruck, die Masse- und Formtemperatur und die Nachdrückzeit dem Schwindungsbestreben des jeweiligen Kunststoffes anzupassen (*Anhang A4.5-1, Nr. 1, 3 und 25*).

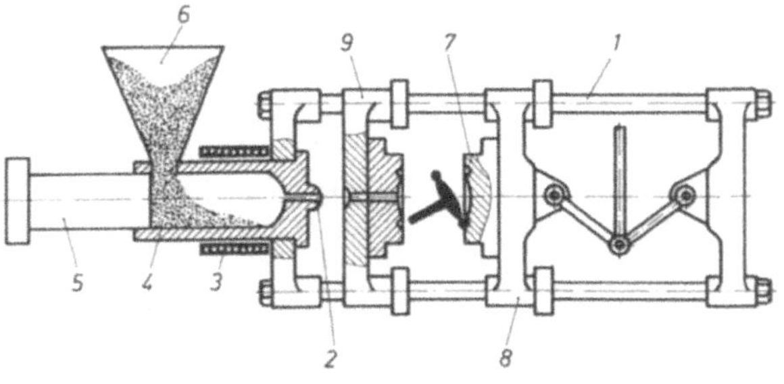

1 = Maschinenständer,
2 = Düsenkopf,
3 = Heizung,
4 = Spritzzylinder,
5 = Spritzkolben,
6 = Vorratsbehälter,
7 = Form,
8 = Formschließplatte,
9 = Düsenplatte,

Bild 4.5-5 Kolbenspritzgußmaschine für Plastomere

Von großem Einfluß sind die Lage und die Gestalt des Angusses (*Anhang A4.5-1, Nr. 1 und 2*). Grundsätzlich bleibt die Stelle der größten Massenanhäufungen am längsten plastisch, so daß bei günstiger Lage des Angusses und ausreichendem Nachdruck hier die gefürchteten Einfallstellen und Lunker vermieden werden (*Anhang A4.5-1, Nr. 1, 3 und 11*).

Günstige Wanddicken von Spritzgußteilen liegen bei 0,6 mm ... 3 mm. Geringe Wanddicken führen durch schnelles Abkühlen zu Fließbehinderungen und Verschweißfehlern an nicht vermeidbaren Zusammenflußstellen. Dicke Wände kühlen langsam ab und zeigen oft Lunker und Einfallstellen (*Anhang A4.5-1, Nr. 1 und 4*). Die Wände sollen möglichst eine einheitliche Dicke zeigen (*Anhang A4.5-1, Nr. 5*). Ausreichende Gestaltfestigkeit läßt sich vielfach durch geschickte Verrippung erzielen (*Anhang A4.5-1, Nr. 6, 12, 19 und 24*).

Äußere und innere Hinterschneidungen in Entformrichtung sollen möglichst vermieden werden, weil sonst die erforderlichen Werkzeuge erheblich verteuert werden (*Anhang A4.5-1, Nr. 8, 9, 10 und 14*). In Ausheberichtung der Bauteile aus der Form ist eine Neigung von ca. 1 : 100 vorzusehen (*Anhang A4.5-1, Nr. 7*). Trennfugen sollen so geschickt angebracht sein, daß Fugennähte vermieden werden oder aber leicht entfernt werden können (*Anhang A4.5-1, Nr. 7 und 22*).

Kerbspannungen und Kraftflußumwege sind ebenso wie bei metallischen Bauteilen zu vermeiden. Besonders hoch beanspruchte Stellen können durch eingegossene Metallteile ausreichende Gestaltfestigkeit und Steifigkeit erhalten (*Anhang A4.5-1, Nr. 15, 16, 17 und 18*).

Der Fließvorgang der Spritzgußmasse sollte durch gerundete Kanten unterstützt werden (*Anhang A4.5-1, Nr. 11 und 12*). Dadurch wird gleichzeitig die Ausbruchgefahr vermieden (*Anhang A4.5-1, Nr. 21*).

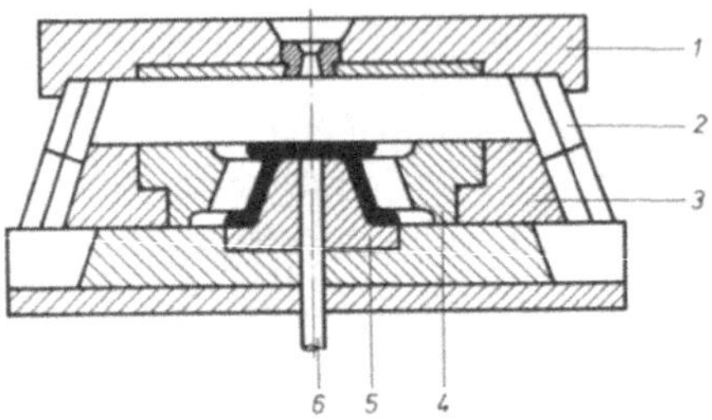

Bild 4.5-6

Spritzgußformen mit Schieber für äußere Hinterschneidungen

1 = Düsenplatte
2 = Schieber
3 = Schieberplatte
4 = Gesenkbacke
5 = Stempel
6 = Ausstoßstift

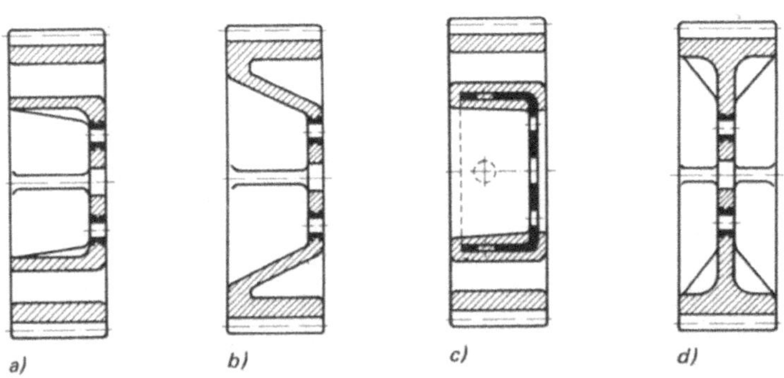

Bild 4.5-7 Gestaltung von Naben an Kunststoffteilen

a) ungünstige Tulpennabe (Biegespannungen)
b) biegesteifere Doppelnabe
c) steife Stahlblecharmierung
d) symmetrische Nabe ohne Biegespannungen

(2) Das Gestalten von Formpreßteilen

Die Fertigungsverfahren und Fertigungsmittel für Preßteile aus Kunststoffen sind in *DIN 16 700* festgelegt. Die VDI-Richtlinie 2001 führt bewährte Grundregeln für die Gestaltung von Preßteilen aus härtbaren Kunststoffen auf.

Bild 4.5-8 zeigt ein Spritzpreßwerkzeug, bei dem – in Abweichung zum Spritzgießen – die Form ebenfalls beheizt ist, so daß durch Verwendung von vorformierten Preßmassen duroplastische Formpreßteile hergestellt werden, die in der Form aushärten.

Bei Bauteilen mit starken Hinterschneidungen sind klappbare, geteilte Backen erforderlich, die allerdings an den Bauteilen unerwünschte Nähte hinterlassen können (*Bild 4.5-9*).

Zu unterscheiden sind folgende Formpreßverfahren:

Pressen: Die dosierte Preßmasse wird in die geöffnete Form gegeben und unter Druck und Wärme zum Erweichen, Fließen und gegebenenfalls Aushärten gebracht (*Bild 4.5-9*).

Spritzpressen: Die härtbare Preßmasse wird in einem besonderen Füllraum unter Druck und Wärme zum Erweichen gebracht und anschließend mittels Stempel in die beheizte Form gespritzt (*Bild 4.5-8*).

Strangpressen: Voll- und Hohlprofile werden durch Strangpressen von Plastomeren oder von härtbaren Preßmassen nach *Bild 4.5-10* gefertigt.

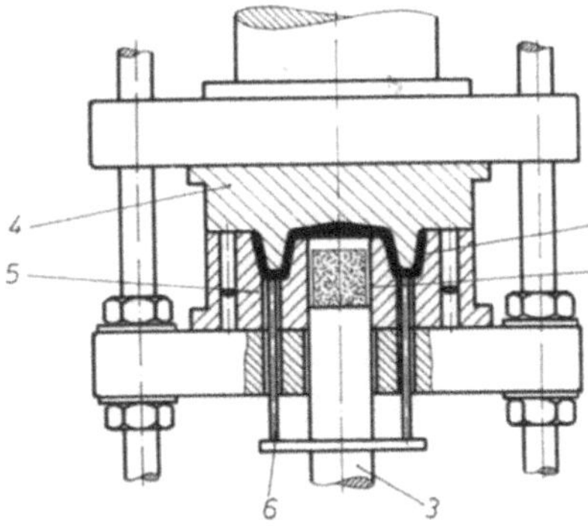

Bild 4.5-8 Formpreßmaschine mit beheizter Form zur Verarbeitung von Duromeren; 1 = Formmasse, 2 = Formraum, 3 = Kolben, 4 = Oberform, 5 = Unterform, 6 = Auswerfer

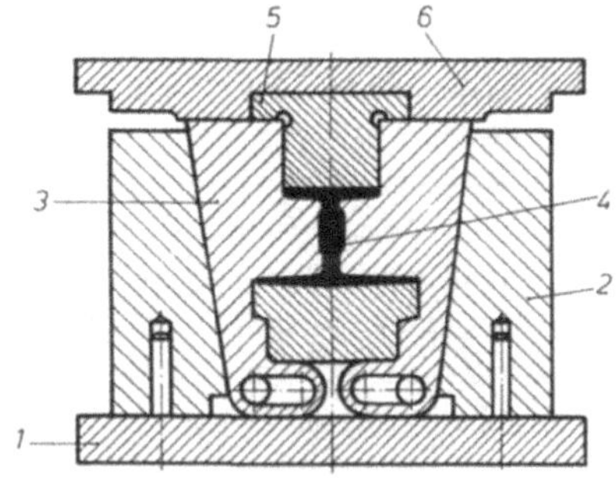

Bild 4.5-9 Preßwerkzeug mit angelenkten Backen für Hinterschneidungen; 1 = Grundplatte, 2 = Formaußenteil, 3 = Klappbacke, 4 = Preßteil, 5 = Kolben, 6 = Druckplatte

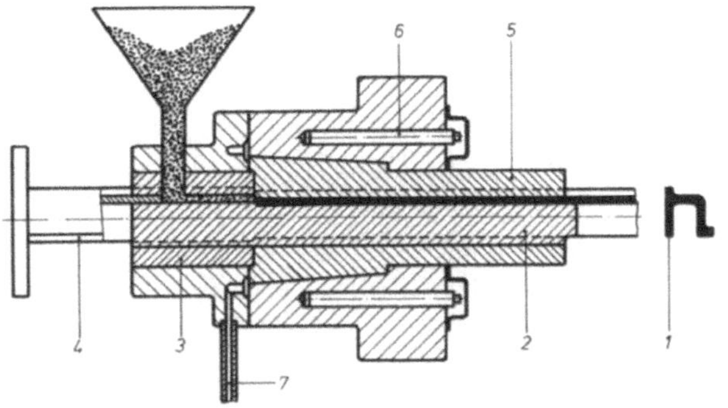

Bild 4.5-10

Strangpreßwerkzeug für duroplastische Profile;

1 = Strangpreßprofil
2 = Profildorn,
3 = Profilhülse,
4 = Profilstempel,
5 = Profileinsatz,
6 = Heizpatrone,
7 = Kühlwasser

Die Wanddicke von Formpreßteilen muß ausreichend groß gewählt sein, sie ist von der Größe des Teils, insbesondere von seiner Tiefe abhängig (*Anhang A4.5-4*).
Für die Gestaltung von Formpreßteilen gelten im allgemeinen ähnliche Regeln wie für Spritzgußteile (*Anhang A4.5-1*). Zu beachten ist, daß vor allem ausgehärtete Formpreßteile größere Sprödigkeit zeigen. Deshalb sollte bei diesen vor allem Kerbwirkung vermieden werden durch eine beanspruchungsgerechte Formgebung. Außenkonturen, Durchbrüche und Rippen sollten gut abgerundet werden.
Durch Aushärtung tritt eine besonders große Schwindung auf, im allgemeinen stärker als bei Plastomeren. Die Werkzeuge müssen deshalb dem Schwindmaß der jeweiligen Preßmasse angeglichen werden. Allerdings kann eine ungeschickte Gestaltung auch zum Kleben in der Preßform führen.
Bei Verbundpreßteilen mit Metallen ist der große Schrumpfeffekt der härtenden Preßmasse ebenfalls zu berücksichtigen (*Anhang A4.5-1, Nr. 15 und 16*). Durch Glasfaser- und Füllstoffverstärkung kann eine Annäherung der linearen Wärmeschrumpfung an die metallischer Werkstoffe erzielt werden (*Anhang A4.5-5*). Werden an die Abstände mehrerer Durchbrüche hohe Toleranzforderungen gestellt so sollten diese wegen der großen Schwindung nachträglich in Vorrichtungen gefertigt werden.
Trennfugen sind wegen der zu erwartenden Preßnaht nicht auf ebene Flächen zu legen. Lochstifte zum Pressen von Löchern sollten leicht konisch sein, weil sie sonst durch „Kleben“ Schwierigkeiten beim Auswerfen der Teile bereiten können. Lochstifte sollen keine größere Länge als das Zweifache des Durchmessers haben, weil sonst der Preßdruck zu Brüchen führen kann. Bei längeren Löchern sind die Lochstifte an ihren Wurzeln zu verstärken.
Bei Gewinden ist metrisches Gewinde anzustreben; geschnittene Gewinde sind gepreßten Gewinden vorzuziehen Aus fertigungstechnischen Gründen sind Rundgewinde günstiger als Spitzgewinde. Für die nutzbare Länge von Gewinden gilt $L \geqslant 2 \cdot d$. Augendurchmesser sollen einen mindestens dreimal so großen Durchmesser haben wie das Gewinde.
Befestigungen an Grundplatten sollten gegenüber den Seitenwänden erhaben sein, um eine sichere Auflage zu gewährleisten (*Anhang A4.5-1, Nr. 23*).

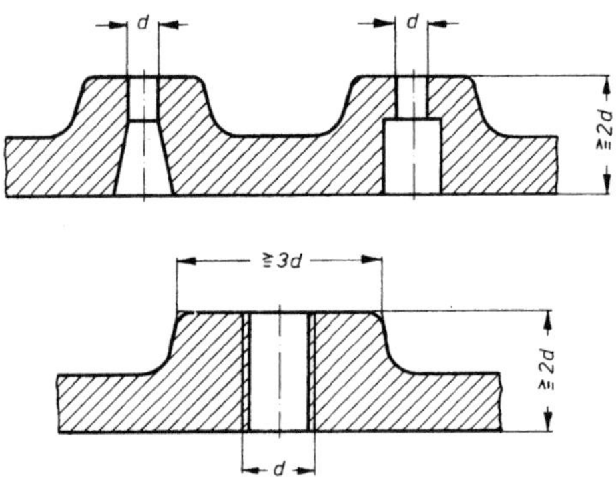

Bild 4.5-11
Gestaltung von Lochverstärkungen

Hebel, Kurbeln und dergleichen können ohne teuren Werkstoffaufwand durch Querschnitte mit großem Widerstandsmoment biegesteif gestaltet werden.
Große Bodenflächen von Hohlkörpern sollen durch Wülste versteift werden (*Anhang A4.5-1, Nr. 24*).
Versteifungen durch größere Wanddicken in Bodennähe dürfen nicht übertrieben werden, weil sonst durch mangelhafte Aushärtung Spannungen mit späterer Rißbildung auftreten können.

(3) Das Gestalten von Umformteilen

Für das thermoplastische Biegen, Ziehformen und Zug-Druck-Formen werden Platten, Folien, Rohre und Schläuche aus Plastomeren verwendet. Die *VDI-Richtlinie 2008, Bl. 2 und 3* gibt grundlegende Hinweise für die Umformung von PVC hart, PE und PP.
Die bei der Umformung anzuwendenden Temperaturen sind *Anhang A4.5-6* zu entnehmen. Sie sind so zu wählen, daß sie oberhalb der Einfrier- und unterhalb der Fließtemperaturgrenze liegen.
Große Umformgrade erfordern relativ niedrige Umformtemperaturen; die Verformbarkeit ist nämlich knapp über der Einfriertemperatur am größten, wie aus *Bild 4.5-12* zu ersehen ist. Andererseits ist die Rückstellneigung des umgeformten Teils umso geringer, je mehr man sich bei der Umformung der Fließtemperatur nähert. Die zu wählende Umformtemperatur ist deshalb meist ein Kompromiß zwischen einer ausreichenden Umformbarkeit und einer möglichst geringen Rückstellneigung. Um Rißbildung zu vermeiden, ist jede Umformung schnell und in einem Zuge durchzuführen. Da der Formling wegen der Rückstellgefahr im Werkzeug abkühlen muß, läßt man dieses meist ungeheizt.
Biegeumformen durch Abkanten, Biegen, Bördeln oder Runden erfordert nur geringe Umformgrade. Deshalb können diese Verfahren auch mittels einfacher Vorrichtungen von Hand vorgenommen werden. Die Rohlingsdicke sollte nicht mehr als 10 mm ...

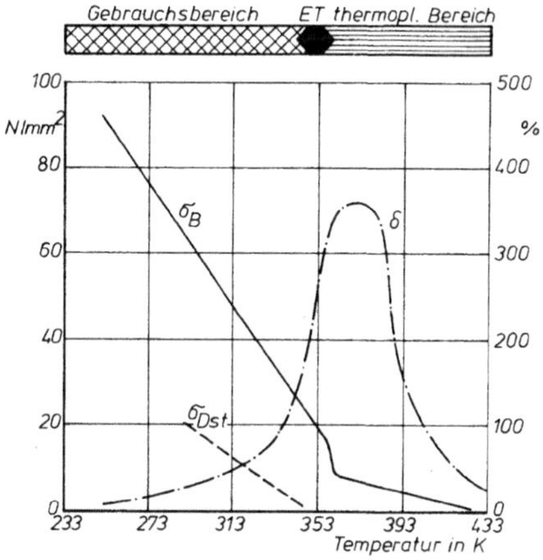

Bild 4.5-12 Mechanische Kennwerte von PVC hart

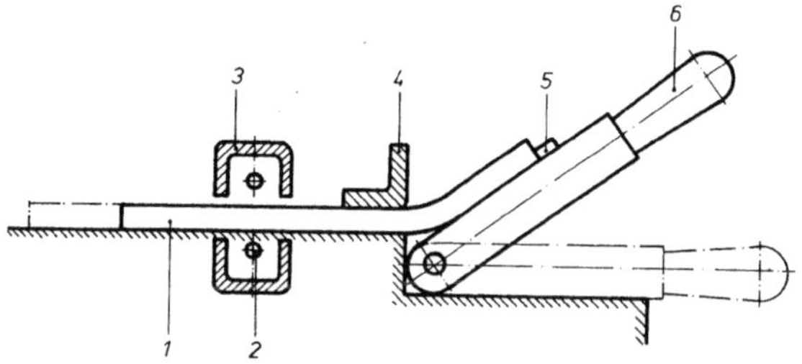

Bild 4.5-13
Vorrichtung zum Abkanten thermoplatischer Platten und Profile

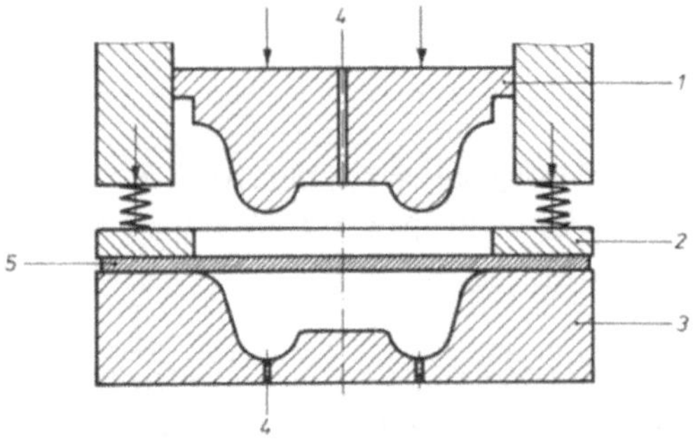

Bild 4.5-14
Tiefziehen mit Positiv- und Negativwerkzeug:
1 = Stempel,
2 = Niederhalter,
3 = Negativwerkzeug,
4 = Entlüftungsbohrung,
5 = Rohling

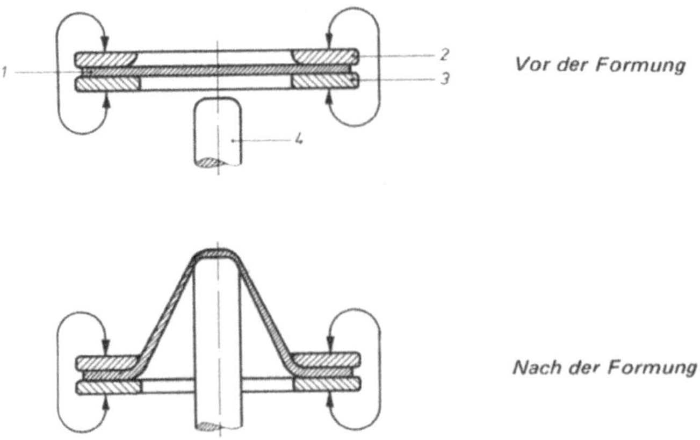

Bild 4.5-15 Streckziehen mit geheiztem Stempel:
1 = Kunststofftafel, 2 = Ziehring, 3 = Niederhalter, 4 = Stempel

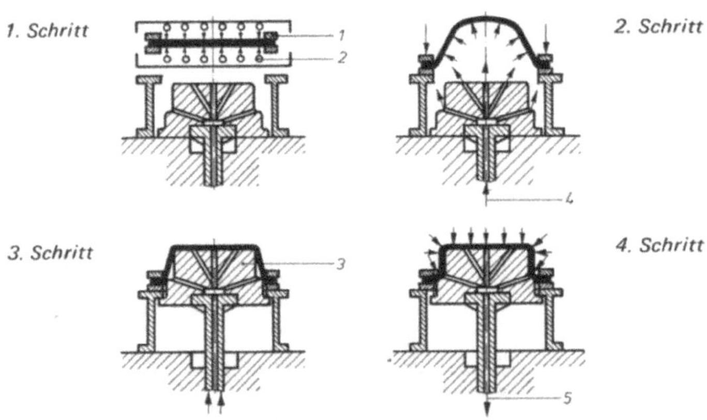

Bild 4.5-16 Zug-Druck-Formen durch Blasen und Saugen:
1 = Spannrahmen, 2 = Heizung, 3 = Formstempel, 4 = Druckluft, 5 = Saugluft

12 mm betragen, der Biegeradius $R = 2 \cdot$ Dicke. Nach der Umformung ist für schnelle Abkühlung – am besten mit Wasser – zu sorgen, um Risse zu vermeiden.
Ziehformen erfolgt mit Stempel- bzw. Gas- oder Flüssigkeitsdruck. Durch Reckung ergeben sich je nach Form der Bauteile zonenweise oder ganzflächige Änderungen der Wanddicke.
Beim Tiefziehen ist der Ziehspalt zwischen Niederhalter und Matrize um 10 % ... 15 % größer als die Plattendicke zuwählen. Der Radius der Einlaufkante des Ziehringes soll mit $R = 2 \cdot$ Plattendicke gewählt werden.
Die Gestaltfestigkeit von Umformteilen kann – ähnlich wie die von Urformteilen – durch Anbringung von Sicken, Wulsten, Wölbungen in den gefährdeten Zonen günstig vergrößert werden.

(4) Das Gestalten von Werkstücken aus GFK

Bauteile aus glasfaserverstärkten UP- oder EP-Harzen zeigen relativ hohe Zug- und Zeitstandfestigkeit. Werkstoffangaben sind in der *VDI-Richtlinie 2010, Bl. 1 ... 3*, Gestaltungsrichtlinien in *VDI 2012* wiedergegeben; Dimensionierungsverfahren mit Rechenbeispielen zeigt *VDI 2013, Bl. 1*.
Im faserverstärkten Zustand zeigen UP- und EP-Harze auch befriedigende Temperaturbeständigkeit (*Bilder 4.5-4* und *4.5-17*).

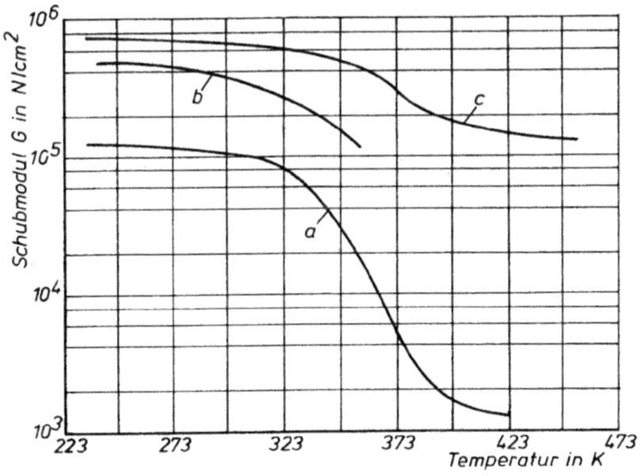

Bild 4.5-17
Schubmodul von Polyesterharz;
a = reines Harz,
b = Fasern parallel zu Proberändern,
c = Fasern unter 45° zu Proberändern

Das elastische Verhalten und die mechanische Festigkeit sind entscheidend vom verwendeten Werkstoff und der Art, Form und Bindung des eingelagerten Verstärkungsmaterials abhängig. Verwendet werden als Armierungsmaterial neben Glasseidenrovings, -matten, -gewebe und -vliese auch Asbestfasern, synthetische Fasern und in Sonderfällen anorganische Carbon-, Graphit-, Bor- und Metallfasern.
Nach *VDI 2011* kommen für die Verarbeitung von GFK folgende Verfahren zur Anwendung:

- Handverfahren
- Faserspritzverfahren
- Niederdruckverfahren
- Preßverfahren
- Wickelverfahren
- Schleuderverfahren
- kontinuierliche Verfahren

Bei der Gestaltung von Bauteilen aus GFK sollte der Konstrukteur die im *Anhang A4.5-2* genannten Regeln beachten.

(5) Das Gestalten von Kleb- und Schweißverbindungen

Bei Klebverbindungen von Kunststoff- und/oder Metallteilen und bei Schweißverbindungen von Kunststoffteilen müssen Klebstoff, Werkstoffe der Fügeteile und Fertigungsverfahren sorgfältig aufeinander abgestimmt werden.
Detaillierte Angaben über geeignete Klebstoffe, die erforderlichen Bearbeitungsbedingungen und die technologischen bzw. chemisch-physikalischen Eigenschaften der Klebverbindungen bei Metallen sind in *VDI-Richtlinie 2229*, bei Kunststoffen in *VDI 3821* zu finden.
Schweißverbindungen von Kunststoffen sind nur bei Fügeteilen aus Plastomeren möglich. Ihre Filzstruktur lockert sich bei steigender Temperatur durch zunehmende Molekularbewegung. Bei Erwärmung über die Fließtemperatur hinaus ist diese so groß, daß durch Aneinanderdrücken der Fügeflächen die stark schwingenden freien Molekülenden sich ineinander verschlingen. Die Schweißtemperatur ist deshalb knapp oberhalb der Fließtemperatur zu wählen (*Anhang A4.5-6*).
Um während des Schweißens mögliche Zersetzungen zu vermeiden, darf nicht mit offener Flamme geschweißt werden, die Schweißgeschwindigkeit ist groß genug zu wählen oder der Luftzutritt zu unterbinden. Die dem Schweißen nachfolgende Abkühlung läßt die gleichen Molekülkräfte wirksam werden, die für den Molekülverband des Grundwerkstoffes kennzeichnend sind.
Die Festigkeit der Kleb- bzw. Schweißverbindung ist gegenüber derjenigen der Fügeteile im allgemeinen geringer. Deshalb müssen große Verbindungsflächen vorgesehen werden.

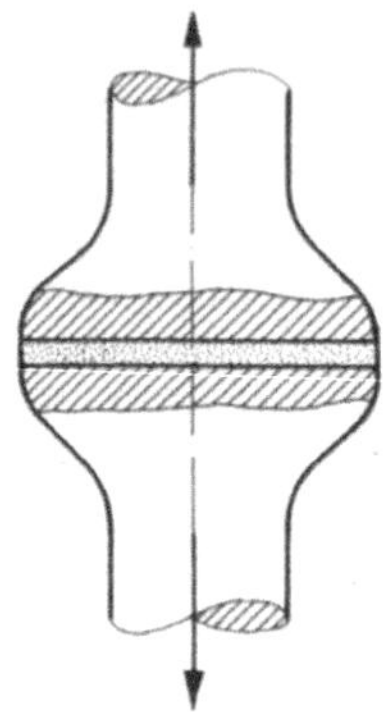

Bild 4.5-18
Klebeverbindung unter Zugbelastung. Die wirksame Klebfläche sollte gegenüber der effektiven Fläche des Fügeteils möglichst groß sein.

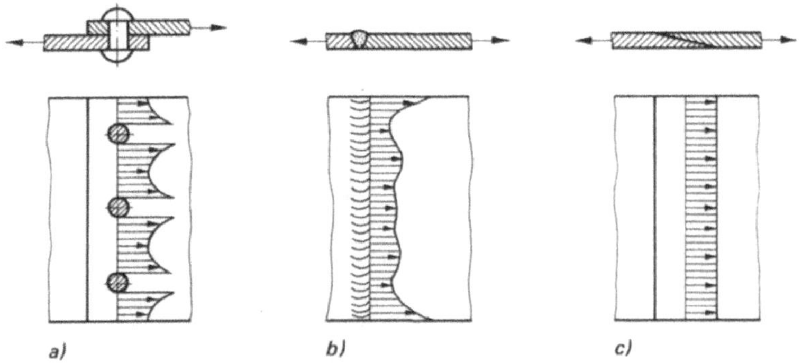

Bild 4.5-19 Spannungsverteilung in verschiedenen Verbindungen
a) Nietverbindung, b) Schweißverbindung, c) Klebverbindung

Grundsätzlich zeigen Klebverbindungen eine günstigere Spannungsverteilung als Schweiß- oder Nietverbindungen (*Bild 4.5-19*).
Die Grundsätze für die Gestaltung von Schweiß- und Klebverbindungen stimmen weitgehend miteinander überein und sind dem *Anhang A4.5-3* zu entnehmen. Einfluß auf die Festigkeit von Schweiß- und Klebverbindungen haben neben Gestaltung, Abmessungen und Fügeteileigenschaften auch die Betriebstemperatur, die Alterung und chemische und physikalische Einflüsse.
Je nach Art des Zusatzstoffes und der Fügebedingungen zeigen die Verbindungen im Laufe mehrerer Jahre Festigkeitseinbußen bis zu 30 %. Einen Eindruck vom Altern von Klebverbindungen vermittelt *Bild 4.5-20*.
Allgemein gültige Berechnungsmethoden für Schweiß- und Klebverbindungen können wegen wesentlich unterschiedlicher Eigenschaften der Zusatzstoffe und wegen verschiedener Verhaltensweisen der Verbindungsformen nicht angegeben werden. Man ist deshalb auf Erfahrungswerte (*VDI-Richtlinie 2229*), auf Angaben der Hersteller und auf eigene Versuche angewiesen. Rechenbeispiele für verschiedenartige Konstruktionen sind exemplarisch in *Taprogge, Konstruieren mit Kunststoffen, VDI-Verlag* und in *Menges/Taprogge, Kunststoff-Konstruktionen, VDI-Verlag,* angegeben.
Grundsätzlich nimmt die Festigkeit der Verbindung mit zunehmender Breite b und Länge l zu, ebenso mit zunehmender Dicke s bzw. Fließgrenze der Fügeteile.

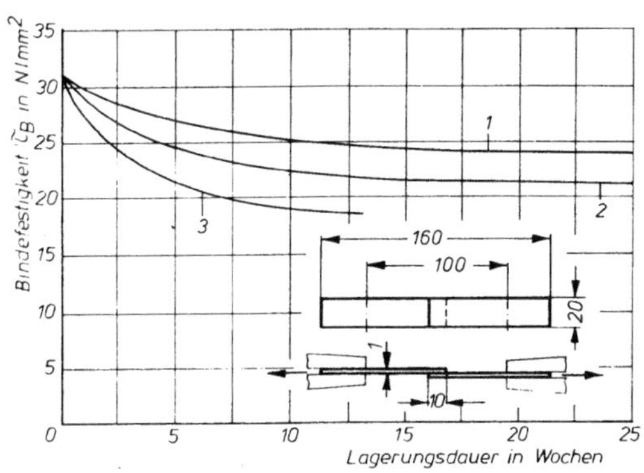

1 natürliche Alterung
2 Bewitterung
3 Lagerung in destilliertem Wasser
Werkstoff: AlCuMg

Bild 4.5-20 Festigkeitsverhalten einer Klebverbindung bei Alterung Klebstoff: VA + Epon (Schering AG) (nach Roloff/Matek, Maschinenelemente, Vieweg)

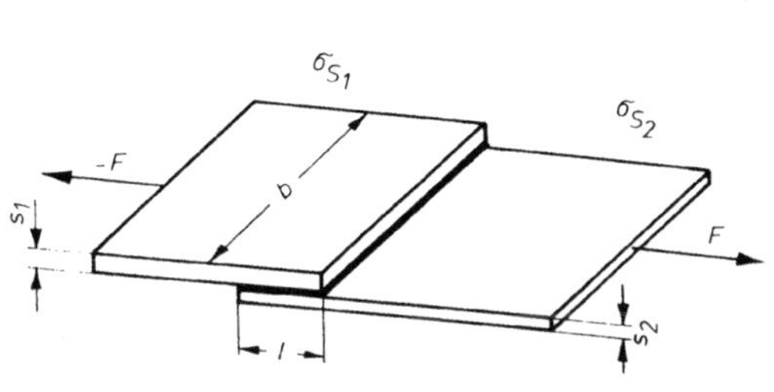

Bild 4.5-21
Einflußfaktoren der Bindefestigkeit von Klebverbindungen

4.5.3 Schrifttum

DIN-Normen

1. DIN-Taschenbuch TAB 21 – Duroplast-Kunstharze, Duroplast-Formmassen, Beuth-Verlag, Berlin, 9. Aufl. 1984
2. DIN-Taschenbuch TAB 51 – Thermoplast-Halbzeuge, Beuth-Verlag, Berlin, 2. Aufl. 1982
3. DIN-Taschenbücher TAB 52 und 190 – Rohrleitungsteile aus thermoplastischen Kunststoffen; Grund- und Anwendungsnormen, Beuth-Verlag, Berlin 1985
4. DIN-Taschenbuch TAB 171 – Rohre, Rohrleitungsteile und Rohrverbindungen aus duroplastischen Kunststoffen, Beuth-Verlag, Berlin 1983

VDI-Richtlinien

5. VDI 2001 Formteile aus Duroplasten
6. VDI 2003 Spanende Bearbeitung von Kunststoffen
7. VDI 2006 Gestaltung von Spritzgußteilen aus thermoplastischen Kunststoffen
8. VDI 2008 Bl. 2 und Bl. 3 Das Umformen von Halbzeug aus PVC hart, PE und PP
9. VDI 2012 Gestalten von Werkstücken aus GFK
10. VDI 2013 Bl. 1 Dimensionieren von Bauteilen aus GFK
11. VDI 2018 Rotationsformen
12. VDI 2021 Temperatur-Zeit-Verhalten von Kunststoffen – Grundlagen
13. VDI 2532 Oberflächenschutz mit organischen Werkstoffen; Gestaltung und Ausführung zu schützender metallischer Konstruktionen
14. VDI 2541 Gleitlager aus thermoplastischen Kunststoffen
15. VDI 2544 Schrauben aus thermoplastischen Kunststoffen
16. VDI 2545 Zahnräder aus thermoplastischen Kunststoffen

Literatur

17. *Bauer*, Technik der Preßmassenverarbeitung, Hanser, München 1964
18. *Beck*, Spritzgießen, Hanser, München 1963
19. *Beyer/Schaab*, Glasfaserverstärkte Kunststoffe, Hanser, München 1968
20. *Erhard/Strickle*, Maschinenelemente aus thermoplastischen Kunststoffen, VDI-Verlag, Düsseldorf 1985
21. Kunststoff-Handbuch, Band 1 bis 9, Hanser, München 1985
22. *Menges/Taprogge*, Kunststoff-Konstruktionen, VDI-Verlag, Düsseldorf 1974
23. *Nitsche/Wolf*, Kunststoffe, Springer, Berlin 1962
24. *Oehler/Weber*, Steife Blech- und Kunststoffkonstruktionen, Springer, Berlin 1972
25. *Puck*, Einführung in das Gestalten und Dimensionlieren von GFK-Konstruktionen, Hanser, München
26. *Saeching/Zebrowski*, Kunststoff-Taschenbuch, Hanser, München 1983
27. *Schreyer*, Konstruieren mit Kunststoffen, Hanser, München 1972
28. *Selden*, Glasfaserverstärkte Kunststoffe, Springer, Berlin 1967
29. *Taprogge*, Konstruieren mit Kunststoffen, VDI-Verlag, Düsseldorf 1971

4.6 Beispiele

Beispiel 4.1: Verschiedene Verfahren mit den erforderlichen Fertigungsstufen beim Gesenkschmieden

Gesenkschmieden vom Stück

1. Schneiden

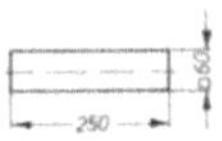

2. Erwärmen
3. Recken

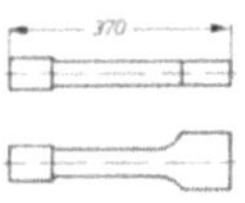

4. Erwärmen
5. Vorformen

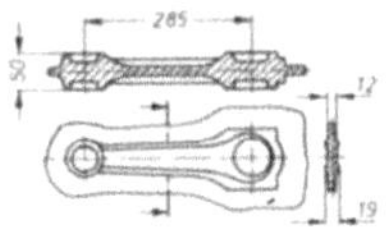

6. Erwärmen
7. Fertigformen

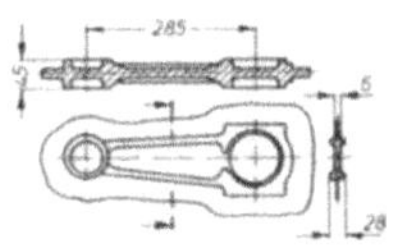

8. Entgraten
9. Lochen

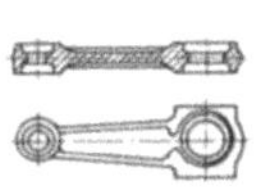

Gesenkschmieden vom Spaltstück

1. Schneiden

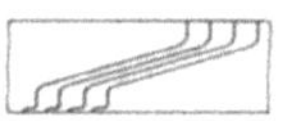

2. Trommeln
3. Erwärmen
4. Biegen

5. Fertigformen

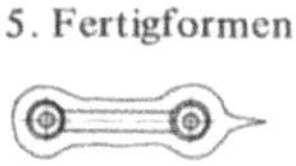

6. Entgraten

Gesenkschmieden von der Stange

1. Schneiden

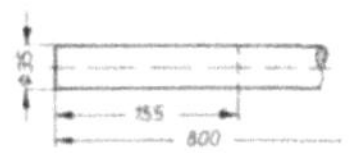

2. Stangenende erwärmen
3. Reckstauchen

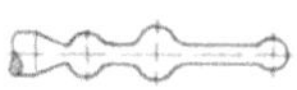

4. Durchsetzen

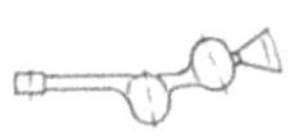

5. Vorformen

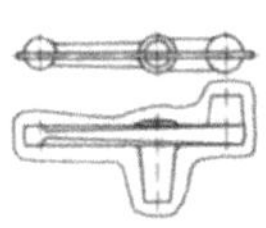

6. Warm entgraten
7. Erwärmen
8. Fertigformen

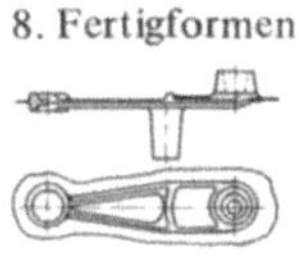

9. Entgraten

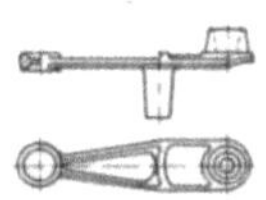

Beispiel 4.2: Fertigungsfolge beim Gesenkschmieden eines Hebels

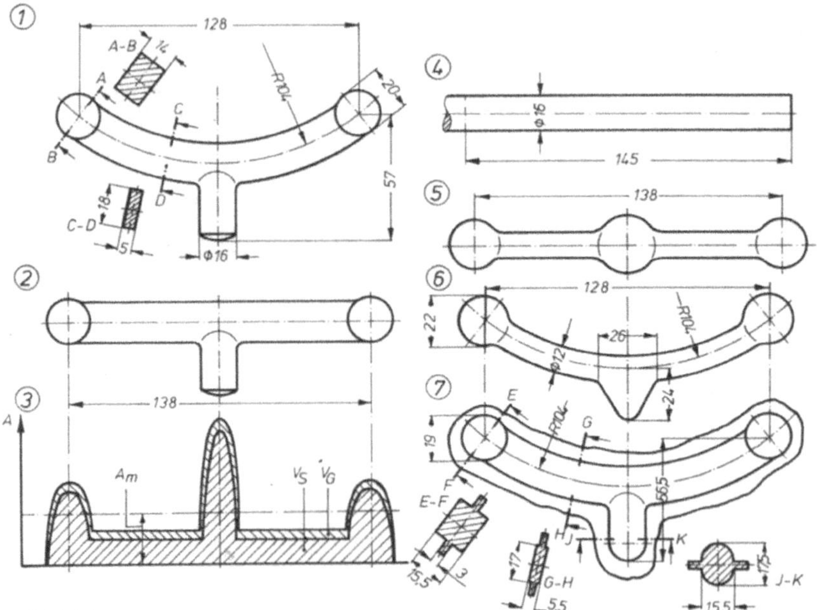

Bild 4.6-1
1 = entgratetes Fertigteil, 2 = gestreckte Fertigform, 3 = Masseverteilungsdiagramm, 4 = Ausgangsform, 5 = Masseverteilungsform a, 6 = Masseverteilungsform b, 7 = Querschnittsvorbildung

Beispiel 4.3: Tellerrad für den Achsantrieb eines Lkw

Werkstoff: 42CrMo4 DIN 17 210
Bild 4.6-2 zeigt die Fertigteil-Zeichnung des Tellerrades. Für dieses Bauteil ist die Schmiedestück-Zeichnung zu fertigen!
Regeln für Schmiedestück-Zeichnungen sind in DIN 7523 Teil 1 angegeben.

Lösung:
Bild 4.6-3 zeigt die Schmiedestück-Zeichnung des Tellerrades. Für die Ermittlung der in dieser Zeichnung berücksichtigten Toleranzen und zulässigen Abweichungen sind folgende Randbedingungen zugrunde gelegt worden:

Gewicht (errechnet)	m_S = 16,2 kg
Gewicht des Hüllkörpers	m_H = 47,6 kg
Feingliedrigkeit bei m_S/m_H = 0,34	Gruppe S 2
Stoffschwierigkeit für 42CrMo4 mit 0,45 % C < 0,65 % C und 0,8 % Mn + 1,2 % Cr + 0,3 % Mo = 2,3 % < 5 %	Gruppe M 1
Gratnaht	eben
größter Durchmesser	d_{max} = 259 mm
größte Höhe	h_{max} = 98 mm
größte Dicke	a_{max} = 115 mm

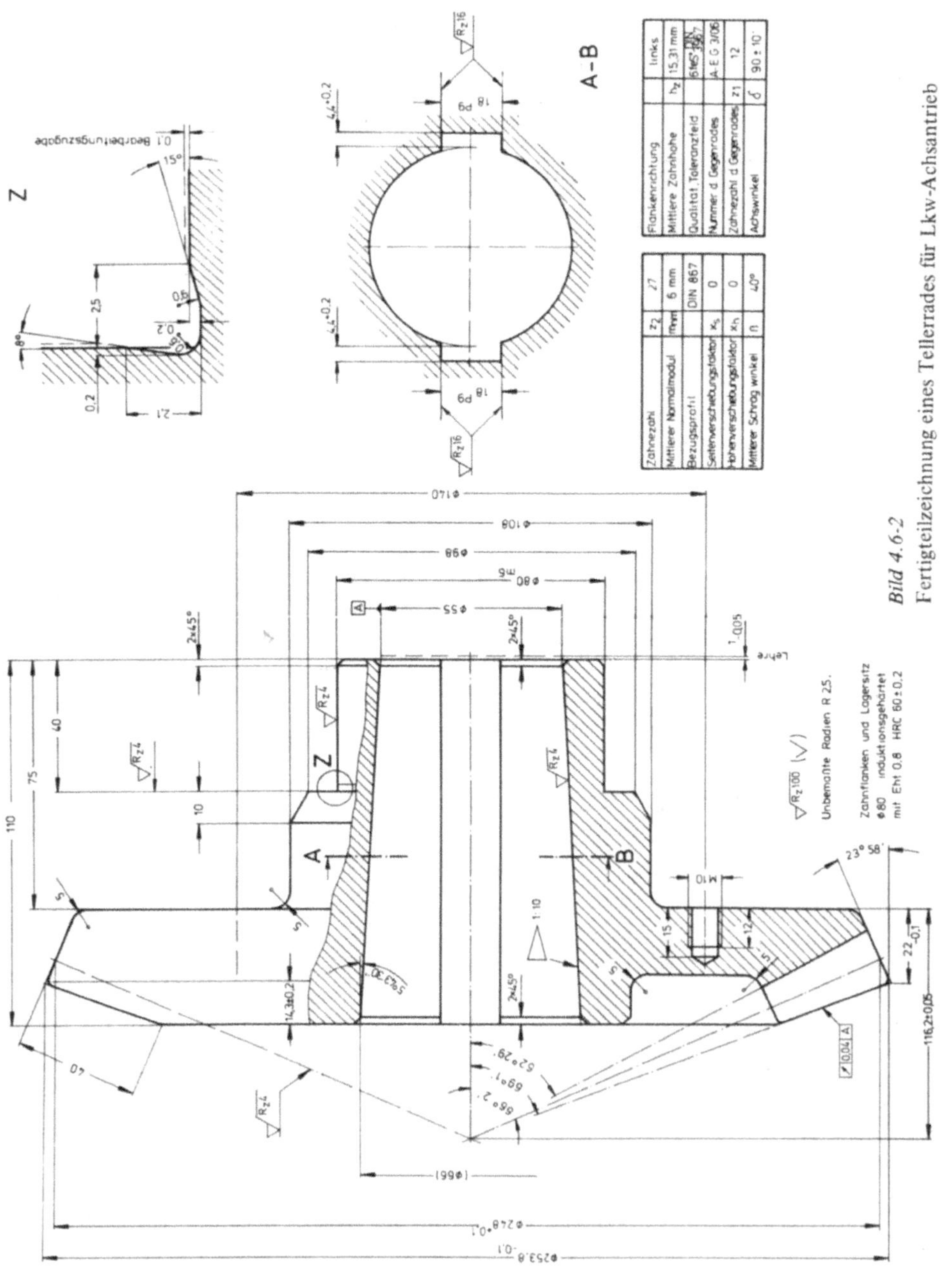

Bild 4.6-2
Fertigteilzeichnung eines Tellerrades für Lkw-Achsantrieb

Toleranzen und zulässige Abweichungen nach DIN 7526				
Gewicht des Schmiedestücks	Gewicht des Hüllkörpers	Feingliedrigkeit	Stoff-schwierigkeit	Schmiedegüte
16,2 kg	47,6 kg	Gruppe S2	Gruppe M1	F

Maßarten	Toleranzen u. zul. Abweichungen	Maßarten		Toleranzen u. zul. Abweichungen
Längenmaße[1])	–	Abgratnasen	Höhe	2,5
Breitenmaße[1]), Durchmesser	+ 2,7 – 1,3		Breite	1,2
Höhenmaße	+ 1,9 – 0,9	Klemmgrat	Höhe	–
			Breite	–
		Sondertoleranzen		–
Dickenmaße, Durchmesser	+ 2,1 – 1,1	Hohlkehlen u. Kantenrundungen nach *A4.2-5*		
Versatz[2])	1,2	Tiefe von Oberflächenfehlern nach Abschnitt 3.2.4.3 u. 9.2.4.5 DIN 7526		
Gratansatz (+), Anschnittiefe (–)[2])	1,4	[1]) Für Innenmaße Zahlenwerte für Plus- u. Minusabweichungen miteinander vertauschen		
Durchbiegung und Verwerfung[2])	1,1	[2]) zusätzlich zu anderen Toleranzen		

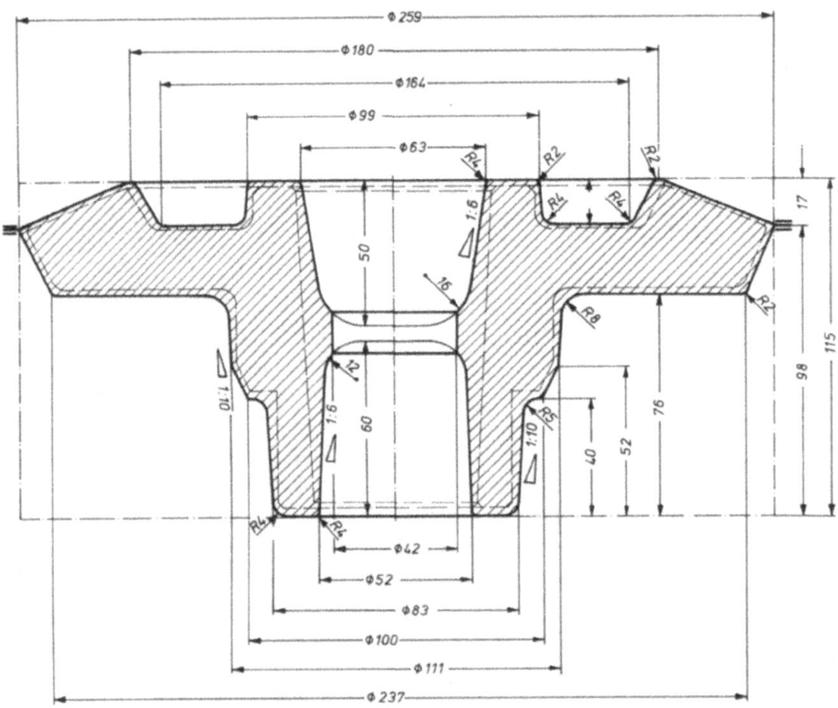

Bild 4.6-3 Schmiedeteilzeichnung des Tellerrades von Bild 4.6-2

Beispiel 4.4: Gebogener Hebel

Für den in *Bild 4.6-4* dargestellten Hebel ist die Masseverteilungszwischenform zu entwerfen. Werkstoffverluste durch Abbrand und für den Grat sollen durch einen Werkstoffbedarfsfaktor w = (Volumen des Rohlings V_M/Volumen der Endform V_E) = 1,2 berücksichtigt werden.

Lösung: Volumen der Endform:

$$V_E = V_{E1} + V_{E2} + V_{E3}$$

$$V_{E1} \approx \frac{3{,}02^2 \cdot \pi}{4} \cdot 4{,}2\ \text{cm}^3 = \underline{\underline{29{,}7\ \text{cm}^3}}$$

$$V_{E2} \approx \frac{\pi}{4} \cdot \frac{2{,}4 \cdot 1{,}4 + 4{,}8 \cdot 2{,}8}{2} \cdot 16{,}3\ \text{cm}^3 = \underline{\underline{107{,}6\ \text{cm}}}$$

$$V_{E3} \approx \frac{4{,}95^2 \cdot \pi}{4} \cdot 2{,}6\ \text{cm}^3 + \frac{4{,}8^2 \cdot \pi}{4} \cdot 4{,}1\ \text{cm}^3 = \underline{\underline{124{,}2\ \text{cm}^3}}$$

Volumen der Masseverteilungszwischenform:

$$V_{M1} = w \cdot V_{E1} = 1{,}2 \cdot 29{,}7\ \text{cm}^3 = \underline{\underline{35{,}7\ \text{cm}^3}}$$

Das entspricht einem Kugeldurchmesser von 41 mm.

$$V_{M2} = w \cdot V_{E2} = 1{,}2 \cdot 107{,}6\ \text{cm}^3 = \underline{\underline{129{,}1\ \text{cm}^3}}$$

Das entspricht einem Stangendurchmesser von 32 mm.

$$V_{M3} = w \cdot V_{E3} = 1{,}2 \cdot 124{,}2\ \text{cm}^3 = \underline{\underline{149\ \text{cm}^3}}$$

Das entspricht einem Kugeldurchmesser von 66 mm.

Anschlußquerschnitte:

$$A_{SM1} = w \cdot A_{SE1} = 1{,}2 \cdot \frac{\pi}{4} \cdot 2{,}4 \cdot 1{,}4\ \text{cm}^2 = \underline{\underline{3{,}2\ \text{cm}^3}}$$

Das entspricht einem Kreis mit 20 mm Durchmesser.

$$A_{SM2} = w \cdot A_{SE2} = 1{,}2 \cdot \frac{\pi}{4} \cdot 4{,}8 \cdot 2{,}8\ \text{cm}^2 = \underline{\underline{12{,}7\ \text{cm}^2}}$$

Das entspricht einem Kreis von 40 mm Durchmesser.

Maße des Stangenabschnittes:
Gewählter Stangendurchmesser d_0 = 34 mm. Im allgemeinen wird zur vollen Ausformung der Stange der Stangendurchmesser nicht kleiner als der Durchmesser des größten Anschlußquerschnittes, hier also 40 mm, gewählt. Im gegebenen Fall soll aber der größere Anschlußquerschnitt angestaucht werden.

$$L_{01} = \frac{4 \cdot V_{M1}}{d_0^2 \cdot \pi} = \frac{4 \cdot 35{,}7}{3{,}4^2 \cdot \pi}\ \text{cm} = \underline{\underline{40\ \text{mm}}}$$

$$L_{02} = \frac{4 \cdot V_{M2}}{d_0^2 \cdot \pi} = \frac{4 \cdot 129{,}1}{3{,}4^2 \cdot \pi}\ \text{cm} = \underline{\underline{143\ \text{mm}}}$$

$$L_{03} = \frac{4 \cdot V_{M3}}{d_0^2 \cdot \pi} = \frac{4 \cdot 149{,}0}{3{,}4^2 \cdot \pi}\ \text{cm} = \underline{\underline{164\ \text{mm}}}$$

$$L_0 = L_{01} + L_{02} + L_{03} = \underline{\underline{347\ \text{mm}}}$$

Die Zwischenformen (*Bilder 4.6-4.5* und *4.6-4.4*) werden durch Reckstauchen erreicht.

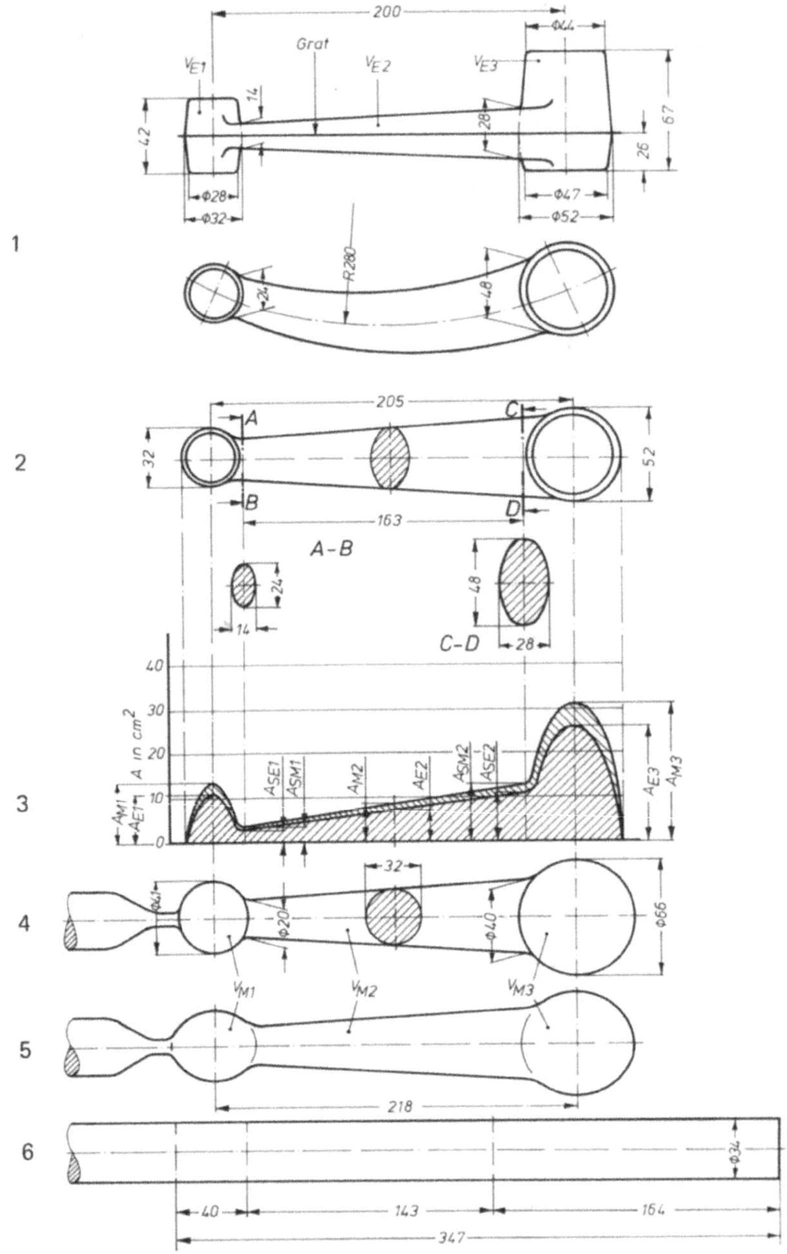

Bild 4.6-4 Ermittlung der Masseverteilungszwischenform eines gebogenen Hebels; 1 = Fertigteil, 2 = gestreckter Hebel, 3 = Masseverteilungsdiagramm, 4 = Masseverteilungszwischenform b, 5 = Masseverteilungszwischenform a, 6 = Stangenabschnitt

Beispiel 4.5: Schalthebel für die Ventilsteuerung einer Entstaubungsanlage

Die Gußausführung aus GG-20 wurde durch ein Schmiedestück aus St 50-2 abgelöst, wodurch zwar die Werkzeugkosten auf 140 % stiegen, die Gesamtkosten für das fertige Schmiedestück sich jedoch auf 60 % senken ließen. Der entscheidende Fortschritt lag aber in der geringeren Bruchanfälligkeit und der damit verbundenen Funktionssicherheit.

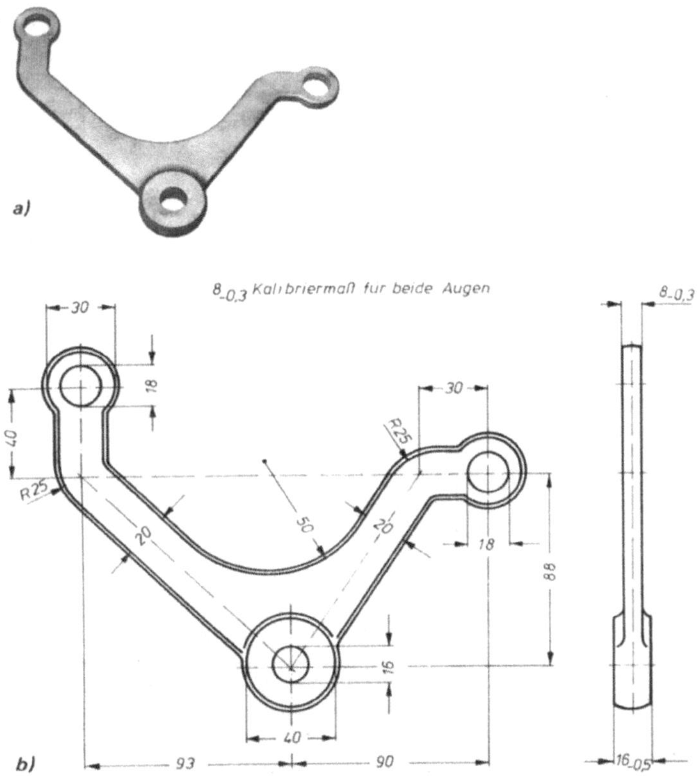

Bild 4.6-5 Schalthebel zur Ventilsteuerung einer Entstaubungsanlage (Quelle: Beratungsstelle Schmiedestück-Verwendung, Hagen)

Beispiel 4.6: Planetenträger für Radnabengetriebe

Die zweiteilige, verschraubte Schmiedekonstruktion wurde ersetzt durch ein einteiliges Stahlgußteil. Neben der Gewichtseinsparung von 30 % konnten die Bearbeitungsschritte von früher 27 auf heute 11 reduziert werden. Die Herstellkosten des Stahlgußteiles konnten dadurch auf 68 % derjenigen der Schmiedekonstruktion gesenkt werden.

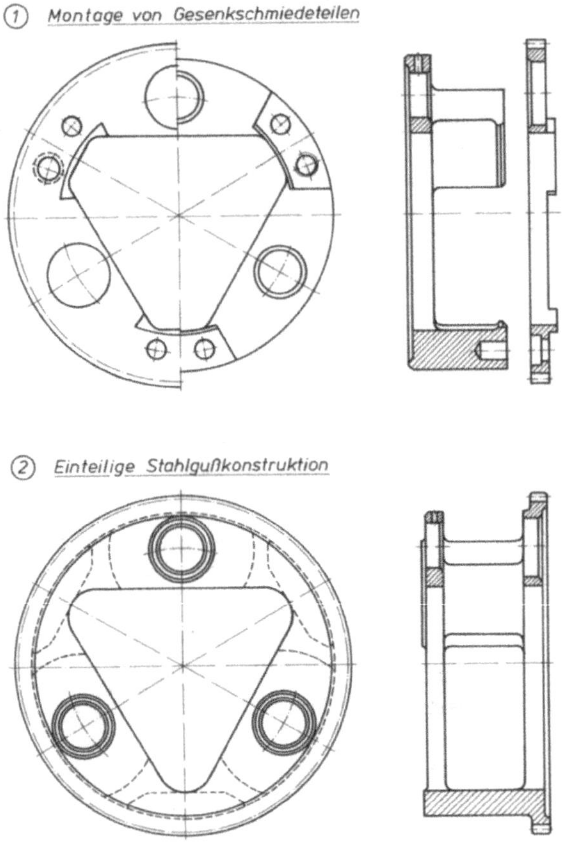

Bild 4.6-6

Planetenträger für das Radnabengetriebe eines Lkw; 1 = Montage von Schmiedeteilen, 2 = einteilige Stahlgußkonstruktion (nach Zentrale für Gußverwendung, Düsseldorf)

Beispiel 4.7: Fließgerechte Flanschbuchse

Die in *Bild 4.6-7* dargestellte Flanschbuchse soll aus Rundstahl 45 DIN 1013 hergestellt werden. Bei der Fertigung ist ein Abfall von 10 % für das Ausstanzen des Bodens der Zwischenform zu berücksichtigen.

Zu berechnen ist die erforderliche Länge des Rohlings. Ebenfalls sind die Form und Maße der Zwischenformlinge zu bestimmten! Volumen des Fertigteils $V_1 = 33{,}13\ \text{cm}^3$.

Lösung:

$$V_0 = 1{,}1 \cdot V_1 = 36{,}44\ \text{cm}^3$$

$$l_0 = \frac{V_0}{A_0} = \frac{36{,}44\ \text{cm}^3}{\frac{4{,}5^2 \cdot \pi}{4}\ \text{cm}^2} = 2{,}29\ \text{cm} = \underline{\underline{22{,}9\ \text{mm}}}$$

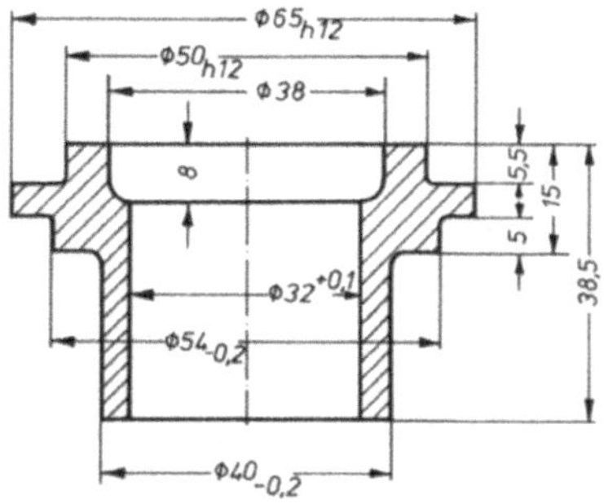

Bild 4.6-7
Flanschbuchse aus Stahl

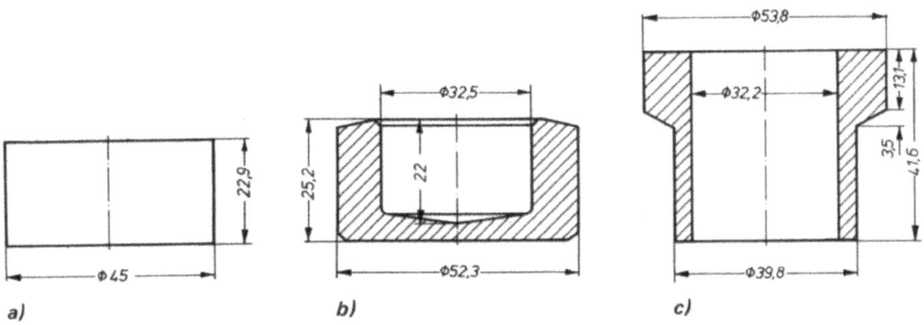

Bild 4.6-8 Zwischenformen der Flanschbuchse nach Bild 4.6-7
a) Rohling
b) rückwärtsfließgepreßte Zwischenform
c) vorwärtsfließgepreßte Zwischenform

Wegen der relativ schwierigen Kopfform wird der Rohling durch Rückwärtsfließpressen zunächst zu einem Napf geformt, dessen Boden anschließend ausgestanzt wird. Anschließend wird durch Vorwärtsfließpressen die Zwischenform gefertigt. Schließlich wird der Flansch fertiggepreßt (*Bild 4.6-8*).

Bei der Gestaltung der Zwischenformen ist zu beachten, daß die jeweiligen Rohlingsaußenmaße um $\Delta = (0{,}1 \ldots 0{,}3)$ mm kleiner und die Rohlingsinnenmaße um den gleichen Betrag größer als die entsprechenden Maße der Folgeteile sein müssen.

Zu beachten ist auch, daß beim Zwischenformen eine möglichst günstige Masseverteilung für das Folgeteil erreicht wird.

4.7 Aufgaben

4.7.1 Das Gestalten von Gußteilen

1. Nennen und erläutern Sie mindestens 5 Kriterien für die Auswahl eines Gußwerkstoffes!
2. Das Getriebegehäuse einer Werkzeugmaschine soll aus Gußeisen mit Lamellengraphit gegossen werden.
   a) Welche Gesichtspunkte sprechen für die Wahl eines solchen Werkstoffes? Überprüfen Sie in diesem Zusammenhang auch die Haupteigenschaften anderer Gußwerkstoffe, und nennen Sie die jeweiligen Vor- und Nachteile gegenüber GG!
   b) Welches Gießverfahren halten Sie für zweckmäßig? Begründen Sie Ihre Meinung!
   c) Wägen Sie die Vor- und Nachteile der Gußkonstruktion gegenüber einer Schweißkonstruktion ab!
3. Von dem Gehäuse eines Feinmeßgerätes mit den Außenmaßen 50 × 80 × 30 mm sollen pro Jahr 5000 Stück gefertigt werden. Welches Gießverfahren und welchen Werkstoff schlagen Sie vor, wenn eine spanende Nachbearbeitung vermieden werden soll? Begründen Sie Ihre Meinung!
4. Entwerfen Sie ein Stehlager mit folgenden Randbedingungen: Lagerinnendurchmesser 80 mm, Abstand der Lagermitte von der Aufstellfläche 200 mm, radiale Lagerbelastung 900 N, axiale Lagerbelastung 300 N.
5. Warum erfordern Gußteilflächen, die in der Form oben liegen, grundsätzlich größere Bearbeitungszugaben als unten liegende Flächen?
6. Erklären Sie die Methode der Heuversschen Kontrollkreise für die Wanddickengestaltung von Gußteilen, und begründen Sie diese!
7. Nennen Sie Ursachen für die inneren Spannungen in Gußteilen! Leiten Sie daraus Regeln für die Gestaltung lunkerfreier Gußteile ab!
8. Beurteilen Sie die drei verschiedenen in *Bild 4.7-1* dargestellten Lagerdeckel unter folgenden Gesichtspunkten: abgestimmte Wanddicken, Kerne, Kernlagerung, Teilungsebene!

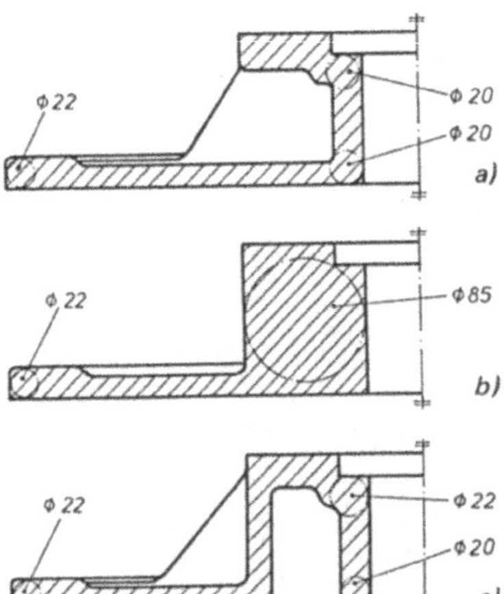

Bild 4.7-1 Gestaltung eines Lagerdeckels

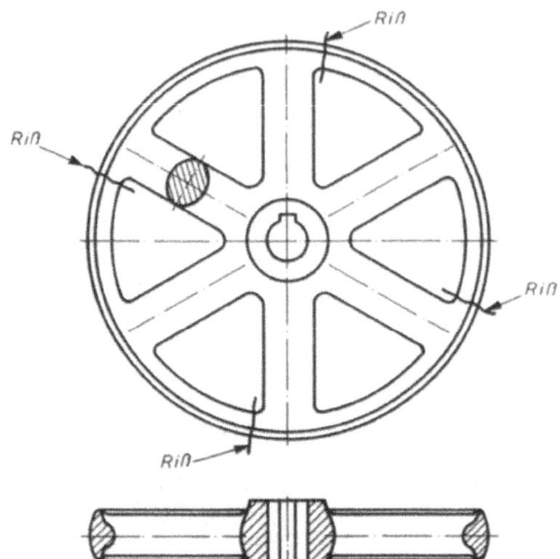

Bild 4.7-2 Gestaltung eines Rades; ungünstiges Verhältnis der Querschnitte von Kranz, Nabe und Speichen

9. *Bild 4.7-2* stellt ein Handrad aus GG-20 dar, bei dem infolge ungünstig gewählter Querschnittsabstimmung von Kranz, Nabe und Speichen vielfach Risse auftreten. Klären Sie die Ursachen für diese Rißbildung, und wählen Sie eine gießgerechte Gestaltung!

10. Skizzieren Sie für die in den *Bildern 4.7-3* dargestellten Details von Gußstücken günstigere Lösungen, und begründen Sie die Änderungen!

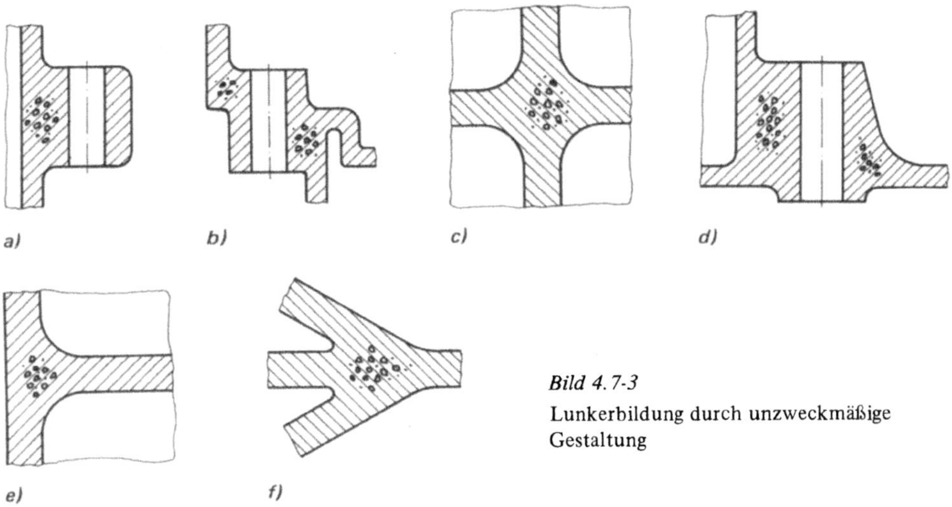

Bild 4.7-3
Lunkerbildung durch unzweckmäßige Gestaltung

11. Bei dem in *Bild 4.7-4* dargestellten Nähmaschinenfuß traten in der Vergangenheit häufig Risse auf. Wählen Sie eine günstigere Form für das Gußteil!

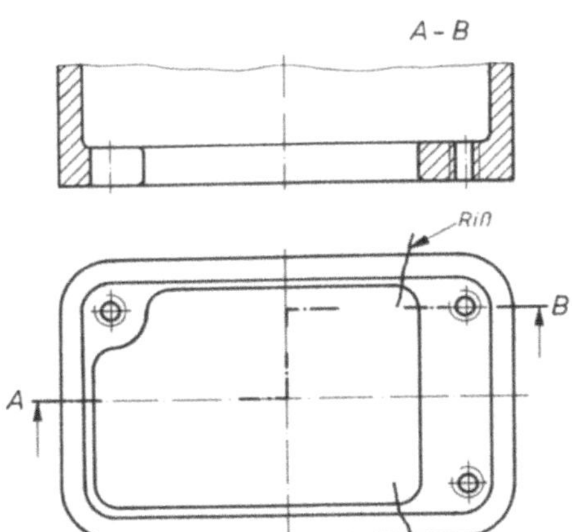

Bild 4.7-4
Rißbildung durch innere Spannungen bei einem Nähmaschinenfuß

4.7.2 Das Gestalten von Schmiede- und Fließpreßteilen

1. Die *Bilder 4.7-5a bis c* sind die Teilezeichnungen verschiedener Maschinenbauteile. Die Rohlinge sollen durch Gesenkschmieden hergestellt werden.
Entwickeln Sie unter Beachtung der einschlägigen Normen und Gestaltungsregeln die für die Fertigung benötigten Rohteilzeichnungen!

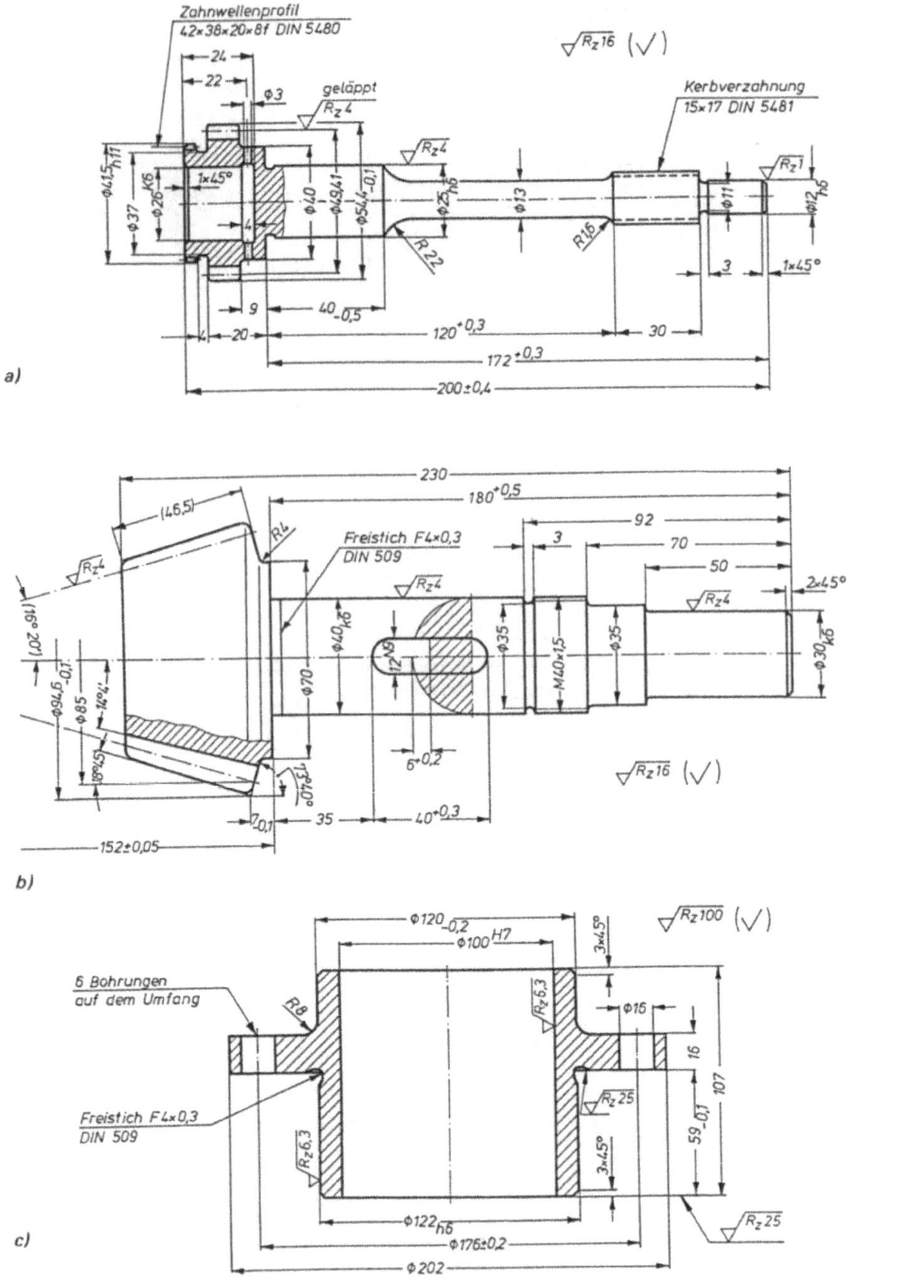

Bild 4.7-5

a) Getriebewelle aus 20 MnCr 5 DIN 17 200

b) Kegelradwelle für Achsantrieb aus Ck45 V100 DIN 17 200

c) Buchse aus St 50-2 DIN 17 100

2. Die Rohlinge aus Aufgabe 1. sollen durch Schmieden von der Stange gefertigt werden. Die Masseverteilung soll durch Reckstauchen erfolgen.
   a) Erstellen Sie die Masseverteilungsdiagramme!
   b) Legen Sie die Fertigungsfolgen fest und bestimmen Sie die Form und Maße der Zwischenformlinge!
   c) Erstellen Sie die Zeichnungen für die Zwischenformlinge!
3. a) Überprüfen Sie das in *Bild 4.6-1* dargestellte Masseverteilungsdiagramm des gebogenen Hebels! Geben Sie die entsprechenden Massen für die einzelnen Volumenelemente an!
   b) Überprüfen Sie die in *Bild 4.6-1* gemachten Angaben für den Stangenabschnitt und die Zwischenformlinge!
4. Der in *Bild 4.6-5* dargestellte Schalthebel für die Ventilsteuerung einer Entstaubungsanlage aus St 50-2 soll durch Gesenkschmieden von der Stange gefertigt werden. Die Masseverteilung soll durch Reckstauchen und Biegen vorgenommen werden.
   a) Legen Sie die Fertigungsfolge fest, und bestimmen Sie die Formen und Maße der Zwischenformlinge!
   b) Skizzieren Sie das Masseverteilungsdiagramm und die Zwischenformlinge des Hebels!
5. a) Was versteht man unter der „fließgerechten" Gestaltung von Gesenkschmiedeteilen?
   b) Begründen Sie die Regel, daß bei der Gestaltung von Gesenkschmiedestücken Kröpfungen der Gratnaht möglichst vermieden werden sollen!
   c) Weshalb sollen bei Gesenkschmiedeteilen Aushebeschrägen und große Radien vorgesehen werden?
6. Das *Bild 4.7-6* zeigt schematisch die Materialfaserung an der Kröpfung einer Kurbelwelle. Schließen Sie aus dem Faserverlauf auf das jeweils angewendete Fertigungsverfahren! Vergleichen Sie qualitativ die Gestaltfestigkeit beider Kröpfungen!

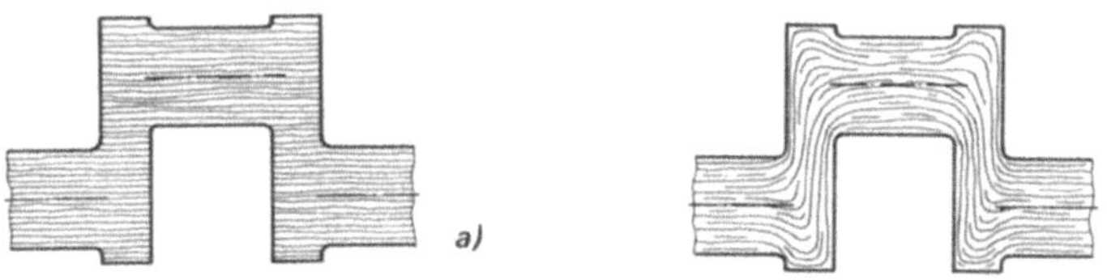

Bild 4.7-6 Kröpfung einer Kurbelwelle mit Faserverlauf

7. a) Die *Bilder 4.7-7a bis c* stellen Kaltfließpreßlinge dar. Ermitteln Sie die Formen und Maße der Rohlinge!

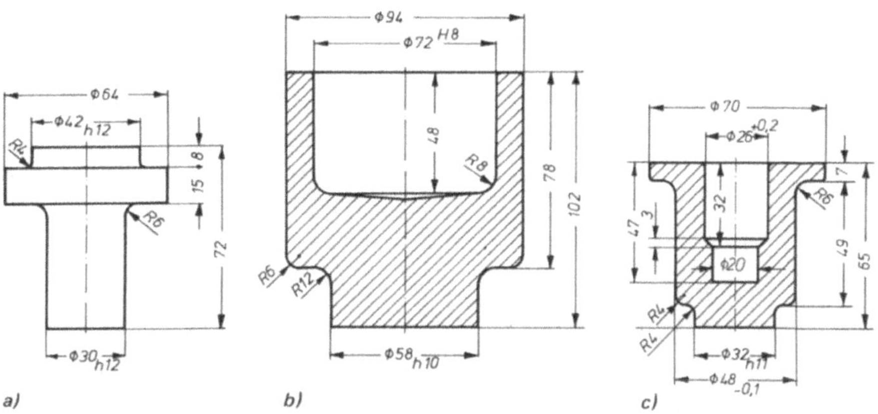

Bild 4.7-7 Kaltfließpreßteile

b) Bestimmen Sie die Formen und Maße der erforderlichen Zwischenformlinge!

8. a) Warum ist das Tolerieren von Höhe und zugleich Durchmesser von Fließpreßteilen unzweckmäßig?

b) Schlanke Bohrungen an Fließpreßteilen sollen nicht durch Fließpressen, sondern durch nachfolgende spanende Bearbeitung gefertigt werden. Nennen Sie die Ursachen für diese Regel!

c) Der in *Bild 4.7-8* dargestellte, durch Hohl-Vorwärtsfließpressen gefertigte Napf zeigt Oberfläche-Innenrisse. Ursache dafür ist die Überschreitung des Formänderungsvermögens des verwendeten Werkstoffes. Durch welche Maßnahmen läßt sich dieser Fehler vermeiden?

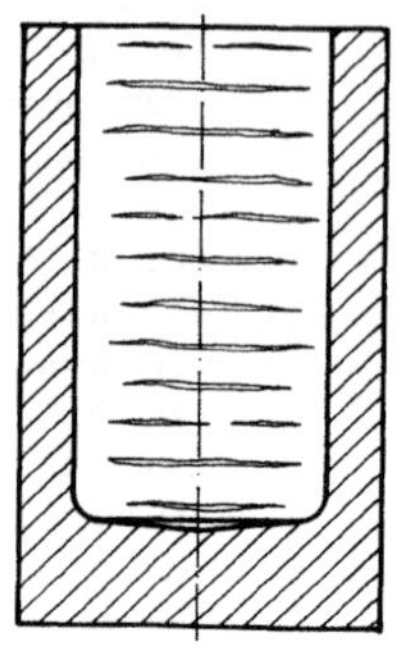

Bild 4.7-8

Napf mit Oberflächen – Innenrissen; hergestellt durch Hohl-Vorwärtsfließpressen

9. Gesenkschmieden und Fließpressen sind Verfahren der Massenfertigung. Ihre Anwendung ist umso wirtschaftlicher, je größer ihre Stückzahl ist. Begründen Sie diese Behauptung!

10. a) Werkzeuge für das Gesenkschmieden und Fließpressen unterliegen bei höherer Stückzahl zunehmendem Verschleiß. Welche Folgerungen lassen sich daraus für die Tolerierung der Bauteile ziehen?

b) Welche Folgerungen lassen sich aus 10.a) für die Fertigungskosten bei erforderlicher enger Tolerierung der Bauteile ziehen?

11. Der in *Bild 4.7-9* dargestellte Rohling einer Antriebswelle aus 16MnCr5 DIN 17 210 soll aus Rundstahl ⌀ 37 in 4 Umformstufen durch Kaltfließpressen hergestellt werden: 1. Stufe = Voll-Vorwärtsfließpressen zur Vorbildung des Lagerzapfens; 2. Stufe = Kopf vorstauchen; 3 Stufe = Hohl-Vorwärtsfließpressen zur Vorbildung des Lochs; 4. Stufe = Kopf fertigpressen.

a) Berechnen Sie die erforderliche Länge des Rundstahlabschnittes!

b) Bestimmen Sie die Formen und Maße der drei Zwischenformlinge!

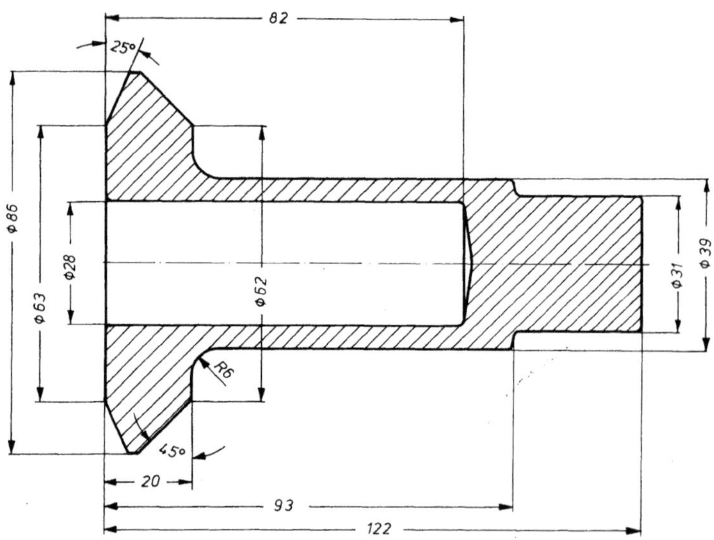

Bild 4.7-9 Rohling einer Antriebswelle

12. Der in *Bild 4.7-10* dargestellte Steckschlüsseleinsatz aus 25CrMo4 DIN 17 200 für die Schlüsselweite 19 soll in drei Umformstufen, nämlich durch Hohl-Vorwärts- und Rückwärtsfließpressen und abschließendes Maßprägen gefertigt werden.
    a) Bestimmen Sie die Maße des Rohlingsabschnittes!
    b) Bestimmen Sie die Formen und Maße der Zwischenformlinge!

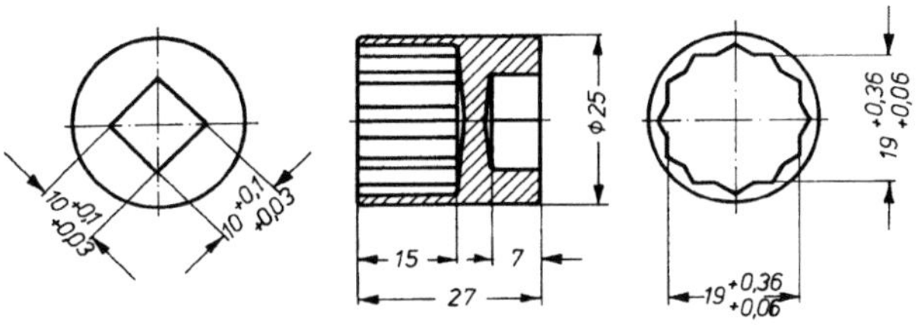

Bild 4.7-10
Steckschlüsseleinsatz

4.7.3 Das Gestalten von Löt- und Schweißverbindungen

1. In kleiner Stückzahl zu fertigende Einlaufrohre aus Baustahl, *Bild 4.7-11*, wurden bisher durch Spanen aus dem Vollen herausgearbeitet. Für den Fall, daß die Rohre in großer Stückzahl hergestellt werden müssen, soll (unter Beibehaltung der Abmessungen) durch Löten der Fertigungsablauf rationalisiert werden.
    a) Das Drehteil soll in ein wirtschaftlich zu fertigendes Lötteil umgestaltet werden!
    b) Wählen Sie mit kurzer Begründung
        – ein geeignetes Lötverfahren für die Massenfertigung,
        – ein geeignetes Lot,
        – eine geeignete Lotzuführung.

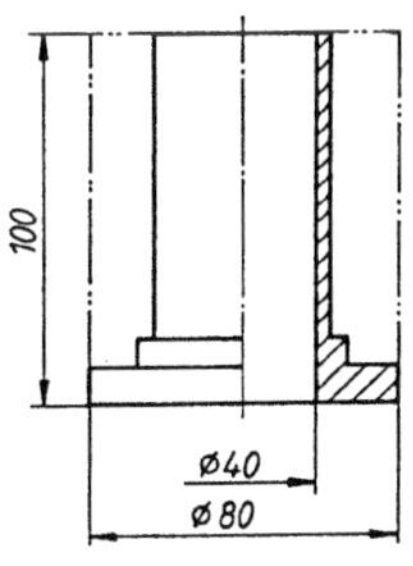

Bild 4.7-11
Einlaufrohr

2. Entwerfen Sie einen Zeitungsständer aus Messingdraht mit dem Durchmesser $d = 4$ mm. Der Zeitungsständer soll durch Löten gefertigt werden. Versuchen Sie alle Lötverbindungen der Konstruktion zu entlasten!
3. Beschreiben Sie die Auswirkungen von Schrumpfspannungen in Schweißverbindungen.
4. Konstruieren Sie drei verschiedene Ausführungen für eine Behälterecke, und beschreiben Sie die Eigenschaften dieser Konstruktionen.
5. Die gegossenen Bauteile nach *Bild 4.7-12a bis c* sollen in Schweißteile umkonstruiert werden. Unter Beachtung der Funktion und der Hauptmaße sind jeweils zwei verschiedene Lösungen zu skizzieren!

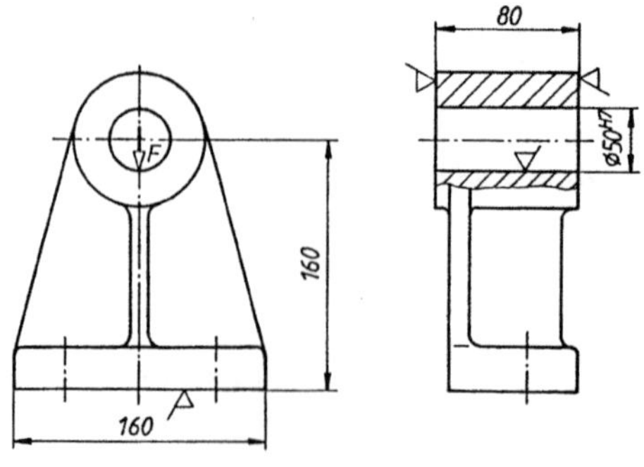

a)

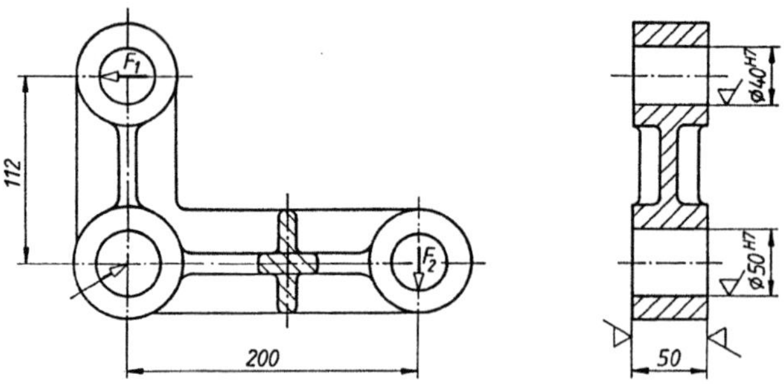

b)

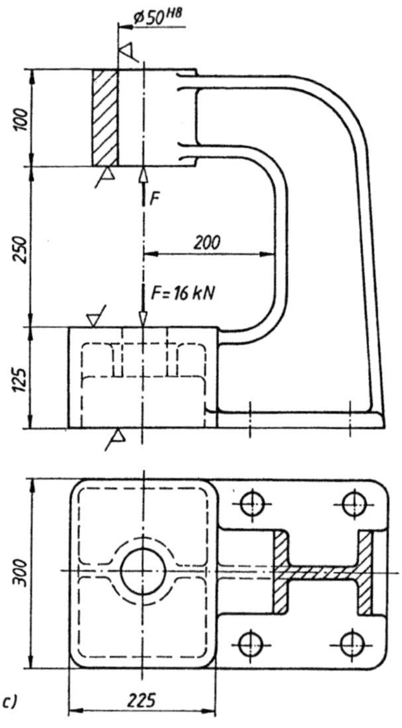

c)

Bild 4-7-12

Bauteile in gegossener Ausführung

a) Lagerbock

b) Winkelhebel

c) C-Gestell

4.7.4 Das Gestalten von Kunststoffteilen

1. a) Beurteilen Sie die in den *Bildern 4.7-13 bis c* dargestellten Formpreßteile aus Kunststoff!

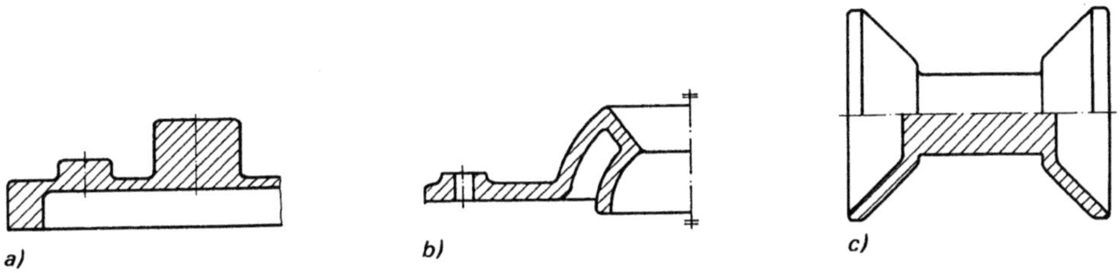

Bild 4.7-13 Formpreßteile aus Kunststoff

   b) Verbessern Sie die nach Ihrer Meinung ungünstig gestalteten Details, und stellen Sie die so gewonnenen Bauteile als Skizzen dar!

2. Ein Behälter mit höher liegendem Boden (*Bild 4.7-14*) wird als Formpreßteil hergestellt. Bei dem skizzierten Prototyp stören wegen der hohen Qualitätsanforderungen des Kunden die Bodenmarkierungen an der Außenwand.
Suchen Sie eine zweckmäßigere Lösung, skizzieren Sie diese, und begründen Sie die Zweckmäßigkeit Ihres Konzeptes!

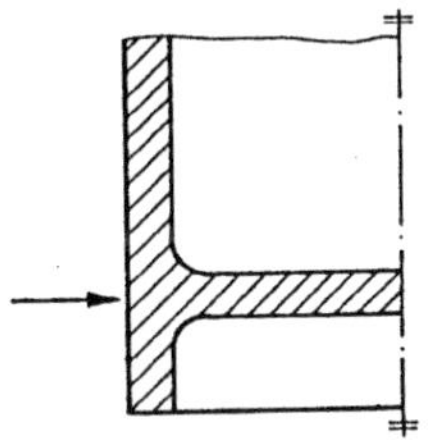

Bild 4.7-14
Formpreßteil und Einfallstellen wegen Massehäufung

3. Beurteilen Sie die in *Bildern 4.7-15a und b* dargestellten Spritzgußteile aus Kunststoff, und skizzieren Sie verbesserte Entwürfe!

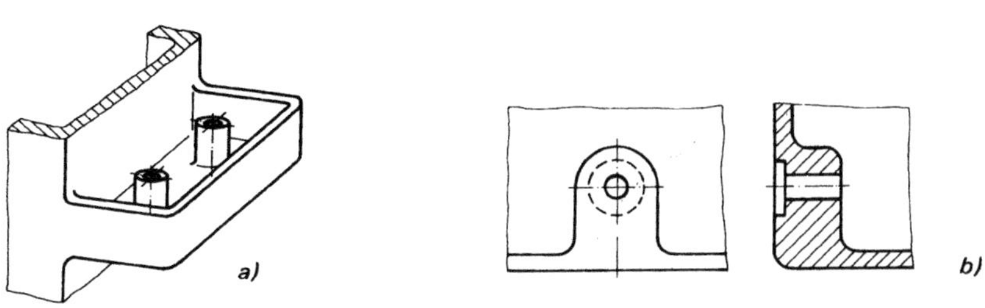

Bild 4.7-15 Spritzgußteile
a) Befestigungsauflage, b) Lochverstärkung

4. a) Zur formschlüssigen Verbindung eines Ritzels aus Kunststoff mit einer Welle aus Leichtmetall ist die skizzierte Lösung gefunden worden (*Bild 4.7-16*).
Beurteilen Sie die Verbindung unter folgenden Gesichtspunkten: Funktion, Festigkeit, Fertigung, Kosten!

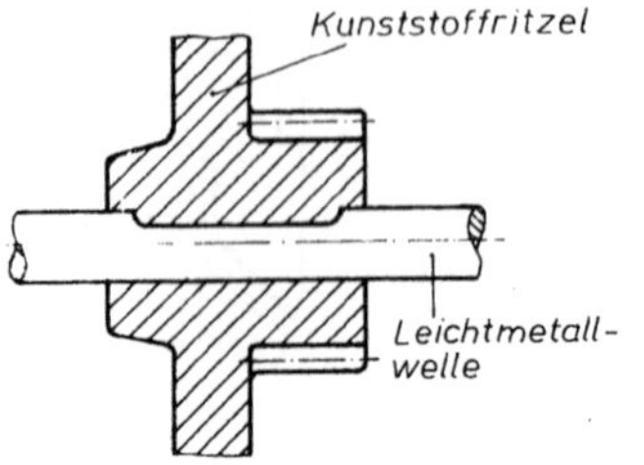

Bild 4.7-16
Nabenverbindung Zahnrad – Leichtmetallwelle

b) Skizzieren Sie mindestens 3 zusätzliche Lösungen für eine solche Nabenverbindung, und vergleichen Sie diese unter den oben genannten Gesichtspunkten!

5. Zur Rationalisierung der Montage von Wälzlagerungen wird vorgeschlagen, die Gehäusebohrung grob zu tolerieren, die Lager genau auf die Welle auszurichten und die Außenringe der Lager mit Klebstoff in die Bohrungen einzukleben (*Bild 4.7-17*). Beurteilen Sie diesen Vorschlag!

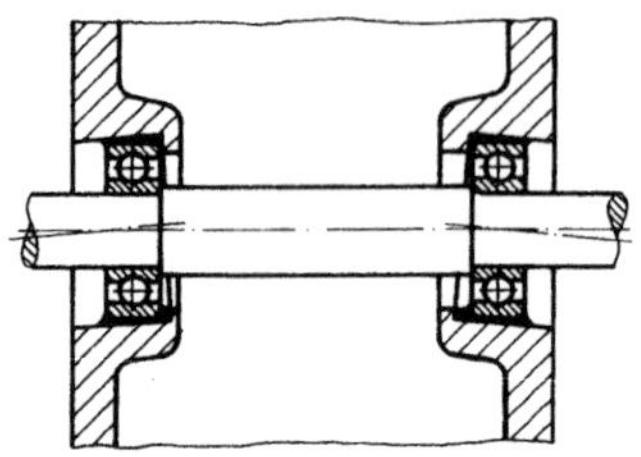

Bild 4.7-17 Klebverbindung zwischen Wälzlager und Gehäuse

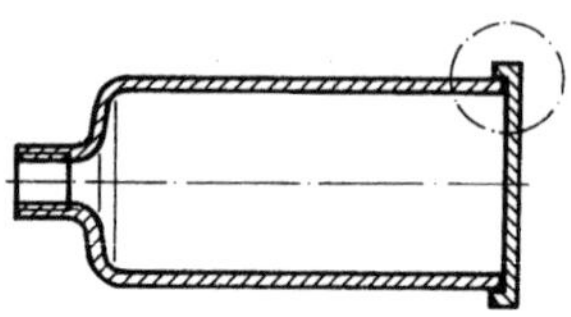

Bild 4.7-18 Klebverbindung eines Feuerlöschers aus Kunststoff

6. Beurteilen Sie die in *Bild 4.7-18* dargestellte Klebverbindung des Feuerlöschers aus Kunststoff! Skizzieren Sie eine zweckmäßigere Verbindung!
7. In die Wandung eines Ölkühlers ist mit ausreichender Festigkeit und Dichtigkeit ein die Wandung durchbrechender Stahlbolzen einzukleben.
Skizzieren Sie mindestens zwei zweckmäßige Klebverbindungen, und begründen Sie Ihre Wahl!
8. Skizzieren Sie für den in *Bild 4.7-19* im Prinzip dargestellten Kunststoffbehälter folgende Details als Klebverbindungen:
a) Längsverbindung 1 eines Schusses *a*!
b) Rundverbindung 2 zwischen zwei Schüssen *a*!
c) Verbindung zwischen Schuß *a* und Boden *b*!

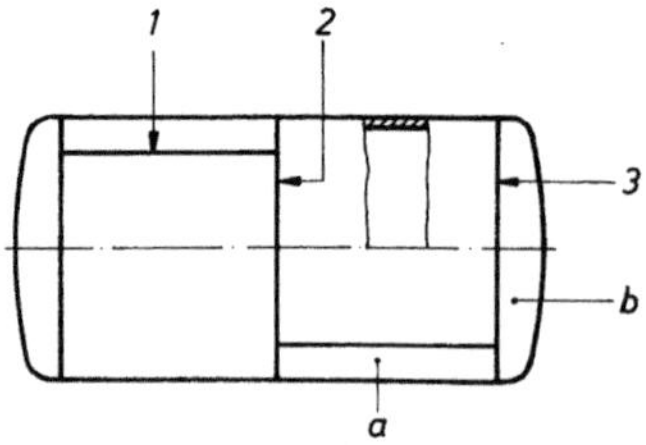

Bild 4.7-19
Prinzipskizze eines Behälters

Anhang

A1-1 Grundoperationen und Elementarfunktionen von Maschinen, Apparaten und Geräten nach *Koller*

Grundoperation	Symbol	Elementarfunktionen – Stoff: Symbol	Stoff: Beispiel	Energie: Symbol	Energie: Beispiel	Signal: Symbol	Signal: Beispiel	Inverse Grundoperation: Symbol	Inverse Grundoperation
Emittieren	G_A	St_A	Emittieren von Kraftstoff aus Kraftstoffbehälter	E_A	Emittieren von γ-Strahlen bei radioaktivem Präparat	S_A	Emittieren von Lichtstrahlen bei Signallampe	G_A	Absorbieren
Leiten	G_A — G_A	St_A — St_A	Leiten von Wasser durch Ventil (Inverse Funktion Abdichten)	E_A — E_A	Leiten von Wärme in Wärmeaustauscher	S_A — S_A	Leiten von Signalen mittels Telefonleitung	G_A	Isolieren
Sammeln	$\overset{*}{G}_A$ — $\bar{G}_A$	$\overset{*}{St}_A$ — $\bar{St}_A$	Sammeln von Schüttgut mittels Trichter	$\overset{*}{E}_A$ — $\bar{E}_A$	Sammeln von Lichtenergie durch Sammellinse	$\overset{*}{S}_A$ — $\bar{S}_A$	Sammeln von Radiosignalen durch Radarschirm	$\bar{G}_A$ — $\overset{*}{G}_A$	Streuen
Führen	$\bar{\bar{G}}_A$ — $\bar{G}_A$	$\bar{\bar{St}}_A$ — $\bar{St}_A$	Führen von Wasser in Rohrleitung (Inverse Funktion: Nicht gef. Wasserstrahl)	$\bar{\bar{E}}_A$ — $\bar{E}_A$	Führen des Drehmomentes durch eine Getriebewelle	$\bar{\bar{S}}_A$ — $\bar{S}_A$	Führen eines Radiosignals durch Richtantenne	$\bar{G}_A$ — $\bar{\bar{G}}_A$	Nichtführen
Wandeln	G_A — S — G_B	St_A — S — St_B	Wandeln des Aggregatzustandes durch Erstarren	E_A — S — E_B	Wandeln von elektr. in mechan. Energie mittels E-Motor	S_A — S — S_B	Wandeln von elektr. Signal in mechan. Signal in elektr. Meßgeräten	G_B — S — G_A	Rückwandeln
Vergrößern	G_{A1} — S — G_{A2}	St_{A1} — S — St_{A2}	Vergrößern des Volumens durch Wärmeausdehnung	E_{A1} — S — E_{A2}	Vergrößern des Drehmomentes durch Getriebeübersetzung	S_{A1} — S — S_{A2}	Vergrößern elektr. Signale durch elektr. Verstärker	G_{A2} — S — G_{A1}	Verkleinern

A1-1 (Fortsetzung)

Grundoperation		Elementarfunktionen Stoff		Energie		Signal		Inverse Grundoperation	
	Symbol	Symbol	Beispiel	Symbol	Beispiel	Symbol	Beispiel	Symbol	
Richtungs-ändern	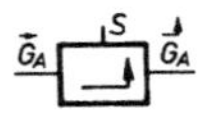	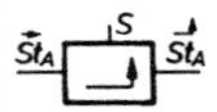	Richtungsändern einer strömenden Flüssigkeit in Rohr Rohrleitung	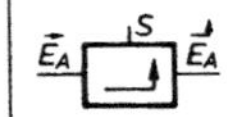	Richtungsändern des Momenten-flusses durch Kegeltrieb	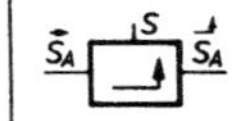	Richtungs-ändern eines Lichtsignals durch optisches Prisma	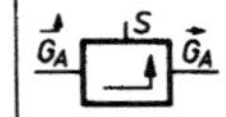	Richtungs-ändern
Richten	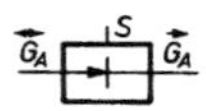	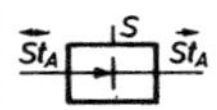	Richten eines Flüssigkeits-stromes durch Rücksperrventil	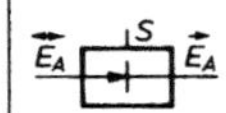	Richten eines elektr. Stromes durch Gleich-richter	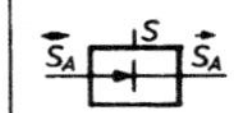	Richten von Lichtsignalen durch Total-reflexion beim Glasfiberstab	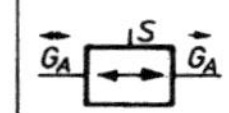	Oszillieren
Koppeln	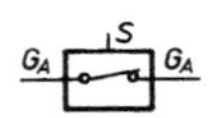	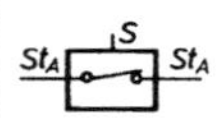	Koppeln von Bauteil und Vorrichtung	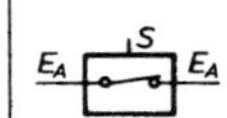	Koppeln von Motor und Ge-triebe mittels Schaltkupplung	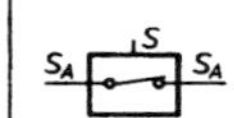	Koppeln von Signalinput u. -output mittels Schließer-schaltung	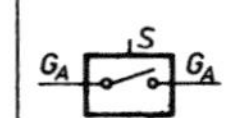	Unterbrechen
Verbinden	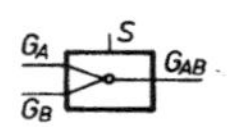	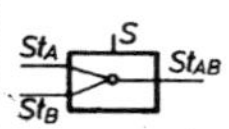	Verbinden von Stoff A und Stoff B in Mischvor-richtung	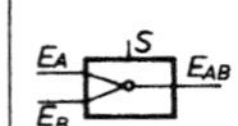	Verbinden von mechanischer Schaltenergie u. hydraul. Energie beim Servoventil	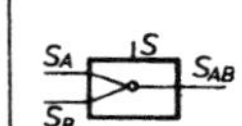	Verbinden von Strom- und Zeitsignal bei Oszillograph	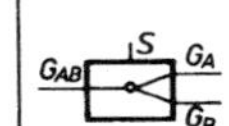	Trennen
Fügen	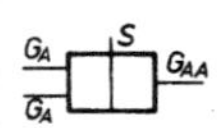	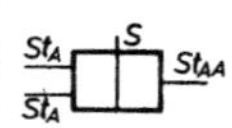	Fügen von Stahl und Stahl durch Schweißen	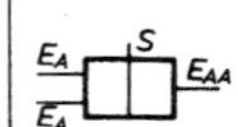	Fügen von Dreh-momenten in Leistungsver-zweigenden Ge-trieben	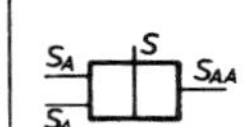	Fügen von Basissignal u. Emittersignal bei PNP-Tran-sistor	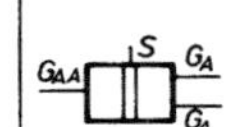	Teilen
Speichern	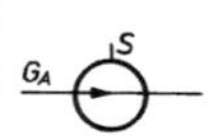	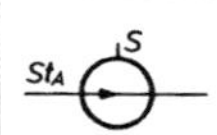	Speichern von Brenngas in Gas-flasche		Speichern von elektr. Energie in Kondensator	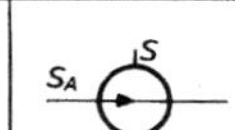	Speichern von Informationen auf Tonband	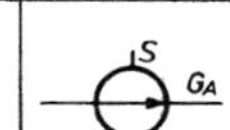	Entspeichern

A1-2 Physikalische Effekte für die Elementarfunktion „Energie wandeln" nach *Koller*

Elementar-funktion	input	output	Physikalische Effekte 1	2	3	4	5	6	...
E_{mech} E_{mech}	Kraft, Druck, Drehmoment	Länge, Winkel	Hooke (Zug, Druck, Biegung)	Hooke (Schub, Torsion)	Auftrieb, Querkon-traktion	Boyle-Mariotte	Coulomb I und II	...	...
		Geschwin-digkeit	Energiesatz	Impulssatz (Drall)	Drallsatz (Kreisel)	...	...	...	...
		Beschleuni-gung	Newton-Axiom	...	...	...	...	...	...
	Länge, Winkel	Kraft, Druck, Dreh-moment	Hooke (Zug, Druck, Biegung)	Hooke (Schub, Torsion)	Gravitation Schwerkraft	Auftrieb	Boyle-Mariotte	Kapillare	...
			Coulomb I und II	...	...	...	...	...	...
	Geschwindig-keit	Kraft, Druck, Dreh-moment	Corioliskraft	Impulssatz	Magnuseffekt	Energiesatz	Zentrifugal-kraft	Wirbelstrom	...
	Beschleuni-gung	Kraft, Druck, Dreh-moment	Newton-axiom	...	...	...	...	...	...
E_{mech} E_{hyd}	Kraft, Länge, Geschwindig-keit, Druck	Geschwin-digkeit, Druck	Bernoulli	Zähigkeit (Newton)	Torricelli	Gravitations-druck	Boyle-Mariotte	Impulssatz	...
E_{hyd} E_{mech}	Geschwindig-keit	Kraft, Länge	Profilauf-trieb	Turbulenz	Magnus-effekt	Strömungs-widerstand	Stromdruck	Rückstoß-prinzip	...

A1-2 (Fortsetzung)

Elementar-funktion	input	output	Physikalische Effekte 1	2	3	4	5	6	...
E_{mech} → E_{therm}	Kraft, Ge-schwindigkeit	Tempera-tur, Wärme-menge	Reibung (Coulomb)	1. Haupt-satz	Thomson-Joule	Hysterese (Dämpfung)	Plastische Verfor-mung	...	...
E_{therm} → E_{mech}	Temperatur, Wärme-menge	Kraft, Druck, Länge	Wärmedeh-nung	Dampf-druck	Gasgleichung	Osmotischer Druck	...	...	...
E_{mech} → E_{elektr}	Kraft, Länge, Geschwindig-keit, Druck	Spannung, Strom	Induktion	Elektro-kinetischer Effekt	Elektro-dynamischer Effekt	Piezoeffekt	Reibungs-elektrizität	Kondensator-effekt	...
E_{elektr} → E_{mech}	Spannung, Strom, Feld, magn. Feld	Kraft, Ge-schwindig-keit, Druck	Biot-Savart-Effekt	Elektro-kinetischer Effekt	Coulomb I-Effekt	Kondensator-Effekt	Johnsen-Rhabeck-Effekt	Piezoeffekt	...
E_{elektr} → E_{therm}	Spannung, Strom	Tempera-tur, Wärme-menge	Joulsche Wärme	Peltier-effekt	Lichtbogen	Wirbelstrom	...	...	...
E_{therm} → E_{elektr}	Temperatur, Wärme-menge	Spannung Strom	Elektrische Leitung	Thermo-effekt	Thermische Emission	Pyrolektrizität	Rausch-effekt	Halbleiter, Supraleiter	...

A1-3 Physikalische Effekte für die Elementarfunktion „Elektrische Energie in mechanische Energie wandeln" nach *Koller*

Lfd. Nr.	Physikalischer Effekt Effekt	 Anordnung	 Gleichung	Größe der erzeugbaren Kraft	Arbeitsvermögen der Kraft	Anwendungsbeispiele
1	Coulomb I-Effekt		$F = Q \cdot E$	sehr klein	ja	Elektrostat. Meßgeräte, Kathodenstrahloszillograph
2	Kondensator-Effekt	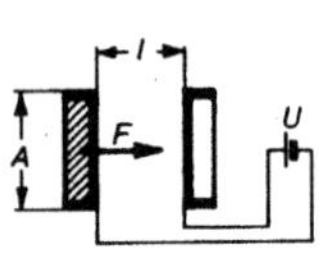	$F = \frac{1}{2} \cdot \epsilon \cdot \epsilon_0 \cdot \frac{U^2}{l^2} \cdot A$ ϵ_0 = elektr. Feldkonstante ϵ = Dielektrizitätskonstante	mittel	ja	elektrostatisches Voltmeter
3	Biot-Savart-Effekt	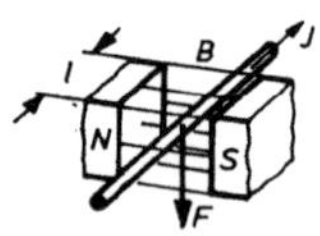	$F = J \cdot l \cdot B$	groß	ja	Elektromotor, Lautsprecher, Drehspulmeßwerke
4	Johnsen-Rhabeck-Effekt	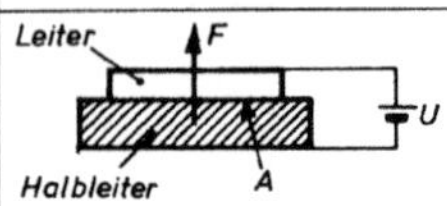	$F = k \cdot U^2 \cdot A$ k = Systemkonstante	groß	ja sehr klein	Schnellschaltbremse
5	Piezo-Effekt	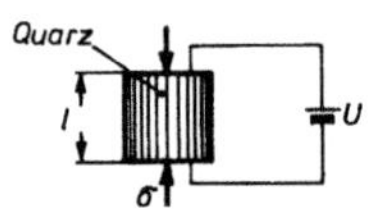	$\sigma = \frac{U}{g \cdot l}$ g = Piezoelektrische Spannungskonstante	klein	ja sehr klein	Quarzoszillatoren, Quarzresonatoren
6	Dielektrikum im inhomogenen Feld	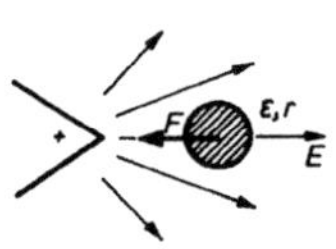	$F = \frac{r^3}{2} \cdot \frac{\epsilon - 1}{\epsilon + 2} \cdot \frac{dE}{ds}$ ϵ = Dielektrizitätskonstante s = Weg	sehr klein	ja sehr klein	Elektroentstauber

A1-4 Hauptschritte des methodischen Konstruierens

a) Vorgehensplan für die Entwicklung von Neukonstruktionen. Bei Anpassungs- und Variantenkonstruktionen kann die Phase Konzipieren oder einzelne Arbeitsschritte wegfallen

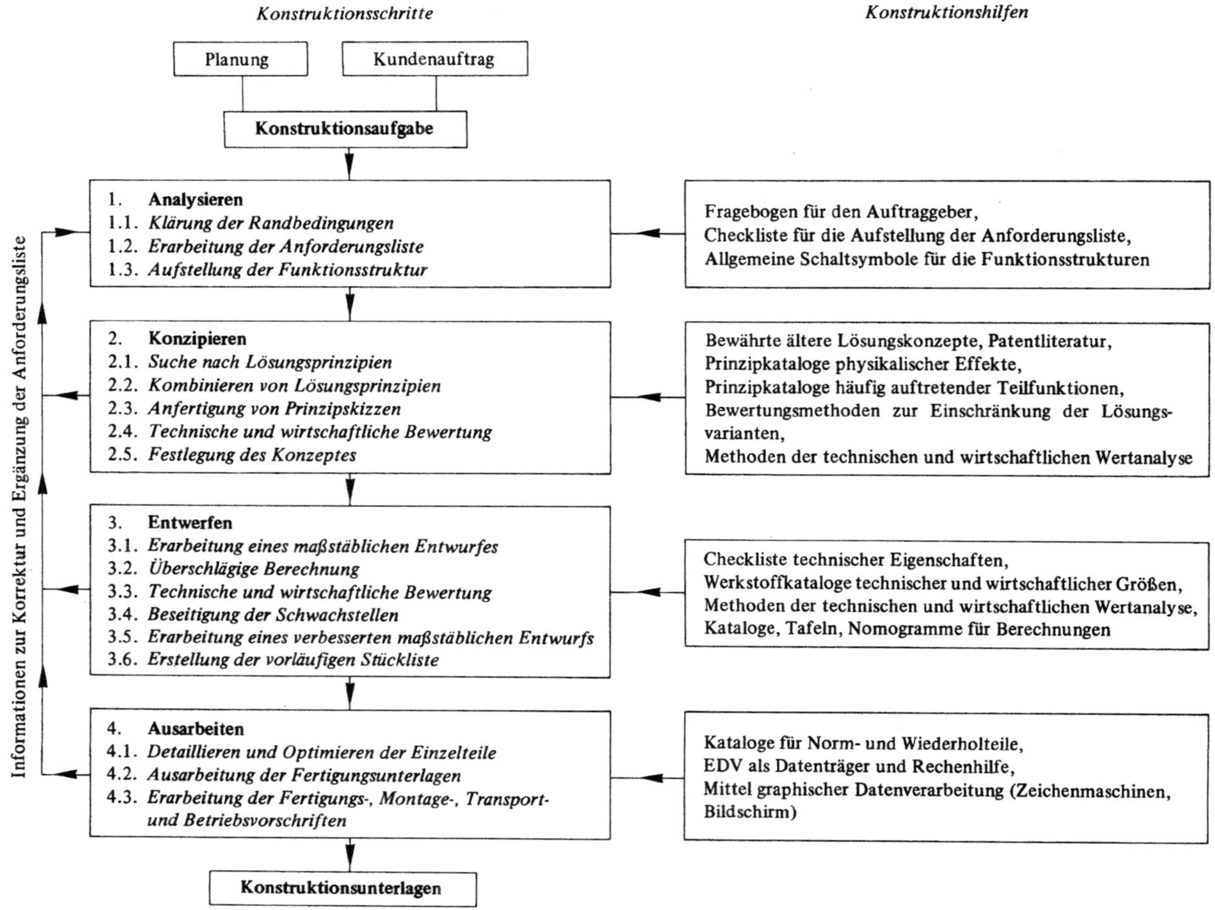

b) Zugeordnete Methoden und Hilfsmittel

Methoden und Hilfsmittel \ Hauptschritte nach Vorgehensplan	Planen	Konzipieren	Entwerfen	Ausarbeiten
Trendstudien, Marktanalyse	●			
Brainstorming, Synectic	●	●		
Bewertungsmethoden		●	●	○
Iterative Methode		●	○	○
Dialogmethode		●	○	○
Analyse bekannter Konstruktionen		●	○	○
Morphologischer Kasten		●	○	
Arbeiten mit Katalogen		●	●	○
Technisch-wirtschaftl. Bewerten		○	●	
Netzplantechnik		○	●	●
Deuten mathematischer Funktionen		○	○	
Funktionsstruktur		●		
Bemessungslehre		○	○	●

● vorwiegend ○ seltener

A1-5 Fragebogen für Anpassungs- und Variantenkonstruktionen; Fragebogen der Zahnradfabrik Friedrichshafen AG

Fragebogen
ZF-Lamellen-Selbstsperrdifferential
Lok-O-Matic

1. Firma:

   Abteilung: .... Sachbearbeiter: ....

   Anfrage über .... Stück ZF-Selbstsperrdifferentiale pro Monat/Jahr *

2. für Fahrzeugart und Typ: .... Einsatzart: ....

   Motorleistung: .... PS bei n = ... U/min; Motordrehmoment: max .... kpm bei n =.......U/min

   (Wurde oder wird das derzeitige Seriendifferential mit gleichen Anschlußmaßen auch in anderen Fahrzeugtypen Ihrer Fertigung verwendet? Wenn ja, in welchen? ....

   ....)

3. Übersetzung des Schaltgetriebes:

   im 1. Gang i = ... im höchsten Gang i =.............. im R.- Gang i = ...

   (bei Getrieben mit hydrodyn. Drehmomentwandler: max Drehmomentsteigerung des Wandlers = ...)

4. Übersetzung des nachgeschalteten Gruppen- oder Verteilergetriebes:

   im Straßengang i = ... im Geländegang i = ...

		der vorderen Antriebsachse	der hinteren Antriebsachse
5.	Übersetzung:		
	im Achsmitteltrieb	i = ...	i = ...
	Bauart	Kegeltrieb/Stirntrieb *	Kegeltrieb/Stirntrieb *
	im Achsseitentrieb	i = ...	i = ...
	Bauart	Stirntrieb/Planetentrieb *	Stirntrieb/Planetentrieb *
6.	Achsbelastung:	max ...... kg	max ...... kg
	Reifengröße	....	....
	Bereifung	Einfach/Doppel *	Einfach/Doppel *
	dyn. Halbmesser	.... mm	.... mm
	kleinster Spurkreisradius		
	des inneren Rades	.... m	.............m
	des äußeren Rades	.... m	.............m

7. Gewünschter wirksamer Sperrwert des Differentials im Fahrzeug (mit/ohne Lamellenvorspannung) *

   ca. 25 % (Sonderausführung z.B. für Lenkachsen) — ca. 40 % (Normal-Ausführung) — ca. 75 % (Sonderausführung z.B. für Sportfahrzeuge)

8. Wir bitten, zur Festlegung der Differential-Anschlußmaße für den wahlweisen Austausch mit dem Serien-Differential bzw. für einen nachträglichen Einbau, dem ausgefüllten Fragebogen Zeichnungen über den Differentialkorb und die Achskegelräder sowie eine Schnittzeichnung des Achstriebes in zweifacher Ausfertigung beizufügen, um unnötige Rückfragen zu vermeiden. Für mehrachs-angetriebene Fahrzeuge wird auch ein Antriebsschema benötigt (für eine entsprechende Schemaskizze kann die Rückseite benützt werden).

* Nichtzutreffendes bitte streichen!

....

Ort, Datum — Unterschrift bzw. Firmenstempel

ZAHNRADFABRIK FRIEDRICHSHAFEN AG

WERK SCHWÄBISCH GMÜND

F 42442/RT 3046-372

A1-6 Checkliste technischer Eigenschaften für das Sammeln von Informationen, für die Erstellung der Anforderungsliste und für die technische Bewertung von Konstruktionen

1.	**Geometrische Eigenschaften** Abmessungen, Anordnung, Anschluß, Anzahl,	Ausbaufähigkeit, Bauvolumen, Form, ...
2.	**Mechanische Eigenschaften** Bewegungsart und -richtung, Dämpfung, Festigkeit, Flächenpressung, Gewicht, Kraftgröße, -richtung und -häufigkeit,	Last, Massenwirkungen, Resonanz, Schwingungsverhalten, Stabilität, Ungleichförmigkeit, Verformung, ...
3.	**Energetische Eigenschaften** Anschlußgrößen, Energieumformung, Erwärmung, Kühlung,	Leistung, Materialfluß und -transport, Reibung, Wirkungsgrad, ...
4.	**Stoffliche Eigenschaften** Eigenschaften der Eingangs- und Ausgangsprodukte, Eigenschaften der Betriebs- und Hilfsstoffe, Korrosionseigenschaften,	Aufbereitung von Betriebs- und Hilfs- stoffen, Vorschriften über Werk-, Betriebs- und Hilfsstoffe, ...
5.	**Ergonomische Eigenschaften** Arbeitssicherheit, Bedienbarkeit, Bedienungsart,	Design, Übersichtlichkeit, Umweltschutz, ...
6.	**Herstelleigenschaften** Anforderungen an Qualität, Aufwand für Qualitätskontrolle, besondere Vorschriften,	Nutzbarkeit der bestehenden Fertigungs- u. Montageeinrichtungen, ...
7.	**Transporteigenschaften** Bedingungen für Transport und Montage, Verpackung,	Lagerraum, ...
8.	**Gebrauchseigenschaften** Austauschbarkeit, Betriebssicherheit, besondere Einsatzbedingungen (Korrosion, Kavitation), Explosionsschutz, Geräuscharmut,	Lebensdauer, Reinigung, Strahlenschutz, Tropenfestigkeit, Wartungsbedingungen, Zerlegbarkeit, ...
9.	**Wirtschaftliche Eigenschaften** zulässige Herstellkosten, erforderliche Investitionen,	Kosten für Werkzeuge, Modelle, Versuchsaufwand, ...
10.	**Termine** Abschlußtermin für Entwicklung, Liefertermin,	Netzplan, ...

Achtung!
Die Liste dient nur der Anregung; sie erhebt keinen Anspruch auf Vollständigkeit.

A1-7 Formblatt zum Erstellen von Anforderungslisten

Ausgabe ________

<table>
<tr><td>Firma</td><td colspan="2">Anforderungsliste für</td><td>Blatt:
Seite:</td></tr>
<tr><td>Änderung</td><td colspan="2">Anforderungen</td><td>Verantwl.</td></tr>
<tr><td></td><td colspan="2"></td><td></td></tr>
<tr><td></td><td colspan="2"></td><td></td></tr>
<tr><td></td><td colspan="2">Ersetzt Ausgabe vom ______________</td><td></td></tr>
</table>

A1-8 Wichtige Elementarfunktionen für den Umsatz von Energie, Stoffen und Signalen

Umsatz	Elementarfunktion	Beispiel
Energieumsatz	Energie leiten	Leiten eines Drehmomentes mittels einer Welle
	Energie speichern	Kinetische Energie mittels Feder speichern
	Energie wandeln	Elektrische in mechanische Energie wandeln mittels Elektromotor
	Energie mit Signal verbinden	Elektrische Energie mittels Relais einschalten
Stoffumsatz	Stoff leiten	Transport von Rohöl mittels Pipeline
	Stoff speichern	Kohle einbunkern
	Stoff wandeln	Schmelzen von Metallen zwecks Legierungsbildung
	Stoff mit Stoff verbinden	Mischen von Stoffen
	Stoff mit Energie verbinden	Bewegen von Stoffen in einem Rührwerk
	Stoff mit Signal verbinden	Kühlmittel zulaufen lassen
Signalumsatz	Signal leiten	Nachrichtenübertragung mittels Telefonleitung
	Signal speichern	Daten speichern mittels Flip-Flop-Element
	Signal wandeln	Elektrisches in mechanisches Signal wandeln
	Signal mit Energie verbinden	Meßgröße verstärken

A1-9 Lösungskatalog für die Funktion „Kraft einstufig mechanisch vervielfältigen"
Quelle: Roth/Franke/Simonek, Konstruktion 24 (1972), H. 11, S. 453

Gliederungsteil		Hauptteil			
Allgemeine Funktionen	Spezieller Effekt	Gleichung	Anordnungsbeispiel	Lfd. Nr.	Verstärkungsfaktor V
1	2	1	2		1
Energiewandelnde Systeme 	Keil	$F_2 = F_1 \cdot \cot(\alpha + 2\rho)$	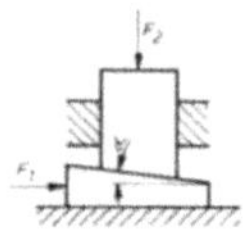	1	$V = \cot(\alpha + 2 \cdot \rho)$ $V_{max} \approx 10$
	Kniehebel	$F_2 = F_1 \cdot \cot\alpha$	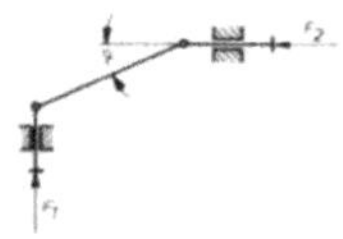	2	$V = \cot\alpha$ $V_{max} \to \infty$
	Hebel	$F_2 = \frac{l_1}{l_2} \cdot F_1$	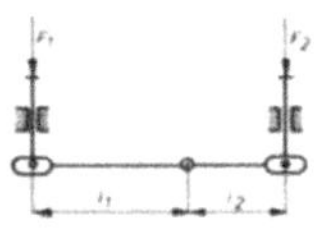	3	$V = \frac{l_1}{l_2}$ $V_{max} \to \infty$
	Flaschenzug	$F_2 = F_1 + F_0$	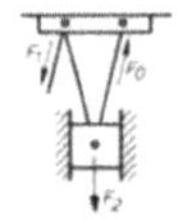	4	$V = 2 \cdot n$ n = untere Ösenzahl $V_{max} \approx 8$
	Druck in Flüssigkeiten und Gasen	$F_2 = F_1 \cdot \frac{A_2}{A_1}$	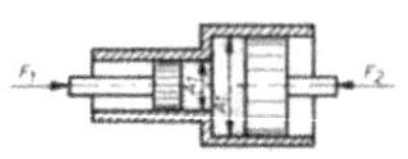	5	$V = \frac{A_2}{A_1}$ V_{max} begrenzt durch Dichtprobleme
Energieverbindende Systeme 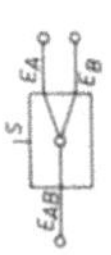	Reibung	$F_2 = \frac{1}{\mu} \cdot F_1$	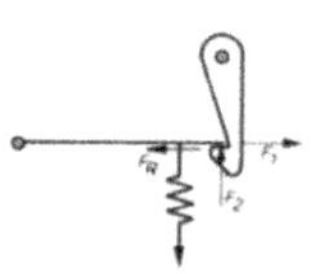	6	$V = \frac{1}{\mu}$
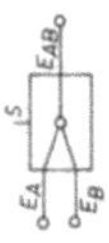	verschiedene Federkonstanten	$F_2 = \frac{1}{\frac{1}{\nu} \cdot \frac{C_1}{C_2} + \nu} \cdot F_1$	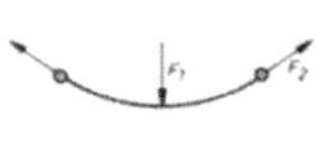	7	$V = \frac{1}{\frac{1}{\nu} \cdot \frac{C_1}{C_2} + \nu}$
Energiespeichernde Systeme 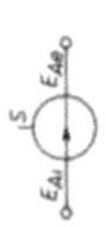	Hammerwirkung	$F_2 = \frac{\Delta t_1}{\Delta t_2} \cdot F_1$	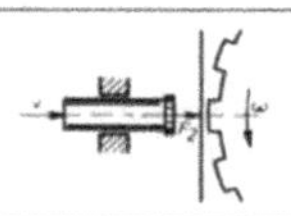	8	$V = \frac{\Delta t_1}{\Delta t_2}$
	Rückstoßwirkung	$F_2 \approx 2 \cdot F_1$	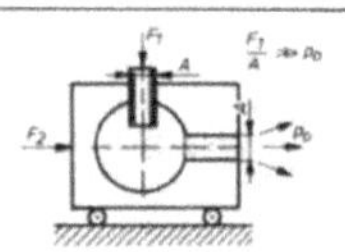	9	$V \approx 2$

Zugriffsteil				
Hub s	Einfluß der Reibung auf Verstärkung	Baulänge l	Anzahl der Führungen (1 Freiheit)	zusätzliche Eigenschaften
2	3	4	5	6
$s_{2\,max} = \frac{1}{V} \cdot l$	steigender Reibbeiwert mindert die Verstärkung	$l = V \cdot s_{2\,max}$	3 Schubführungen	Bewegungssperrung in einer Richtung für $\alpha < \rho$
$s_{2\,max} \approx 0{,}6 \cdot l$	geringer Einfluß der Reibung infolge von Drehgelenken	$l \approx 1{,}7 \cdot s_{2\,max}$	2 Schubführungen + 2 Drehführungen	progressive Kraftverstärkung
$s_{2\,max} \approx 2 \cdot l_2$		$l = l_1 + l_2$	2 Schubführungen + 1 Drehführung	Übertragung unbegrenzter Bewegung möglich (Verwendung des Rades)
abhängig von Seillänge	Reibung begrenzt die maximale Verstärkung	$l > s_{2\,max}$	1 Schubführung	einfache Kraftleitung und Richtungsumlenkung möglich
–	geringer Einfluß der Reibung durch Wahl eines geeigneten Mediums	keine besonderen Angaben möglich	2 Schubführungen	
$S_{2\,max}$ entspricht dem Federweg	erhöhte Reibung mindert die Verstärkung		2 Drehführungen	Energiespeicher erforderlich
$s_2 \rightarrow 0$	Reibung hat kaum Einfluß auf Verstärkung		2 Drehführungen	Energiespeicherung
–			je nach Ausführung	nachhaltige Kraftwirkung
s_2 = klein	erhöhte Reibung mindert die Verstärkung		–	für beliebig bewegte Systeme verwendbar

A1-10 Kostenschema für Zuschlagkalkulation

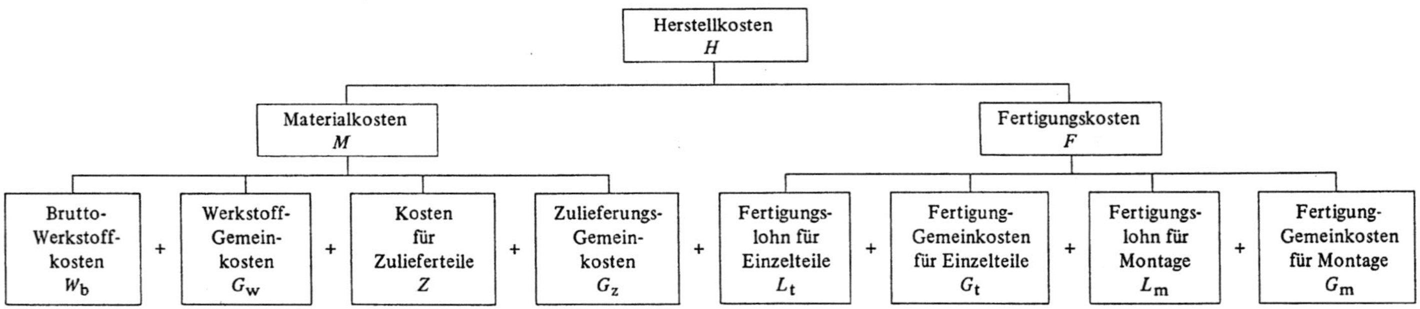

$$M = (1 + g_w) \cdot (k_{v1} \cdot V_{b1} + k_{v2} \cdot V_{b2} + \ldots + k_{vn} \cdot V_{bn}) + (1 + g_z) \cdot (Z_1 + Z_2 + \ldots + Z_m)$$

$$F = (1 + g_t) \cdot (L_{t1} + L_{t2} + \ldots + L_{tn}) + (1 + g_m) \cdot (L_{m_1} + L_{m_2} + \ldots + L_{m_m})$$

A1-11 Maßnahmen gegen Bedienungsfehler

Bedienungsfehler	Gegenmaßnahmen
Einschalten vor der Betriebsbereitschaft	Sperrung des Motorschalters in Abhängigkeit von Funktionsparametern
Überlastung von Antrieben	Anbringung von Rutschkupplungen oder Scherstiften im Kraftfluß
Falsche Verbindung von Leitungen	Anbringung unterschiedlicher Anschlußkupplungen
Fehlschaltungen an Schaltpulten	Verriegelungen
Beseitigung von Schutzgittern	Anbringung von außen unzugänglicher Schalter

A1-12 Empfehlungen für die Formgebung technischer Produkte

Maßnahme	Ästhetischer Effekt
Kompakte Bauweise	Raumsparender Eindruck; Wirkung von Einfachheit; klare Gliederung
Ordnung im Gesamtaufbau	Gute Übersichtlichkeit; Eindruck von Einfachheit der Handhabung; ruhig wirkende Konturen
Übersichtliche Anordnung der Funktions-, Bedienungs- und Überwachungselemente	Schnelle Erfaßbarkeit aller Funktions-, Bedienungs- und Überwachungsteile; Eindruck der Bedienungsfreundlichkeit; einfache und einheitliche Gesamterscheinung
Einfache und einheitliche Form	Eindruck geringer Zahl von Funktionselementen; ruhiger und solider Gesamteindruck
Funktionsgerechte Formgebung	Eindruck der Funktions- und Festigkeitsgerechtigkeit
Werkstoff- und Fertigungsgerechtigkeit	Technischer Eindruck durch Wirkung unverfälschter Formen und Oberflächenstruktur; natürlicher Metallglanz der Werkstoffe

A1-13 Beispiele für Störgrößen

Störgrößen	Beispiele
input-Schwankungen	Maßtoleranzen spanend zu bearbeitender Rohlinge; Schwankungen in der Energieversorgung von Antriebsaggregaten
von außen einwirkende Störungen	Schwankungen der Raum- oder Maschinentemperatur; Staubeinwirkung; Luftzug; Feuchtigkeit; Erschütterungen
nach außen wirkende Störungen	Geräusche; Wärme; Erschütterungen; Abgase
Störungen durch unvollkommene Funktionen	durch Schwankungen der Stellgrößen verursachte Schwankungen der Wirkgrößen; Abweichungen des realen physikalischen Geschehens vom idealen physikalischen Prinzip
output-Schwankungen	Schwankungen der Produktqualität; Schwankungen der Produktmenge; Schwankungen der Produkt-Istmaße

A1-14 Konstruktionsvorschriften

Konstruktionsvorschriften	Beispiele
DIN-Normen	Grundnormen; Werkstoffnormen; Formnormen; Normen von Bauelementen; Armaturnormen
Regeln der Technik	VDI-Richtlinien; TÜV-Richtlinien; VDE-Richtlinien; VGB-Richtlinien; DVGW-Richtlinien
Unfallverhütungsvorschriften	Vorschriften der Berufsgenossenschaften
Bauvorschriften für Kraftfahrzeuge	StVZO und StVZO-Anlagen
Patente, Gebrauchsmuster, Warenzeichen, Geschmacksmuster	Patentrecht; Gesetz über Arbeitnehmererfindungen
Versicherungsbedingungen	Vorschriften für Transport; Verhaltensweisen bei Maschinenschäden u. -störungen
Feuerpolizeiliche Vorschriften	
Immissionsgesetz	
Strahlenschutzverordnung	

(2 **Das werkstoffgerechte Gestalten)**

A2-1 Technische und wirtschaftliche Kenngrößen für die Werkstoffwahl Allgemeine Baustähle – DIN 17 100 für Halbzeug und Schmiedestücke

Werkstoff	Statische Festigkeitswerte R_m $\frac{N}{mm^2}$ ≥	R_{eH} $\frac{N}{mm^2}$ ≥	A_5 % ≥	Technologische Eigenschaften Schw	Ih	Zerspanbark. ∇	∇∇	Formnormung	Relative Werkstoffkosten k_v^* Maße klein	mittel	groß	Eigenschaften Anwendung
U St 37-2 (zu bevorzugen)	370	240	25	2	–	1,0	1,4	⊘ DIN 1013, ▨ DIN 1014	1,2	1,0	1,05	Für einfache Bau-
								⊘ DIN 1015	1,05	1,05	1,1	teile, Schmiede-
								▧ DIN 1017	1,3	1,1	1,15	stücke, Wellen,
								T DIN 1024, I DIN 1025				Bolzen. Als Stab-
								⊏ DIN 1026, L DIN 1028/1029	1,1	1,0	1,0	und Formstahl zu bevorzugen.
					–	–	–	Mittelblech DIN 1542	1,05	1,05	1,05	Für Schweißteile
					–	–	–	Grobblech DIN 1543	1,05	1,05	1,1	niedriger Be-
	370	220	18	2				Feinblech DIN 1541	1,25	1,15	1,15	lastung geeignet.
St 37-3	370	240	25	1	–	1,0	1,4	⊘ DIN 1013, ▨ DIN 1014	1,35	1,15	1,25	Für Schweißkon-
								⊘ DIN 1015	1,35	1,25	1,4	struktionen mit
								▧ DIN 1017	1,45	1,25	1,25	höherer dynamischer
								T DIN 1024, I DIN 1025				Beanspruchung zu
								⊏ DIN 1026, L DIN 1028/1029	1,2	1,1	1,1	bevorzugen.
								Mittelblech DIN 1542	1,4	1,4	1,4	
								Grobblech DIN 1543	1,3	1,25	1,35	
U St 44-2	440	280	22	3	–	1,0	1,4	⊘ DIN 1013, ▨ DIN 1014	1,25	1,05	1,1	Für einfache
								Feinblech DIN 1541	1,5	1,25	1,2	Schmiedestücke mit
								Mittelblech DIN 1542	1,1	1,1	1,1	wenig Bearbeitung;
								Grobblech DIN 1543	1,1	1,1	1,2	ebenfalls für Bolzen und Wellen.
St 50-2 (zu bevorzugen)	500	300	20	4	4	0,7	1,0	⊘ DIN 1013, ▨ DIN 1014	1,3	1,1	1,15	Vorzugsstahl für
								▧ DIN 1017	1,4	1,2	1,25	Schmiedestücke; gut bearbeitbar. Gute Eignung für umfangreiche Zerspanung.
St 52-3	520	360	20	2	–	0,9	1,2	⊘ DIN 1013, ▨ DIN 1014	1,4	1,2	1,3	Für Schweißkon-
								⊘ DIN 1015	1,35	1,3	1,45	struktionen hoher
								▧ DIN 1017	1,4	1,2	1,2	dynamischer Bean-
								T DIN 1024, I DIN 1025				spruchung; sowohl
								⊏ DIN 1026, L DIN 1028/1029	1,2	1,1	1,1	im Stahlbau als auch im Maschinen-
								Mittelblech DIN 1542	1,2	1,2	1,2	bau zu bevorzugen.
								Grobblech DIN 1543	1,2	1,2	1,35	
St 60-2	600	340	15	5	3	0,8	1,1	⊘ DIN 1013, ▨ DIN 1014	1,3	1,1	1,1	Für Schmiedestücke höherer Festigkeit. Schwierigere Schmiedbarkeit als St 50-2. Gute Zerspanbarkeit.

☐ zu bevorzugen

$E = 2{,}15 \cdot 10^5 \frac{N}{mm^2}$

$G = 0{,}83 \cdot 10^5 \frac{N}{mm^2}$

Technologische Eigenschaften:

Schw = Eignung für Schmelzschweißen
Ih = Eignung für Induktionshärten
1 = sehr gut 4 = bedingt
2 = gut 5 = schwierig
3 = geeignet 6 = ungeeignet

Abbrennstumpfschweißen:
Alle Stähle geeignet

Relative Werkstoffkosten:

$$k_v^* = \frac{k_v}{k_{v_0}}$$

k_{v_0} = spezif. Werkstoffkosten in $\frac{DM}{cm^3}$ für warmgewalzten Rundstahl U St 37-2 mittlerer Abmessungen

A2-2 Technische und wirtschaftliche Kenngrößen für die Werkstoffwahl

Vergütungsstähle und vergütbare Automatenstähle für Schmiedestücke und Halbzeug

Legende wie Blatt „Allgem. Baustähle“

Werkstoff Kurzzeichen	Werkstoff Norm	Vergütete Schmiedeteile: Mögliche Festigk.-stufen	Festigkeitsstufe	R_m $\frac{N}{mm^2}$	$R_{p0,2}$ $\frac{N}{mm^2}$	A_5 %	Technologische Eigenschaften: Schw	Ih	Zerspanbarkeit ∇	∇∇	Halbzeug: Dicke mm	R_m $\frac{N}{mm^2}$	$R_{p0,2}$ $\frac{N}{mm^2}$	A_5 %	Relative Werkstoffkosten k_v^* Maße: klein	mittel	groß	Eigenschaften Verwendung
C 22 V	DIN 17200	I … III	I	500 … 600	300	22	3		1,0	1,4	< 16	550 … 650	360	20	1,45	1,2	1,35	Gute Schweißbarkeit im nichtvergüteten Zustand; besser wirtschaftlicheren St 60-2 DIN 17100 verwenden.
Ck 22 V	DIN 17200		II	600 … 720	410	18		–			16 … 40	500 … 600	300	22	1,75	1,45	1,6	
22 S 20 V	DIN 1651		III	700 … 850	520	14	–		0,65	0,85	40 … 100	–	–	–	1,8	1,45	1,65	
											100 … 250	–	–	–				
C 35 V	DIN 17200	I … III	I	600 … 720	370	18	4	4	0,7	1,0	< 16	650 … 800	420	16	1,5	1,25	1,4	Für Schmiedestücke und Halbzeuge mittlerer Festigkeit; gute Bearbeitbarkeit.
Ck 35 V	DIN 17200		II	700 … 850	450	15	4	3			16 … 40	600 … 720	370	18	2,8	1,6	1,7	
35 S 20 V	DIN 1651		III	800 … 950	510	14	–	4	0,6	0,8	40 … 100	550 … 650	330	20	2,0	1,5	1,7	
											100 … 250	–	–	–				
C 45 V	DIN 17200	I … V	I	600 … 720	360	18					< 16	750 … 900	480	14	1,55	1,3	1,45	Vorzuziehen für Schmiedestücke mittlerer Anforderungen. Für Induktionshärtung Ck 45 V verwenden
			II	700 … 850	450	16	5	2	0,8	1,1								
Ck 45 V	DIN 17200		III	800 … 950	510	14	5	1			16 … 40	650 … 800	400	16	1,85	1,55	1,7	
45 S 20 V	DIN 1651		IV	900 … 1050	580	12	–	3	0,6	0,8	40 … 100	600 … 720	360	18	1,9	1,6	1,75	
			V	1000 … 1200	640	10					100 … 250	–	–	–				
C 60 V	DIN 17200	I … IV	I	700 … 850	440	15	–	3	1,15	1,6	< 16	850 … 1050	570	12	1,6	1,35	1,5	Als unlegierter Stahl schlecht verarbeitbar; besser C 45 V verwenden bei höherer Vergütungsstufe
			II	800 … 950	530	14					16 … 40	750 … 900	490	14				
Ck 60 V			III	900 … 1050	600	12	–	2			40 … 100	700 … 850	440	15	1,95	1,65	1,8	
			IV	1000 … 1200	660	11					100 … 250	–	–	–				
25 Cr Mo 4 V	DIN 17200	I … IV	I	700 … 850	450	15	3	–	1,1	1,55	< 16	900 … 1050	570	12	4,3	2,4	2,7	Schweißbarkeit bei Normalbedingungen (Vorwärmen!); relativ hoher Preis.
											16 … 40	800 … 950	490	14				
											40 … 100	700 … 850	440	15				
			II	800 … 950	550	14					100 … 250	650 … 800	420	16				
34 Cr 4 V	DIN 17200	II … V	III	900 … 1050	650	12	–	3	1,1	1,55	< 16	1000 … 1200	800	11	3,7	2,1	2,3	Vorzugsstahl für Schmiedestücke und Halbzeug hoher Festigkeit. .
											16 … 40	900 … 1050	650	12				
											40 … 100	800 … 950	550	14				
											100 … 250	–	–	–				
41 Cr 4 V	DIN 17200	II … V	IV	1000 … 1200	800	11	–	1	1,15	1,6	< 16	1000 … 1200	800	11	3,8	2,3	2,5	Für Vergütung bei gleichzeitiger Induktionshärtung zu bevorzugen.
											16 … 40	900 … 1050	650	12				
											40 … 100	800 … 950	550	14				
											100 … 250	–	–	–				
42 Cr Mo 4 V	DIN 17200	II … VI	V	1100 … 1300	900	10	–	1	1,2	1,7	< 16	1100 … 1300	800	10	4,8	2,7	3,0	Für Schmiedestücke sehr hoher Festigkeit; hoher Preis; relativ gute Zerspanbarkeit.
											16 … 40	1000 … 1200	800	11				
			VI	1200 … 1400	1000	9					40 … 100	900 … 1050	700	12				
											100 … 250	750 … 900	550	14				
50 Cr V 4 V	DIN 17200	I … IV	I	1100 … 1300	900	10	–	2	1,35	1,9	< 16	–	–	–	4,3	2,4	2,7	Federstahl; aber auch für Schmiedeteile höchster Festigkeit; preiswerter als 42 Cr Mo 4 V, aber schlechter zu zerspanen.
			II	1300 … 1500	1200	8					16 … 40							
			III	1500 … 1700	1350	6					40 … 100							
			IV	1700 … 1900	1600	5					100 … 250							

A2-3 Technische und wirtschaftliche Kenngrößen für die Werkstoffwahl
Einsatzstähle – DIN 17 210 – und Nitrierstähle – DIN 17 211 – für Schmiedestücke und Halbzeug

Werkstoff	Statische Festigkeitswerte (bei E im Kern, bei NT vergütet) R_m $\frac{N}{mm^2}$	$R_{p0,2}$ $\frac{N}{mm^2}$ ≧	A_5 % ≧	Technologische Eigenschaften Schw	Oh	Zerspanbarkeit ∇	∇∇	Formnormung	Relative Werkstoffkosten k_v^* Maße klein	mittel	groß	Eigenschaften Anwendung
C 15 E (bevorzugt)	600 … 800	360	14	1	E	1,0	1,4	DIN 1013 DIN 1014 DIN 1015 DIN 1017	1,3 1,15 1,4	1,1 1,15 1,2	1,2 1,25 1,25	Für oberflächenharte Teile mit geringer Beanspruchung, wie Hebel, Büchsen, Bolzen u. Zapfen, zu bevorzugen.
Ck 15 E	600 … 800	360	14	1	E	1,0	1,4	DIN 1013 DIN 1014 DIN 1015 DIN 1017	2,7 2,85 2,65	1,4 1,45 1,35	1,5 1,6 1,4	Für umfangreiche Zerspanungsarbeit 15 S 20 E bevorzugen.
15 Cr 3 E	700 … 900	450	11	2	E	1,1	1,5	DIN 1013 DIN 1014 DIN 1015 DIN 1017	2,75 2,8 2,75	1,5 1,6 1,55	1,6 1,8 1,7	Höhere Festigkeitsanforderungen als bei Ck 15 möglich, aber teurer. Für Schaltstangen, Kolbenbolzen, Meßzeuge u.ä. .
16 MnCr 5 E (bevorzugt)	800 … 1100	600	10	4	E	1,1	1,5	DIN 1013 DIN 1014 DIN 1015 DIN 1017	3,0 3,6 3,5	1,7 1,85 1,8	1,8 2,0 1,9	Für Teile mit mittleren Anforderungen, wie kleinere bis mittlere Zahnräder, Getriebewellen, Gelenkwellen, Steuerungsteile .
20 MnCr 5 E	1000 … 1300	700	8	4	E	1,15	1,6	DIN 1013 DIN 1014 DIN 1015 DIN 1017	3,6 4,0 3,9	1,9 2,0 2,0	2,0 2,2 2,1	Für Teile mit hoher Beanspruchung; Vorzugsstahl für Getriebeteile.
18 CrNi 8 E	1200 … 1450	800	7	4	E	1,3	1,8	DIN 1013 DIN 1014 DIN 1015 DIN 1017	3,5 4,9 4,7	2,3 2,4 2,3	2,4 2,8 2,6	Für Teile mit höchsten Anforderungen, wie Getriebeteile im Nutzfahrzeugbau.
34 CrAlNi 7 NT	850 … 1000	600	13	–	NT	1,2	1,6	DIN 1013 DIN 1014 DIN 1017	5,4 5,7	2,9 3,1	3,2 3,4	Relativ gut bearbeitbarer Nitrierstahl für Bauteile mit großen Querschnitten.
31 CrMo 12 NT	1100 … 1350	800	11	–	NT	1,3	1,8	DIN 1013 DIN 1014 DIN 1017	5,55 5,9	3,05 3,2	3,4 3,6	Nitrierstahl hoher Festigkeit u. Verschleißfestigkeit; für Ventilspindeln, Extruderschnecken.

☐ zu bevorzugen

$E = 2{,}15 \cdot 10^5 \frac{N}{mm^2}$

$G = 0{,}83 \cdot 10^5 \frac{N}{mm^2}$

Technologische Eigenschaften:

Schw = Eignung für Schmelzschweißen
1 = sehr gut 4 = bedingt
2 = gut 5 = schwierig
3 = geeignet – = ungeeignet

Relative Werkstoffkosten:

$$k_v^* = \frac{k_v}{k_{v0}}$$

k_{v0} = spezif. Werkstoffkosten in $\frac{DM}{cm^3}$ für warmgewalzten Rundstahl U St 37-2 mittlerer Abmessungen

Zerspanbarkeit:

U St 37-2 ≙ 1,0

A2-4 Technische und wirtschaftliche Kenngrößen für die Werkstoffwahl

Feinbleche kalt gewalzt

Werkstoff Kurzzeichen	Werkstoff Norm	Statische Festigkeitswerte R_m $\frac{N}{mm^2}$ ≥	Statische Festigkeitswerte R_{eH} $\frac{N}{mm^2}$ ≥	Statische Festigkeitswerte A_5 % ≥	Dichte ρ $\frac{kg}{dm^3}$	E-Modul $\frac{N}{mm^2}$	Relative Werkstoffkosten k_v^* Dicke mm	Relative Werkstoffkosten k_v^* Dicke klein	Dicke mittel	Dicke groß	Eigenschaften Verwendung
U St 1303	DIN 1623 T 1	280 … 400	2	27	7,85	$2{,}15 \cdot 10^5$		1,3	1,2	1,2	Unruhig vergossene Tiefziehgüte mit zunderfreier Oberfläche; mittlere Oberflächenqualität; für Blechteile mit starker Umformung.
RR St 1405		280 … 400	240	30	7,85			2,4	1,8	1,85	Besonders beruhigte Tiefziehgüte mit bester Oberfläche; für Blechteile mit extrem starker Umformung und höchsten Anforderungen an Oberfläche.
RSt 44-2	DIN 1623 T 2	410 … 490	235	16	7,85		klein: s = 0,5	1,3	1,2	1,25	Feinblech aus allgemeinem Baustahl mittlerer Festigkeit; auch für mittlere Umformungen geeignet.
St 50-2		500 … 600	300	14	7,85			1,7	1,45	1,4	Feinblech aus allgemeinem Baustahl höherer Festigkeit; nur für geringe Umformungen verwendbar.
X 12 Cr Ni 18 8 abgeschreckt	DIN 17440	500 … 700	220	50	7,8	$2{,}03 \cdot 10^5$	mittel: s > 0,5 … 2	12,4	10,9	9,9	Korrosionsbeständige Standardqualität mit austenitischem Gefüge; keine Beständigkeit im geschweißten Zustand (interkrist. Korrosion).
X 10 Cr Ni Ti 18 9 abgeschreckt		500 … 750	210	40	7,8			9,4	8,1	7,3	Korrosionsbeständiger austenitischer Stahl guter Schweißeignung.
X 10 Cr Al 7 geglüht	VDEh Wbl. 470	450 … 600	250	20	7,7	$2{,}15 \cdot 10^5$	groß: s = 2,75	7,2	5,3	4,4	Hitzebeständ. Feinblech mit Zunderbeständigkeit; Gebrauchstemperatur ≦ 800 °C; Schmelzschweißen möglich.
X 10 Cr Al 24 geglüht	VDEh Wbl. 470	500 … 600	300	10	7,6	$2{,}15 \cdot 10^5$		10,2	8,5	7,0	wie X 10 Cr Al 7; aber mit Anwendungsbereich bis 1200 °C; für Hauben und Rohre von Industrieöfen.
X 40 Mn Cr 18 abgeschreckt	VDEh Wbl. 390	700 … 900	320	45	7,85	$1{,}95 \cdot 10^5$		9,8	8,6	7,8	Nichtmagnetisierbares Feinblech mit sehr guter Zähigkeit und guter Warmformbarkeit; schlechte Korrosionsbeständigkeit.

Oberflächenart:
03 = zunderfrei
04 = verbesserte Oberfläche
05 = beste Oberfläche

Oberflächenausführung:
g = glatt
m = matt
r = rauh

Normbezeichnung:
Stahlblech 1,5 × 1000 × 2000
DIN 1541 – RR St 1405

Relative Werkstoffkosten k_v^*:

$$k_v^* = \frac{k_v}{k_{v_0}}$$

k_{v_0} = spezifische Werkstoffkosten in DM/dm³ für warmgewalzten Rundstahl USt 37-2 DIN 17100 mittlerer Abmessungen

A2-5 Technische und wirtschaftliche Kenngrößen für die Werkstoffwahl
Warmgewalztes Blech von 3 bis 4,75 mm Dicke (früher Mittelblech)

Werkstoff, Kurzzeichen	Norm	Statische Festigkeitswerte R_m $\frac{N}{mm^2}$	R_{eH} $\frac{N}{mm^2}$	A_5 %	Dichte ρ $\frac{kg}{dm^3}$	E-Modul $\frac{N}{mm^2}$	*Relative Werkstoffkosten* k_V^*: Dicke mm	Dicke klein	mittel	groß	Eigenschaften Verwendung
U St 37-2	DIN 17100	370 … 450	240	21	7,85	$2{,}15 \cdot 10^5$	klein: s = 3	1,05	1,05	1,05	Massenstahl mit guter Zähigkeit; für Schweißkonstruktionen mittlerer Beanspruchung vorzuziehen.
St 37-3	DIN 17100	370 … 450	240	21	7,85	$2{,}15 \cdot 10^5$		1,15	1,15	1,15	Feinkornstahl mit sehr guter Zähigkeit; besondere Eignung für Schweißkonstruktionen mit besonders starker dynamischer Belastung.
U St 44-2	DIN 17100	410 … 540	275	22	7,85	$2{,}15 \cdot 10^5$		1,1	1,1	1,1	wie St 37-2, aber mit höherer Festigkeit; gute Schweißbarkeit unter Normalbedingungen; Vorwärmung erforderlich bei großen Wanddicken.
St 52-3	DIN 17100	520 … 620	360	18	7,85	$2{,}15 \cdot 10^5$		1,2	1,2	1,2	Feinkornstahl besonders hoher Festigkeit; zu bevorzugen für Schweißkonstruktionen mit großer dynam. Belastung.
X 10 Cr Ni Ti 189 abgeschreckt	DIN 17440	500 … 750	210	40	7,8	$2{,}03 \cdot 10^5$	mittel: s = 3,5	6,6	6,6	6,5	Korrosionsbeständiger, austenitischer Stahl mit guter Schweißeignung.
X 10 Cr Al 7 geglüht	VDEh Wbl. 470	450 … 600	250	20	7,7	$2{,}10 \cdot 10^5$		3,8	3,8	3,7	Hitzebeständiges Mittelblech mit Zunderbeständigkeit für den Dampfkessel- und Apparatebau; Schmelzschweißen möglich, Anwendung ≦ 800 °C.
X 10 Cr Al 24 geglüht	VDEh Wbl. 470	500 … 600	300	10	7,6	$2{,}10 \cdot 10^5$	groß: s = 4,75	6,0	6,0	5,9	wie X 10 Cr Al 7; aber Anwendbarkeit bis 1200 °C.
13 Cr Mo 44 Luftvergütet	DIN 17155	440 … 560	300	20	7,85	$2{,}10 \cdot 10^5$		2,8	2,8	2,6	Warmfestes Mittelblech für Dampfkessel und Druckbehälter; Schmelzschweißen möglich.
X 40 Mn Cr 18 abgeschreckt	VDEh Wbl. 390	700 … 900	320	45	7,85	$1{,}95 \cdot 10^5$		5,4	5,4	5,4	Nicht magnetisierbares Mittelblech mit sehr guter Zähigkeit und guter Warmformbarkeit; schlechte Korrosionsbeständigkeit.

Normbezeichnung:
Stahlblech 4,5 × 1250 × 2500
DIN 1542 – St 52-3

Relative Werkstoffkosten k_V^*:

$$k_V^* = \frac{k_V}{k_{V_0}}$$

k_{V_0} = spezifische Werkstoffkosten in $\frac{DM}{cm^3}$ für warmgewalzten Rundstahl U St 37-2 DIN 17100 mittlerer Abmessungen.

A2-6 Technische und wirtschaftliche Kenngrößen für die Werkstoffwahl
Warmgewalztes Blech von 3 bis 150 mm Dicke – Formnorm DIN 1543

Werkstoff Kurzzeichen	Werkstoff Norm	Statische Festigkeitswerte R_m $\frac{N}{mm^2}$	R_{eH} $\frac{N}{mm^2}$	A_5 %	Dichte ρ $\frac{kg}{dm^3}$	E-Modul E $\frac{N}{mm^2}$	Relative Werkstoffkosten k_v^* Dicke mm	Dicke klein	Dicke mittel	Dicke groß	Eigenschaften Verwendung
U St 37-2		370 … 450	240	25				1,05	1,05	1,1	Für Hoch-, Tief- u. Brückenbau, sowie Maschinen-, Behälter- u. Fahrzeugbau. Für Schweißverbindungen niedriger Belastung geeignet.
St 37-3	DIN 17100	370 … 450	240	25	7,85	$2{,}15 \cdot 10^5$	klein: s = 5	1,1	1,1	1,25	wie St 37-2; aber für Schweißkonstruktionen höherer dynamischer Belastung zu bevorzugen; Standard-Schweißqualität.
USt 44-2		410 … 540	275	22				1,1	1,1	1,25	wie St 37-2, jedoch für höhere Belastungen. Je nach Wanddicke beim Schweißen Vorwärmung empfehlenswert.
St 52-3		520 … 620	340	22				1,2	1,2	1,35	Für Schweißkonstruktionen hoher statischer als auch dynamischer Belastung zu bevorzugen. Unter Normalbedingungen keine Vorwärmung.
HI		360 … 480	225	24			mittel: s = 10	1,5	1,3	1,3	Unlegiertes Kesselblech für Dampfkessel, Druckbehälter und große Druckrohrleitungen. Gute Schmelzschweißbarkeit.
HII		410 … 530	255	22				1,6	1,4	1,45	wie HI; jedoch höher belastbar; Schmelzschweißbarkeit gewährleistet.
19 Mn 6	DIN 17155	510 … 650	345	20	7,85	$2{,}10 \cdot 10^5$	groß: s = 50	1,7	1,5	1,65	Niedrig legiertes Kesselblech; Schweißeignung ähnlich wie bei St 52-3; Anwendung bis zu Betriebstemperaturen von 500 °C
15 Mo 3		440 … 590	270	20				2,2	2,1	2,0	Niedrig legiertes Kesselblech für Betriebstemperaturen bis 530 °C; gute Schweißeignung.
13 Cr Mo 44		440 … 590	295	20				2,4	2,25	2,2	Niedrig legiertes Kesselblech für Betriebstemperaturen bis 570 °C; zum Schweißen Vorwärmung mit Spannungsarmglühen erforderlich.
X 10 Cr Ni Ti 189 abgeschreckt	DIN 17440	500 … 750	210	35	7,80	$2{,}03 \cdot 10^5$		6,4	6,1	6,0	Nichtrostender austenitischer Stahl mit guter Schweißeignung.
X 10 Cr Al 7 geglüht	VDEh Wbl 470	500 … 600	250	20	7,70	$2{,}10 \cdot 10^5$		3,6	3,4	3,3	Hitzebeständiges Grobblech mit Zunderbeständigkeit im Dampfkessel-, Apparate- u. Industrieofenbau bei Anwendung bis 800 °C.
X 40 Mn Cr 18 abgeschreckt	VDEh Wbl 390	700 … 900	320	45	7,85	$1{,}95 \cdot 10^5$		5,3	5,2	5,3	Nicht magnetisierbares Grobblech mit sehr guter Zähigkeit und guter Umformbarkeit; schlechte Korrosionsbeständigkeit.

Normbezeichnung:
Stahlblech 12 × 1250 × 2500
DIN 1543 – 19 Mn 5

Relative Werkstoffkosten k_v^*:

$$k_v^* = \frac{k_v}{k_{v_0}}$$

k_{v_0} = spezifische Werkstoffkosten in $\frac{DM}{cm^3}$ für warmgewalzten Rundstahl U St 37-2 DIN 17100 mittlerer Abmessungen.

A2-7 Technische und wirtschaftliche Kenngrößen für die Werkstoffwahl Geschweißte und nahtlose Rohre aus Stahl

Formnorm	Werkstoff Kurzzeichen	Werkstoff Norm	Statische Festigkeitswerte R_m $\frac{N}{mm^2}$	R_{eH} $\frac{N}{mm^2}$ ≧	A_5 % ≧	Dichte ρ $\frac{kg}{dm^3}$	E-Modul E $\frac{N}{mm^2}$	Maße d × s mm	Relative Werkstoffkosten k_v^* Maße klein	mittel	groß	Eigenschaften Verwendung
DIN 2458	St 37-2	DIN 1626	360 ... 440	235	23			klein: 10,2 × 1,6 mittel: 33,7 × 2,0 groß: 168,1 × 4,0	1,9	1,6	1,4	Geschweißtes Rohr in Handelsgüte für allgem. Anforderungen bei Leitungen, Behältern u. Apparaten. Nur bedingte Eignung zum Biegen u. Bördeln.
	St 35	DIN 1629	340 ... 440	225	25		$2{,}15 \cdot 10^5$		4,6	2,1	2,0	Nahtloses Rohr in Handelsgüte für allgem. Anforderungen bei Leitungen, Behältern u. Apparaten. Eignung zum Biegen und Bördeln.
DIN 2448	X 10 Cr Ni Ti 189	DIN 17440	480 ... 740	205	40		$2{,}03 \cdot 10^5$	klein: 8 × 2 mittel: 30 × 2,6 groß: 318 × 7,5	33,6	18,2	17,0	Rostbeständiges, austenitisches Rohr mit guter Schweißeignung.
	13 Cr Mo 44	DIN 17175	440 ... 570	295	22				–	7,2	7,5	Warmfestes, nahtloses Rohr für Dampfkessel, Rohrleitungen u. Apparate mit Betriebstemp. ≦ 580 °C bei hohen Drücken; Schmelzschweißen möglich.
	10 Cr Mo 910	DIN 17125	440 ... 530	265	20	7,85	$2{,}15 \cdot 10^5$		–	8,5	8,9	wie 13 Cr Mo 44; jedoch etwas höhere Warmstreckgrenze bzw. Zeitstandfestigkeit bei T > 500 °C.
	St 35 G		320	–	28				5,4	2,8	2,6	Nahtloses Präzisionsstahlrohr; hohe Maßgenauigkeit, gute Oberflächenqualität, kleine Wanddicken; gute Schweißbarkeit.
DIN 2391	St 55 G	DIN 1629	500	–	18		$2{,}15 \cdot 10^5$	klein: 4 × 0,5 mittel: 60 × 5 groß: 120 × 10	5,8	3,0	2,8	wie St 35 G; jedoch für höhere Belastungen verwendbar; beim Schweißen i.a. Vorwärmung erforderlich.
	St 52 G		600	–	4				–	–	–	wie St 55 G; jedoch für Schweißverbindungen hoher dynamischer Beanspruchung geeignet.

Normbezeichnung:

DIN 2458: Rohr 609,6 × 6,3 DIN 2458 – St 37
DIN 2448: Rohr 26,9 × 2,3 DIN 2448 – 13 Cr Mo 44
DIN 2391: Rohr 48 × 1 DIN 2391 – St 52 BKW

Relative Werkstoffkosten k_v^*:

$$k_v^* = \frac{k_v}{k_{v_0}}$$

k_{v_0} = spezifische Werkstoffkosten in $\frac{DM}{cm^3}$ für warm gewalzten Rundstahl U St 37-2 DIN 17100 mittlerer Abmessungen.

A2-8 Technische und wirtschaftliche Kenngrößen für die Werkstoffwahl
k_v^*-Werte [1]) für Gußteile aus Eisenwerkstoffen

Stückgewicht kg	Werkstoff DIN 1692	DIN 1691	DIN 1693	DIN 1681	Stückzahlen[2])	k_v^* für Schwierigkeitsgrad: Vollguß ohne Kerne und Aussparungen	Vollguß mit einfachen Kernen und Aussparungen	Hohlguß mit einfachen Rippen und Aussparungen	Hohlguß mit schwieriger Kernarbeit
< 0,1	Temperguß GTW-, GTS-	Gußeisen mit Lamellengraphit GG-			5000	2,7	3,2	–	–
0,1 … 0,5	Temperguß GTW-, GTS-	Gußeisen mit Lamellengraphit GG-			1000	2,3	2,9	–	–
0,5 … 1	Temperguß GTW-, GTS-	Gußeisen mit Lamellengraphit GG-	Gußeisen mit Kugelgraphit GGG-	Stahlguß GS-	500	2,15	2,5	4,1	5,4
> 1 … 5	Temperguß GTW-, GTS-	Gußeisen mit Lamellengraphit GG-	Gußeisen mit Kugelgraphit GGG-	Stahlguß GS-	100	2,0	2,3	3,4	4,7
> 5 … 10	Temperguß GTW-, GTS-	Gußeisen mit Lamellengraphit GG-	Gußeisen mit Kugelgraphit GGG-	Stahlguß GS-	50	1,8	2,15	3,0	4,3
> 10 … 50	Temperguß GTW-, GTS-	Gußeisen mit Lamellengraphit GG-	Gußeisen mit Kugelgraphit GGG-	Stahlguß GS-	10	1,6	2,0	2,9	4,0
> 50 … 100	Temperguß GTW-, GTS-	Gußeisen mit Lamellengraphit GG-	Gußeisen mit Kugelgraphit GGG-	Stahlguß GS-	5	1,45	1,8	2,7	3,6
> 100 … 500		Gußeisen mit Lamellengraphit GG-	Gußeisen mit Kugelgraphit GGG-	Stahlguß GS-	1	1,45	1,6	2,5	3,2
> 500 … 1000		Gußeisen mit Lamellengraphit GG-	Gußeisen mit Kugelgraphit GGG-	Stahlguß GS-	1	1,45	1,6	2,3	3,0
Umrechnungszahl[3])	1,7	1,0	1,5	2,0					

Dichte in $\frac{kg}{dm^3}$:

GTW-: GTS-: 7,2 … 7,7
GG-: 7,2 … 7,4
GGG-: 7,1 … 7,3
GS-: 7,85

E-Modul in $\frac{N}{mm^2}$:

GTW-: GTS-: $(1{,}7 \ldots 1{,}9) \cdot 10^5$
GG-: $(0{,}9 \ldots 1{,}4) \cdot 10^5$
GGG-: $(1{,}7 \ldots 1{,}8) \cdot 10^5$
GS-: $2{,}15 \cdot 10^5$

Festigkeitsklassen:

GTW-S 38 … GTW-65
GTS-35 … GTS-70
GG-10 … GG-40
GGG-38 … GGG-70
GS-38 … GS-70

1) Die angegebenen Werte dienen der Abschätzung. Sie sind nicht für die Kalkulation vorgesehen.

2) Die genannten Stückzahlen dienen als Richtwerte. Vor allem bei niedrigen Stückzahlen können deshalb die k_v^*-Werte erheblich abweichen.

3) Die in der Tabelle genannten k_v^*-Werte für den Schwierigkeitsgrad sind – zur Berücksichtigung des Werkstoffes – mit der Umrechnungszahl zu multiplizieren.

Relative Werkstoffkosten k_v^*:

$$k_v^* = \frac{k_v}{k_{v_0}}$$

k_{v_0} = spezifische Werkstoffkosten in $\frac{DM}{cm^3}$ für warmgewalzten Rundstahl U St 37-2 DIN 17100 mittlerer Abmessungen.

A2-9 Technische und wirtschaftliche Kenngrößen für die Werkstoffwahl k_v^*-Werte [1]) für Gesenkschmiedestücke aus Stahl

Stückgewicht kg	Umrechnungszahl k_W^* [2]) für Werkstoffgruppe [5]) A	B	C	Umrechnungszahl k_{St}^* [3]) für Stückzahl ≦ 300	> 300 … 1000	> 1000 … 3000	> 3000 … 10000	> 10000	k_{Sch}^*-Werte [4]) für Schwierigkeitsgrad [6]), [7]) 1	2	3	4
0,1 … 0,16	1,0	1,1	1,2	4,0	2,1	1,4	1,1	1,0	5,8	starke Streuung		
> 0,16 … 0,25				3,4	1,9	1,3			4,9	5,6		
> 0,25 … 0,40				2,9	1,7				4,2	4,9	5,7	
> 0,40 … 0,63				2,7					3,6	4,2	4,8	5,7
> 0,63 … 1,0				2,5			1,0		3,1	3,6	4,1	4,9
> 1,0 … 2,5				1,9	1,5				2,5	2,8	3,3	3,9
> 2,5 … 6,3				1,7	1,3	1,2			2,1	2,3	2,7	3,3
> 6,3 … 16		1,2	1,3	1,5		1,1			2,0	2,2	2,4	2,9
> 16 … 40						1,0			1,9	2,1	2,3	2,7
> 40 … 100					1,2				1,8	2,0	starke Streuung	

[1]) Die angegebenen Werte dienen der Abschätzung. Sie sind nicht für die Kalkulation vorgesehen.

[2]), [3]), [4]) Der k_v^*-Wert ist das Produkt aus k_W^*, k_{St}^* und k_{Sch}^*:

$$k_v^* = \frac{k_v}{k_{v_0}} = k_W^* \cdot k_{St}^* \cdot k_{Sch}^*$$

[5]) *Werkstoffgruppen:*

A = unlegierte Massen- und Qualitätsstähle mit C < 0,5 %, z. B. St 37-2, C 35

B = unlegierte Qualitätsstähle mit C > 0,5 %, z. B. C 60, unlegierte Edelbaustähle, z. B. Ck 35, einfach niedrig legierte Baustähle, z. B. 30 Mn 5

C = mehrfach legierte Baustähle, z. B. 25 Cr Mo 4

[6]) Alle k_{Sch}^*-Werte gelten für Schmiedegüte F DIN 7526 (normale Genauigkeit), sandgestrahlt; geprüft, jedoch ohne Sonderprüfungen; ohne Warmbehandlung; Werkzeugkosten nach DIN 7521; Toleranzen nach DIN 7526.

[7]) *Schwierigkeitsgrade:*

1 = einfach; Gratbahn nicht gekröpft; ohne große Querschnittsunterschiede, z. B. flache Hebel, Zahnradrohlinge ohne starke Naben.

2 = mäßig schwierig; entweder gekröpft oder größere Querschnittsunterschiede, z. B. gekröpfte Hebel, Zahnradrohling mit stärker vortretenden Naben.

3 = schwierig; Teile mit komplizierter Form, z. B. Pleuel mit I-Querschnitt, gabelförmige Teile, Achsschenkel

4 = sehr schwierig, z. B. Schaltgabeln oder Achsschenkel besonders schwieriger Form.

A2-10 Technische und wirtschaftliche Kenngrößen für die Werkstoffwahl
NE-Schwermetalle für Bleche, Bänder, Stangen und Rohre [1])

Werkstoff		Festigkeitswerte							Maße				Relative Werkstoffkosten k_v^* Maße			Eigenschaften Verwendung
			Bleche, Bänder		Stangen		Rohre									
Kurzzeichen	Norm	R_m $\frac{N}{mm^2}$	$R_{p0,2}$ $\frac{N}{mm^2}$ $\geqq$	A_5 % $\geqq$	$R_{p0,2}$ $\frac{N}{mm^2}$ $\geqq$	A_5 % $\geqq$	$R_{p0,2}$ $\frac{N}{mm^2}$ $\geqq$	A_5 % $\geqq$	Bleche, Dicke mm	Bänder Breite mm	Stangen SW mm	Rohre Wanddicke mm	klein	mittel	groß	
E-Cu F 20	DIN 1708 DIN 17670 DIN 17671 DIN 17672 DIN 40500	200 … 250	100	42	100	36	110	40	$\geqq$ 5	alle	> 5	$\geqq$ 3	10,6	10,0	10,4	Sauerstoffhaltiges Hüttenkupfer mit 99,9 % Cu; Verwendung für Teile mit Leitfähigkeit nach VDE, für Wärmeaustauscher, Dichtungen, Dachdeckung, Bauwesen.
E-Cu F 25		$\geqq$ 270	330	3	330	5	330	3	0,2 … 1	$\leqq$ 600	$\leqq$ 5	$\leqq$ 3				
E-Cu F 30		250 … 310	150	8	160	14	160	20	>5 … 20	1200	$\leqq$ 35	0,5 … 10				
E-Cu F 37		300 … 370	260	6	260	8	260	6	0,2 … 10	1200	$\leqq$ 17	$\leqq$ 5				
Cu Zn 39 Pb 3 F 44		$\geqq$ 430	250	19	250 [1]	18 [1]	250	18	0,3 … 5	$\leqq$ 600	$\leqq$ 12,5	$\leqq$ 10	10,9	6,8	7,0	Hauptlegierung für Bearbeitung auf Automaten; Formdrehteile aller Art.
Cu Zn 37 F 38	DIN 17660 DIN 17670 DIN 17671 DIN 17672	$\geqq$ 370	200 [2]	28 [2]	250	27	200	27	0,2 … 5	$\leqq$ 600	$\leqq$ 35	$\leqq$ 10	9,3	8,1	8,0	Hauptlegierung für Kaltumformen durch Tiefziehen, Drücken, Stauchen, Biegen.
Cu Zn 31 Si F 45		$\geqq$ 450	220	25	200	22	200 [3]	30 [3]	–	–	$\leqq$ 46	1 … 8	13,5	13,2	13,2	Für gleitende Beanspruchung auch bei hoher Belastung; Vorzugslegierung für Lagerbüchsen.
Cu Zn 40 Al 2 F 60		$\geqq$ 600	–	–	280 [4]	14 [4]	250	10	–	–	$\leqq$ 46	4 … 10	12,8	11,9	12,0	Konstruktionswerkstoff hoher Festigkeit u. guter Witterungsbeständigkeit; für hohe Gleitbeanspruchung.
Cu Sn 8 F 53	DIN 17662 DIN 17670 … 17672	$\geqq$ 530	420	23	380	28	400	26	0,2 … 5	$\leqq$ 600	$\leqq$ 40	$\leqq$ 5	20,4	19,7	19,3	Zinnbronze für Siebe, Schrauben, Rohre für Wärmeaustauscher, Lagerbuchsen, Metallschläuche, Membranen.

1 zu bevorzugen für Bearbeitung auf Automaten
2 zu bevorzugen für Umformung von Blechen
3 zu bevorzugen bei Verarbeitung von Rohren
4 zu bevorzugen bei hohen Festigkeitsanforderungen

[1]) Bei der Auswahl von Blechen, Bändern, Stangen und Rohren sind die Angaben der genannten Normen zu beachten!

$$E = 0{,}9 \cdot 10^5 \ \frac{N}{mm^2}$$

$$G = 0{,}32 \cdot 10^5 \ \frac{N}{mm^2}$$

Relative Werkstoffkosten k_v^*:

$$k_v^* = \frac{k_v}{k_{v0}}$$

k_{v0} = spezifische Werkstoffkosten in $\frac{DM}{cm^3}$ für warmgewalzten Rundstahl U St 37-2 DIN 17100 mittlerer Abmessungen.

A2-11 Technische und wirtschaftliche Kenngrößen für die Werkstoffwahl k_V^*-Werte [1]) für Gußteile aus NE-Schwermetallen

Werkstoff Kurzzeichen	Norm	Schwierigkeitsgrad einfach			mittel			schwierig[2])			Eigenschaften Verwendung
Sandguß – Gewichtsbereich 1 kg … 5 kg											
		Stückzahl ≦ 10	11 … 100	> 100	≦ 10	11 … 100	> 100	≦ 10	11 … 100	> 100	
G-Cu Sn 5 Zn Pb											Für Wasser- u. Dampfarmaturen bis 225 °C, normal beanspruchte Pumpengehäuse, verwickelte Gußstücke.
G-Cu Sn 7 Zn Pb	DIN 1705	11,5	10,6	9,8	13,2	12,4	11,5	14,1	13,2	12,4	Lagerschalen für Lokomotiv- und Maschinenbau, Gleitplatten und -leisten.
G-Cu Sn 10 Zn											Wie G-CuSn 10 Zn, aber für höhere Flächenpressungen; Schneckenräder niedrigster Gleitgeschwindigkeit.
G-Cu Zn 33 Pb	DIN 1709	9,3	8,4	7,6	11,0	10,2	9,3	11,9	11,0	10,2	Normal beanspruchte Gas- und Wasserarmaturen; Beschlagteile.
G-Cu Zn 35 Pb 1		11,5	10,6	9,8	13,2	12,4	11,5	14,1	13,2	12,4	Schiffsschrauben, Grund- und Stopfbuchsen, Druckmuttern.
G-Cu Sn 10	DIN 1705										Hochbeanspruchte Armaturen- und Pumpengehäuse, Leit- und Schaufelräder für Pumpen und Turbinen.
G-Cu Sn 12		12,6	11,7	10,8	14,3	13,5	12,6	15,2	14,4	13,5	Hochbeanspruchte, schnellaufende Schnecken- und Schraubenräder, hochbeanspruchte Kuppelsteine.
G-Cu Pb 15 Sn	DIN 1716										Gleitlager mit hohen Flächen- und Kantenpressungen; hochbeanspruchte Verbundlager; säurebeständige Armaturen und Gußstücke.
G-Cu Al 10 Ni	DIN 1714										Gußstücke für chemische Industrie, Bergbau, Schiffbau; Schneckenräder, Zahnräder, Kegelräder; Heißdampfarmaturen.
Kokillenguß – Stückzahl ≧ 500 – Gewichtsbereich 0,25 kg … 3 kg											
GK-Cu Zn 37 Pb	DIN 1709	6,6			7,4			8,3			Gußteile mit metallisch blanker Oberfläche, z.B. Armaturen, Beschlagteile.
Druckguß[3]) – Stückzahl ≧ 5000											
		Gewichtsbereich in kg ≦ 0,15	> 0,15 … 0,5	> 0,5	≦ 0,15	> 0,15 … 0,5	> 0,5	≦ 0,15	> 0,15 … 0,5	> 0,5	
GD-Zn Al 4	DIN 1743	7,5	6,1	4,8	10,3	8,9	7,5	15,7	13,0	10,3	Druckgußstücke aller Art, insbesondere bei höheren Anforderungen an Maßbeständigkeit.
GD-Zn Al 4 Cu 1											Wie GD-Zn Al 4, jedoch etwas höhere statische und dynamische Festigkeitswerte.

[1]) Die angegebenen Werte dienen der Abschätzung. Sie sind nicht für die Kalkulation vorgesehen.

[2]) schwierig = dünnwandig, sperrig, kernreich

[3]) Einfache Druckgußstücke: Formen ohne Kernzüge und ohne Schieber

Mittelschwere Druckgußstücke: Formen mit 2 Schiebern und/oder 4 Kernzügen

Schwierige Druckgußteile: Formen mit mehr als 2 Schiebern und/oder mehr als 4 Kernzügen

Die k_V^*-Werte gelten für gleichmäßige Wanddicken von 2 mm … 4 mm.

Relative Werkstoffkosten k_V^*:

$$k_V^* = \frac{k_V}{k_{V0}}$$

k_{V0} = spezifische Werkstoffkosten in $\frac{\text{DM}}{\text{cm}^3}$ für warmgewalzten Rundstahl U St 37-2 DIN 17100 mittlerer Abmessungen.

A2-12 Technische und wirtschaftliche Kenngrößen für die Werkstoffwahl
Al-Knetlegierungen für Bleche, Bänder, Rohre und Stangen

Werkstoff	Technologische Eigenschaften: Zustand	Spanbarkeit	Umformbarkeit	Schmelzschweißbarkeit	Witterungsbeständigkeit	Festigkeitswerte: R_m $\frac{N}{mm^2}$ ≥	Bleche, Bänder: $R_{p0,2}$ $\frac{N}{mm^2}$ ≥	Bleche, Bänder: A_5 % ≥	Rohre: $R_{p0,2}$ $\frac{N}{mm^2}$ ≥	Rohre: A_5 % ≥	Stangen: $R_{p0,2}$ $\frac{N}{mm^2}$ ≥	Stangen: A_5 % ≥	Maße: Bleche Dicke mm	Bänder Dicke mm	Rohre Wanddicke mm	Stangen SW mm	Relative Werkstoffkosten k_v^* Maße: klein	mittel	groß	Eigenschaften Verwendung
Al 99 F 8	w	5	1	3	1	80	≤ 70	30	≤ 70	20	30	18	0,2 … 20	0,2 … 3	jede	≤ 30	2,5	2,3	1,8	sehr gute Witterungsbeständigkeit; für Tiefziehteile, Behälter, Verkleidungen.
Al Mn F 16	h	4	5	3	2	155	130	4	130	4	–	–	0,2 … 6	0,2 … 3	≤ 3	–	2,9	2,5	2,1	Im weichen Zustand gleiche Eigenschaften wie Al 99 bei etwas höherem Preis aber auch höherer Festigkeit.
Al Mg 3 F 23	0,5h	4	4	2	1	220	140	9	140	9	140	9	0,2 … 6	0,2 … 3	≤ 10	≤ 30	4,1	3,6	2,4	Nicht aushärtbare Legierung mit guter Schweißbarkeit und sehr guter Witterungs- und Seewasserbeständigkeit; gute Festigkeit.
Al Mg 5 F 26	w	4	4	2	1	250	150	9	150	8	150	6	0,2 … 6	0,2 … 3	≤ 10	jede	4,6	3,9	2,5	Ähnliche technologische Eigenschaften wie Al Mg 3, aber höhere Festigkeit durch Kaltverformung.
Al Mg 4,5 Mn F 28	w	4	3	1	2	270	125	17	160	12	160	12	0,4 … 30	0,4 … 3	≥ 3,5	≥ 10	5,0	4,4	4,6	Kalt aushärtbare Legierung hoher Festigkeit und guter Umformbarkeit nach Glühen; für hochbelastete Maschinenteile und Niete.
Al Cu Mg 1 F 38	zh	3	3	–	2	380	240	14	250	13	260	12	> 10 … 20	–	≤ 1	≤ 50	3,6	2,9	2,3	Kalt aushärtbare Legierung sehr hoher Festigkeit für den Maschinenbau.
Al Cu Mg Pb F 38	ka	1	–	–	–	380	–	–	250	8	250	8	–	–	> 6 … 20	≤ 50	3,6	2,9	2,3	Wie Al Cu Mg l, aber sehr gut zerspanbar (Automatenlegierung).
Al Mg Si 1 F 32	ka	3	3	3	1	310	250	10	250	10	250	10	0,2 … 20	0,2 … 3	jede	≤ 2	3,8	3,2	2,3	Aushärtbare Legierung mit mittlerer Umformbarkeit; Hauptlegierung für Stangen und Strangpreßprofile.
Al Zn Mg 1 F 36	wa	2	–	1	3	350	270	10	270	10	270	10	0,2 … 12	0,2 … 3	1 … 20	≤ 50	2,6	2,4	2,5	Legierung hoher Festigkeit für Schweißkonstruktionen; Abfall der Festigkeit durch Schweißen ≈ 10 %.
Al Zn Mg Cu 0,5 F 48	wa	2	–	–	–	470	370	8	390	8	400	7	1 … 25	1 … 3	1 … 20	≤ 50	4,4	4,5	4,5	Legierung höchster Festigkeit und guter Zerspanbarkeit; für Maschinen und Fahrzeugbau.

Zustand:
- w = weich
- 0,5 h = halbhart
- h = hart
- ka = kalt ausgehärtet
- wa = warm ausgehärtet

Technologische Eigenschaften:
- 1 = sehr gut
- 2 = gut
- 3 = ausreichend
- 4 = bedingt
- 5 = schwierig
- – = nicht angewendet

$E = 0{,}7 \cdot 10^5 \frac{N}{mm^2}$

$G = 0{,}27 \cdot 10^5 \frac{N}{mm^2}$

Relative Werkstoffkosten k_v^*:

$$k_v^* = \frac{k_v}{k_{v0}}$$

k_{v0} = spezifische Werkstoffkosten in $\frac{DM}{cm^3}$ für warmgewalzten Rundstahl U St 37-2 DIN 17100 mittlerer Abmessungen.

A2-13 Technische und wirtschaftliche Kenngrößen für die Werkstoffwahl
k_V^*-Werte[1]) für Gußteile aus NE-Leichtmetallen

Werkstoff Kurzzeichen	Werkstoff Norm	Schwierigkeitsgrad einfach			Schwierigkeitsgrad mittel			Schwierigkeitsgrad schwierig[2])			Eigenschaften Verwendung
Sandguß – Gewichtsbereich 1 kg ... 5 kg											
		Stückzahl ≦ 10	11 ... 100	> 100	≦ 10	11 ... 100	> 100	≦ 10	11 ... 100	> 100	
G-Al Si 12 (Cu)	DIN 1725 T 2	3,6	2,8	2,4	4,2	3,3	3,0	5,0	4,4	3,8	Ausgezeichnete Gieß- und Schweißbarkeit, gute Zerspanbarkeit ausreichende mech. Polierbarkeit u. Witterungsbeständigkeit.
G-Al Si 10 Mg (Cu)											Wie G-Al Si 12 Cu, aber bessere mechanische Polierbarkeit.
G-Al Si 8 Cu 3											Ausgezeichnete Gießbarkeit, sehr gute Schweiß- u. Zerspanbarkeit, gute Polierbarkeit, bedingte Witterungsbeständigkeit.
G-Al Si 6 Cu 4											Wie G-Al Si 7 Cu 3, aber höhere statische und dynamische Festigkeitswerte.
G-Al Si 10 Mg wa		3,7	2,8	2,7	4,3	3,5	3,3	5,5	4,6	4,1	Warm ausgehärtete Legierung mit ausgezeichneter Gieß- u. Schweißbarkeit; sehr gute Witterungsbeständigkeit.
G-Mg Al 8 Zn 1	DIN 1729 T 2	3,5	2,9	2,8	3,8	3,3	3,1	4,4	4,1	3,7	Für Gußteile besonders geringer Dichte bei mittlerer Beanspruchbarkeit.
G-Mg Al 9 Zn 1 ho		3,7	3,1	2,9	4,1	3,5	3,3	4,6	4,2	3,8	Wie G-Mg Al 8 Zn 1, aber höhere statische und Dauerfestigkeitswerte.

A2-13 (Fortsetzung)

Werkstoff Kurzzeichen	Norm	Schwierigkeitsgrad einfach			mittel			schwierig[2])			Eigenschaften Verwendung
Kokillenguß – Stückzahl ≧ 500											
		Gewichtsbereich in kg									
		≦ 0,5	> 0,5 … 1,0	> 1,0 … 2,0	≦ 0,5	> 0,5 … 1,0	> 1,0 … 2,0	≦ 0,5	> 0,5 … 1,0	> 1,0 … 2,0	
GK-Al Si 6 Cu 4											Wie G-Al Si 6 Cu 4, allerdings etwas höhere statische und Dauerfestigkeitswerte.
GK-Al Si 8 Cu 3	DIN 1725 T 2	3,1	2,5	2,3	3,9	3,3	3,1	5,1	4,2	3,3	Wie G-Al Si 8 Cu 3, aber etwas höhere statische und Dauerfestigkeitswerte.
GK-Al Si 12 (Cu)											Wie G-Al Si 12 (Cu), aber etwas höhere statische und Dauerfestigkeitswerte.
GK-Al Si 10 Mg wa		3,7	2,7	2,4	4,3	3,5	3,3	5,4	4,6	3,5	Wie G-Al Si 10 Mg wa, aber etwas höhere statische und Dauerfestigkeitswerte.
Druckguß[3] – Stückzahl ≧ 5 000											
		Gewichtsbereich in kg									
		≦ 0,25	> 0,25 … 0,5	> 0,5	≦ 0,25	> 0,25 … 0,5	> 0,5	≦ 0,25	> 0,25 … 0,5	> 0,5	
GD-Al Si 12 GD-Al Si 6 Cu 4	DIN 1725 T 2	3,7	3,1	2,5	4,7	4,2	3,7	7,0	5,9	4,8	Wie die entsprechenden Kokillengußsorten, aber höhere statische u. Dauerfestigkeitswerte; schlechtere Schweißbarkeit.
GD-Mg Al 8 Zn 1 GD-Mg Al 9 Zn 1	DIN 1729 T 2	2,4	2,0	1,6	3,1	2,8	2,4	4,6	3,8	3,1	Wie die entsprechenden Sandgußsorten, aber höhere Streckgrenze und Härte.

1) Die angegebenen Werte dienen der Abschätzung. Sie sind nicht für die Kalkulation vorgesehen.

2) schwierig = dünnwandig, sperrig, kernreich

3) Einfache Druckgußstücke: Formen ohne Kernzüge und ohne Schieber

Mittelschwere Druckgußstücke: Formen mit 2 Schiebern und/oder 4 Kernzügen

Schwierige Druckgußteile: Formen mit mehr als 2 Schiebern und/oder mehr als 4 Kernzügen

Die k_v^*-Werte gelten für Gußstücke mit gleichmäßigen Wanddicken von 2 mm … 4 mm.

Relative Werkstoffkosten k_v^*:

$$k_v^* = \frac{k_v}{k_{v_0}}$$

k_{v_0} = spezifische Werkstoffkosten in $\frac{DM}{cm^3}$ für warmgewalzten Rundstahl U St 37-2 DIN 17100 mittlerer Abmessungen.

A2-14 Kenngrößen für die Werkstoffwahl bei Zug/Druck, Biegung und Torsion unter Berücksichtigung der relativen Werkstoffkosten k_v^* und der maßgebenden Festigkeitsgrößen; $R_{p\,0,2}$ = Zug/Druck-Fließgrenze, σ_{bF} = Biegefließgrenze, τ_{tF} = Torsionsfließgrenze

Werkstoff		Kenngrößen für Kosten, Festigkeit				Vergleichsgrößen für		
		k_v^*	$R_{p\,0,2}$	σ_{bF} in $\frac{N}{mm^2}$	τ_{tF}	Zug $\frac{k_v^*}{R_{p\,0,2}}$ in $10^{-2}\,\frac{mm^2}{N}$	Biegung $\frac{k_v^*}{\sigma_{bF}^{2/3}}$ in $10^{-2}\left(\frac{mm^2}{N}\right)^{2/3}$	Torsion $\frac{k_v^*}{\tau_{tF}^{2/3}}$ in $10^{-2}\left(\frac{mm^2}{N}\right)^{2/3}$
Walz- u. Schmiedestähle	St 37-2	1,0	240	340	170	0,42	2,1	3,3
	St 50-2	1,1	300	420	215	0,37	2,0	3,1
	St 52-3	1,2	360	430	220	0,33	2,1	3,3
	C 45 V 70	1,3	450	670	340	0,29	1,7	2,7
	34 Cr 4 V 90	2,1	650	900	450	0,32	2,3	3,6
Gußeisen	GGL-20	2,2	200	400	200	1,10	4,1	6,4
	GGG-60	3,2	420	600	250	0,76	4,5	8,1
	GTS-55	3,5	360	510	220	0,97	5,5	9,6
	GS-45	3,6	230	300	130	1,57	8,0	14,0
NE-Metalle	Cu Zn 40 Al 2	11,9	280	390	180	4,25	22,3	37,3
	Al Zn Mg Cu 0,5	4,5	410	570	260	1,09	6,5	11,0
Kunststoffe	PVC hart	2,7	45	85		6,00	14,0	
	PS	7,7	55	95		14,00	37,0	
	PA	12,0	57	50		21,05	88,4	

A2-15 Prozentuale Materialkosten-Anteile $M' = M/H \cdot 100$ in % zur Ermittlung der Herstellkosten H in der Entwicklungsphase (bezogen auf die Herstellkosten)

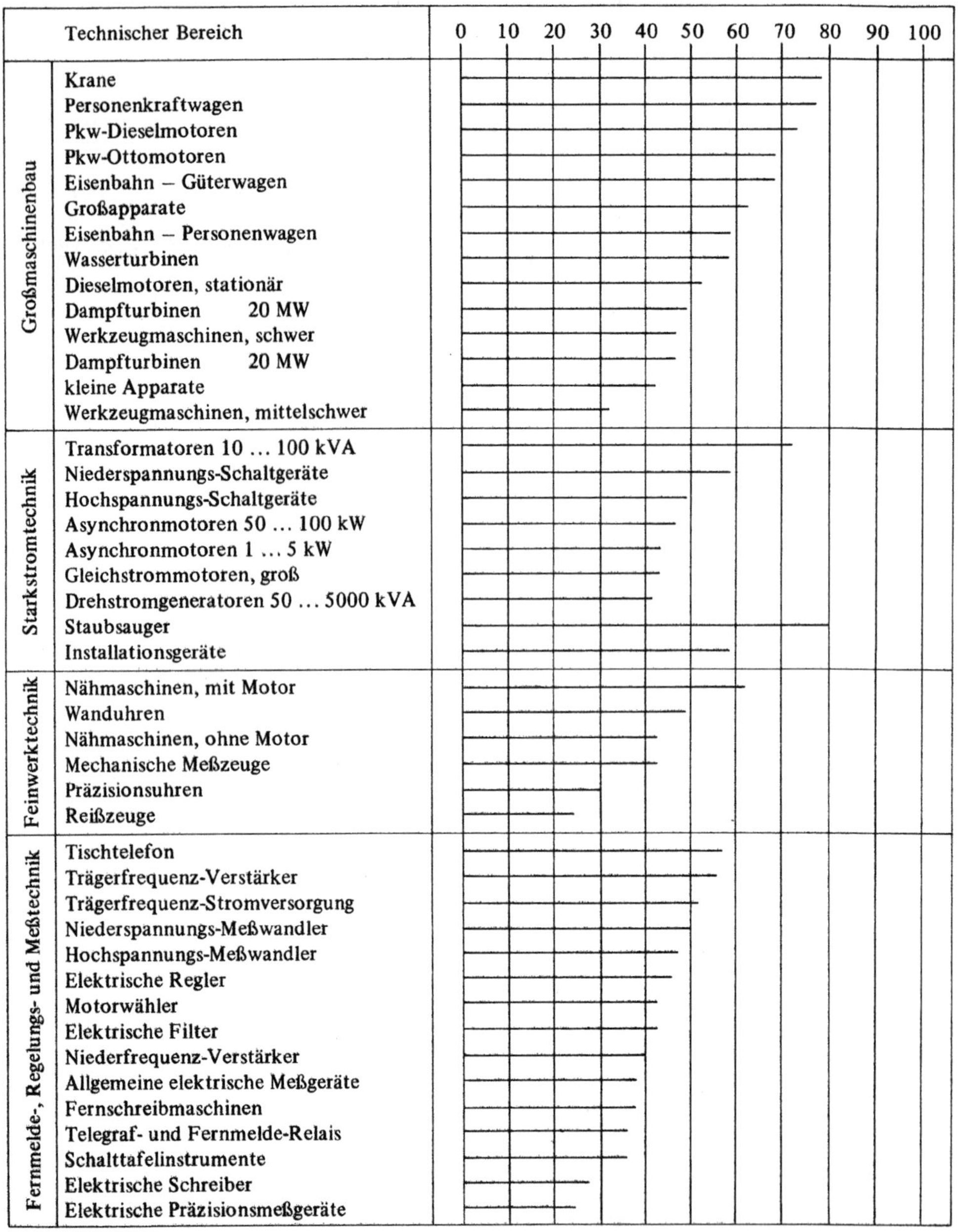

A2-16 Wichtige Werkstoffeigenschaften für oft angewendete Fertigungsverfahren

Verfahren	Eigenschaft	Anforderungen an den Werkstoff
Gießen	Gießbarkeit	– möglichst niedrige Liquidus- und Solidustemperatur, – gutes Formfüllungsvermögen durch Dünnflüssigkeit, geringes Schwindmaß und geringe Oberflächenspannung der Schmelze, – geringe Neigung zur Lunker- und Gasblasenbildung durch geringes Schwindmaß und geringes Gaslösungsvermögen der Schmelze, – geringe innere Spannungen durch geringe Schwindung des erstarrenden Gefüges,
Walzen Schmieden Stauchen Pressen	Duktilität	– gutes Formänderungsvermögen durch niedrige Kalt- bzw. Warmfließgrenze, – gutes Gleitvermögen des Gefüges durch kubisch-flächenzentriertes oder kubisch-raumzentriertes Metallgitter
Biegen Tiefziehen Drücken	Tiefziehfähigkeit	– gute Kaltverformbarkeit durch große Bruchdehnung, hohe Zugfestigkeit und niedrige Streckgrenze, – große Tiefung nach Erichsen, – keine Anisotropie, – großes Grenzziehverhältnis im Napfziehversuch
Spanen	Zerspanbarkeit	– geringer spezifischer Schnittkraftwiderstand k_s, – bei Baustählen hohe Temperaturstandfestigkeit des Werkzeuges, – bei Eisenwerkstoffen hoher Schnittgeschwindigkeitsprüfwert v_{komp}, – hohe Einstichverschleißfestigkeit des Werkzeuges bei Eisenmetallen, NE-Metallen und Nichtmetallen, – hohe Verschleißstandzeit des Werkzeuges bei NE-Metallen und Nichtmetallen
Schweißen	Schweißbarkeit	– Kohlenstoffgehalt unlegierter Stähle $\leqq$ 0,22 %, – geringes Kohlenstoffäquivalent legierter Stähle, – beruhigtes oder besonders beruhigtes Vergießen bei Stählen, – Alterungsbeständigkeit bei Stählen, – keine Behinderung des Schmelzflusses beim Schweißen durch Oxidation, – keine Neigung zu Bindefehlern, Poren, Fischaugen, Warmrissen und Schlackeneinschlüssen, – hohe Zugfestigkeit, Bruchdehnung, Kerbschlagzähigkeit und Zeitstandfestigkeit geschweißter Proben

A2-17 Übliche Betriebslebensdauer wichtiger technischer Produkte

Technisches Produkt	Mittlere Lebensdauer in h
Elektrische Haushaltsgeräte	1500 ... 3000
Kleine Ventilatoren	2000 ... 4000
Elektromotoren bis 4 kW	8000 ... 15000
Mittlere Elektromotoren	15000 ... 25000
E-Großmotoren, Generatoren	20000 ... 30000
Krafträder, leichte Pkw	1000 ... 2000
Schwere Pkw, leichte Lkw, Schlepper	1500 ... 2500
Schwere Lkw, Omnibusse	3000 ... 6000
Landwirtschaftliche Maschinen	3000 ... 6000
Hebezeuge, Fördermaschinen	10000 ... 15000
Universalgetriebe	10000 ... 25000
Pumpen	10000 ... 30000
Werkzeugmaschinen	15000 ... 25000
Kleinere Kaltwalzwerke	5000 ... 6000
Große Mehrwalzgerüste	8000 ... 10000
Hilfsmaschinen für die Produktion	7500 ... 15000
Holzbearbeitungsmaschinen	15000 ... 20000
Druckereimaschinen	15000 ... 30000
Papiermaschinen	50000 ... 80000
Abbaugeräte im Bergbau	4000 ... 10000
Grubenventilatoren	40000 ... 50000
Fördereinrichtungen im Bergbau	40000 ... 60000
Bootsgetriebe	3000 ... 5000
Schiffsgetriebe	20000 ... 30000

A3-1 Gestaltungsregeln zur Kleinhaltung von Biegespannungen

Nr.	Regel	vermeiden	bevorzugen
1	Scharfe Kraftflußumlenkung durch mittige Rippe wegen sonst auftretender großer Biegespannung vermeiden. Mittige Rippe im Fuß direkt abstützen.	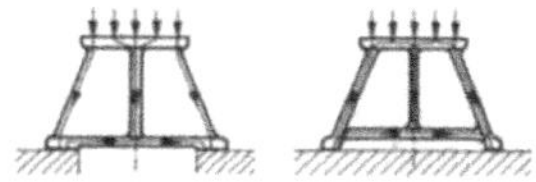	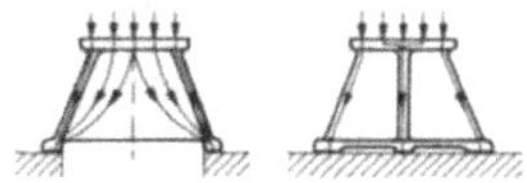
2	Bei Konsolen Biegespannungen möglichst klein halten; Maße a_1, b_1 und c_1 sind unnötig groß gewählt.	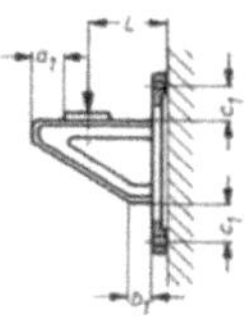	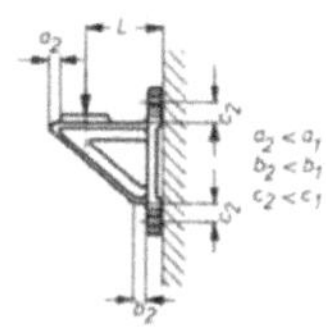
3	Mittenabstände von Schraubverbindungen möglichst klein halten zur Kleinhaltung von Biegespannungen in Bauteilen und Schrauben.	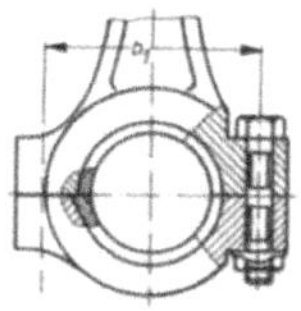	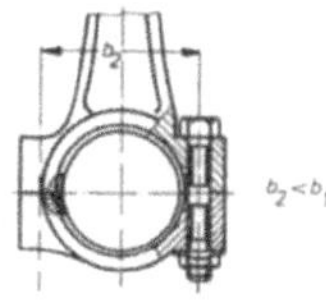
4	Ungünstige Kraftflußführung durch zu große Stützweite bei stationären Motoren; Gehäuseabstützung näher an Kurbellager heranziehen.	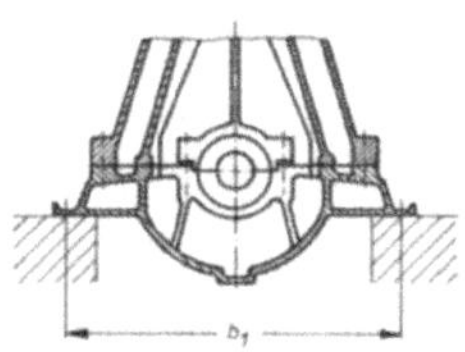	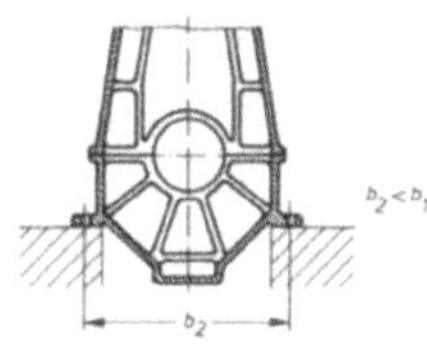
5	Gedrungene Bauweise von Kurbelwellen bevorzugen; dadurch allerdings Probleme bei Kühlung des Motorblockes.	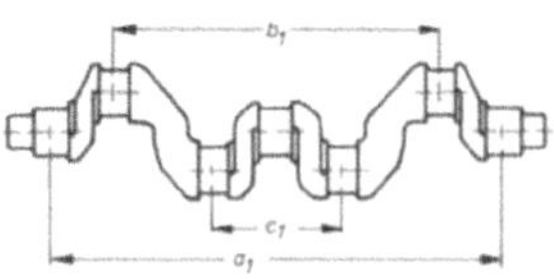	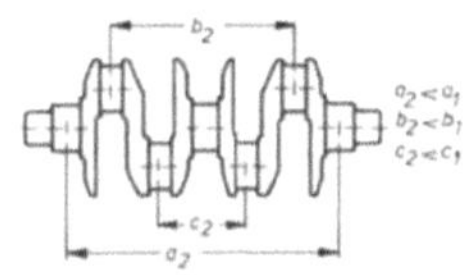
6	Enge Stützweite bei Ständern von Pressen bevorzugen; dadurch weniger aufwendiges Querhaupt.	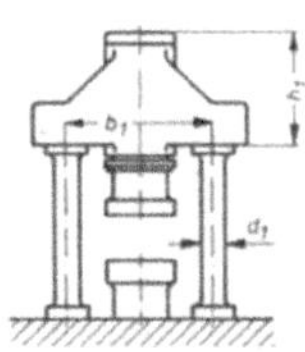	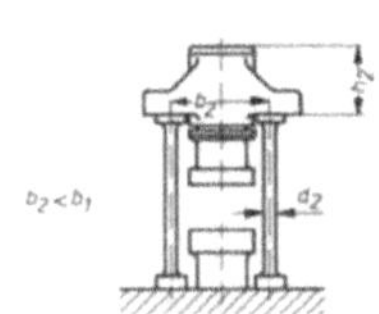
7	Lastöse – wenn möglich – dem Lasthaken vorziehen; bei Haken erheblich größerer Werkstoffaufwand.	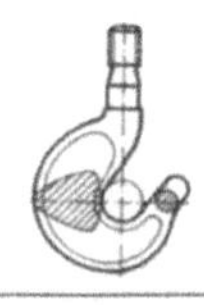	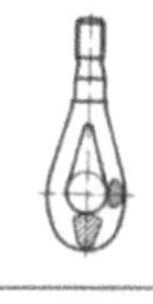
8	Starke Kraftflußumlenkung bei versetzter Deckelverschraubung; direkte Ableitung des Kraftflusses bevorzugen.	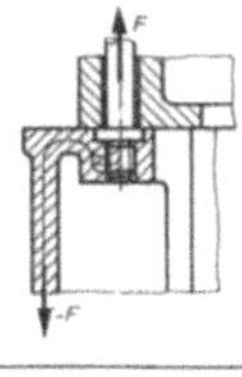	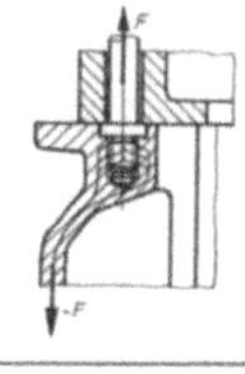

A3-2 Gestaltungsregeln für Entlastungskerben an Achsen und Wellen

Nr.	Regel	vermeiden	bevorzugen
1	Schädliche Kerbwirkung funktionsbedingter Absätze an hochbelasteten Achsen und Wellen durch Anbringung kraftflußgerechter Entlastungskerben herabsetzen.	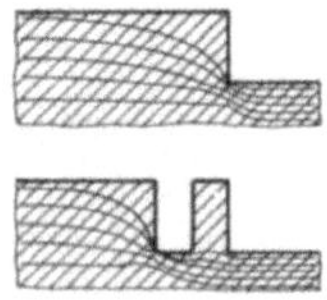	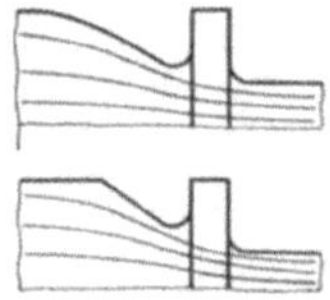
2	Einstiche an Wellen und Achsen für Sicherungsringe und dgl. führen zu großer Kerbwirkung. Milderung durch kraftflußgerechte Entlastungskerben; Kraftfluß darf Kerbgrund nicht berühren.	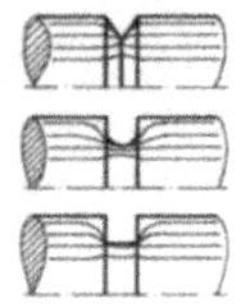	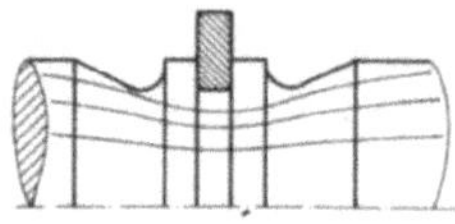
3	Weichere Kerbwirkung bei Wellenschulter zur Abstützung von Wälzlagern durch axiale Einstechnut, Distanzring, ausgerundete Entlastungskerben oder Entlastungskerbe mit zusätzlicher Übergangskerbe.	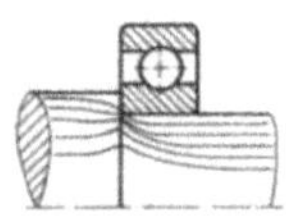	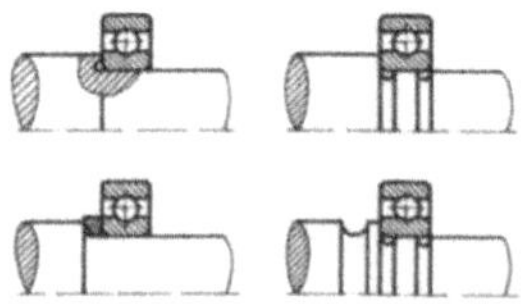
4	Kerbwirkung am Übergang hochbelasteter Bewegungsgewinde durch Entlastungskerbe herabsetzen.	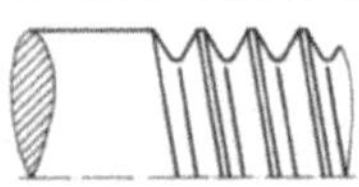	
5	Querbohrungen an Wellen sind Ursache für besonders große Kerbspannungen. Verringerung durch große Rundungsradien mit geringer Rauhtiefe, Anbringung von Wellenverdickungen oder durch Entlastungskerben.	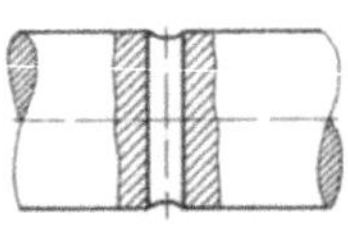	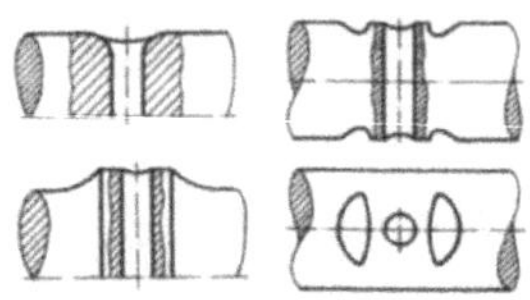

A3-3 Vergleich von in Leicht- und Stahlbau oft verwendeten geschlossenen bzw. offenen Profilen

a) Kennzeichnend sind die kaum variierenden Trägheits- und Widerstandsmomente bei Biegung und die extrem starke Abnahme ihrer Größen bei Torsion

Profil	Gewicht in kg/m	I_a in cm⁴	W_a in cm³	I_p in cm⁴	W_p in cm³
geschlossenes Profil 90 × 90 × 2,5 □	6,7	106	23,6	168	39
offenes Profil 90 × 90 × 2,5 ⊏	6,7	106	23,6	0,18	0,73
Verhältnis	1 : 1	1 : 1	1 : 1	933 : 1	53,4 : 1
geschlossenes Profil 90 × 45 × 2,5 ▯	4,91	63	14,0	58,9	19,5
offenes Profil 90 × 45 × 2,5 [	3,35	54	11,9	0,10	0,40
Verhältnis	1,5 : 1	1,2 : 1	1,2 : 1	589 : 1	48,8 : 1

b) Die dargestellten Profile haben nur wenig differierende Widerstandsmomente gegen Biegung mit zunehmender Eignung für Leichtbau von links nach rechts. Jedoch zeigt sich bei gleicher Reihenfolge eine extrem starke Abnahme der polaren Widerstandsmomente mit geringer Eignung der offenen Profile bei Torsionsbeanspruchung.

Profil	1	2	3	4	5	6
	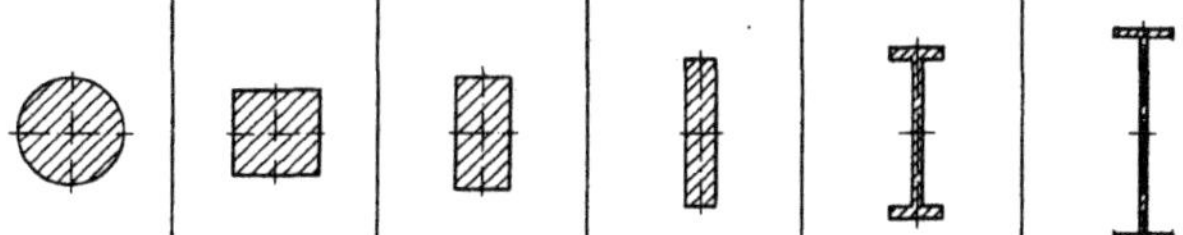					
Querschnitt A in mm²	150	135	112,5	84	42,4	29,5
Verhältnis A_x/A_1	1 : 1	0,9 : 1	0,75 : 1	0,56 : 1	0,28 : 1	0,20 : 1
Pol. Widerstandsmoment W_p in mm³	530	320	210	100	10,6	5,3
Verhältnis W_p/W_{p1}	1 : 1	0,6 : 1	0,4 : 1	0,19 : 1	0,02 : 1	0,01 : 1

A3-4 Beispiele für den Ausgleich von nicht funktionsbedingten Nebenkräften

Beispiel	Ausgleich durch Hilfselement	Ausgleich durch symmetrische Anordnung	Erläuterung
Schräg-verzahnte Stirnräder	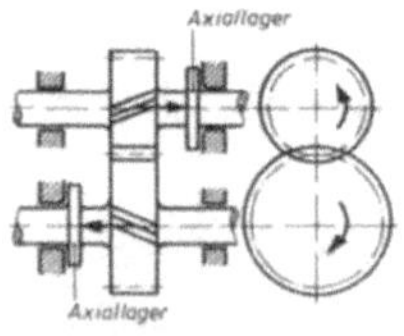 a)	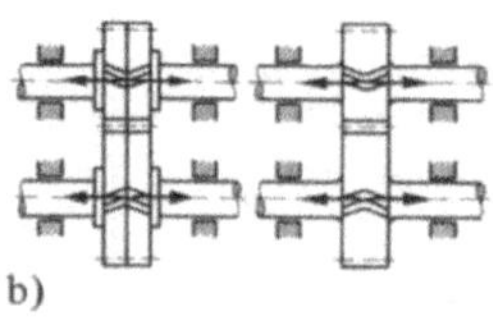 b)	a) Axiale Kraftkomponenten werden durch Axiallager aufgefangen. b) Axiale Kraftkomponenten werden durch Räder mit Rechts- bzw. Linkssteigung oder durch Pfeilverzahnung ausgeglichen.
Kegelkupplung	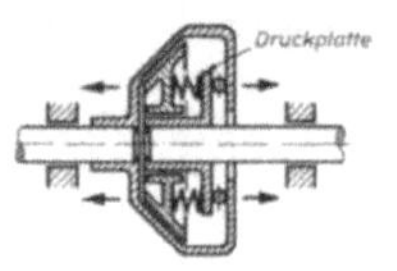 c)	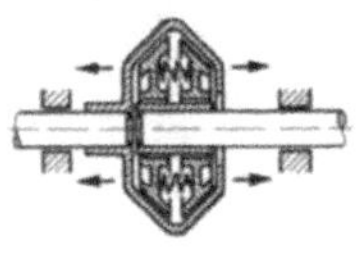 d)	c) Axiale Stützkraft wird durch Druckplatte mit Wälzkörperkranz gegen Gehäuse aufgefangen. d) Gegenseitiger Kraftausgleich durch symmetrische Anordnung
Kurbeltrieb	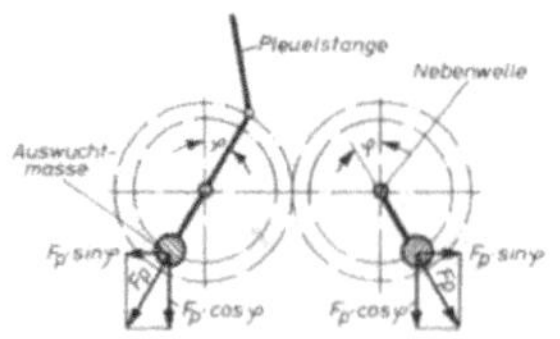 e)	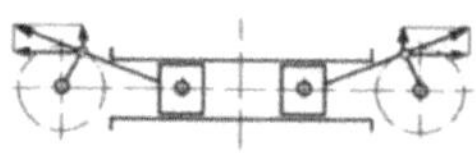 f)	e) Ausgleich der oszillierenden Kolben-Pleuel-Kraft durch $F_p \cdot \cos\varphi$ und Ausgleich der Komponente $F_p \cdot \sin\varphi$ durch Nebenwelle mit Ausgleichgewicht; f) Junkersmotor mit symmetrisch angeordneten Kurbeltrieben und Ausgleich der Kraftkomponenten
Dampfturbine	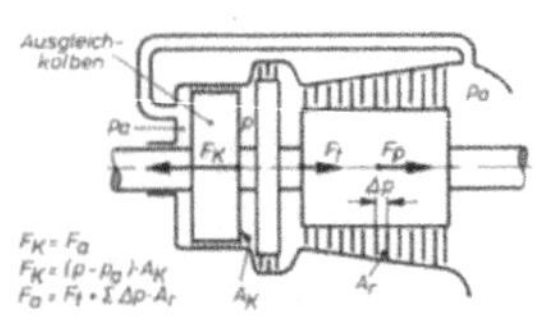 g)	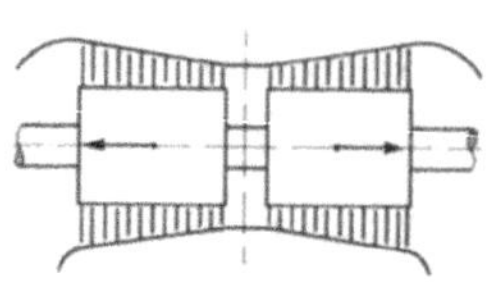 h)	g) Axialkraft F_a als Summe des Dampfkraftunterschiedes F_t und der Überdruckkraft $p\,A_r$ wird durch Ausgleichkolben mit $F_K = (p - p_A) A_K$ aufgehoben. h) Kraftausgleich durch symmetrisch angeordnete Turbinen.

A4.1-1 Guß-Allgemeintoleranz-Gruppe GTB nach DIN 1680 T2 (Auszug) in mm

Gußallgemein-toleranz-Reihe	Nennmaßbereich[1]														
	von 1 bis 3	über 3 bis 6	über 6 bis 10	über 10 bis 18	über 18 bis 30	über 30 bis 50	über 50 bis 80	über 80 bis 120	über 120 bis 180	über 180 bis 250	über 250 bis 315	über 315 bis 400	über 400 bis 500	über 500 bis 630	über 630 bis 800	über 800 bis 1000
GTB 15	1,4	1,5	1,6	1,7	1,9	2	2,2	2,4	2,6	2,8	3	3,2	3,4	3,6	3,8	4
GTB 16		1,9	2	2,2	2,4	2,6	2,8	3	3,2	3,6	3,8	4	4,2	4,6	4,8	5,2
GTB 16/5				2,8	3	3,2	3,4	3,6	4	4,4	4,6	5	5,2	5,6	6,2	6,6
GTB 17				3,6	3,8	4	4,2	4,6	5	5,4	5,8	6,2	6,6	7	7,6	8,2
GTB 17/5				4,6	4,8	5	5,4	5,8	6,4	7	7,4	8	8,6	92,	10	11
GTB 18				5,8	6	6,4	6,8	7,4	8,2	8,8	9,4	10	11	12	13	14
GTB 18/5				7,2	7,4	7,8	8,4	9	10	11	12	13	14	15	16	17
GTB 19					9,4	10	11	12	13	14	15	16	17	19	20	22
GTB 19/5					12	13	14	15	16	18	19	20	22	22	24	26
GTB 20					15	16	17	18	20	22	22	24	26	28	30	32

[1]) Unabhängig von den angegebenen Werten darf die Istabweichung an Gußstücken in keinem Fall mehr als ± 25 % des betreffenden Nennmaßes – aufgerundet auf 1 Stelle nach dem Komma – betragen. Diese Einschränkung ist bei der Anwendung der Gußallgemeintoleranzen innerhalb der fettumrahmten Tabellenfächer zu beachten. Nennmaße > 1000 s. Norm.

A4.1-2 Bearbeitungszugaben BZ bei Gußstücken (GG und GGG) bis 1000 kg Gewicht und bis 50 mm Wanddicke nach DIN 1685 T1 und DIN 1686 T1 in mm

Lage der Fläche in der Gießform	Nennmaßbereich bezogen auf das größte Außenmaß des Gußrohteiles	bis 50	über 50 bis 120	über 120 bis 250	über 250 bis 500	über 500 bis 1000	über 1000 bis 2500
unten seitlich	Bearbeitungszugabe BZ	2	2,5	3	3,5	4	6
oben		2,5	3	4	5	7	8

A4.1-3 Formschrägen an Modellen nach DIN 1511

Höhe in mm	Schräge in Grad	Höhe in mm	Schräge in mm
bis 10	3°	bis 250	1,5
bis 18	2°	320	2,0
bis 30	1°30′	500	3,0
bis 50	1°	800	4,5
bis 80	0°45°	1200	7
bis 180	0°30°	2000	11
		4000	21

A4.1-4 Wanddickeneinfluß bei Gußeisen mit Lamellengraphit (GG)

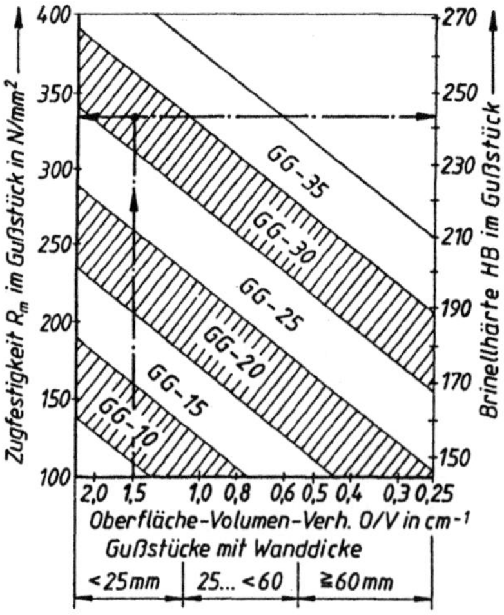

A4.1-5 Werkstoffbedingte Gestaltungsregeln für Gußteile

Nr.	Regel	vermeiden	bevorzugen
1	Werkstoffanhäufung vermeiden, sonst Lunkerbildung. Knotenauflösung vornehmen	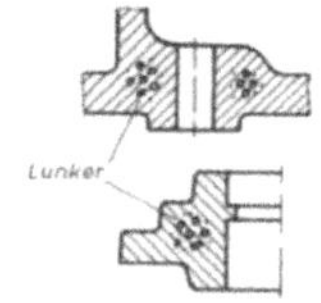	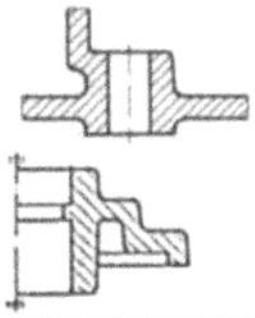
2	Übergangsstellen nicht mit zu großen Radien versehen	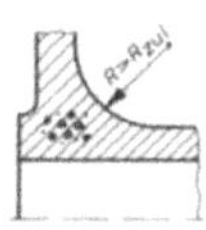	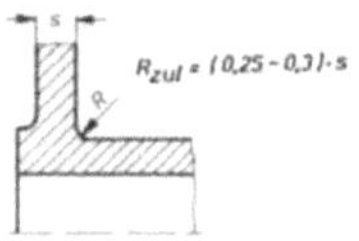
3	Ausreichend große Gießtrichter und Steiger vorsehen	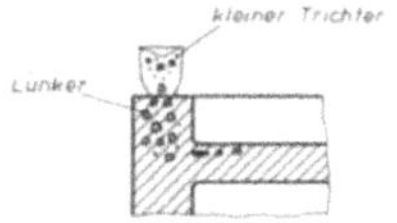	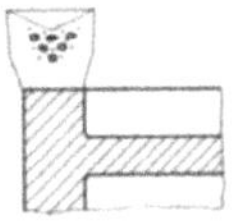
4	Große horizontale Flächen durch Schräglage vermeiden, sonst Luft- und Gasblasenbildung mit Einbrüchen; Gutseite nach unten legen	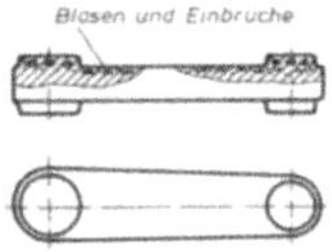	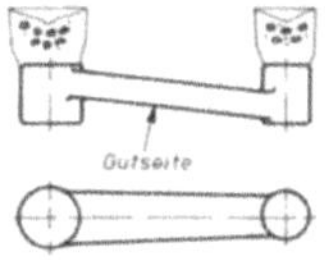
5	Gleichmäßige Wanddicken vorsehen; dadurch gleichmäßige Abkühlung mit geringeren Schrumpfspannungen; Rißgefahr wird vermieden	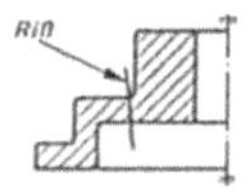	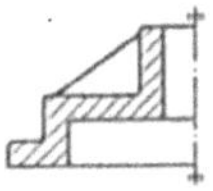
6	Bei Rädern günstige Querschnitt- und Masseverteilung vorsehen, sonst Spannungen und Rißbildung durch verschieden schnelle Schrumpfung	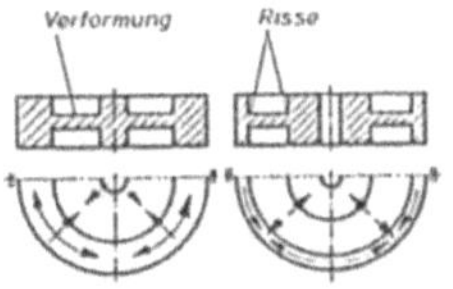	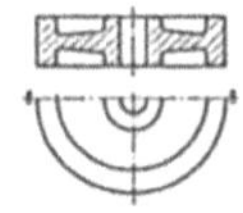
7	Übergänge zur Aufnahme von Spannungen durch Rippen verstärken oder schräge Übergänge vorsehen	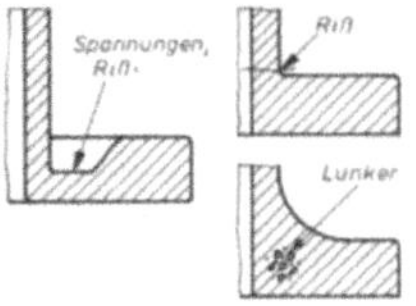	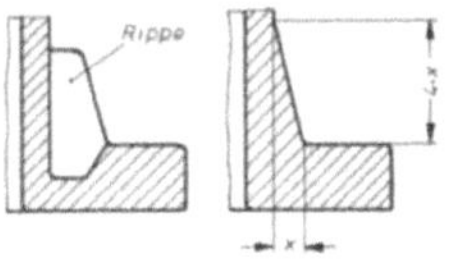

A4.1-6 Verfahrensbedingte Gestaltungsregeln für Gußteile

Nr.	Regel	vermeiden	bevorzugen
1	Formengerechte Gestaltung der Gußteile vorsehen; mehrteilige Formkästen vermeiden	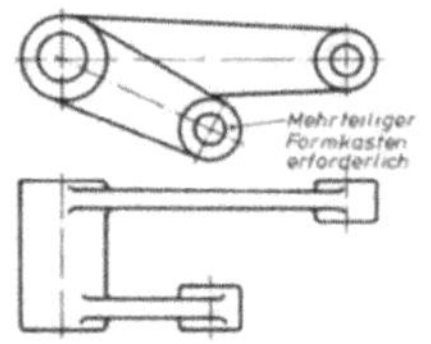	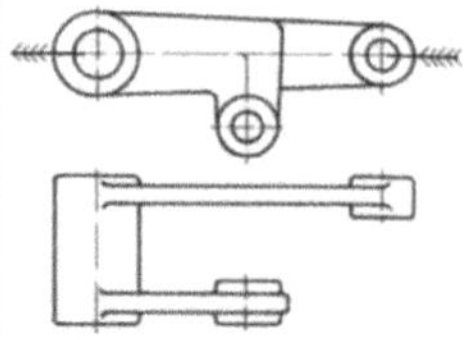
2	Vermeidung von Kernen durch Verwendung geteilter Modelle; eventuell nur geringe konstruktive Änderung erforderlich	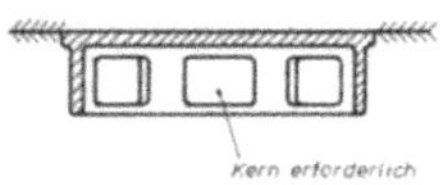	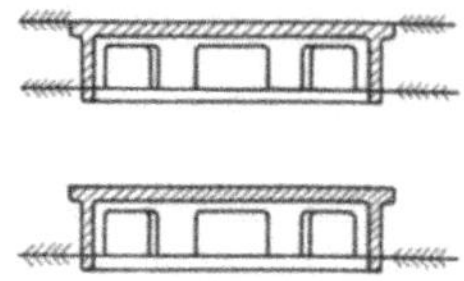
3	Einfache Formteilung bei der Gestaltung des Gußteils berücksichtigen	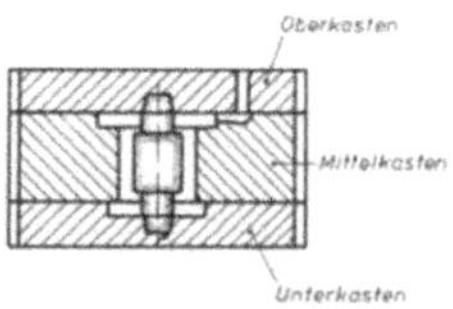	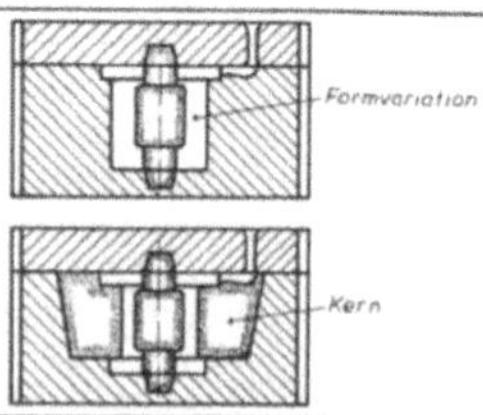
4	Leichte Einlegbarkeit der Kerne gewährleisten	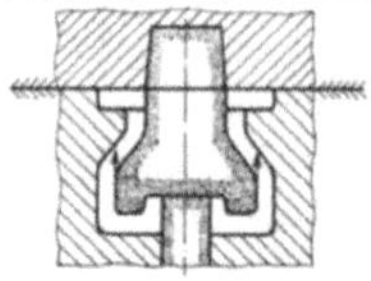	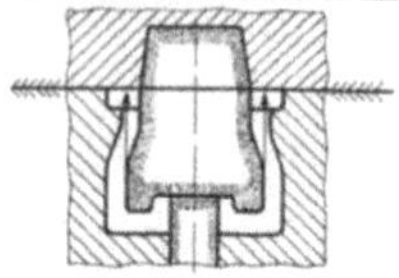
5	Unterschneidungen vermeiden, sonst Kerne erforderlich	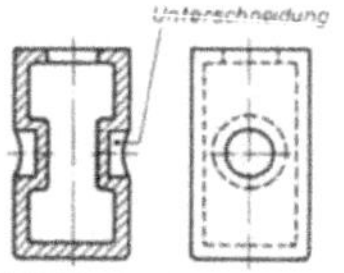	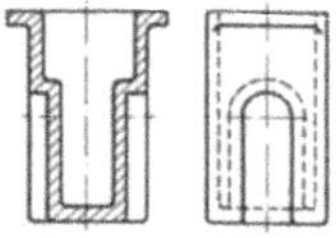
6	Ausreichende Lagesicherung von Kernen vorsehen; dabei möglicherweise Kernstützen und Kernnägel vermeiden	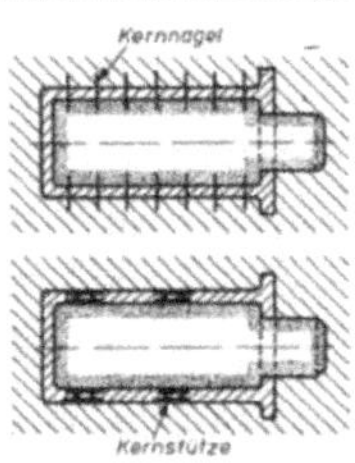	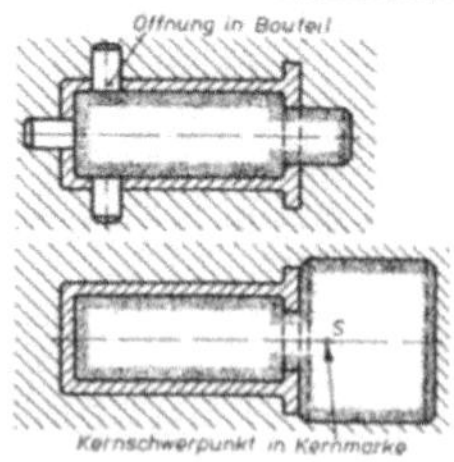
7	Bei der Gestaltung der Gußstücke einfache Formen für Kerne vorsehen	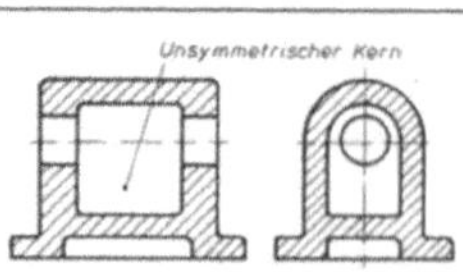	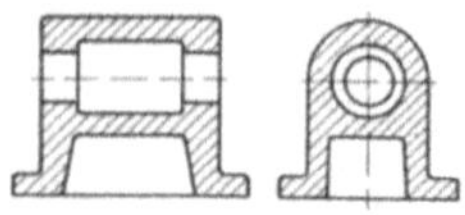

A4.1-7 Bearbeitungsgerechte Gestaltung von Gußteilen

Nr.	Regel	vermeiden	bevorzugen
1	Kerne müssen leicht entfernbar sein. Alle Stellen des Gußteils müssen für Putzwerkzeuge leicht zugänglich sein.	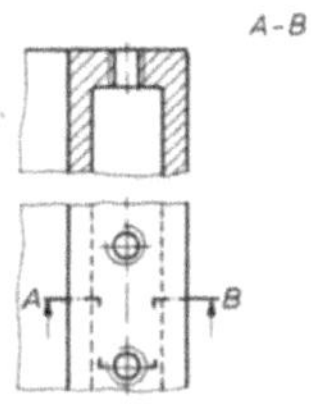	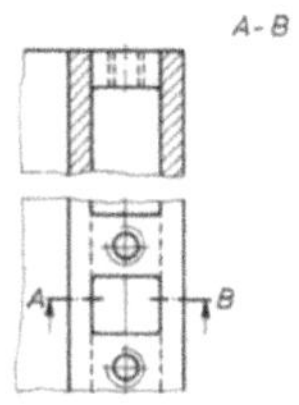
2	Teilfugen sollen so liegen, daß die Gratnaht an spanend zu bearbeitenden Flächen liegt; dadurch weniger Putzarbeit.	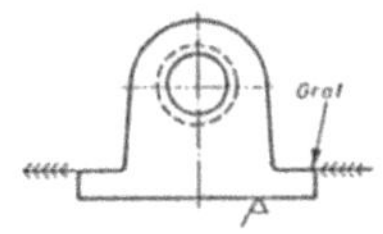	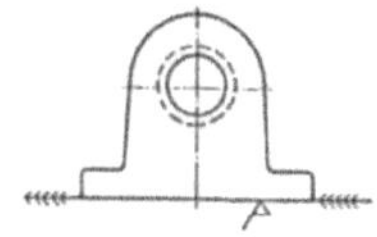
3	Scharf einspringende Umrißkanten vermeiden; Putzarbeit sonst umständlich.	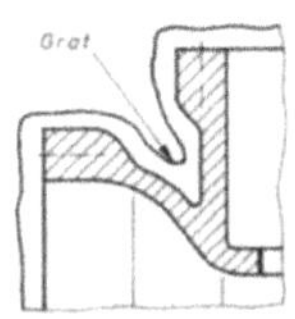	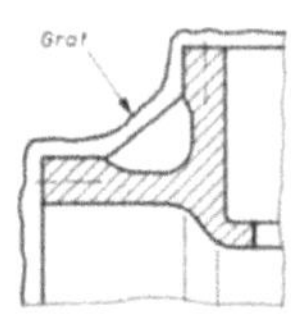
4	Rippen niedriger als spanend zu bearbeitende Flächen ausführen.	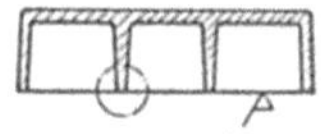	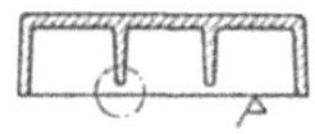
5	Anschnitt- und Auslaufflächen sind senkrecht zur Vorschubrichtung des Werkzeuges anzuordnen.	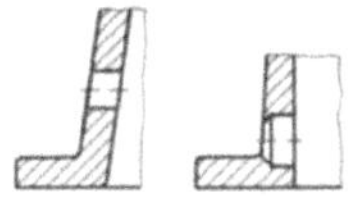	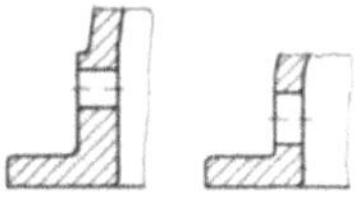
6	Flächen mit höheren Ansprüchen an die Oberflächenqualität sind möglichst klein zu halten.	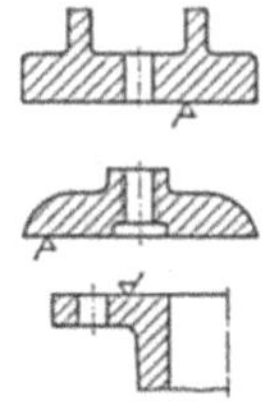	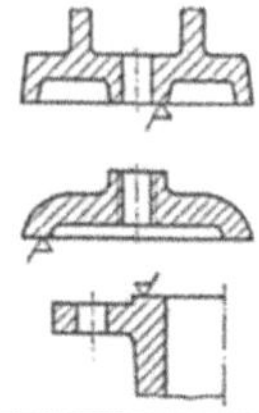
7	Für Bohrungen und Gewindelöcher wegen möglicher Maßabweichungen ausreichende Verstärkungen vorsehen.	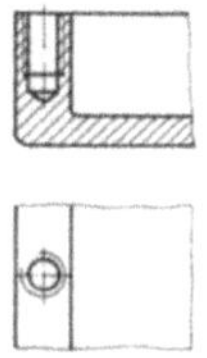	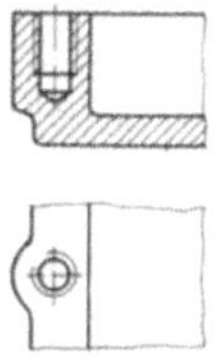
8	Fertigungskosten werden gesenkt, wenn auf bündige Abschlüsse angrenzender Bauteile verzichtet wird.	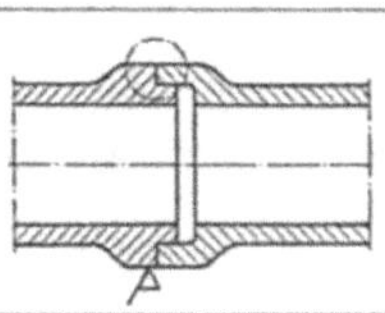	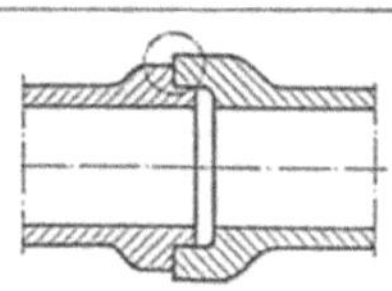

A4.2-1 Regeln für das werkzeug-, fertigungs- und bearbeitungsgerechte Gestalten von Gesenkschmiedeteilen

Nr.	Regel	vermeiden	bevorzugen
1	Teilfuge in halber Höhe des Schmiedestückes bevorzugen (geringer Zerspanungsaufwand; Versatz leichter erkennbar, gleiche Gesenkhälften bei symmetrischen Teilen)	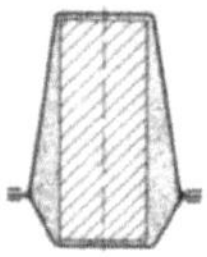	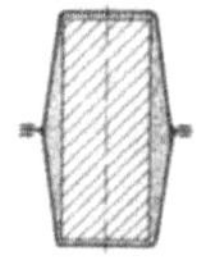
2	Bei hohen und engen Gravuren ungünstiger Werkstofffluß, Gesenkteilung fließgerecht vornehmen	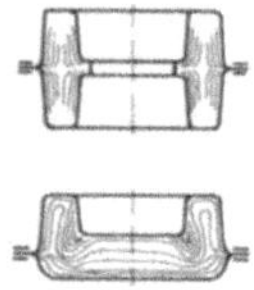	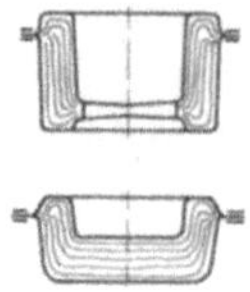
3	Gesenkteilungen an Stirnflächen erschweren das Abgraten und lassen Versatz nur schwer erkennen	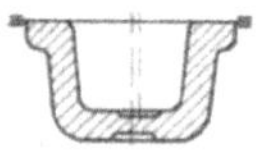	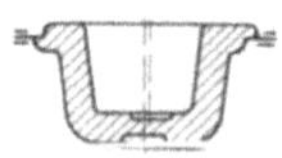
4	Tiefe Gravuren, vor allem Rippen, vermeiden (schwierige Herstellung, großer Verschleiß, schlechter Werkstofffluß)	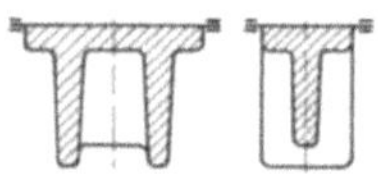	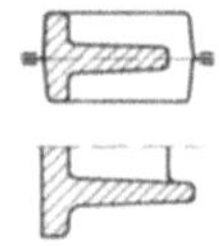
5	Kröpfungen der Gesenkteilfuge (Gratnaht) vermeiden; sonst Auftreten von Schubkräften im Gesenk (größerer Gesenkblock erforderlich; höhere Kosten)	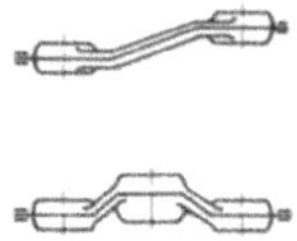	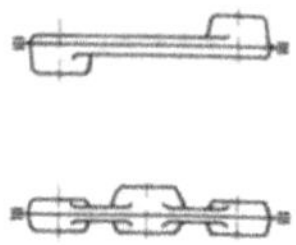
6	Bei Schmiedeteilen mit gebogener Körperhauptachse Schmiedeteil so legen, daß die Gesenkgravuren Seitenschrägen erhalten (günstiger Werkstofffluß, geringere Werkzeugbeanspruchung)	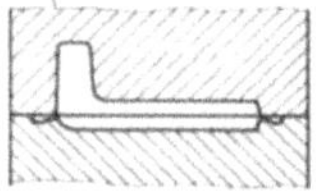	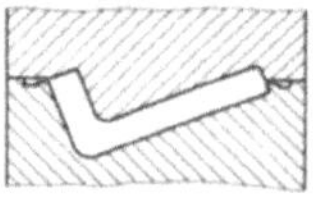
7	Fertigungskosten für die Gesenkherstellung durch günstige Gesenkteilung niedrig halten	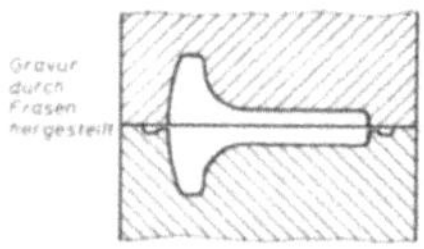	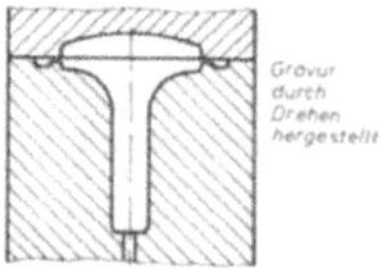
8	Auch beim Gesenkschmieden Formen anstreben, wie sie beim freien Stauchen entstehen würden	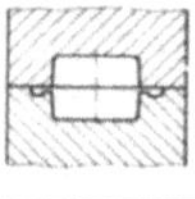	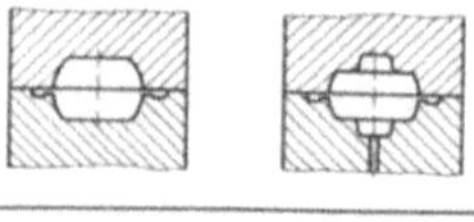

A4.2-1 (Fortsetzung)

Nr.	Regel	vermeiden	bevorzugen
9	Aushebeschrägen an Außen- und Innenflächen vorsehen; DIN 7523 T 3 beachten	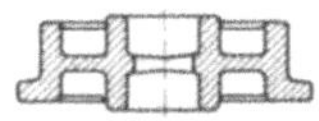	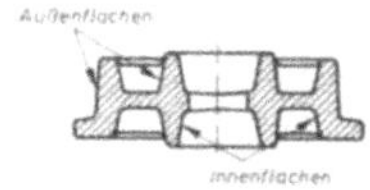
10	Ausreichende Radien vorsehen; DIN 7523 T 3 beachten	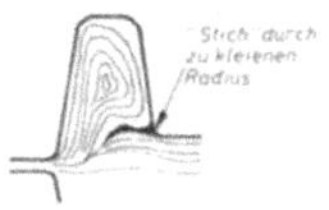	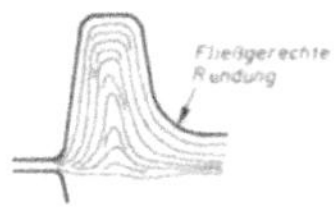
11	Gedrungene Rippen und Wände bevorzugen; DIN 7523 T 2 beachten	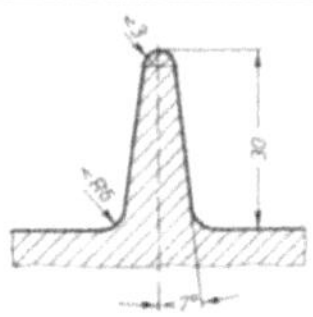	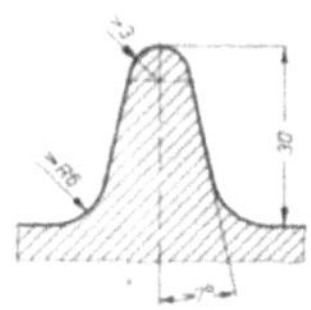
12	Möglichst große Querschnittübergänge wählen	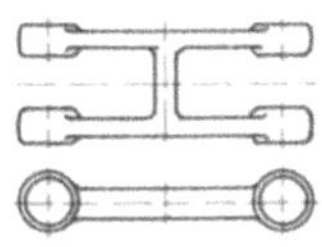	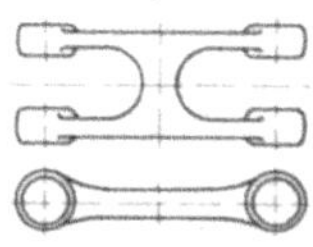
13	Maßprägeflächen gegenüber angrenzenden Formflächen erhaben gestalten und klein halten (geringe Prägekräfte)	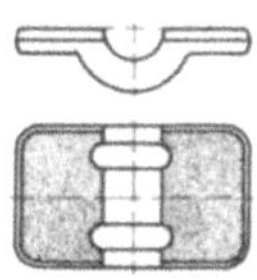	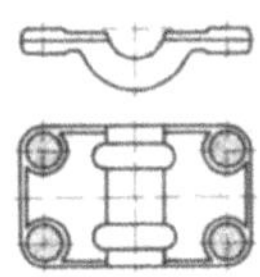

A4.2-2 Werte für Seitenschrägen von Innen- und Außenflächen
(Nach DIN 7523, T3, Ausgabe 1/72. Eine Neufassung der Norm ist in Vorbereitung)

	Innenflächen			Außenflächen		
Schmieden mit	Neigung	Winkel	Anwendung	Neigung	Winkel	Anwendung
Hämmern	–	–	–	1: 6	9°	bei hohen Rippen
	1: 6	9°	Normalfall	1:10	6°	Normalfall
	1:10	6°	bei niedrigem Dorn	1:20	3°	bei flachen Teilen
Pressen	1: 6	9°	bei größerer Vertiefung	1:10	6°	bei flachen Teilen
	1:10	6°	Normalfall	1:20	3°	Normalfall
	1:20	3°	mit Auswerfer	1:50	1°	mit Auswerfer
Waagerecht-Stauchmaschinen	–	–	–	1:20	3°	im Stößelgelenk oder für Flächen quer zur Umformrichtung
	1:20	3°	je nach Tiefe	1:50	1°	Normalfall
	bis 1:50	0–3°	Loch oder Vertiefung	–	0°	an Backenflächen

A4.2-3 Bearbeitungszugabe z_1 für Innen- und Außenflächen an Gesenkschmiedestücken

Größte Breite oder Durchmesser der zu spanenden Fläche		z_1 bei größter Höhe oder Länge der zu spanenden Fläche					
über	bis	über bis 63	63 160	160 250	250 400	400 1000	1000 2500
	25	1,5	1,5	1,5	1,5	2	2,5
25	40	1,5	1,5	1,5	1,5	2	2,5
40	63	1,5	1,5	1,5	2	2,5	3
63	100	1,5	1,5	2	2,5	3	3,5
100	160	1,5	2	2,5	3	3,5	4
160	250	2	2,5	3	3,5	4	5
250	400	2,5	3	3,5	4	5	6
400	630	3,5	4	4	5	6	7

A4.2-4 Bearbeitungszugabe z_2 für zylindrisch gelochte Bohrungen in Gesenkschmiedestücken

Durchmesser der Bohrung d_3		z_2 bei Länge der Bohrung l_3				
über	bis	über bis 63	63 100	100 140	140 200	200 280
	25	2	–	–	–	–
25	40	2	3	–	–	–
40	63	2	3	3,5	–	–
63	100	3	3	3,5	4,5	5
100	160	3	3	3,5	4,5	5

A4.2-5 Kantenrundung r_1, Hohlkehlen r_2 und r_4 an Gesenkschmiedestücken

Höhe h_2 oder h_3		Kantenrundung	Hohlkehle r_2 Schmiedegüte		Durchmesser d_2		Hohlkehle
über	bis	r_1	F	E	über	bis	r_4
	25	2	4	4		25	2
25	40	3	6	5	25	40	3
40	63	4	10	6	40	63	5
63	100	6	16	8	63	100	8
100	160	8	25	10	100	160	12
160	250	10	40	16	160	250	20
250	400	16	63	25	–	–	–
400	630	25	–	–	–	–	–

A4.2-6 Toleranzen und zul. Abweichungen für Längen-, Breiten- und Höhenmaße (Durchmesser), Versatz, Außermittigkeit, Gratansatz und Anschnittiefe nach DIN 7526 (Schmiedegüte F)

Versatz Außermittigkeit zulässig	Gratansatz + Anschnittiefe – zulässig	Gewicht kg über	Gewicht kg bis
0,4	0,5	0	0,4
0,5	0,6	0,4	1
0,6	0,7	1	1,8
0,7	0,8	1,8	3,2
0,8	1	3,2	5,6
1	1,2	5,6	10
1,2	1,4	10	20
1,4	1,7	20	50
1,7	2	50	120
2	2,4	120	250
2,4	2,8		

Gratnaht: unsymmetrisch; eben oder symmetrisch. Stoffschwierigkeit: Gruppe M1 | M2. Feingliedrigkeit: Gruppe S1 (über 0,63 bis 1) | S2 (über 0,32 bis 0,63) | S3 (über 0,16 bis 0,32) | S4 (über 0 bis 0,16)

Nennmaß-Bereiche – Toleranzen[1]) und zulässige Abweichungen

über 0 bis 32		32 bis 100		100 bis 160		160 bis 250		250 bis 400		400 bis 630		630 bis 1000		1000 bis 1600		1600 bis 2500	
1,1	+0,7 −0,4	1,2	+0,8 −0,4	1,4	+0,9 −0,5	1,6	+1,1 −0,5	1,8	+1,2 −0,6	2	+1,3 −0,7	–	–	–	–	–	–
1,2	+0.8 −0,4	1,4	+0,9 −0,5	1,6	+1,1 −0,5	1,8	+1,2 −0,6	2	+1,3 −0,7	2,2	+1,5 −0,7	–	–	–	–	–	–
1,4	+0,9 −0,5	1,6	+1,1 −0,5	1,8	+1,2 −0,6	2	+1,3 −0,7	2,2	+1,5 −0,7	2,5	+1,7 −0,8	2,8	+1,9 −0,9	–	–	–	–
1,6	+1,1 −0,5	1,8	+1,2 −0,6	2	+1,3 −0,7	2,2	+1,5 −0,7	2,5	+1,7 −0,8	2,8	+1,9 −0,9	3,2	+2,1 −1,1	3,6	+2,4 −1,2	–	–
1,8	+1,2 −0,6	2	+1,3 −0,7	2,2	+1,5 −0,7	2,5	+1,7 −0,8	2,8	+1,9 −0,9	3,2	+2,1 −1,1	3,6	+2,4 −1,2	4	+2,7 −1,3	4,5	+3 −1.6
2	+1,3 −0,7	2,2	+1,5 −0,7	2,5	+1,7 −0,8	2,8	+1,9 −0,9	3,2	+2,1 −1,1	3,6	+2,4 −1,2	4	+2,7 −1,3	4,5	+3 −1,5	5	+3,3 −1,7
2,2	+1,5 −0,7	2,5	+1,7 −0,8	2,8	+1,9 −0,9	3,2	+2,1 −1,1	3,6	+2,4 −1,2	4	+2,7 −1,3	4,5	+3 −1,5	5	+3,3 −1,7	5,6	+3,7 −1,9
2,5	+1,7 −0,8	2,8	+1,9 −0,9	3,2	+2,1 −1,1	3,6	+2,4 −1,2	4	+2,7 −1,3	4,5	+3 −1,5	5	+3,3 −1,7	5,6	+3,7 −1,9	6,3	+4,2 −2,1
2,8	+1,9 −0,9	3,2	+2,1 −1,1	3,6	+2,4 −1,2	4	+2,7 −1,3	4,5	+3 −1,5	5	+3,3 −1,7	5,6	+3,7 −1,9	6,3	+4,2 −2,1	7	+4,7 −2,3
3,2	+2,1 −1,1	3,6	+2,4 −1,2	4	+2,7 −1,3	4,5	+3 −1,5	5	+3,3 −1,7	5,6	+3,7 −1,9	6,3	+4,2 −2,1	7	+4,7 −2,3	8	+5,3 −2,7
3,6	+2,4 −1,2	4	+2,7 −1,3	4,5	+3 −1,5	5	+3,3 −1,7	5,6	+3,7 −1,9	6,3	+4,2 −2,1	7	+4,7 −2,3	8	+5,3 −2,7	9	+6 −3
4	+2,7 −1,3	4,5	+3 −1,5	5	+3,3 −1,7	5,6	+3,7 −1,9	6,3	+4,2 −2,1	7	+4,7 −2,3	8	+5,3 −2,7	9	+6 −3	10	+6,7 −3,3
4,5	+3 −1,5	5	+3,3 −1,7	5,6	+3,7 −1,9	6,3	+4,2 −2,1	7	+4,7 −2,3	8	+5,3 −2,7	9	+6 −3	10	+6,7 −3,3	11	+7,3 −3,7
5	+3,3 −1,7	5,6	+3,7 −1,9	6,3	+4,2 −2,1	7	+4,7 −2,3	8	+5,3 −2,7	9	+6 −3	10	+6,7 −3.3	11	+7,3 −3,7	12	+8 −4
5,6	+3,7 −1,9	6,3	+4,2 −2,1	7	+4,7 −2,3	8	+5,3 −2,7	9	+6 −3	10	+6,7 −3,3	11	+7.3 −3.7	12	+8 −4	14	+9,3 −4,7

1) Die Toleranzen sind in 2/3 und 1/3 aufgeteilt (Werte gerundet). Die eingetragenen Vorzeichen gelten nur für Außenmaße; für Innenmaße werden die Werte vertauscht. Für Mittelabstände werden die Toleranzen in ± 1/2 aufgeteilt.

A4.2-7 Toleranzen und zul. Abweichungen für Dickenmaße und Auswerfermarken nach DIN 7526 (Schmiedegüte F)

Auswerfermarken zulässig	Gewicht kg über	Gewicht kg bis
1	0	0,4
1,2	0,4	1,2
1,6	1,2	2,5
2	2,5	5
2,4	5	8
3,2	8	12
4	12	20
5	20	36
6,4	36	63
8	63	110
10	110	200
12,6	200	250

Stoffschwierigkeit – Gruppe M1 | M2

Feingliedrigkeit – über 0,63 bis 1 | über 0,32 bis 0,63 | über 0,16 bis 0,32 | über 0 bis 0,16 – Gruppe S1 | S2 | S3 | S4

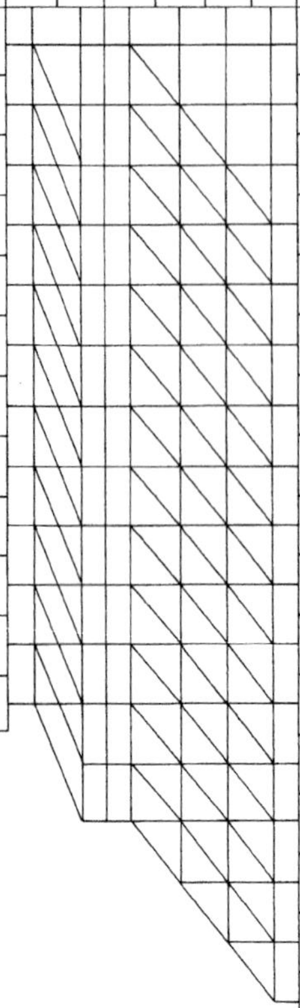

Nennmaß-Bereiche; Toleranzen [1]) und zulässige Abweichungen

über 0 bis 16		16 bis 40		40 bis 63		63 bis 100		100 bis 160		160 bis 250		250	
1	+ 0,7 − 0,3	1,1	+ 0,7 − 0,4	1,2	+ 0,8 − 0,4	1,4	+ 0,9 − 0,5	1,6	+ 1,1 − 0,5	1,8	+ 1,2 − 0,6	2	+ 1,3 − 0,7
1,1	+ 0,7 − 0,4	1,2	+ 0,8 − 0,4	1,4	+ 0,9 − 0,5	1,6	+ 1,1 − 0,5	1,8	+ 1,2 − 0,6	2	+ 1,3 − 0,7	2,2	+ 1,5 − 0,7
1,2	+ 0,8 − 0,4	1,4	+ 0,9 − 0,5	1,6	+ 1,1 − 0,5	1,8	+ 1,2 − 0,6	2	+ 1,3 − 0,7	2,2	+ 1,5 − 0,7	2,5	+ 1,7 − 0,8
1,4	+ 0,9 − 0,5	1,6	+ 1,1 − 0,5	1,8	+ 1,2 − 0,6	2	+ 1,3 − 0,7	2,2	+ 1,5 − 0,7	2,5	+ 1,7 − 0,8	2,8	+ 1,9 − 0,9
1,6	+ 1,1 − 0,5	1,8	+ 1,2 − 0,6	2	+ 1,3 − 0,7	2,2	+ 1,5 − 0,7	2,5	+ 1,7 − 0,8	2,8	+ 1,9 − 0,9	3,2	+ 2,1 − 1,1
1,8	+ 1,2 − 0,6	2	+ 1,3 − 0,7	2,2	+ 1,5 − 0,7	2,5	+ 1,7 − 0,8	2,8	+ 1,9 − 0,9	3,2	+ 2,1 − 1,1	3,6	+ 2,4 − 1,2
2	+ 1,3 − 0,7	2,2	+ 1,5 − 0,7	2,5	+ 1,7 − 0,8	2,8	+ 1,9 − 0,9	3,2	+ 2,1 − 1,1	3,6	+ 2,4 − 1,2	4	+ 2,7 − 1,3
2,2	+ 1,5 − 0,7	2,5	+ 1,7 − 0,8	2,8	+ 1,9 − 0,9	3,2	+ 2,1 − 1,1	3,6	+ 2,4 − 1,2	4	+ 2,7 − 1,3	4,5	+ 3 − 1,5
2,5	+ 1,7 − 0,8	2,8	+ 1,9 − 0,9	3,2	+ 2,1 − 1,1	3,6	+ 2,4 − 1,2	4	+ 2,7 − 1,3	4,5	+ 3 − 1,5	5	+ 3,3 − 1,7
2,8	+ 1,9 − 0,9	3,2	+ 2,1 − 1,1	3,6	+ 2,4 − 1,2	4	+ 2,7 − 1,3	4,5	+ 3 − 1,5	5	+ 3,3 − 1,7	5,6	+ 3,7 − 1,9
3,2	+ 2,1 − 1,1	3,6	+ 2,4 − 1,2	4	+ 2,7 − 1,3	4,5	+ 3 − 1,5	5	+ 3,3 − 1,7	5,6	+ 3,7 − 1,9	6,3	+ 4,2 − 2,1
3,6	+ 2,4 − 1,2	4	+ 2,7 − 1,3	4,5	+ 3 − 1,5	5	+ 3,3 − 1,7	5,6	+ 3,7 − 1,9	6,3	+ 4,2 − 2,1	7	+ 4,7 − 2,3
4	+ 2,7 − 1,3	4,5	+ 3 − 1,5	5	+ 3,3 − 1,7	5,6	+ 3,7 − 1,9	6,3	+ 4,2 − 2,1	7	+ 4,7 − 2,3	8	+ 5,3 − 2,7
4,5	+ 3 − 1,5	5	+ 3,3 − 1,7	5,6	+ 3,7 − 1,9	6,3	+ 4,2 − 2,1	7	+ 4,7 − 2,3	8	+ 5,3 − 2,7	9	+ 6 − 3
5	+ 3,3 − 1,7	5,6	+ 3,7 − 1,9	6,3	+ 4,2 − 2,1	7	+ 4,7 − 2,3	8	+ 5,3 − 2,7	9	+ 6 − 3	10	+ 6,7 − 3,3
5,6	+ 3,7 − 1,9	6,3	+ 4,2 − 2,1	7	+ 4,7 − 2,3	8	+ 5,3 − 2,7	9	+ 6 − 3	10	+ 6,7 − 3,3	11	+ 7,3 − 3,7
6,3	+ 4,2 − 2,1	7	+ 4,7 − 2,3	8	+ 5,3 − 2,7	9	+ 6 − 3	10	+ 6,7 − 3,3	11	+ 7,3 − 3,7	12	+ 8 − 4

[1]) Die Toleranzen sind in 2/3 und 1/3 aufgeteilt (Werte gerundet).

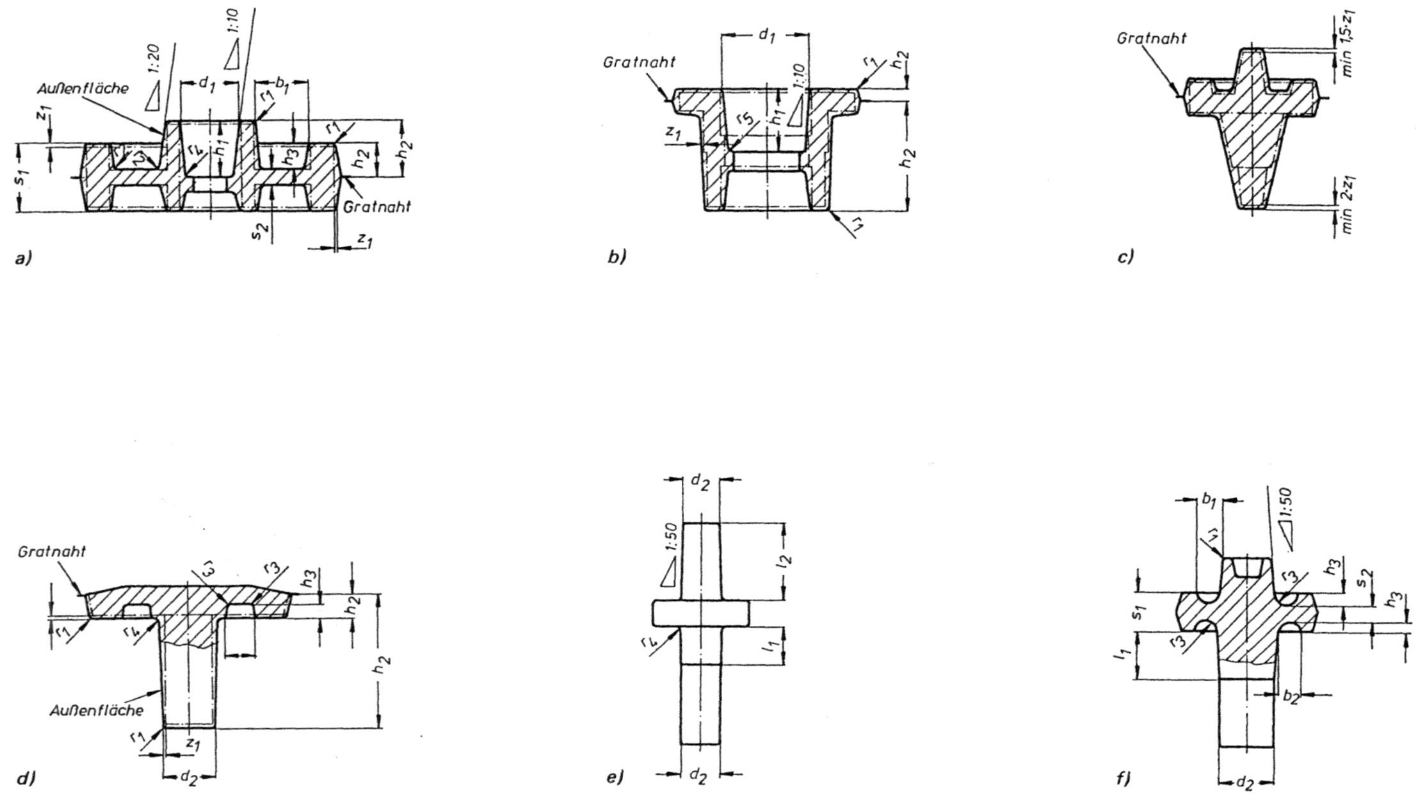

A4.2-8 Gestaltung von Gesenkschmiedestücken; Bearbeitungszugaben, Rundungen und Seitenschrägen (vgl. A4.2-2 bis A4.2-7) a) bis f)

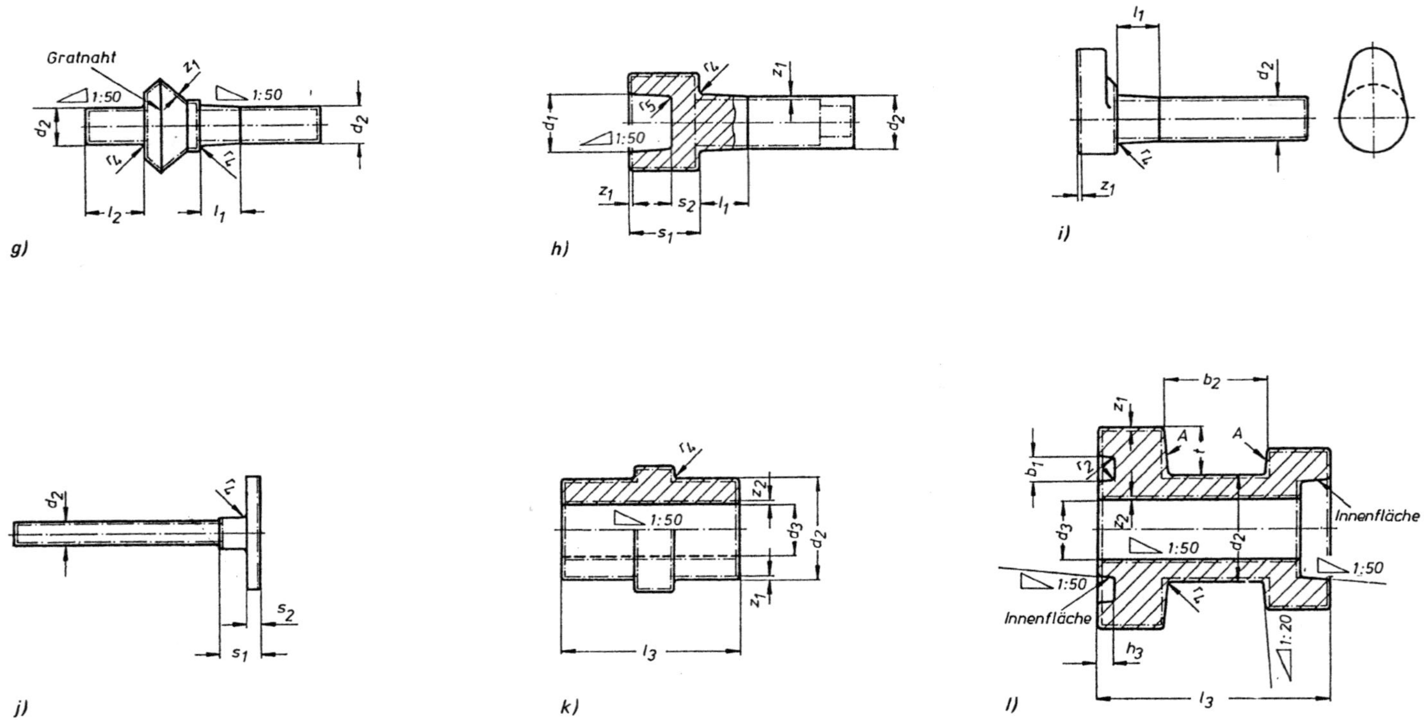

A4.2-8 Gestaltung von Gesenkschmiedestücken; Bearbeitungszugaben, Rundungen und Seitenschrägen (vgl. A4.2-2 bis A4.2-7) (Fortsetzung) g) bis l)

A4.2-9 Regeln für die Gestaltung von Fließpreßteilen

Nr.	Regel	vermeiden	bevorzugen
1	Keine unsymmetrische Werkstoffverteilung vornehmen; Fließpreßteile achs- oder rotationssymmetrisch gestalten	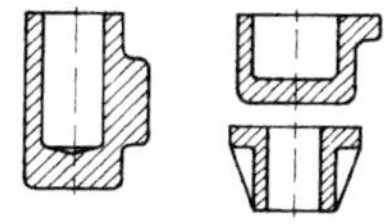	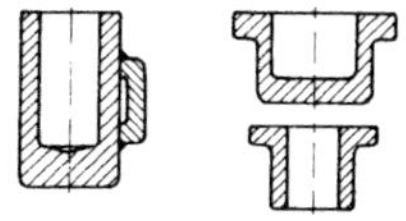
2	Schroffe und sprungartige Querschnittänderungen vermeiden; Abstufungen oder ausreichende Rundungen vorsehen	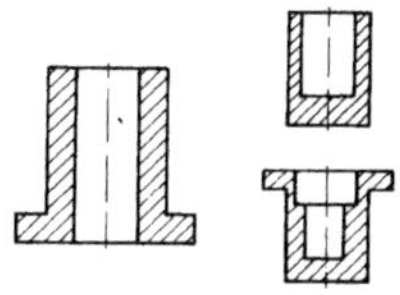	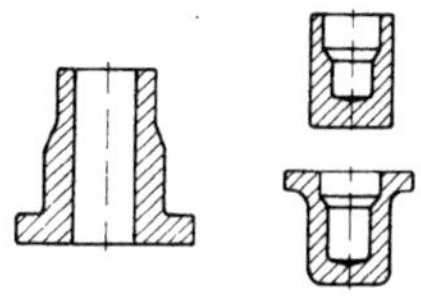
3	Zu kleine Abstufungen innen und außen vermeiden; sonst großer Werkzeugverschleiß; spanende Bearbeitung ist wirtschaftlicher	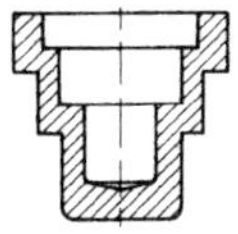	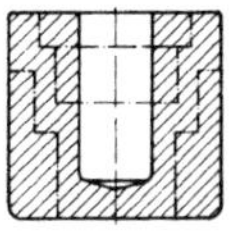
4	Seitenschrägen wie beim Gesenkschmieden weder innen noch außen erforderlich, diese wegen großer Beanspruchung der Werkzeuge vermeiden	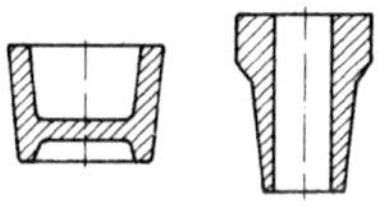	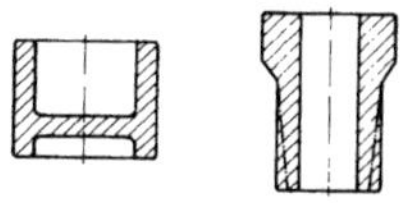
5	Hinterschneidungen innen und außen in Richtung des Werkstoffflusses vermeiden; spanende Bearbeitung wirtschaftlicher	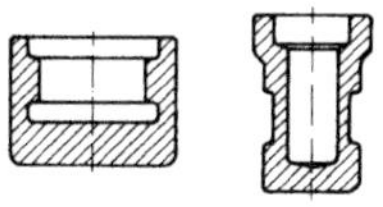	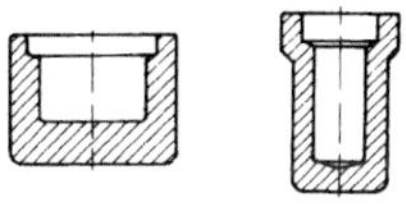
6	Keine schlanken Bohrungen vorsehen (zu große Reibungskräfte); bei $d < 10$ mm soll $l < 1{,}5 \cdot d$ gewählt werden	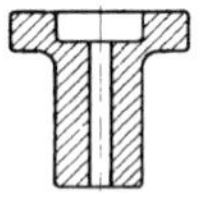	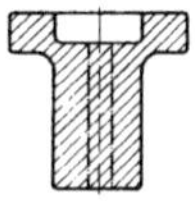
7	Gewinde und seitliche Bohrungen können durch Fließpressen nicht gefertigt werden	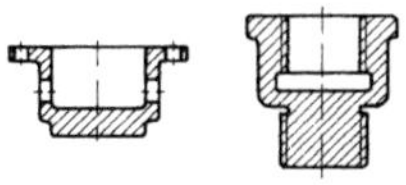	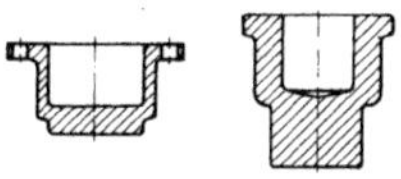
8	Kleine Durchmesserunterschiede am Kopfende vermeiden	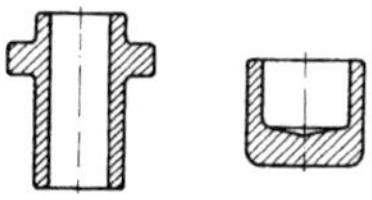	
9	Abstufungen innen und außen möglichst in gleicher Richtung vorsehen	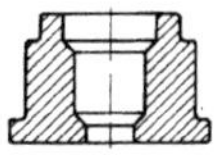	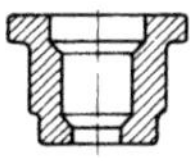
10	Kreuzriffelung ist unmöglich; Längsriffelung anwenden	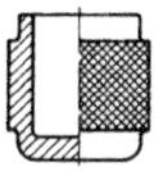	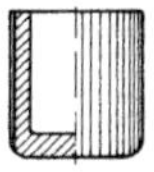

A4.3-1 Geschweißte Eckverbindungen

Nr.	Bezeichnung Fugenvorbereitung	Darstellung	Symbol	Anwendungsbereich u. Eigenschaften
1	Überlappnaht		◺	Blechdicken bis 3 mm. Einfache Blechkonstruktionen, z. B. Verkleidungen, Schutzkästen. Einfacher Zusammenbau, Wegfall der Paßarbeit, Innennaht kann unterbrochen werden oder wegfallen.
2	Bördelstoß 		◺	Blechdicken bis 4 mm Verbindung verschieden dicker Bleche möglich, geringe Beanspruchung, einfacher Zusammenbau, keine Paßarbeit, kerbempfindlich, Korrosionsgefahr.
3	Stirnflachnaht 	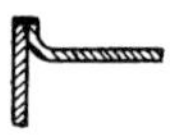	|||	Blechdicken bis 4 mm. Geringe Beanspruchung, z. B. Faßböden, teuer durch Bördelarbeit.
4	I-Naht 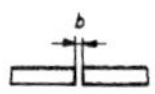	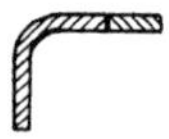	||	Blechdicken bis 4 mm. Für statisch und dynamisch hoch beanspruchte Werkstücke, z. B. Druckbehälter, hohe Formsteifigkeit, teuer durch Abkant- oder Bördelarbeit.
5	V-Naht 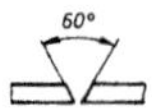		V	Blechdicken von 5 bis 12 mm. Für dynamisch hoch beanspruchte Werkstücke, z. B. Druckbehälter, hohe Formsteifigkeit, teuer durch Fugenvorbereitung und Abkantarbeit.
6	Stirnfugennaht 		Ⲙ	Blechdicken von 5 bis 12 mm. Für niedrige Beanspruchungen, keine Paßarbeit, jedoch Kosten für Fugenvorbereitung und Abkantarbeit, kerbempfindlich.
7	Ecknaht 	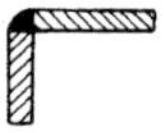	◺	Blechdicken von 2 bis 20 mm. Bei geringer statischer Beanspruchung brauchbar, z. B. Schutzkästen, Verkleidungen, gutes Aussehen, schlecht durchschweißbar, kerbempfindlich, umständlicher Zusammenbau.
8	Kehlnaht 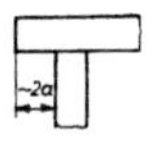		◺	Blechdicken ab 3 mm. Für Behälter mit geringem statischen Innendruck, einfacher Zusammenbau, ungünstiger Kraftlinienverlauf,
9	Doppelkehlnaht 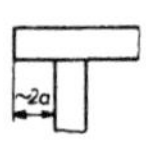	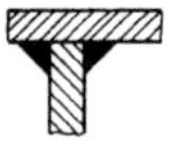	◺ ◸	Blechdicken ab 4 mm. Für statische und schwellende Beanspruchung, z. B. Brückenträger, einfacher Zusammenbau, keine Paßarbeit, keine Fugenvorbereitung, ungünstiger Kraftlinienverlauf.

A4.3-1 (Fortsetzung)

Nr.	Bezeichnung Fugenvorbereitung	Darstellung	Symbol	Anwendungsbereich u. Eigenschaften
10	K-Naht (Doppel V-N.) 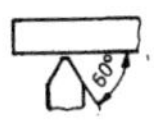		△ K ▽	Blechdicken ab 5 mm. Für statisch und dynamisch hoch beanspruchte Werkstücke, Pressen, Kolbenmaschinen, günstiger Kraftlinienverlauf, teuer durch Fugenvorbereitung.
11	HY-Naht 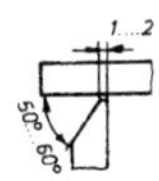		Y	Blechdicken ab 5 mm. Für statisch und dynamisch hoch beanspruchte Werkstücke, kerbempfindlich, teuer durch Fugenvorbereitung.
12	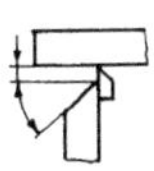			Blechdicken ab 6 mm Nur bei dynamisch hoch beanspruchten Werkstücken, wenn Innennaht nicht zugänglich, günstiger Kraftlinienverlauf, geringe Kerbwirkung, einfacher Zusammenbau.
13	X-Naht 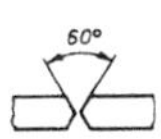		X	Blechdicken über 12 mm. Für statisch und dynamisch hoch beanspruchte Werkstücke, z.B. Druckbehälter, teuer durch Fugenvorbereitung.
14	Äußere Ecknaht 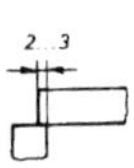			Blechdicken von 5 bis 30 mm. Bei geringer statischer Beanspruchung, z.B. Maschinenuntersätze, gutes Aussehen, geringe Festigkeit, hohe Kerbwirkung, Korrosionsgefahr.

A4.4-1 Bemessen von Zuschnitten und Lochungen von Blechplatinen

	Metalle	Nichtmetalle $s \leqq 0{,}5$	Nichtmetalle $s > 0{,}5$
d	$\geqq 0{,}8 \cdot s$		$\geqq 0{,}7 \cdot s$
R	$\geqq 2 \cdot s$	$\geqq 1{,}5 \cdot s$	
b	$\geqq 1{,}8 \cdot s$	$\geqq 1 \cdot s$	
c	$\geqq 2{,}5 \cdot s$	$\geqq 3 \cdot s$	$\geqq 2 \cdot s$
a_1	$\geqq 1 \cdot s$	$\geqq 2{,}5 \cdot s$	$\geqq 1{,}5 \cdot s$
a_2	$\geqq 2{,}5 \cdot s$	$\geqq 3 \cdot s$	$\geqq 2 \cdot s$

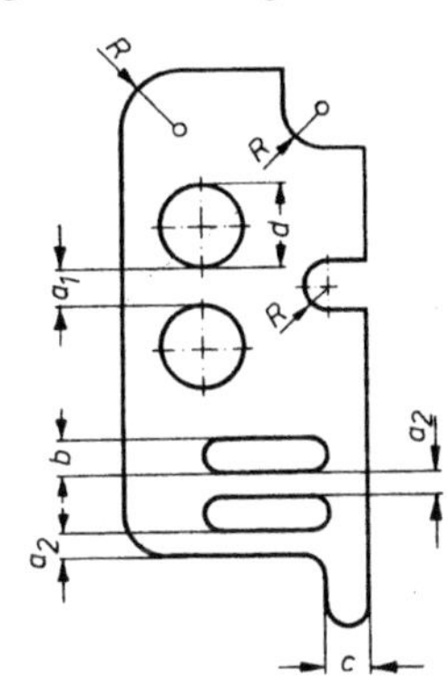

A4.4-2 Kleinste zulässige Biegeradien $R_{i\,min}$ für Bleche, Bänder, Breitflachstähle u.dgl. aus Stahl für 90°-Biegung

Werte außerhalb der Klammern für Abkanten und Biegen quer zur Walzrichtung; Klammerwerte für Abkanten und Biegen längs zur Wälzlrichtung

Richtmaß für die kleinste Schenkellänge bei maschinellem Abkanten von Blechen: $l_{min} \approx 4 \cdot R_i$

Dicke s_0 in mm			≤ 1	> 1 … 1,5	> 1,5 … 2,5	> 2,5 … 3	> 3 … 4	> 4 … 5	> 5 … 6	> 6 … 7	> 7 … 8	> 8 … 10	> 10 … 12	> 12 … 14	> 14 … 16	> 16 … 18	> 18 … 20
Stahlsorten mit $R_{m\,min}$ in $\frac{N}{mm^2}$: ≤ 390	kleinste zul. Biegeradien in mm	$R_{i\,min}$	1	1,6	2,5	3	5 (6)	6 (8)	8 (10)	10 (12)	12 (16)	16 (20)	20 (25)	25 (28)	28 (32)	36 (40)	40 (45)
		zul. Abw.	+ 0,5				+ 1					+ 1,5					
> 390 … 490		$R_{i\,min}$	1,2	2	3	4	5 (6)	8 (10)	10 (12)	12 (16)	16 (20)	20 (25)	25 (32)	28 (36)	32 (40)	40 (45)	45 (50)
		zul. Abw.	+ 0,8				+ 1,5					+ 2					
> 490 … 640		$R_{i\,min}$	1,6	2,5	4	5	6 (8)	8 (10)	10 (12)	12 (16)	16 (20)	20 (25)	25 (32)	32 (36)	36 (40)	45 (50)	50 (63)
		zul. Abw.	+ 1				+ 2					+ 3					

A4.4-3 Kleinste zulässige Biegeradien für 90°-Biegung

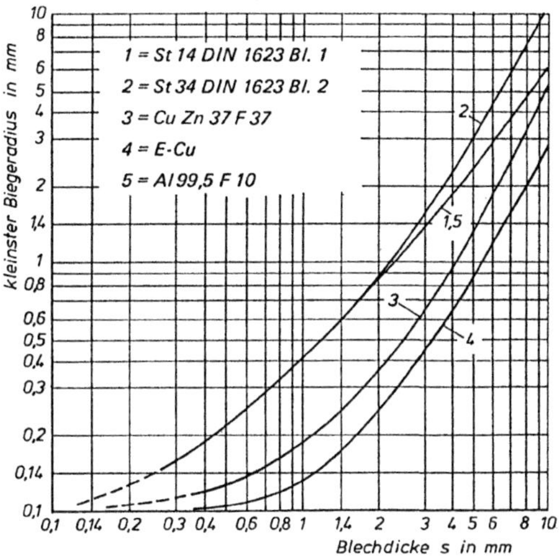

A4.4-4 Kleinste zulässige Biegeradien $R_{i\,min}$ für 90°-Biegung für Bleche und Bänder aus NE-Metallen

Bei höher beanspruchten Biegekanten sind größere Biegeradien zu wählen

$$R_{i\,min} = c \cdot s_0$$

Werkstoff		Faktor *c*
Kupfer		0,25
Zinnbronze (Cu Sn)		0,6
Aluminiumbronze (Cu Al)		0,5
Neusilber (Cu Ni Zn)		0,45
Cu Zn 28 weich		0,3
Cu Zn 39 Pb 0,5 weich		0,35
Cu Zn 36 Pb 1,5 halbhart		0,4
Al	weich	0,6
	halbhart	0,9
	hart	2,0
Al Mg 3	weich	1,0
	halbhart	1,3
Al Mg 5	weich	1,8
	halbhart	2,5
Al Mg Si	weich	1,2
	ausgehärtet	2,5
Al Mn	weich	1,0
	halbhart	1,2
	hart	1,2
Al Cu Mg	weich	1,2
	ausgehärtet	3,0
Mg Al 6		3,0
Mg Mn		5,0

A4.4-5 Kleinste zulässige Biegeradien R_{min} für Rohre aus Stahl, Al-Legierungen und Kupfer nach DIN 5508

Die Radien gelten für das Kaltbiegen der Rohre mit Biegevorrichtungen ohne Stützdorn oder von Hand.

Zulässige Biegewinkel: 90° bei Stahl- und Al-Rohren
180° bei Cu-Rohren

Wanddickenverkleinerung bis zu 20 % berücksichtigen!

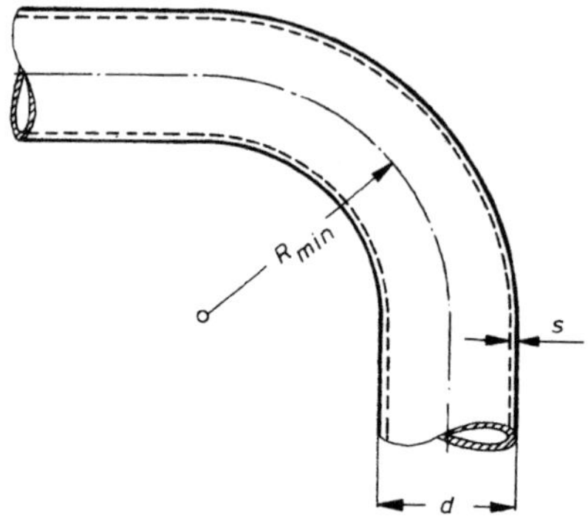

Rohre aus St 35 DIN 1629 T3 u. T4, St 35 GBK bzw. GZF DIN 2391, St 37-2 DIN 1626 T3 u. T4, St 37-2 GBK bzw. GFZ DIN 2393, mit Bruchdehnung $A_5 \geqq 24$ %			Rohre aus AlMg 3 F 23, AlMg 5 F 28, AlMgSi 1 F 20 nach DIN 1746 T1			SB-Cu, SF-Cu F 25, SF-Cu F 20 nach DIN 17671 T1	
d	$s \geqq$	R_{min}	d	$s \geqq$	R_{min}	$s \geqq$	R_{min}
≦ 6	1	16	≦ 6	1	25	1	25
> 6 … 8	1	20	> 6 … 8	1	32	1	36
> 8 … 10,2	1	25	> 8 … 10	1	36	1	40
> 10,2 … 13,5	1	32	> 8 … 10	–	—	1,5	80
> 13,5 … 16	1,5	40	> 10 … 12	1	40	1	40
> 16 … 19	1,5	45	> 12 … 14	1	50	1	50
> 19 … 21,3	2	56	> 14 … 18	1	63	1	100
> 21,3 … 25	2	63	> 18 … 22	1,5	80	1,5	125
> 25 … 26,9	2	70	> 22 … 25	1,5	100	1,5	140
> 26,9 … 31,8	2	80	> 25 … 32	2	110	1,5	160
> 31,8 … 38	2	100	> 32 … 40	2	140	1,5	200
> 38 … 42,4	2	110	> 40 … 50	2,5	200	1,5	250
> 42,4 … 51	2,5	125	> 50 … 60	3	200	–	–
> 51 … 63,5	2,5	160	> 60 … 70	3,5	250	–	–
> 63,5 … 76,1	2,5	200	> 70 … 80	4	320	–	–
> 76,1 … 88,9	3	250	> 80 … 90	4,5	320	–	–
> 88,9 … 101,6	3	320	> 90 … 100	5	360	–	–

A4.4-6 Kleinstmögliche Ziehverhältnisse für den 1. Zug m_1 und für das Stufenziehen

Werkstoff	1. Zug (Anschlag) m_1 ohne Niederhalter	1. Zug (Anschlag) m_1 mit Niederhalter	Weiterschlag $m_2 = m_3 = \ldots = m_n$ ohne Niederhalter	Weiterschlag $m_2 = m_3 = \ldots = m_n$ mit Niederhalter
St 12		0,65 ... 0,60	0,94 ... 0,91	0,85 ... 0,82
St 13, St 14		0,60 ... 0,55		0,80 ... 0,78
Kupfer	0,90 ... 0,85	0,60 ... 0,55	0,92 ... 0,87	0,83 ... 0,80
Cu-Zn-Leg.		0,52 ... 0,50		0,82 ... 0,78
Rein-Al		0,60 ... 0,55		0,82 ... 0,80
Zink		0,70 ... 0,65		0,90 ... 0,87

A4.4-7 Nomogramm zur Ermittlung des Radius an der Ziehkante

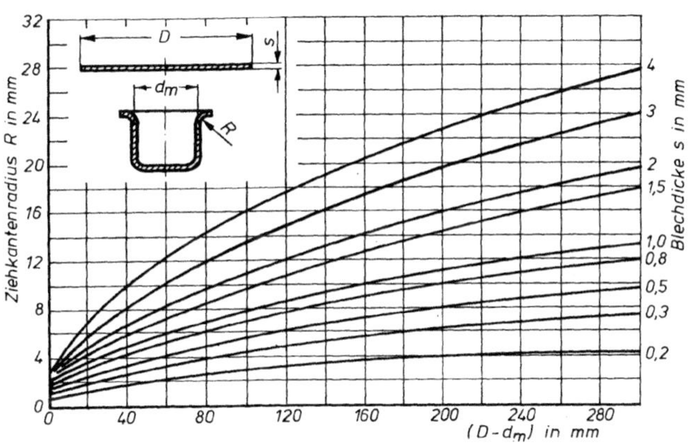

A4.4-8 Nomogramm zur Ermittlung der Abmessungen runder Ziehteile

Herstellbar in einem Zug mit Niederhalter

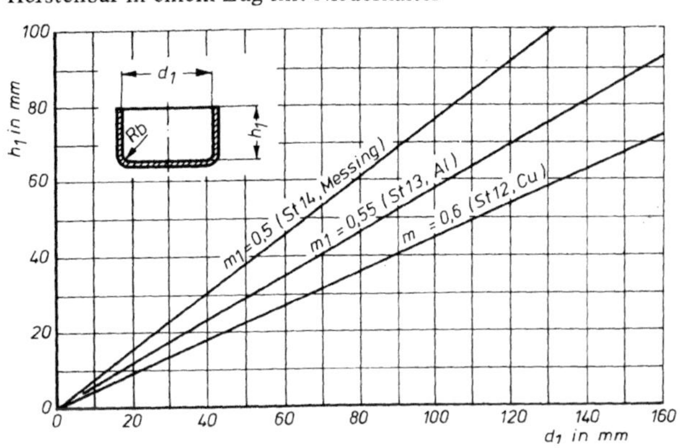

A4.4-9 Gebräuchliche Falzarten

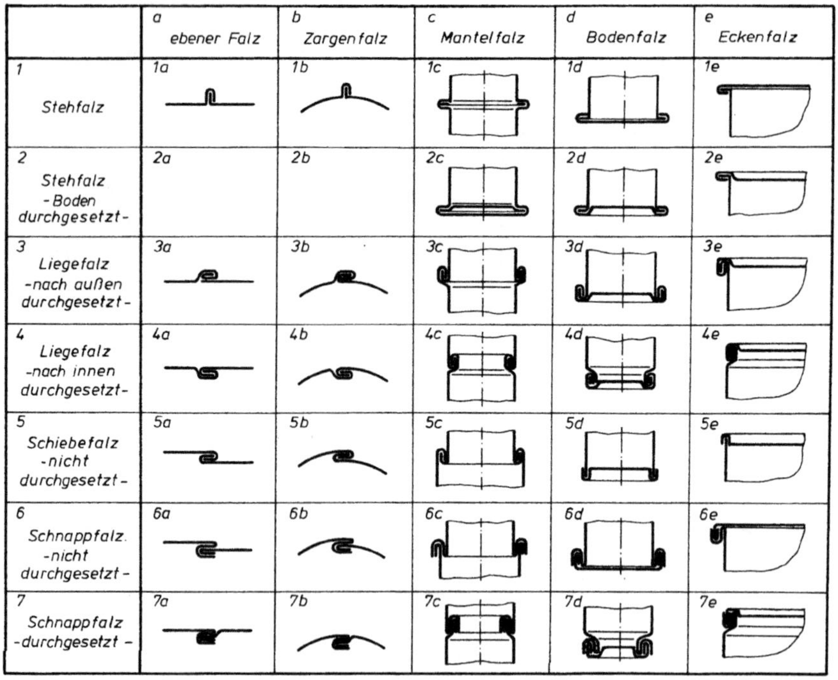

A4.4-10 Stangenförmige Grundprofilformen aus Blechen

Herstellung mit Abkantpressen, Abkantmaschinen oder Profilwalzmaschinen

Bezeichnung		Geometrische Formen			mit Ab- u. Ansätzen (Beispiele)		
		scharfkantig	abgerundet	voll gerundet	einfach	umgelegt	einfach u. umgelegt
V	einfache Biegung; Schenkel schräg						
W	mehrere V-Biegungen						
L	einfache Biegung; senkrechte u. waagerechte Schenkel						
U	aus L-Biegungen zusammengesetzt						
C	unterschnittene U-Biegung						
O	wie C-Biegung; fast geschlossenes Profil						
D	wie O-Biegung; jedoch an Ecke geschlossen						
Z	zwei gegenläufig zusammengesetzte V- oder L-Biegungen						
S	zwei gegenläufig zusammengesetzte U-Biegungen						
F	Falz						

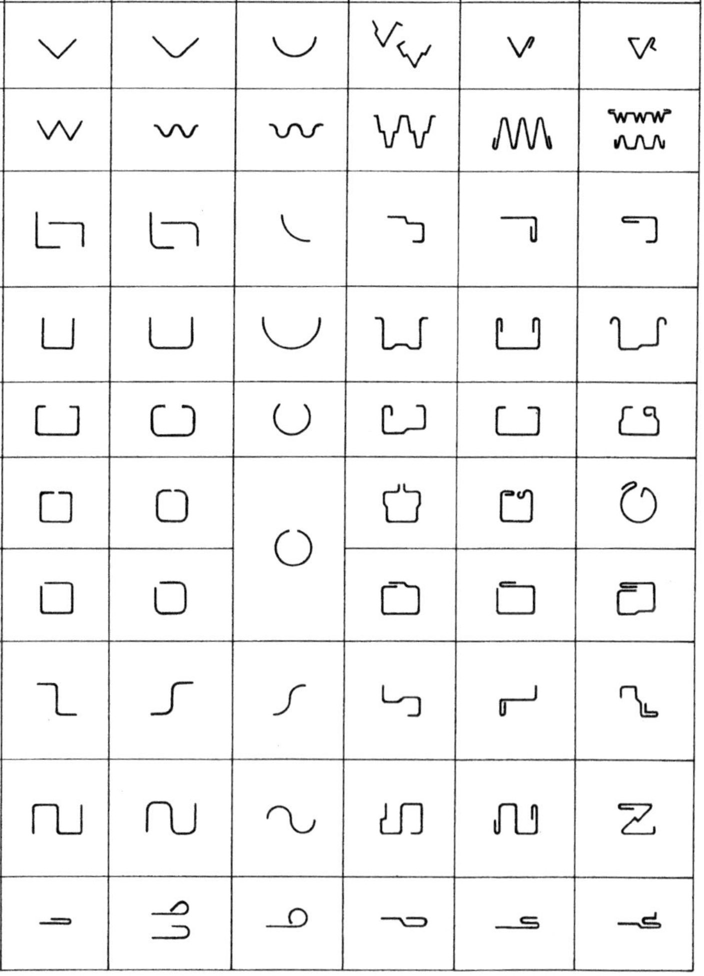

A4.4-11 Richtlinien für das Gestalten von Blechteilen; Fertigung durch Zerteilen

Nr.	Regel	vermeiden	bevorzugen
1	Einfache Schnittformen bevorzugen; Vermeidung unregelmäßiger Formen, wie Stern-, Gabel- und U-Form	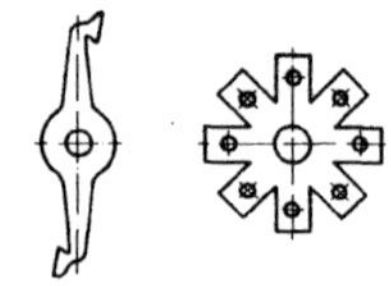	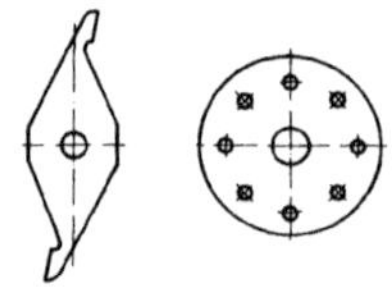
2	Abfall möglichst gering halten durch Übergang vom Ausschneiden zum Abschneiden, durch zweckmäßige Gestaltung oder günstige Anordnung; siehe auch 2.2	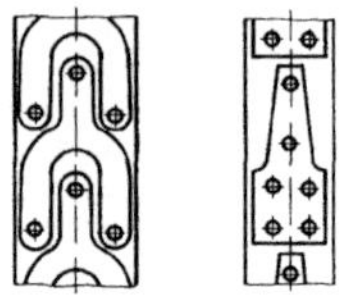	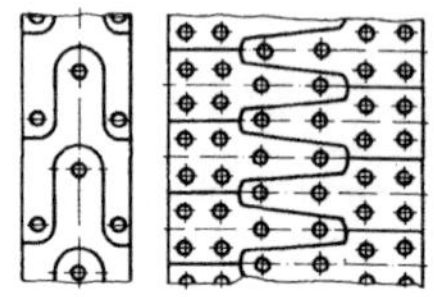
3	Schnitteile, die große Flächen aufweisen, mit Durchbrüchen versehen; Verschnitt für kleine Teile nutzen	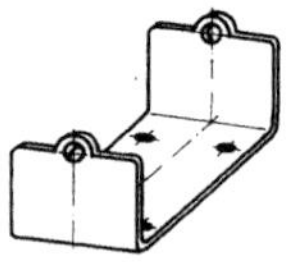	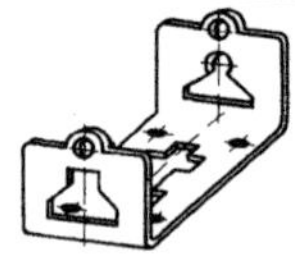
4	$R > B/2$ wählen, weil durch Fertigungstoleranz die Schnitteile sonst unsauber aussehen	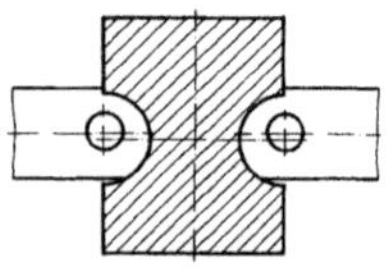	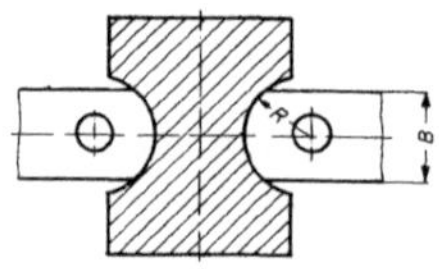
5	Für Lochungen werkzeuggünstige Formen wählen	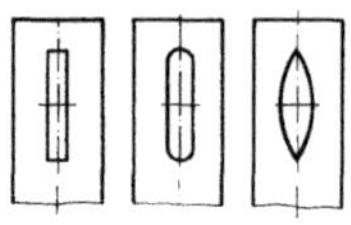	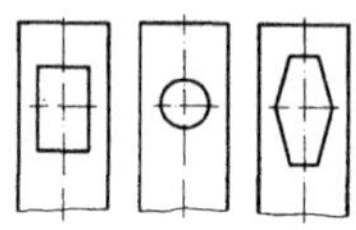
6	Möglichst wenige verschiedenartige Formen und Maße vorsehen; unnötige Abrundungen vermeiden; Ecken abschrägen	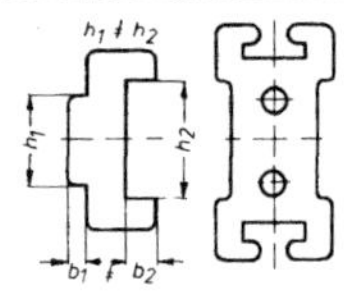	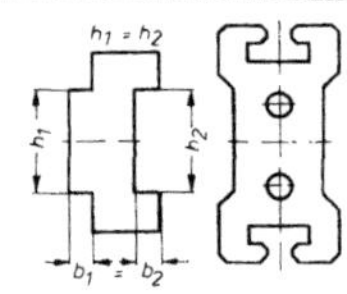
7	Beim Durchreißen von Nasen, Ösen oder Lappen zähe Werkstoffe verwenden, Ausklinkungen vorsehen und Klemmen des Werkzeuges durch Formgebung vermeiden	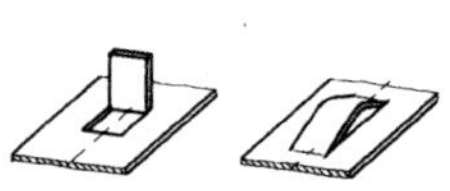	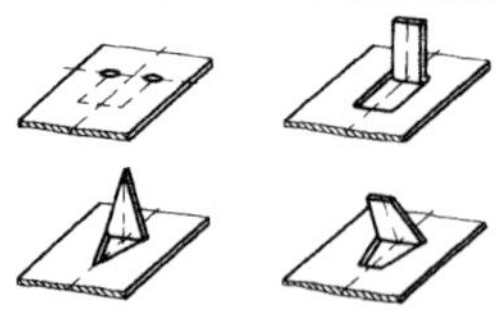
8	Vorsprünge mit Bohrungen geradlinig begrenzen; Lochversatz fällt dann weniger auf	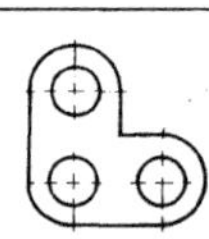	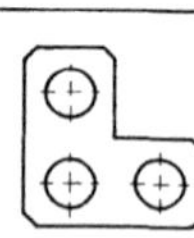
9	Ausklinkungen an hochbeanspruchten Bauteilen abrunden mit $R \geqq 2 \times$ Blechdicke	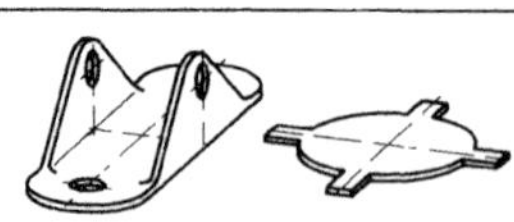	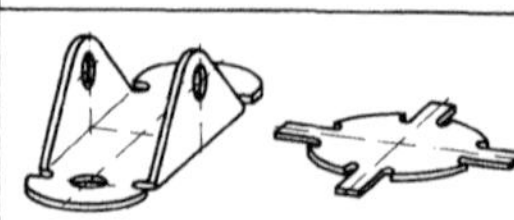

A4.4-11 (Fortsetzung)

Nr.	Regel	vermeiden	bevorzugen
10	Schräge Übergangsstellen an Biegeteilen vermeiden	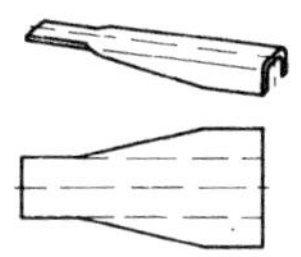	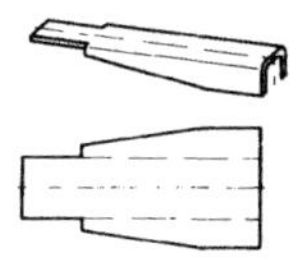
11	Spitzer Auslauf an Biegeteilen verursacht hohe Werkzeugkosten und große Breitentoleranz	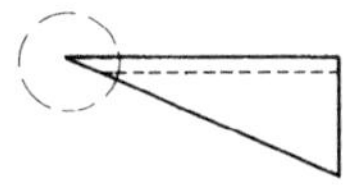	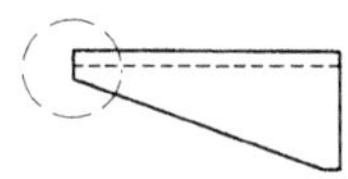
12	Abstand Lochkante-Biegekante $x \geqq R + 1{,}5 \cdot s$ wählen; andernfalls Verzugsbohrung in Biegekante oder Ausklinkung vorsehen	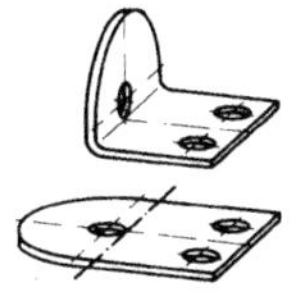	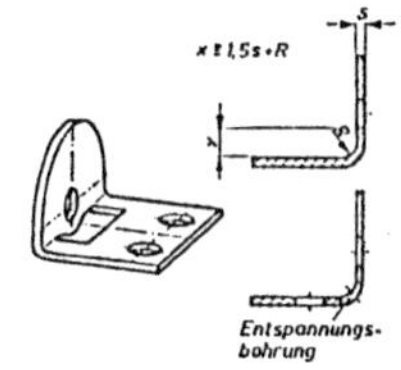

A4.4-12 Richtlinien für das Gestalten von Blechteilen; Fertigungsverfahren Biegen

Nr.	Regel	vermeiden	bevorzugen
1	Unnötig genaue Toleranzen erfordern teure Werkzeuge. Daher Freibiegen mit entsprechender Tolerierung wegen der Rückstellung anwenden.	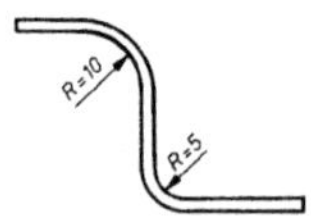	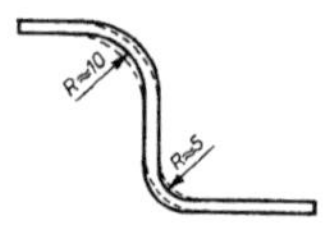
2	Bruchgefahr bei zu scharfkantigem Biegen vermeiden. Scharfe Kanten nur mittels teurer Sonderwerkzeuge möglich.	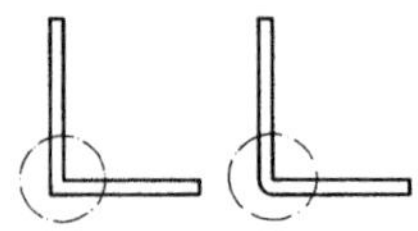	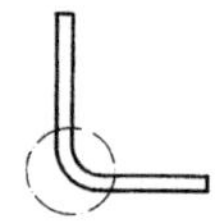
3	Zu scharfkantiges Zudrücken des Umschlages bei 180°-Biegung führt zu Festigkeitsminderung; Biegekante runden.	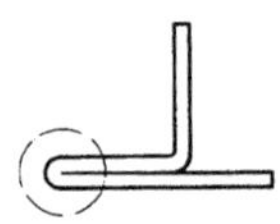	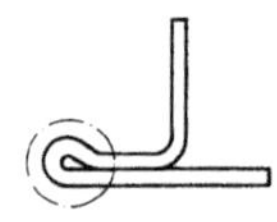
4	Biegekante senkrecht zur Außenkante des Rohlings legen. Schräge Lage führt zu höherer Beanspruchung und höherem Werkzeugverschleiß.	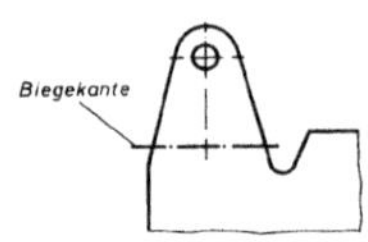	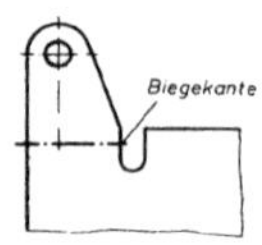
5	Freiliegende Biegeränder ergeben saubere Biegekanten und verhindern Einreißen. Maß $x \approx R$ wählen, mindestens aber x = 0,5 mm.	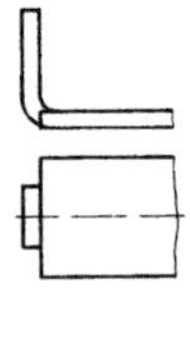	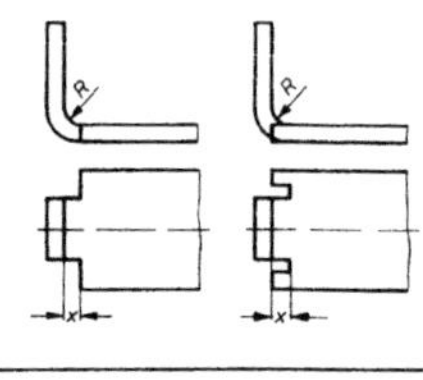
6	Bei dicken Zuschnitten gerundete Kanten vorsehen. Gratseite des Rohlings beim Biegen nach innen legen.	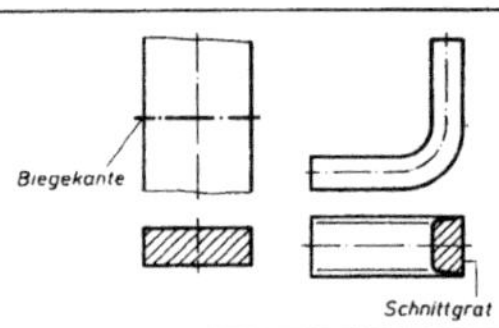	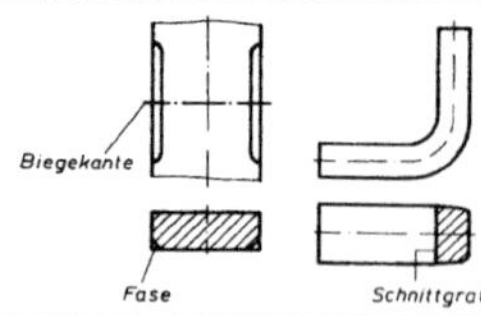
7	Bei U-förmigen Querschnitt möglichst gleich lange Biegekanten wählen wählen; sonst einseitiger Verzug möglich. Andernfalls Bohrung für Aufnahme im Werkzeug vorsehen.	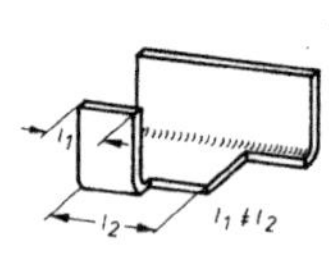	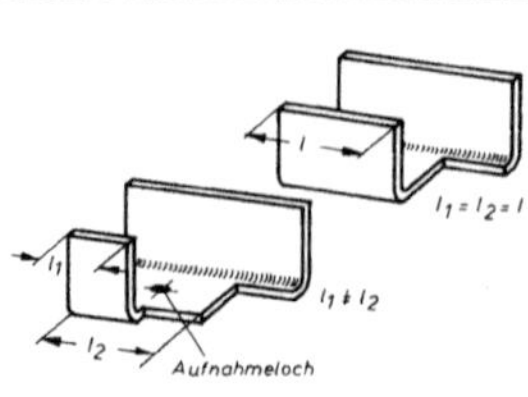

A4.4-12 (Fortsetzung)

Nr.	Regel	vermeiden	bevorzugen
8	Schenkellänge $l \geqq 3 \times$ Blechdicke + R wählen.	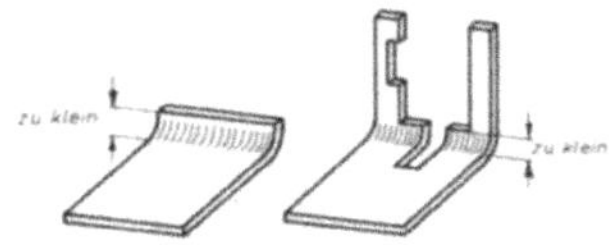	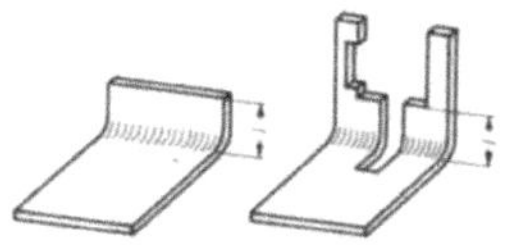
9	Bei unterschnittenen Biegungen Abstand l so groß wie möglich wählen; sonst teure Werkzeuge erforderlich.	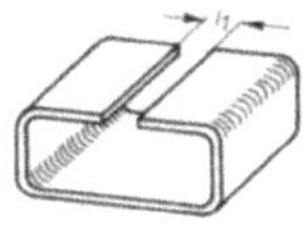	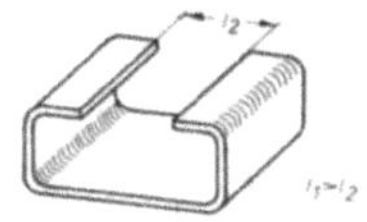
10	Zwecks einfacher Werkzeuge beide Randprofile gleichförmig gestalten.	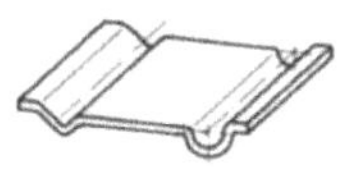	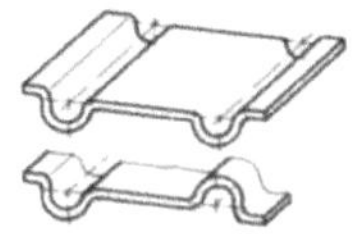
11	Zur Verhinderung falschen Einlegens in die Aufnahme bei symmetrischen Zuschnitten unsymmetrische Aufnahme vorsehen.	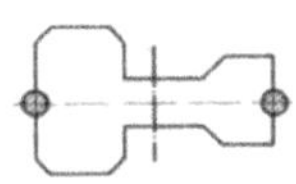	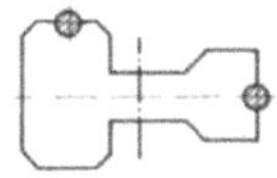
12	Rollendurchmesser $d \geqq 1{,}5 \times$ Blechdicke wählen. Tangierende Blechebene erspart das Vorbiegen des Rohlings vor dem Rollen.	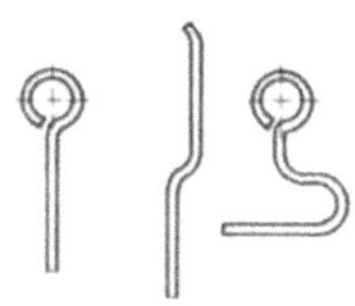	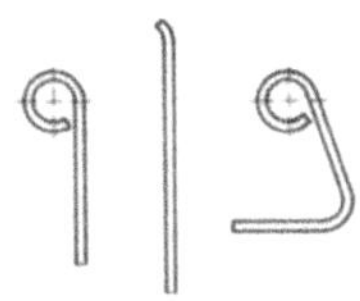

A4.4-13 Richtlinien für das festigkeitsgerechte Anbringen von Sicken an Blechteilen

Nr.	Regel	vermeiden	bevorzugen
1	Linienartige Sicken – wenn möglich – im Blechrand auslaufen lassen. Scharfkantige Sickenenden vermeiden.	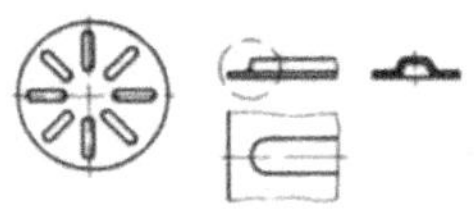	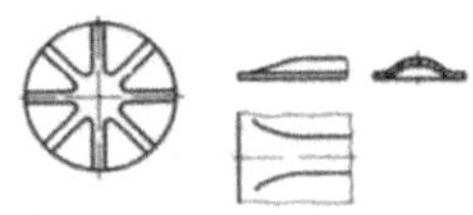
2	Trägheitsaxialbevorzugte Bereiche bei tafligen Blechen vermeiden.	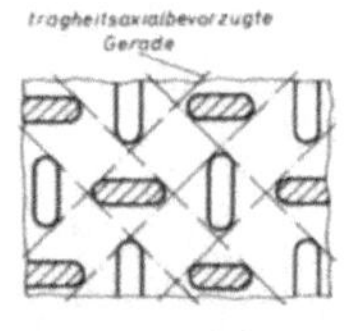	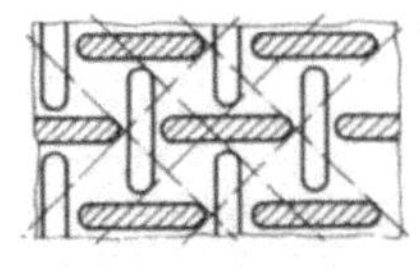
3	Bei großen Blechen unregelmäßige Sickenformen mit krummlinigen Begrenzungen bevorzugen (Beispiel: Containerwand).	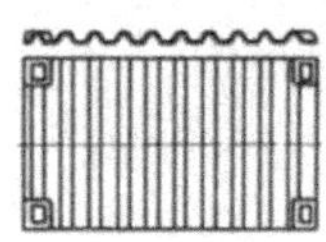	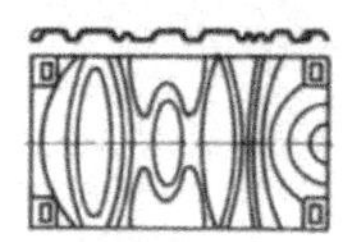
4	Knotenpunkte bei sich kreuzenden Sicken wegen des Auftretens von Spannungsspitzen vermeiden.	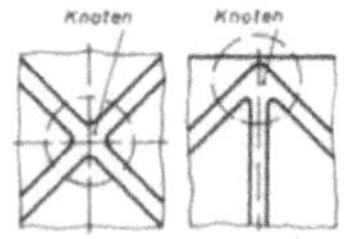	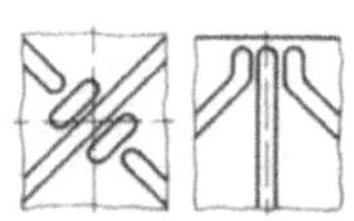
5	Lange Diagonalversteifungen an flachen Blechen wegen „Schneider" vermeiden; umlaufende flächenartige Sicken mit kurzen dornartigen Ausläufen bevorzugen.	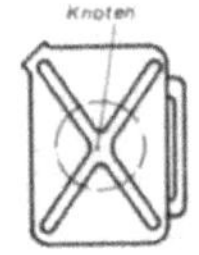	
6	Bei dynamischer Beanspruchung des Blechteils aufgelöstes Sickenbild wählen; sonst Dauerbruchgefahr an den Sickenrändern (Beispiel: Batteriemulde eines Kfz).	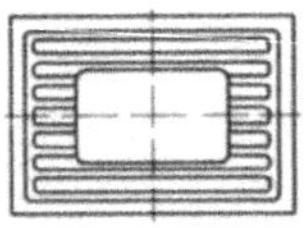	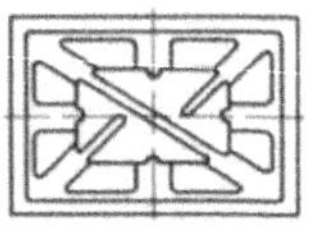
7	Bei Z- und U-förmigen Abstandsstegen linienartige und flächige Sicken wegen Knickgefahr vermeiden; räumliche Sicken vorsehen.	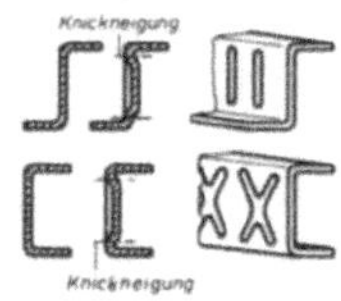	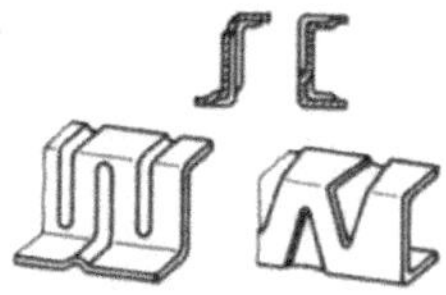
8	Behälterbefestigungen mit Entspannungssicke versehen; sonst Dauerbruchgefahr bei dynamischer Beanspruchung.	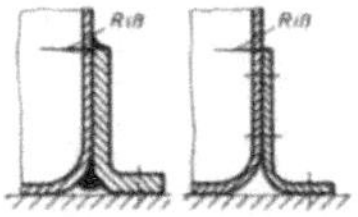	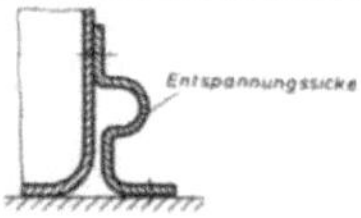
9	Faltenbildung durch sinnvoll angebrachte Hilfssicken vermeiden.	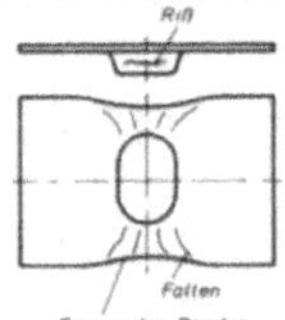	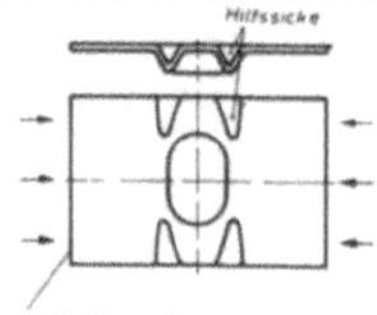

A4.5-1 Gestaltungsregeln für Spritzguß- und Formpreßteile (S = Spritzgießen; F = Formpressen)

Nr.	Verfahren	Regel	vermeiden	bevorzugen
1	S F	Vermeidung von Einfall durch Anspritzstelle im Bereich der größten Massehäufung	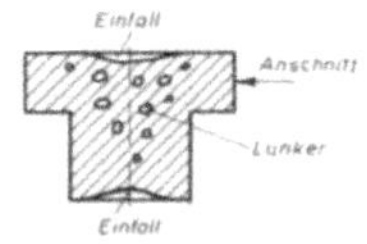	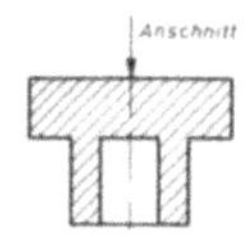
2	S F	Anspritzstelle beanspruchungsgerecht wählen	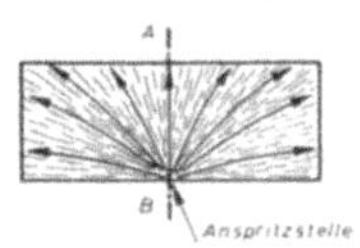	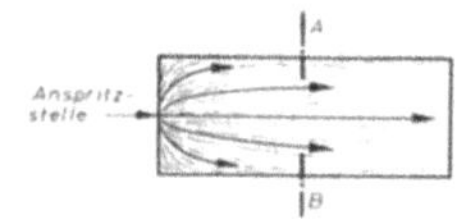
3	S F	Werkstoffanhäufung vermeiden	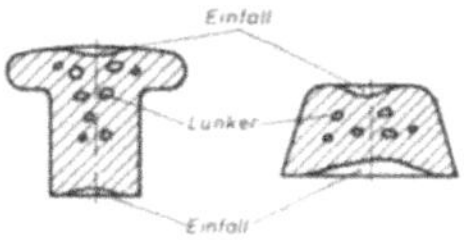	
4	S F	Augen mit dünnem Steg an Wand anbinden	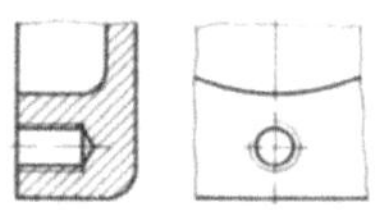	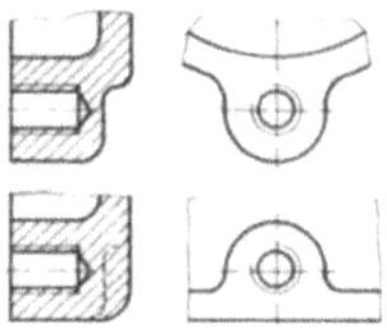
5	S F	Gleiche Wanddicken bevorzugen; sonst Verzug	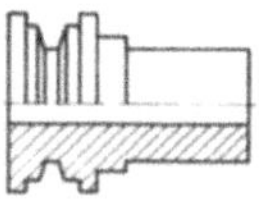	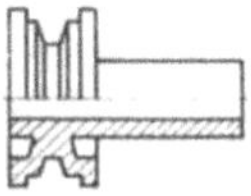
6	S F	Anbringung von Rippen zur Vermeidung von Verzug		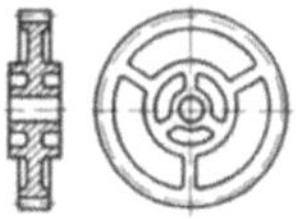
7	S F	Neigung von ca. 1:100 vorsehen	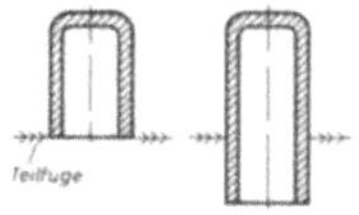	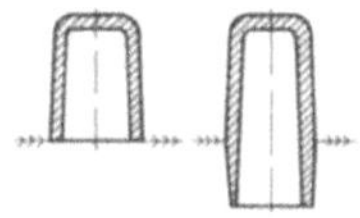
8	S F	Seitliche Hinterschneidungen vermeiden; sonst mehrteilige Spritzgieß-Werkzeuge vorsehen	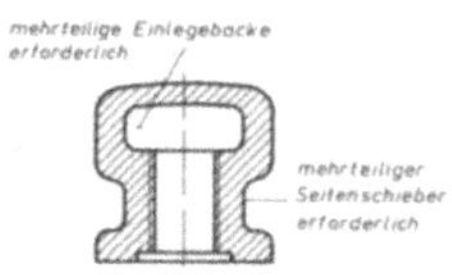	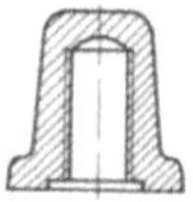
9	S F	Querzüge des Werkzeuges durch Formgebung möglichst vermeiden	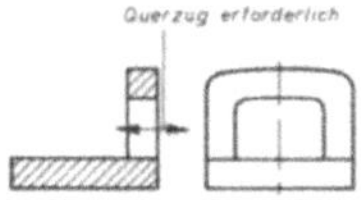	

A4.5-1 (Fortsetzung)

Nr.	Verfahren	Regel	vermeiden	bevorzugen
10	S F	Mehrteilige Durchbrüche eckig ausführen; bei runden Durchbrüchen großer Werkzeugaufwand	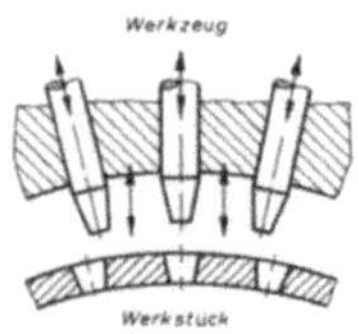	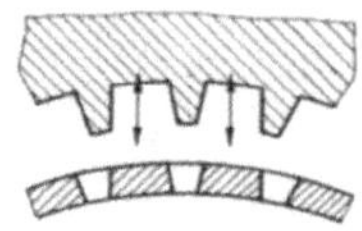
11	S F	Kanten runden; Runden nur der Innenkanten begrenzt durch Bildung von Lunker und Einfall	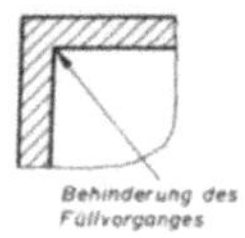	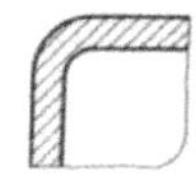
12	S F	Gerundete Kanten schonen Werkzeuge, unterstützen den Fließvorgang und ergeben saubere Oberflächen und hohe Gestaltfestigkeit	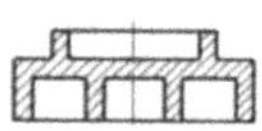	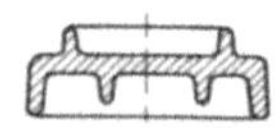
13	S F	Knöpfe, Muttern und Schraubkappen mit Längsrillen oder Mehrkantflächen ausführen	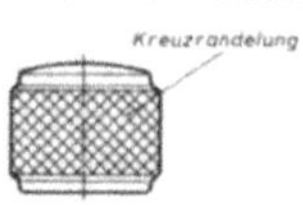	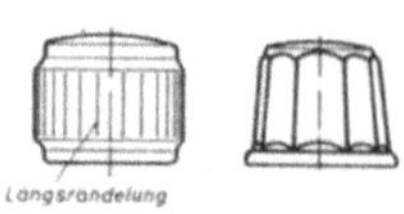
14	S F	Außen- und Innengewinde ohne Hinterschnitt	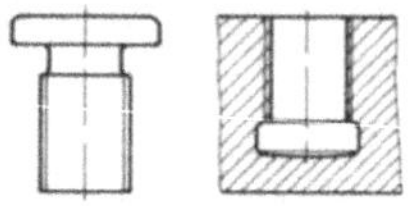	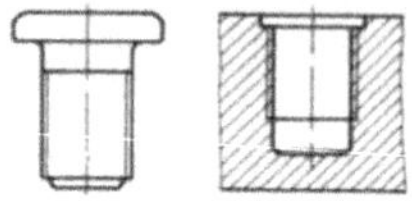
15	S F	Masse eingegossener Metallteile möglichst gering halten; sonst zu starke Abkühlung beim Spritzen	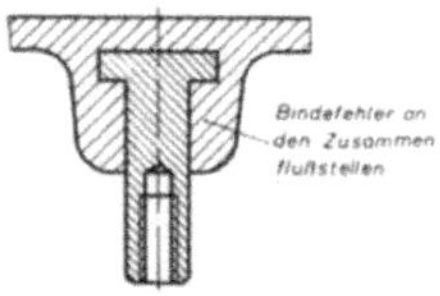	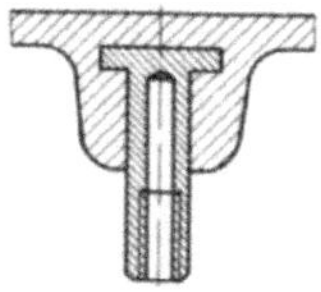
16	S F	Bei umgossenen Metallteilen ausreichende Wanddicke vorsehen	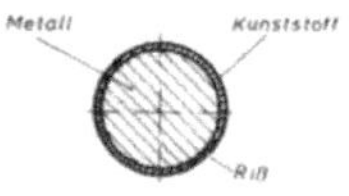	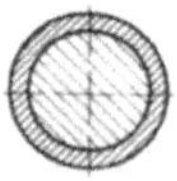
17	S F	Sicherung eingegossener Metallteile gegen Herausziehen und/oder Verdrehen	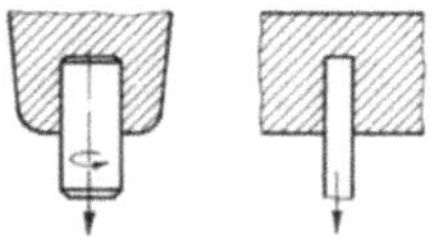	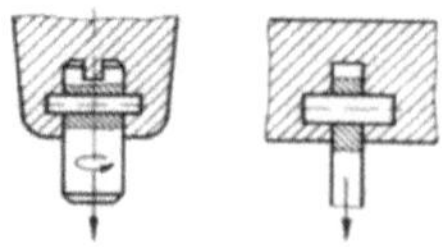

A4.5-1 (Fortsetzung)

Nr.	Verfahren	Regel	vermeiden	bevorzugen
18	S F	Bei Verbundteilen für möglichst einachsigen Spannungszustand sorgen	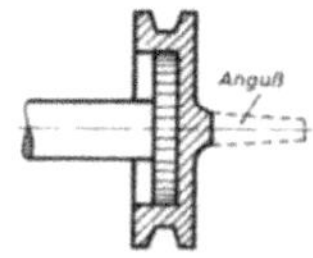	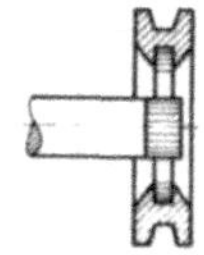
19	S F	Größere, dünne Bauteile bewußt wölben oder durch Rippen versteifen	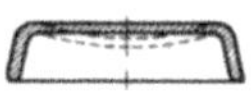	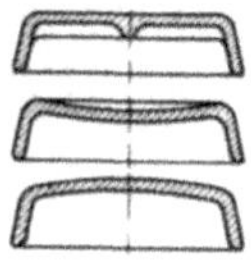
20	F	Ausbrechwände für Montage ausreichend dünn wählen oder Kerbung vorsehen	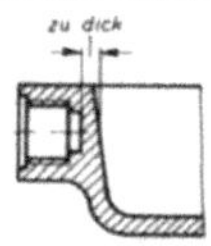	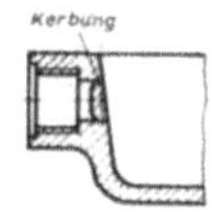
21	F	Scharfe Ränder wegen Ausbruchgefahr vermeiden	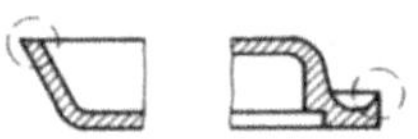	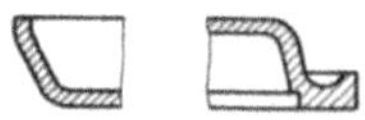
22	S F	Trennfugen auf ebener Fläche vermeiden; andernfalls Wulst vorsehen	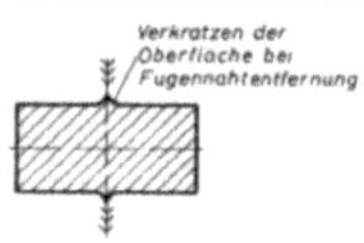	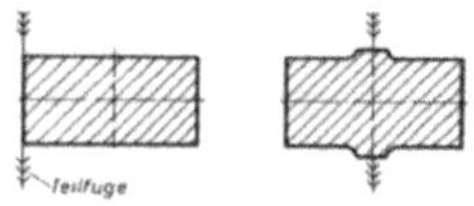
23	S F	Dreipunktlagerung von Grundplatten wegen sicherer Auflage bevorzugen	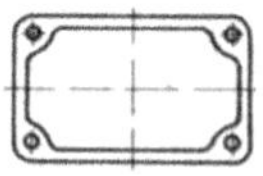	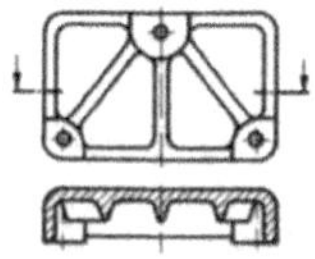
24	S F	Bodenflächen durch Wulste günstig versteifen	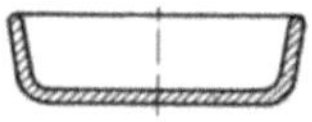	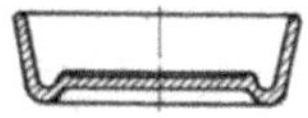
25	S F	Bei Verbundbauteilen Schwindung bzw. unterschiedliche Wärmeausdehnung berücksichtigen	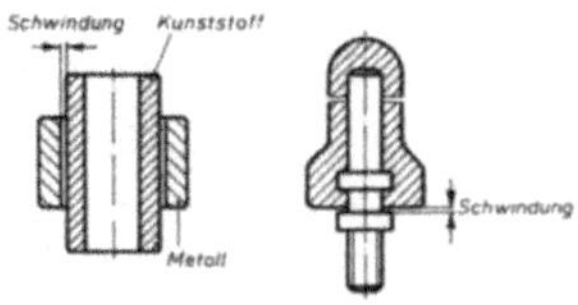	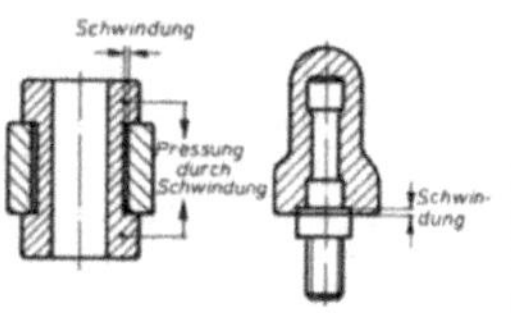

A4.5-2 Gestaltungsregeln für Bauteile aus glasfaserverstärkten Kunststoffen (GFK)

Nr.	Regel	vermeiden	bevorzugen
1	Harzansammlungen vermeiden; sonst Spannungsrisse	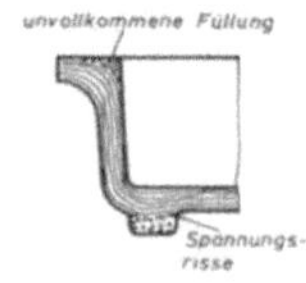	
2	Kanten und Ecken mit möglichst großen Radien versehen; sonst Störung des Kraftflusses und Beschädigung der Armierung	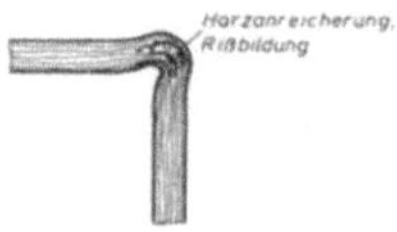	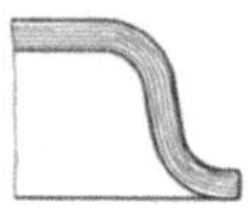
3	Allseitige Seitenneigung 1 : 25 bis 1 : 100 je nach Verfahren, Formteiltiefe und Verstärkung	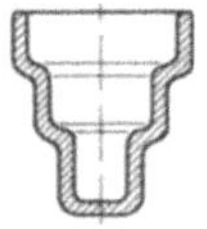	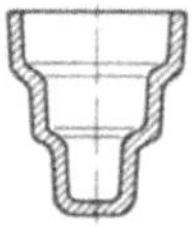
4	Großzügige Übergänge an Rippen vorsehen	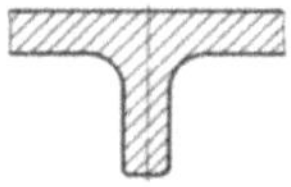	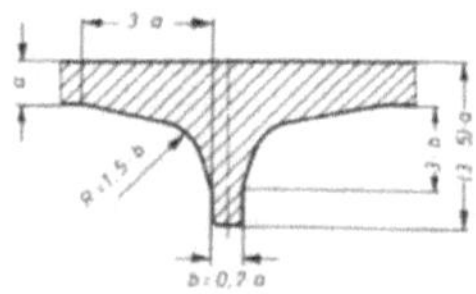
5	Wegen des geringen *E*-Moduls von GFK steife Gestaltung erforderlich	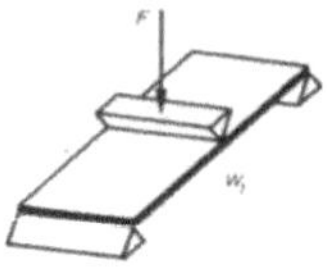	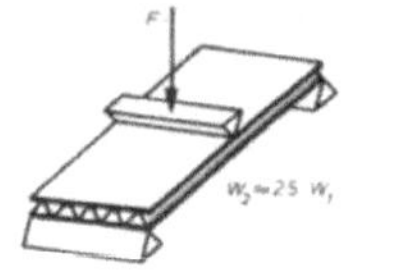
6	Bauteilkanten versteifen durch Formgebung oder Einbettungen; bei Einbettungen aus anderem Werkstoff unterschiedliche Dehnung bei Wärme und Beanspruchung berücksichtigen!		
7	Versteifung von großen Flächen durch Formgebung oder Sandwich-Bauweise		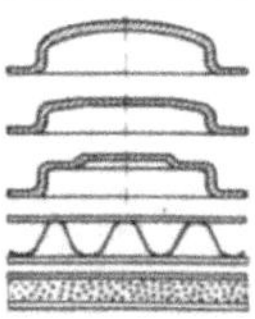
8	Aufgeklebte und auflaminierte Profile aus GFK, Al, Hartschaum oder Holz mit ausreichend großer Bindungsfläche versehen	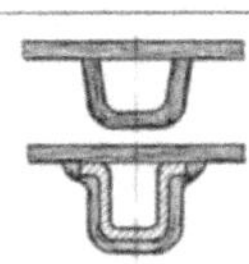	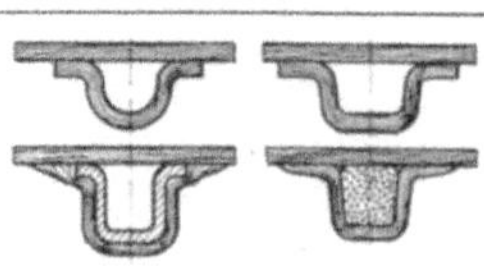

A4.5-2 (Fortsetzung)

Nr.	Regel	vermeiden	bevorzugen
9	Einbettungen für Krafteinleitung von Schrauben und Nieten vorsehen	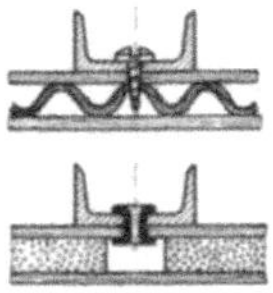	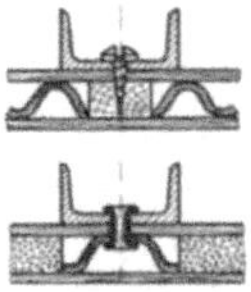
10	Bohrungen und Einfräsungen senkrecht zu den Verstärkungen anbringen	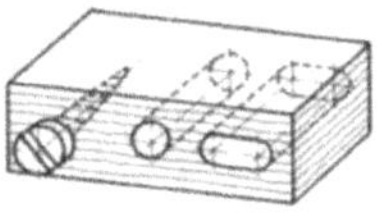	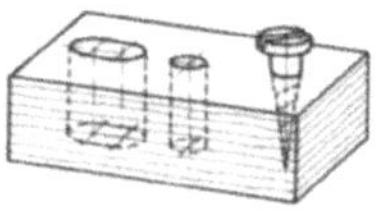

A4.5-3 Gestaltungsregeln für Kleb- und Schweißverbindungen an Kunststoffteilen

Nr.	Regel	vermeiden	bevorzugen
1	Großflächige Verbindungsflächen vorsehen.		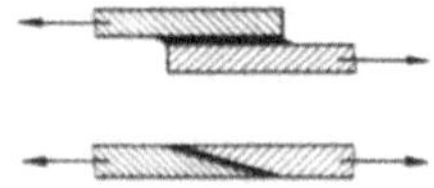
2	Bei zügiger Krafteinleitung Auftreten von Biegemomenten vermeiden.	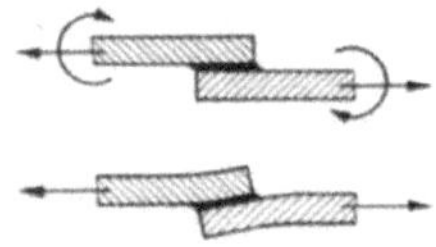	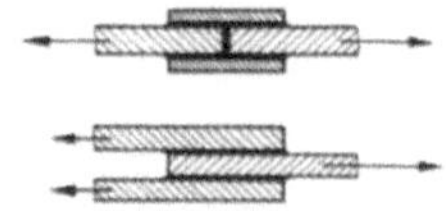
3	Überhöhten Vorbereitungsaufwand vermeiden. Die Tragfähigkeit der Bauteile nimmt ab.	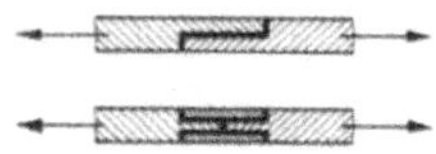	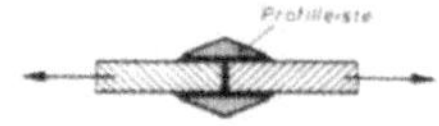
4	Schälbeanspruchung vermeiden durch beanspruchungsgerechte Formgebung oder durch Kombinationsverbindung.	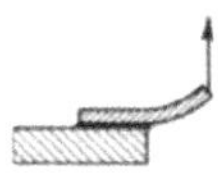	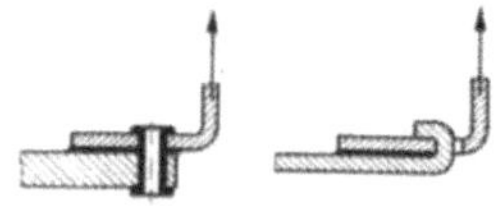
5	Winkelverbindungen beanspruchungsgerecht gestalten.	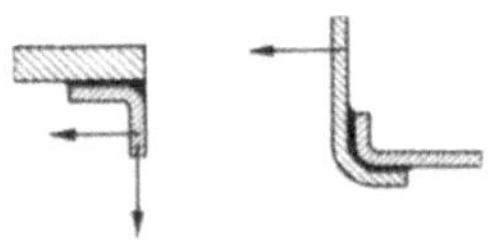	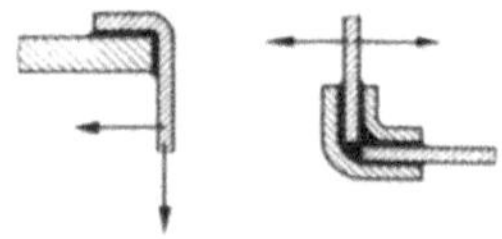
6	Schälbeanspruchung verringern durch geringere Bauteilsteifigkeit, Verteilung der Schälbeanspruchung oder Vergrößerung der Plattensteifigkeit.	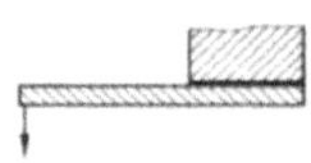	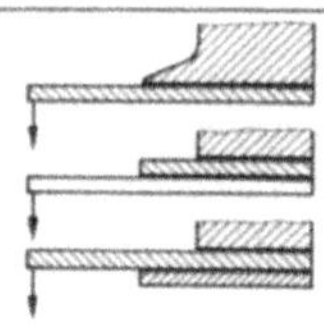
7	Eckverbindungen festigkeitsgerecht gestalten (Die Belastbarkeit ist in % angegeben).	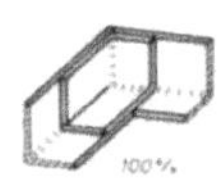	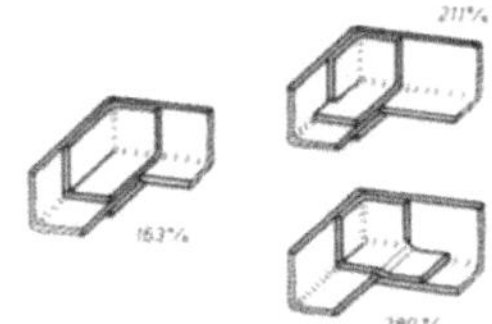
8	Entlüftungsbohrungen an Klebverbindungen mit Hohlräumen anbringen.		
9	Höher belastete Rohrverbindungen mit handelsüblichen Fittings ausführen, aufdornen oder Fügeteile rändeln.	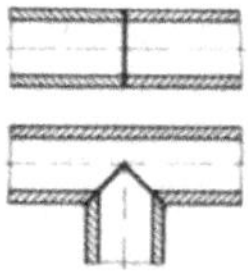	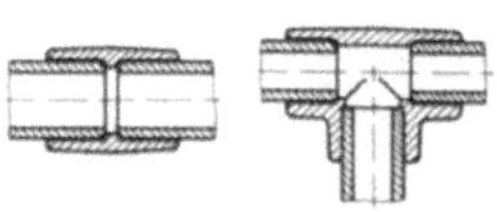
10	Sanfte Umlenkung des Spannungsflusses.	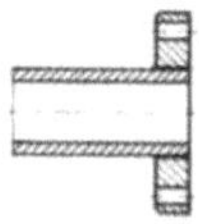	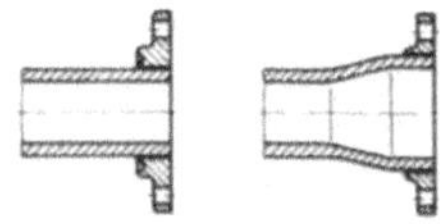

A4.5-4
Wandhöhe von Preßteilen aus Kunststoffen

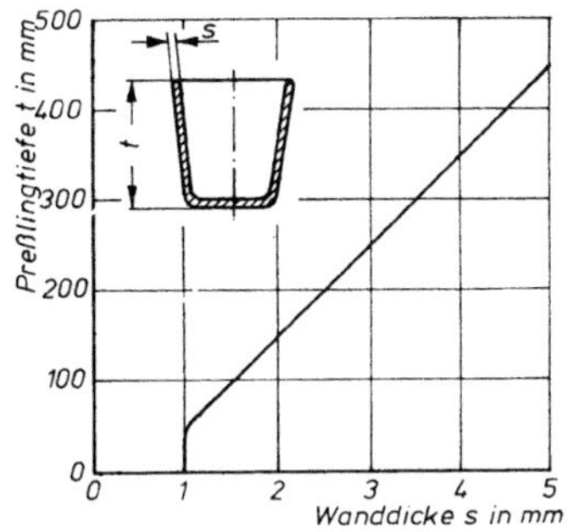

A4.5-5
Lineare Wärmeausdehnungskoeffizienten von Kunststoffen

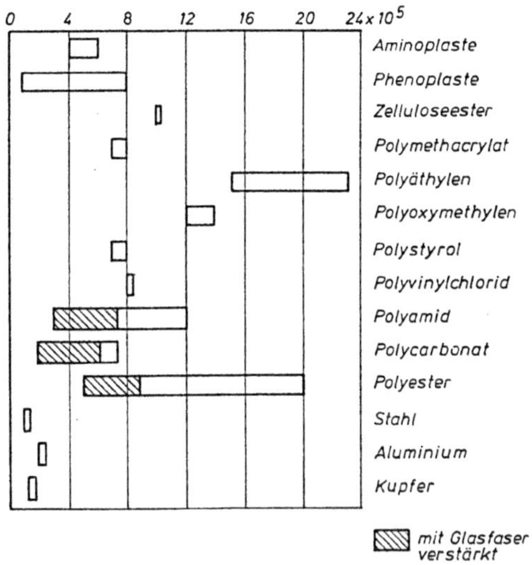

A4.5-6
Zustandsbereiche thermoplastischer Kunststoffe

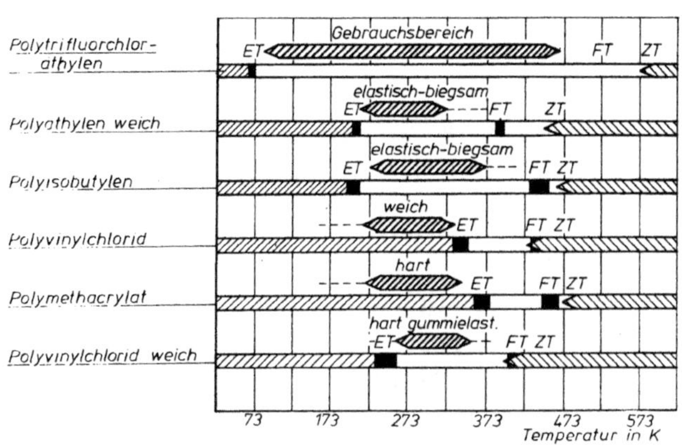

ET = *Einfriertemperaturgrenze*
FT = *Fließtemperaturgrenze*
ZT = *Zersetzungstemperaturbereich*

Sachwortverzeichnis

GPSR Compliance

The European Union's (EU) General Product Safety Regulation (GPSR) is a set of rules that requires consumer products to be safe and our obligations to ensure this.

If you have any concerns about our products, you can contact us on ProductSafety@springernature.com

In case Publisher is established outside the EU, the EU authorized representative is:

Springer Nature Customer Service Center GmbH
Europaplatz 3
69115 Heidelberg, Germany

Batch number: 10577946

Printed by Printforce, the Netherlands